DEUTSCHE AKADEMIE DER WISSENSCHAFTEN
ZU BERLIN

Forschungsgemeinschaft der naturwissenschaftlichen, technischen
und medizinischen Institute

ÜBER WISSENSCHAFTLICHE GRUNDLAGEN DER MODERNEN TECHNIK

Herausgegeben von

HERMANN KLARE · HANS FRÜHAUF · HANS GUMMEL · EBERHARD LEIBNITZ
ROBERT ROMPE · KURT SCHRÖDER · ERICH THILO

REIHE A: TAGUNGEN

BAND XI

GRUNDLAGEN DES FESTIGKEITSVERHALTENS VON METALLEN

AKADEMIE-VERLAG · BERLIN
1965

GRUNDLAGEN
DES FESTIGKEITSVERHALTENS
VON METALLEN

Vorträge,
gehalten auf der 3. Gemeinschaftskonferenz „Metall"
am 19. und 20. 3. 1964 in Berlin-Adlershof

Wissenschaftliche Leitung: Arbeitsausschuß „Metall"
der Unterkommission Metallphysik der Deutschen Akademie der Wissenschaften zu Berlin
der Gesellschaft Deutscher Berg- und Hüttenleute
der Physikalischen Gesellschaft in der DDR
der Chemischen Gesellschaft in der DDR
Vorsitzender des Arbeitsausschusses: G. E. R. Schulze

Mit 189 Abbildungen und 6 Tabellen

AKADEMIE-VERLAG · BERLIN
1965

Redaktion:

Arbeitsausschuß der Gemeinschaftstagungen „Metall"
Dr.-Ing. Horst Ringpfeil, Sekretär

Erschienen im Akademie-Verlag GmbH, 108 Berlin, 8 Leipziger Straße 3—4

Lizenznummer: 202 · 100/522/65
Gesamtherstellung: VEB Druckerei „Thomas Müntzer" 582 Bad Langensalza
Bestellnummer: 2104/A/11 · ES 20 F 8/9 · Preis: MDN 44,—

INHALTSVERZEICHNIS

Prof. Dr. phil. habil. GUSTAV E. R. SCHULZE
Einführung in die Konferenz „Grundlagen des Festigkeitsverhaltens von Metallen" 7

Dr. rer. nat. PAUL TÄUBERT
Einführung in die Versetzungstheorie 11

Dr. rer. nat. HANS-JOACHIM BUNGE
Über die Geometrie der Versetzungen 33

Dr. rer. nat. HELMUT KRONMÜLLER
Die Verfestigung von Metall-Einkristallen durch plastische Verformung 51

Prof. Dr. rer. nat. habil. HEINZ BETHGE
Methoden zur direkten Beobachtung von Versetzungen 117

Prof. Dr. rer. techn. ALBERT KOCHENDÖRFER
Der Sprödbruch von Stählen in physikalischer und technischer Sicht . 134

Dr. rer. techn. ARTHUR HENTSCH
Texturbildung durch Kaltverformung 153

Prof. Dr.-Ing. habil. Dr. rer. nat. FRIEDRICH EISENKOLB
Neue Wege zur Festigkeitssteigerung durch Dispersionshärten und fasermetallurgische Methoden 171

Dr.-Ing. habil. GÜNTHER RASSMANN
Möglichkeiten zur Festigkeitssteigerung von Stählen und hochwarmfesten Legierungen 194

Prof. Dr. phil. habil. GUSTAV E. R. SCHULZE

Vorsitzender der Unterkommission für Metallphysik der Sektion für Physik der Deutschen Akademie der Wissenschaften zu Berlin Direktor des Institutes für Röntgenkunde und Metallphysik der Technischen Universität Dresden

EINFÜHRUNG IN DIE KONFERENZ „GRUNDLAGEN DES FESTIGKEITSVERHALTENS VON METALLEN“

Meine sehr verehrten Damen und Herren!

Wie Sie aus dem Programm entnommen haben, finden diesmal nur Übersichtsvorträge zu dem Thema unserer Konferenz „Grundlagen des Festigkeitsverhaltens von Metallen“ statt. Dies schien der Unterkommission Metallphysik und dem vorbereitenden Arbeitsausschuß „Metall“, in dem außer der Unterkommission die Gesellschaft Deutscher Berg- und Hüttenleute, die Physikalische Gesellschaft in der DDR und die Chemische Gesellschaft in der DDR vertreten sind, geboten, weil es sonst unmöglich gewesen wäre, auch nur einen Überblick über das umfangreiche Thema in den zur Verfügung stehenden zwei Tagen zu geben. Auf der nächstjährigen Tagung sollen aber außer Übersichtsvorträgen zu einem Hauptthema auch wieder Kurzvorträge über neue Untersuchungen aus dem Gesamtgebiet der Metallwissenschaft stattfinden, natürlich mit einer gewissen Bevorzugung des Hauptthemas. Als Hauptthema ist „Rekristallisation“ vorgeschlagen worden, wir sind aber auch für andere Anregungen dankbar. Bezüglich der jetzigen Tagung ohne Kurzvorträge hoffen wir um so mehr, daß sie durch lebhafte Diskussionsbeiträge eine zusätzliche Bereicherung erfahren wird. Zu den beiden ersten Vorträgen des heutigen Vormittags, welche die Grundlagen des behandelten Fragenkomplexes in einheitlicher Darstellung bereitstellen werden, ist allerdings keine Diskussion geplant.

Gestatten Sie mir bitte, meine sehr verehrten Damen und Herren, noch einige Worte zu unserem Thema. Die Formulierung „Grundlagen des Festigkeitsverhaltens von Metallen“ bedarf vielleicht einer Erläuterung. Zunächst ist klar, daß die Festigkeit der Metalle einer der Gründe für ihre hervorragende Eignung als Werkstoff ist. Aber ein weiterer Grund dafür, ihre gute Bearbeitbarkeit, hängt sehr eng mit dem plastischen Verhalten zusammen. Dies gilt für die spanlose Verformung von vornherein, aber auch für die spanabhebende Verformung. Wir verstehen daher hier unter Festigkeitsverhalten nicht nur die Frage der Zerreißfestigkeit, sondern allgemeiner die des Verhaltens gegenüber Beanspruchung durch äußere Kräfte, grundsätzlich also die elastische Verformung, das plastische Fließen und schließlich den Bruchvorgang. Indessen sind aus zeitlichen Gründen Einschränkungen notwendig, und deshalb wurden die elastischen Prozesse ausgeklammert, zumal die anderen vom praktischen Standpunkt aus wichtiger erscheinen; vor allem aber, weil bei ihnen in letzter Zeit erhebliche Fortschritte in der Erkenntnis der physikalischen Grundlagen erzielt worden sind, so daß man jetzt von einem grundsätzlichen Verstehen des plastischen Verhaltens sprechen kann und — wenigstens in einigen einfachen Fällen — umgekehrt die physikalischen Vorstellungen als Wegweiser benutzen kann für die Richtung, in welcher Werkstoffe mit besserem Festigkeitsverhalten gefunden werden können. Dies wird in den letzten beiden Vorträgen zum Ausdruck kommen.

Meine Damen und Herren, stellen Sie sich bitte einmal vor, wie überrascht ein unter uns weilender Geisteswissenschaftler, vielleicht ein Philosoph, über die letzte Aussage sein muß, daß wir jetzt endlich das plastische Verhalten der Metalle verstehen, diese Eigenschaft, welche die Menschen seit Jahrtausenden praktisch anwenden. Wenn man die bei modernen Philosophen anzutreffende Hochachtung vor den Naturwissenschaften voraussetzt, wird er die geschilderte Situation kaum für begreiflich halten.

Für uns, die wir die Entwicklung kennen, ist diese Tatsache als Folge des historischen Verlaufes durchaus verständlich. Aber die Verwunderung, die sie andererseits bei Unkenntnis dieses Ablaufes hervorruft, zeigt, daß die geschichtliche Entwicklung unseres Wissenschaftszweiges alles andere als selbstverständlich verlaufen ist, und es erscheint daher angebracht, sie sich bei Gelegenheiten wie dieser einmal deutlich vor Augen zu halten.

Rückwärts schauend ist uns klar, daß eine *erklärende* Festkörperphysik nur eine atomistische Festkörperphysik sein kann, und daraus ergibt sich, daß die voratomistischen Epochen der neuzeitlichen Physik auf unserem Gebiet kaum zu wesentlichen Erfolgen in diesem Sinne gelangen konnten. Mit dieser Bemerkung sollen hervorragende Leistungen, wie z. B. die Kontinuumsmechanik, keineswegs in ihrer Bedeutung geschmälert werden, aber es liegt in der Natur der Sache, daß sie im wesentlichen phänomenologischer Art sein mußten.

Man macht sich heute leicht ein falsches Bild vom Durchsetzen der Vorstellung des atomistischen Aufbaues der Materie in der Physik, wenn man etwa davon ausgeht, daß die Chemiker den modernen Atom- und Molekülbegriff bereits um 1810 (Dalton 1808; Avogadro 1811) entwickelt hatten. Zwar veröffentlichte der Physiker Ludwig August Seeber schon 1824 die Vorstellung, daß die Kristalle aus regelmäßigen Anordnungen eben dieser chemischen Atome beständen, aber sie war ihrer Zeit zu sehr voraus, wurde daher kaum beachtet und bald völlig vergessen. Die erste physikalische Anwendung des Atom- und Molekülbegriffes, die sich durchsetzte, war die kinetische Gastheorie, die zu Anfang der zweiten Hälfte des 19. Jahrhunderts entstand. Aber immer noch konnte der Atomismus nur langsam an Boden gewinnen, denn die Zeit war nicht theoriefreundlich, und es gelangen noch keine überzeugenden experimentellen Bestätigungen der Atome. Man bedenke, daß so bedeutende Gelehrte wie Ostwald und Mach noch zu Beginn dieses Jahrhunderts Gegner des Atomismus waren. Der verdienstvolle Forscher auf dem Gebiet der Radioaktivität Stefan Meyer schildert Machs Bekehrung durch Beobachtung einzelner Atomprozesse in Form von α-Strahl-Szintillationen auf einen Leuchtschirm als eines seiner ergreifendsten Erlebnisse. Als er Mach dieses Experiment vorführte, machte jener, der sonst bei der Erwähnung von Atomen meist mit der Frage dazwischengefahren war: „Habns eins g'sehn?", nicht etwa kleinliche, starrköpfige Einwendungen, sondern erklärte schlicht: „Nun glaube ich an die Existenz der Atome". Ein überzeugendes Experiment hatte in wenigen Augenblicken eine jahrzehntelang gepflegte Vorstellungswelt zusammenbrechen lassen.

Das experimentum crucis für die Richtigkeit der SEEBERschen Vorstellung von den Kristallen als Atomgittern lieferten M. v. LAUE, FRIEDRICH und KNIPPING 1912 durch Erzeugen von Röntgeninterferenzen an Kristallen, freilich ohne daß sie damals etwas von SEEBER wußten. Damit hatte die Geburtsstunde der modernen Festkörperphysik geschlagen. Kurz darauf (1914) machte CH. G. DARWIN die Entdeckung, daß die wirklichen Kristalle dem Idealbild des streng periodischen Gitters nur näherungsweise entsprechen und daß bei der Deutung ihrer Eigenschaften die Gitterfehler nicht vernachlässigt werden können. Im Laufe der nächsten Jahrzehnte wurde das Studium der Gitterfehler immer wichtiger für die Erklärung der Kristalleigenschaften, und die uns hier interessierende plastische Verformbarkeit der Metalle wurde überhaupt erst durch das Vorhandensein eines ganz bestimmten Gitterfehlertyps verständlich, der sogenannten Versetzungen, deren Eigenschaften Gegenstand der ersten beiden Vorträge sein werden.

Der Begriff der Versetzung wurde zuerst von L. PRANDTL (1928) — noch in etwas vager Form — zur Erklärung anelastischer Erscheinung an Metallen herangezogen und unabhängig von U. DEHLINGER (1929) dazu benutzt, eine Rekristallisationstheorie zu entwickeln. Nach starker plastischer Verformung bestehen danach im sonst ungestörten Gitter fehlerhafte Bereiche als Quellen der Eigenspannungen. Er nannte sie damals Verhakungen. Nach heutiger Terminologie handelt es sich um zwei nahe beieinander liegende Versetzungen entgegengesetzten Vorzeichens.

Es kann nicht die Aufgabe dieser einführenden Worte sein, einen Abriß der Entwicklung der Versetzungstheorie als der physikalischen Grundlage des Festigkeitsverhaltens der Metalle zu geben. Es seien jedoch noch ganz kurz einige Einzelheiten in dieser Hinsicht erwähnt, und es sei ein für alle Mal betont, daß man über den Erfolgen der Versetzungstheorie nicht vergessen darf, daß es außer den Versetzungen noch andere Gitterfehler gibt, ganz zu schweigen vom intakten Gitter!

Die Bedeutung der Versetzungen für das plastische Gleiten wurde unabhängig von E. OROWAN, M. POLANYI und G. T. TAYLOR zwar schon 1934 erkannt, aber es dauerte selbst in unserer schnellebigen Zeit beinahe 20 Jahre, bis sich diese Theorie durchsetzen konnte. Was sind die Ursachen dafür?

Die Versetzungen gestatten zwar, die Schwierigkeiten zu überwinden, die für die Deutung des plastischen Gleitens auf Grund der Idealgittervorstellung bestanden, aber sie erschienen zunächst als Hypothese ad hoc: Weder konnte man ihr Auftreten in hinreichender Häufigkeit theoretisch verständlich machen, noch gab es experimentelle Nachweismethoden. Die erste Schwierigkeit wurde um 1950 sehr gemildert, als FRANK und READ einen Mechanismus angaben, der aus einmal vorhandenen Versetzungen bei Wirksamkeit äußerer Kräfte immer weitere neu zu erzeugen gestattet. Nachdem die theoretischen Vorstellungen dadurch sehr viel überzeugender geworden waren, setzte ein intensives Bemühen ein, die Versetzungen experimentell nachzuweisen, was bald zur Auffindung einer größeren Anzahl geeigneter Methoden führte. Besonders wertvoll erwiesen sich elektronenmikroskopische Verfahren; z. B. bei der Ausarbeitung der Theorie der Verfestigungskurve kubischflächenzentrierter Metalle in den 50iger Jahren, wie sie besonders in Stuttgart unter Leitung von A. Seeger erfolgte.

Ein anderer grundsätzlicher Fortschritt ist im gleichen Zeitraum erzielt worden, indem eine Brücke geschlagen wurde zwischen der atomistischen Versetzungstheorie und der phänomenologischen Plastizitätsforschung. E. Kröner konnte dabei zeigen, daß die Versetzungen (im etwas verallgemeinerten Sinn) die Quellen der Eigenspannungen im Kristall sind. Da die Versetzungsanordnung in einem Kristall beobachtbar ist, besteht mittels jener Zusammenhänge die Möglichkeit, die Eigenspannungsfelder im Kristall zu bestimmen, die für viele seiner Eigenschaften wichtig sind. Daher kann man jetzt Probleme quantitativ untersuchen, die sich früher der Bearbeitbarkeit entzogen. So gelang es z. B., die Einmündung der Magnetisierungskurve von Nickel in die Sättigung zu berechnen (H. Kronmüller).

Wir haben hier schon ein Beispiel für den Einfluß der Versetzungen auf nichtmechanische Eigenschaften. Ein weiteres ist die elektrische Leitfähigkeit. Jedoch bleiben diese Dinge außerhalb unserer Betrachtungen.

Wir hoffen aber, schon im Rahmen des Festigkeitsverhaltens der Metalle zeigen zu können, wie die zunächst rein theoretischen Vorstellungen der Versetzungen im Laufe weniger Jahrzehnte nicht nur zum Begreifen langbekannter, aber unverstandener Sachverhalte geführt haben, sondern darüber hinaus — in Einzelfällen — bereits jetzt Richtlinien liefern für die Lösung technischer Festigkeitsprobleme.

Indem wir durch unsere Tagung dazu beizutragen versuchen, daß diese metallphysikalischen Erkenntnisse auch im Kreise der Metallkundler der Praxis möglichst schnell Allgemeingut werden, glauben wir daher der Devise zu entsprechen, die im Siegel der Deutschen Akademie der Wissenschaften, der Trägerin dieser Veranstaltung steht: theoria cum praxi.

In diesem Sinne wünsche ich Ihnen zwei nützliche und erfolgreiche Tage.

Dr. rer. nat. PAUL TÄUBERT

K. Direktor des III. Physikalischen Institutes der Humboldt-Universität Berlin

EINFÜHRUNG IN DIE VERSETZUNGSTHEORIE

I. Eigenschaften von Versetzungen

Neben der Verwendung als Schmuckgegenstand waren es besonders die mechanischen Eigenschaften, die Metalle schon sehr früh für den Menschen interessant machten. Metalle hatten einerseits eine hohe Festigkeit und Härte, die sie als Waffen geeignet machten, andererseits zeigten sie, besonders bei hoher Temperatur, hohe Duktilität, so daß es möglich war, ihnen die gewünschte Gestalt zu geben. Erst sehr viel später entdeckte man andere, nicht minder wertvolle Eigenschaften, wie elektrische Leitfähigkeit und das besondere magnetische Verhalten einiger Metalle. Natürlich versuchte man mit dem Fortschreiten der Wissenschaft, diese Erscheinungen zu erklären und damit Mittel in die Hand zu bekommen, die Eigenschaften in dem gewünschten Sinne beeinflussen zu können.

Es muß verwundern, daß es zunächst gelang, die scheinbar komplizierteren elektrischen und magnetischen Eigenschaften zu verstehen. Erst in jüngster Zeit gelang es, tieferen Einblick in die Ursachen der mechanischen Eigenschaften zu erlangen. Dies hat seinen Grund darin, daß es möglich ist, wesentliche Erscheinungen auf elektrischem und magnetischem Gebiet aus dem idealen Kristallaufbau der Materialien zu verstehen. Zum Verständnis der mechanischen Eigenschaften muß man jedoch kleine Störungen des sonst normalen Kristallaufbaues in Rechnung ziehen. Diese geringen Störungen, die man zunächst nicht beachtet hatte, weil man annahm, daß sie das Verhalten nicht wesentlich beeinflussen könnten, erwiesen sich schließlich als ausschlaggebend für das Verständnis der mechanischen Eigenschaften.

Zur Erläuterung betrachten wir eine Metallprobe — der Übersichtlichkeit halber einen Einkristall — während der Verformung. Schon der äußere Augenschein lehrt (Abb. 1), daß die Verformung nicht in primitiver Weise erfolgt. Sie erfolgt vielmehr so, daß sich einzelne Blöcke gegeneinander verschieben (Abb. 2 und 3[1]), wobei die gegenseitige Orientierung der Atome unverändert bleibt. Die Gleitebenen sind ebenso wie die Abgleitrichtungen kristallographisch wohl definiert. Röntgenographische Verfolgung dieses Vorganges bestätigt das Ergebnis. Es ist aus dieser Vorstellung ersichtlich, daß die plastische Verformung in jedem Fall in Form einer Schubverformung stattfindet (Abb. 3). Als Kriterium dafür, ob eine bestimmte äußere, angelegte Spannung eine plastische Verformung hervorruft, gilt also die Schubspannung, die in der Gleitebene wirksam wird. Die Plasti-

[1]) Abb. 3 s. Tafel 3, Abb. 3, S. 56.

zitätskriterien, die in der Technik angewendet werden, wie die Schubspannungshypothese oder die Gestaltänderungstheorie von MISES und HUBER, machen eine ähnliche Aussage. Nachdem einmal diese Kenntnis gewonnen wurde, ist man versucht, die Vorstellung quantitativ zu untermauern. Man wird also die Kräfte abschätzen, die zu einer Verformung in der geschilderten Form notwendig sind.

In Abbildung 4 sind zwei benachbarte Atomreihen angedeutet, die gegenseitig verschoben werden sollen. Wenn x die Verschiebung der oberen gegenüber der unteren darstellt, so ist die Kraft, oder besser die notwendige Schubspannung, eine Funktion von x. Für kleine Verschiebungen gilt das HOOKEsche Gesetz:

$$\tau = G \cdot \gamma \approx G \cdot \frac{x}{a}\,.$$

Falls die Verschiebung gleich dem Atomabstand b ist oder ein Vielfaches davon, wird τ gleich 0, da die Atome dann wieder in der Gleichgewichtslage sind. τ ist also eine periodische Funktion von x mit der Periodenlänge b. Weiter gilt

$$\tau(x) = -\tau(-x)\,.$$

Unter ziemlich weiten Voraussetzungen kann man τ durch eine FOURIER-Reihe darstellen:

$$\tau(x) = \sum_{\nu=1}^{\infty} A_\nu \sin\left(\frac{2\pi\nu}{b}x\right).$$

Da es uns nur auf eine Abschätzung ankommt, begnügen wir uns mit dem ersten Glied:

$$\tau(x) = A \cdot \sin\frac{2\pi}{b}x\,.$$

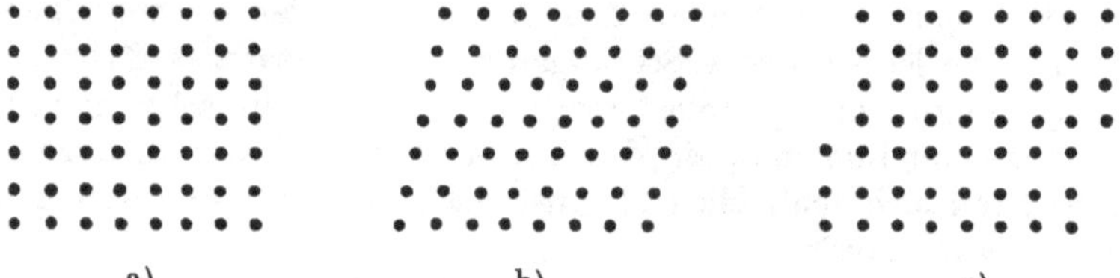

a) b) c)

Abb. 3. Atomistische Darstellung plastischer Verformung
a) Ausgangszustand; b) primitive Verschiebung; c) Abgleitung

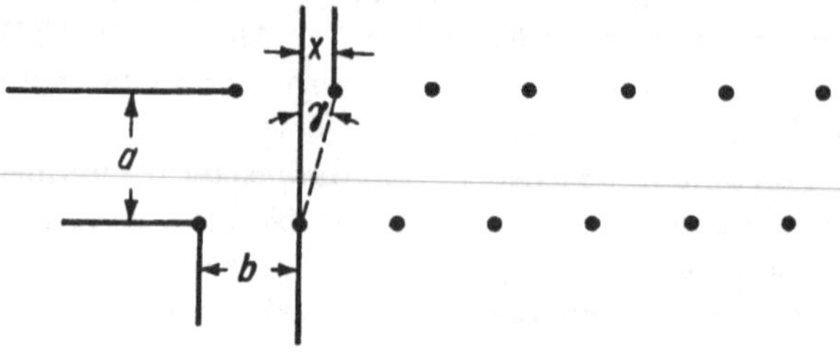

Abb. 4. Zur Berechnung der Schubfestigkeit eines Idealkristalls

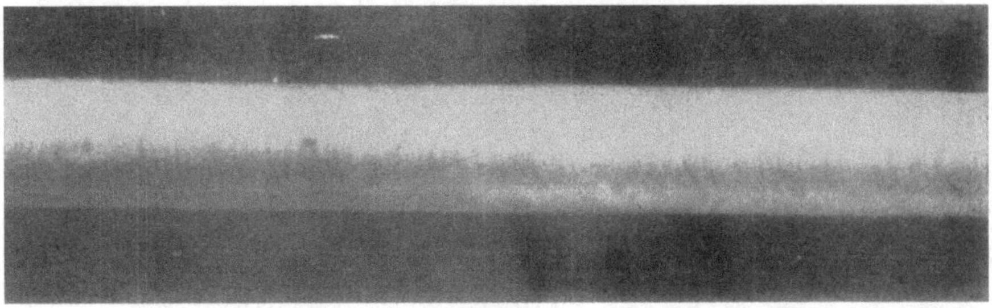

Abb. 1. Verformter Zn-Einkristall (Handbuch d. Physik **VII**, 2)

Abb. 2. Verformter Cu-Whisker im Elektronenmikroskop (Vergrößerung 3500:1)

Für kleines x ergibt das HOOKEsche Gesetz

$$\tau(x) \approx \frac{G}{a} \cdot x$$

und die Sinusfunktion

$$\tau(x) \approx A \cdot \frac{2\pi}{b} x .$$

Durch Gleichsetzen erhält man

$$\frac{G}{a} = A \cdot \frac{2\pi}{b}$$

und somit

$$\tau(x) = \frac{G}{2\pi} \cdot \frac{b}{a} \sin \frac{2\pi}{b} x .$$

Die maximal auftretende Spannung wird

$$\tau_{\max} = \frac{G}{2\pi} \cdot \frac{b}{a} ,$$

$\frac{b}{a}$ ist nahezu 1. Die Maximalspannung wäre demzufolge ungefähr eine Größenordnung kleiner als der Schubmodul. Die so errechnete maximale Schubspannung wird häufig als „theoretische Schubfestigkeit" bezeichnet. Die Messungen ergeben jedoch einen Wert, der um mehrere Größenordnungen geringer ist als diese theoretische Festigkeit. Der Unterschied ist zu groß, als daß er durch irgendwelche Zufälligkeiten der Abschätzungen hervorgerufen sein könnte. Er muß vielmehr in dem ganzen Mechanismus begründet sein.

Ein wesentlicher Punkt unserer Annahme bestand darin, daß die Gleitebene als Ganzes gleichzeitig springt. Wir wollen untersuchen, ob diese Annahme gerechtfertigt ist. Wenn sie es nicht ist, so muß ein Zwischenzustand existieren, bei dem einige Gebiete der Ebene bereits abgeglitten sind, während der Rest noch im Ausgangszustand ist. In der Abb. 5 ist die Gleitebene dargestellt. Die bereits abgeglittenen Ebenen sind schraffiert. Sowohl bei den abgeglittenen als auch bei den nichtabgeglittenen Gebieten ist der Gitteraufbau erhalten. Dann muß aber an der Grenze

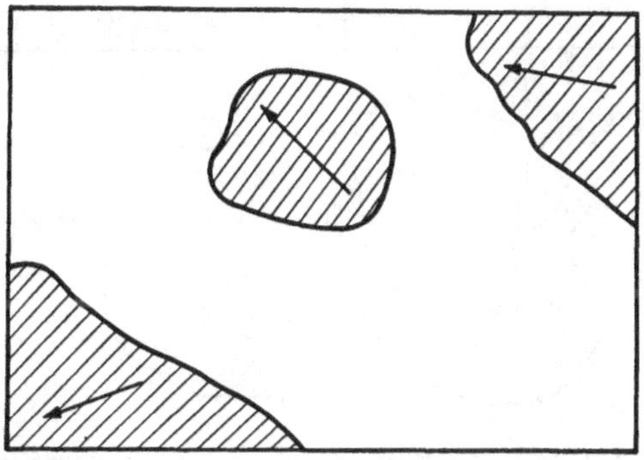

Abb. 5. Gleitebene mit abgeglittenen Bereichen

dieser Gebiete ein verzerrter Zustand herrschen. Diese Störung längs der Begrenzungslinie heißt Versetzung, die Begrenzungslinie selbst Versetzungslinie. In jedem der schraffierten Gebiete ist die Abgleitung um einen bestimmten Betrag, den BURGERS-Vektor, erfolgt. Selbstverständlich können verschiedene Bereiche verschiedene BURGERS-Vektoren haben. Eine Vergrößerung oder Verkleinerung des abgeglittenen Bereiches ist identisch mit einer Wanderung der Versetzungslinie. Wir können geradezu die Wanderung der Versetzung der plastischen Verformung gleichsetzen. Wir müssen uns zunächst zum näheren Verständnis mit den Eigenschaften der Versetzungen selbst beschäftigen. So können wir den BURGERS-Vektor zweckmäßig der Versetzungslinie zuschreiben in dem Sinne, daß, wenn eine Versetzung mit dem BURGERS-Vektor $\mathfrak{b}$ ein Flächenstück überstreicht, in diesem Flächenstück die entsprechende Abgleitung stattfindet. Aus dieser Vorstellung folgen dann direkt anschaulich einige Versetzungseigenschaften, die sich natürlich auch streng analytisch beweisen lassen. Zunächst sieht man, daß eine Versetzungslinie nicht im Kristall enden kann, sondern entweder einen in sich geschlossenen Ring bildet oder bis zur Kristalloberfläche läuft. Dies ergibt sich direkt aus der Eigenschaft der Versetzungslinie als Grenze zwischen abgeglittenen und nichtabgeglittenen Bereichen. Weiter muß der BURGERS-Vektor längs der Versetzungslinie konstant sein. Die in der Abbildung dargestellten Fälle lassen auch die Deutung zu, daß nicht die obere Fläche in der angezeigten Richtung abgeglitten ist, sondern die untere in der entgegengesetzten Richtung. Der Spannungszustand ist in allen Fällen gleich. Um diese Willkür der Bezeichnungsweise zu vermeiden, schreibt man der Versetzungslinie einen Umlaufsinn bzw. eine Richtung zu. Dann kann man eine Flächennormale so festlegen, daß sie mit dem Umlaufsinn eine Rechtsschraube bildet. Die Flächennormale weist dann auf die obere Fläche, deren Verschiebung bestimmend für den BURGERS-Vektor ist. In diesem Sinn ist dann eine Versetzung eindeutig bestimmt durch Versetzungslinie, ihren Richtungssinn und den BURGERS-Vektor. Es können zwei abgeglittene Bereiche, die auch verschiedene BURGERS-Vektoren haben, zusammenwachsen (Abb. 6). Der BURGERS-Vektor des gemeinsamen Stückes ist dann gleich der Differenz der Einzelstücke. Aus diesem Beispiel ist ersichtlich, daß es Verzweigungspunkte von Versetzungslinien geben kann. Setzt man den Richtungssinn der Versetzungslinie so fest, daß alle Linien

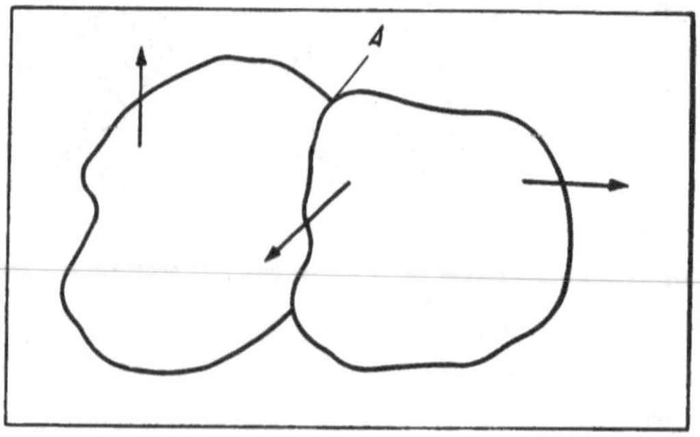

Abb. 6. Bildung von Versetzungsknoten

zum Verzweigungspunkt laufen, so verschwindet die Summe aller BURGERS-Vektoren, die zu einem Verzweigungspunkt laufen. Man sieht auch sofort, daß zwei Versetzungslinien entgegengesetzten Vorzeichens, d. h. bei gleichem Richtungssinn entgegengesetzt gleichem BURGERS-Vektor, sich gegenseitig aufheben können. Abgesehen von derartigen Verzweigungspunkten ist der BURGERS-Vektor längs einer Versetzungslinie konstant. Da die Versetzungslinie selbst jedoch gekrümmt sein kann, ist der Winkel zwischen der Versetzungslinie und dem BURGERS-Vektor veränderlich. Man bezeichnet speziell den Fall, wo die beiden gleiche Richtung haben, als Schraubenversetzung. Stehen sie senkrecht aufeinander, so hat man eine Stufenversetzung. Zwischen diesen beiden ausgezeichneten Fällen gibt es natürlich alle Übergänge. Wir wollen uns nun mit den Verzerrungen, die durch die Versetzungen bedingt sind, im einzelnen beschäftigen.

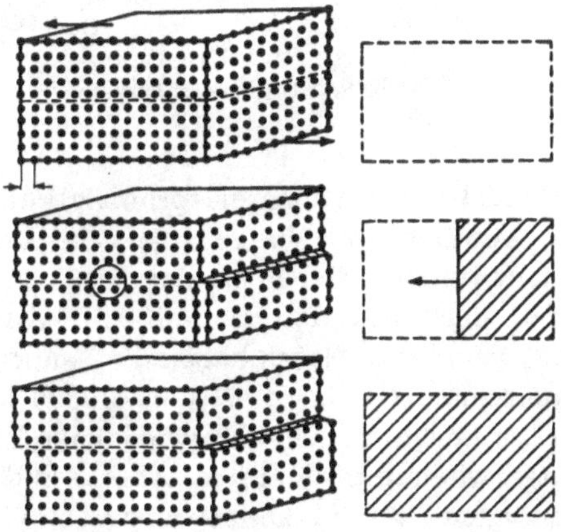

Abb. 7. Stufenversetzung im Kristall (nach LEIBFRIED)

Der Einfachheit halber beschränken wir uns auf reine Stufen- bzw. reine Schraubenversetzungen. Die betrachteten Stücke sind demzufolge immer geradlinig, da ja der BURGERS-Vektor längs der Versetzungslinie konstant ist. In Abb. 7 sind drei Phasen eines Abgleitvorganges gezeigt. Im oberen Teil zunächst der unabgeglittene Kristall. Im mittleren Bild sehen wir den Zustand, wo die Abgleitung den Bereich halb überstrichen hat, während im unteren Bereich die Abgleitung vollendet ist. Uns interessiert insbesondere die mittlere Abbildung. Hier sehen wir, daß in dem linken Teil der Kristall ungestört ist, d. h., die Atome sind in ihrer regulären Anordnung zu sehen. Das gleiche gilt für den rechten Teil. Die Grenze zwischen diesen beiden Gebieten bildet, wie schon eben dargelegt, die Versetzungslinie. In der nächsten Abbildung (Abb. 8) sind die Atome auf der Frontseite noch einmal vergrößert dargestellt. Das Wesen der Versetzung, hier der Stufenversetzung, ist deutlich zu erkennen. Da der Kristall eine räumliche Ausdehnung hat, sind die Gitterebenen vor und hinter der gezeichneten genauso angeordnet wie die gezeichnete.

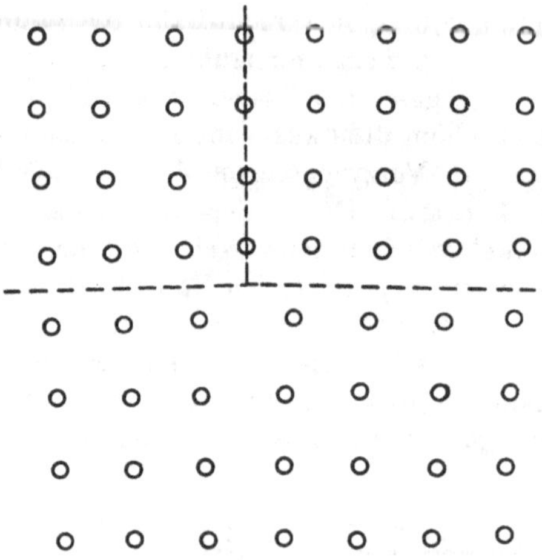

Abb. 8. Stufenversetzung

In dieser Darstellung bilden die Atome ein primitiv kubisches Gitter. Dieses Gitter wurde deswegen gewählt, weil die zeichnerische Darstellung so am einfachsten ist. Statt des mühsamen Aufzeichnens der einzelnen Atome kann man dies nach Bragg auch insofern darstellen, daß man auf einer Wasseroberfläche Seifenblasen sich bilden läßt. Diese Seifenblasen haben die Tendenz, sich in Form einer dichten Packung anzuordnen. An einem solchen Modell kann man sowohl die Versetzungen als auch die kinematischen Vorgänge einer Versetzungswanderung leicht zeigen. Betrachten wir nun noch einmal Abb. 8 und stellen fest, wie eine solche Versetzung entstanden ist. Wir können uns vorstellen, daß oberhalb der Gleitebene eine zusätzliche Gitterebene eingeschoben ist, etwa wie es in der Figur durch die gestrichelte Linie angedeutet wurde. Genau dasselbe Bild erhalten wir aber, wenn wir unterhalb der Gleitebene eine Gitterebene entfernen. Oder aber, wenn wir, wie es im ursprünglichen Bild nahegelegt wurde, den Kristall längs der Gleitebene aufschneiden und die eine Hälfte gegenüber der anderen verschieben. In Abb. 9 sind einige dieser Möglichkeiten dargestellt. In allen diesen Fällen erhält man um die Versetzungslinie herum das gleiche Spannungsfeld.

Bei der Schraubenversetzung ist der Burgers-Vektor parallel der Versetzungs-

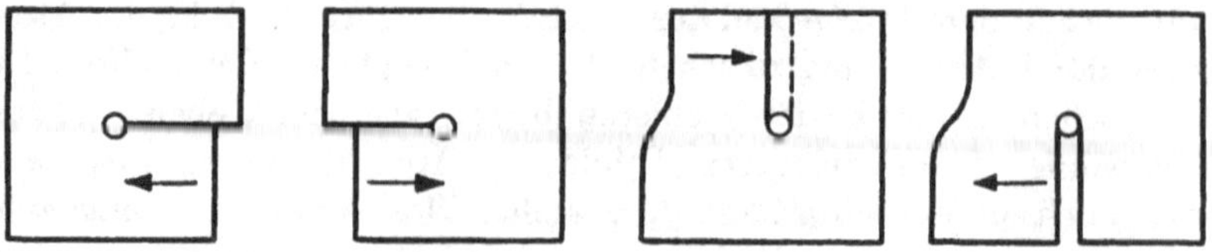

Abb. 9. Bildungsmöglichkeiten von Stufenversetzungen

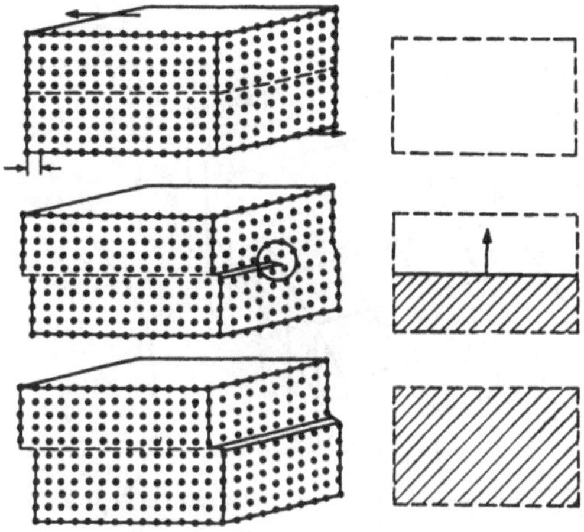

Abb. 10. Schraubenversetzung im Kristall (nach LEIBFRIED)

linie. In Abb. 10 ist das Bild im Kristall dargestellt. Man erhält eine solche Versetzung, indem man den Kristall längs der Gleitebene bis zur Versetzungslinie aufschneidet und dann die beiden Seiten um den BURGERS-Vektor verschiebt. Da der BURGERS-Vektor ein Translationsvektor des Gitters ist, werden bei diesem Vorgang die Gitterebenen so aufeinander gesetzt, daß sie sich wie eine Wendeltreppe um die Versetzung hochschrauben. Symbolisch wird man eine Schraubenversetzung häufig durch das Zeichen ⊗ oder ⊙ darstellen. Man denkt sich einen Pfeil in die Richtung gestellt, in der man sich bewegt, wenn man die Versetzung im Rechtssinn umkreist, ohne die Gleitebenen zu verlassen. Dann sieht man vom Pfeil entweder die Federn oder die Spitze. Allgemein kann man sich eine Versetzung in einem Kristall folgendermaßen entstanden denken. Man schneidet den Kristall längs einer Fläche auf, die durch die Versetzungslinie und evtl. durch die Kristalloberfläche begrenzt ist. Nun verschiebt man das Material auf der einen Seite der Schnittfläche um den BURGERS-Vektor gegenüber dem auf der anderen. Hierbei muß, je nach der Lage des BURGERS-Vektors, Material hinzugefügt oder hinweggenommen werden. Dieses zugefügte Material hat das Volumen

$$V = \int_F \mathfrak{b}\, df\,.$$

Wegen der Identität

$$\text{rot}\,[\mathfrak{b}\,\mathfrak{r}] = 2\,\mathfrak{b}$$

ergibt die Anwendung des STOKESschen Satzes

$$\int_F \mathfrak{b}\, df = \frac{1}{2}\int_F \text{rot}\,[\mathfrak{b}\,\mathfrak{r}]\, df = \frac{1}{2}\oint [\mathfrak{b}\,\mathfrak{r}]\, d\mathfrak{s} = \frac{1}{2}\oint \mathfrak{b}\,[\mathfrak{r}\, d\mathfrak{s}] = \frac{1}{2}\,\mathfrak{b}\oint [\mathfrak{r}\, d\mathfrak{s}]\,.$$

Wir sehen, daß das zugeführte Volumen nicht mehr von der Wahl der Schnittfläche abhängt, sondern nur noch von der Versetzung, d. h. vom Verlauf der Versetzungslinie und von dem BURGERS-Vektor. Ebenso ist der gesamte Spannungs-

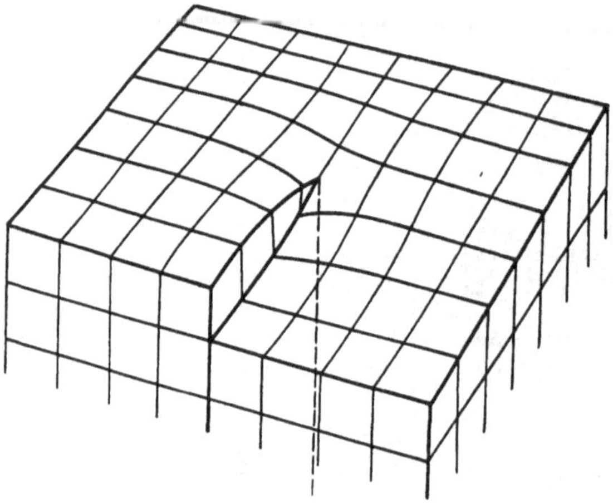

Abb. 11. Schraubenversetzung

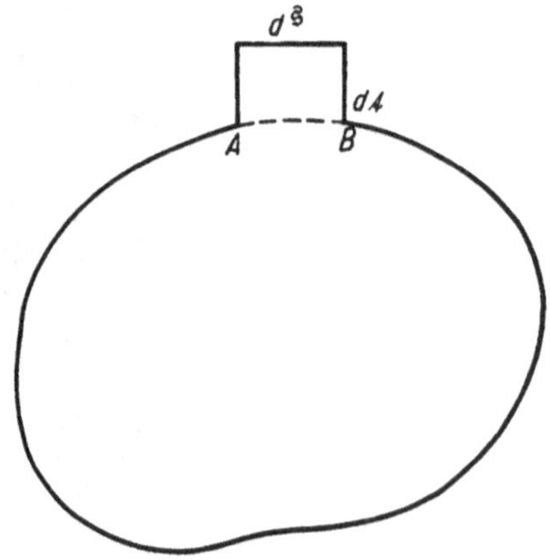

Abb. 12. Volumendefekt bei Versetzungswanderung

zustand unabhängig von der speziellen Wahl der Fläche. Wenn die Versetzungslinie wandert, ändert sich mit der Lage der Versetzungslinie auch das Volumen, das bei der Herstellung der Versetzung zugefügt oder abgezogen werden mußte. Wandert die Versetzung in Abb. 12 von der punktierten Lage zwischen A und B zur ausgezogenen, so ist die Volumenänderung durch folgende Beziehung gegeben:

$$dV = \frac{1}{2}\mathfrak{b}\left\{\left[\left(\mathfrak{r} + \frac{d\mathfrak{t}}{2}\right)d\mathfrak{t}\right] + [(\mathfrak{r} + d\mathfrak{t})\,d\mathfrak{s}] - \left[\left(\mathfrak{r} + d\mathfrak{s} + \frac{d\mathfrak{t}}{2}\right)d\mathfrak{t} - [\mathfrak{r}\,d\mathfrak{s}]\right\} = \mathfrak{b}\,[d\mathfrak{t}\,d\mathfrak{s}]\,.$$

Es gibt nun Bewegungsmöglichkeiten, für die die Volumenänderung verschwindet, dann gilt

$$\mathfrak{b}[d\mathfrak{t}\,d\mathfrak{s}] = d\mathfrak{s}[\mathfrak{b}\,d\mathfrak{t}] = d\mathfrak{t}[d\mathfrak{s}\,\mathfrak{b}] = 0\,.$$

Dieser Fall liegt entsprechend dem mittleren Ausdruck immer dann vor, wenn die Bewegungsrichtung $d\mathfrak{t}$ mit dem BURGERS-Vektor zusammenfällt. Eine Versetzungslinie kann daher ohne Volumenänderung auf einem Zylindermantel gleiten, der durch die Bewegung der Versetzungslinie in Richtung des BURGERS-Vektors entsteht. Bei einer Schraubenversetzung, wo $\mathfrak{b}$ parallel $d\mathfrak{s}$ ist, erfolgt wegen $[d\mathfrak{s}\,\mathfrak{b}] = 0$ jede Bewegung ohne Volumenänderung. Diese Bewegungen ohne Volumenänderung heißen konservative Bewegungen. Sie erfolgen, wenn sie in einer kristallographisch möglichen Gleitebene liegen, verhältnismäßig leicht. Nichtkonservative Bewegungen bedingen eine Änderung des inneren Volumens. Eine derartig bewegte Versetzung zieht daher einen Schweif von Leerstellen oder Zwischengitterplätzen hinter sich her. Die zur Erzeugung der Fehlstellen nötige Energie erschwert natürlich diese Bewegung beträchtlich. Den Unterschied dieser beiden Bewegungsformen kann man sich auch noch an Abb. 8 klar machen. Eine Bewegung der Versetzungen in der Gleitebene, d. h. hier in horizontaler Richtung, bedeutet lediglich, daß sich die Bindungsverhältnisse zwischen den Atomen etwas ändern. Wollte man dagegen die Versetzung in vertikaler Richtung, d. h. nach oben, bewegen, so müßte man ein Atom wegnehmen, nämlich das erste Atom der eingeschobenen Gitterebene. Dieses Atom müßte z. B. als Zwischengitteratom wegdiffundieren, oder aber es müßte eine Leerstelle, die irgendwo im Gitter vorhanden ist, an diese Stelle hindiffundieren und auf diese Weise eine Lücke erzeugen, die dann eben nichts anderes, als die nach oben gewanderte Versetzungslinie ist. Auf jeden Fall ist ein derartiges Klettern der Versetzungslinie senkrecht zur Gleitebene mitDiffusionsvorgängen verbunden und deshalb beträchtlich erschwert.

Der Eingriff in das Metallgitter, wie er durch die oben beschriebene Erzeugung einer Versetzung bewirkt wird, erzeugt im Kristall natürlich eine Eigenspannung, die im folgenden näher betrachtet werden soll. An sich müßte man zu diesem Zweck die Bindungskräfte aller Atome untereinander betrachten. Dies ist jedoch bei der großen Anzahl der Atome ein aussichtsloses Unterfangen. Wenn man aber bedenkt, daß mit Ausnahme der unmittelbaren Nachbarschaft der Versetzungen die Verschiebung der Atome nur gering ist, sieht man wohl ein, daß man zur Berechnung der Spannungen im gesamten Außenbereich das HOOKEsche Gesetz und ein Kontinuum zugrunde legen kann. Zu diesem Zweck läßt man um die eigentliche Versetzungslinie einen Zylinder, dessen Durchmesser einige wenige Atomabstände beträgt, unberücksichtigt. Für den verbleibenden Teil wird das Problem auf die Berechnung der Eigenspannung eines Hohlzylinders zurückgeführt. Die Lösung ist aus der Technik lange bekannt. Es gilt für die Stufenversetzung

$$\tau_{xz} = \frac{G\,b}{2\,\pi\,(1-\mu)}\,\frac{x\,(x^2-z^2)}{(x^2+z^2)^2},$$

$$\sigma_x = -\frac{G\,b}{2\,\pi\,(1-\mu)}\,\frac{z\,(3\,x^2+z^2)}{(x^2+z^2)^2},$$

$$\sigma_z = \frac{G\,b}{2\,\pi\,(1-\mu)}\,\frac{z\,(x^2-z^2)}{(x^2+z^2)^2}$$

(Koordinatensystem siehe Abb. 13).

Abb. 13. Koordinatensystem zur Berechnung der elastischen Spannung

Wir haben in der Umgebung der Versetzung sowohl Normal- als auch Schubspannungen. Es interessiert speziell der hydrostatische Druck

$$p = \frac{1}{3}(\sigma_x + \sigma_y + \sigma_z) = \frac{G\,b}{6\,\pi\,(1-\mu)}\,\frac{2\,z}{x^2+z^2} = \frac{G\,b}{6\,\pi\,(1-\mu)}\,\frac{2\sin\varphi}{r}.$$

Er ist oberhalb der Versetzungen positiv und unterhalb negativ (Abb. 14) Dies sieht man auch ein, wenn man bedenkt, daß ja oberhalb der Gleitebene eine zusätzliche Gitterebene eingeschoben wurde. Der hydrostatische Druck ist von Interesse bei der Betrachtung der Wechselwirkung von Versetzungen mit Fremdatomen und Leerstellen. Leerstellen und Fremdatome mit kleinerem Radius als das Grundmaterial wandern bevorzugt zu Gebieten, wo der hydrostatische Druck positiv ist. Größere Atome dagegen wandern zu den Gebieten negativen hydrostatischen Druckes. Sie werden also von der Versetzung angezogen. Umgekehrt üben sie

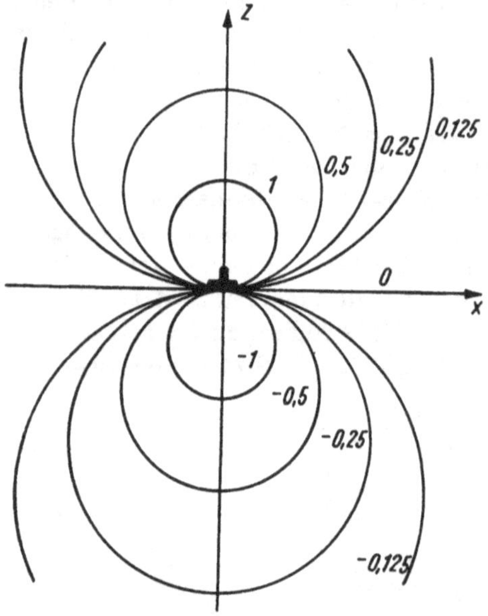

Abb. 14. Hydrostatischer Druck in der Umgebung einer Stufenversetzung

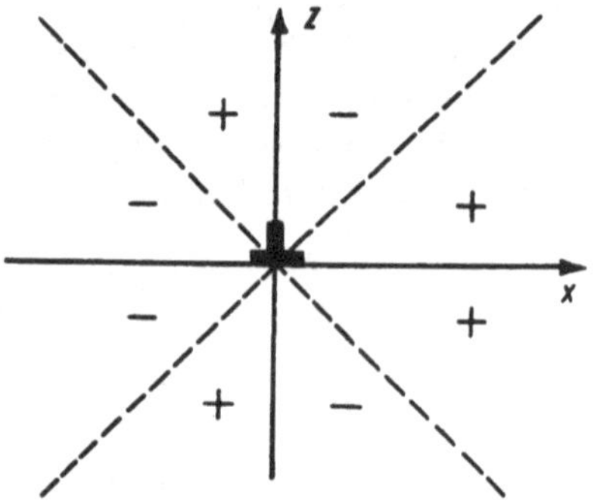

Abb. 15. Vorzeichen der Schubspannung in der Umgebung einer Stufenversetzung

aber auch eine Anziehungskraft auf die Versetzung aus, so daß diese in der Bewegung behindert wird. Besonders untersucht wurde dieser Effekt bei der Einlagerung von Kohlenstoff oder Stickstoff im Eisen, wo die Wolke der Einlagerungsatome, die sich um die Versetzung bildet, die sogenannte COTTRELL-Wolke, Anlaß zu den bekannten Streckgrenzeneffekten gibt. Neben diesen Normalspannungen treten, wie aus den obigen Gleichungen hervorgeht, auch Schubspannungen auf. Diese bewirken mit Fremdatomen keine direkte Wechselwirkung. Wie aber schon dargelegt wurde, sind die Schubspannungen maßgebend für die Verformung. Sie können sich den von außen angelegten Schubspannungen überlagern. Es interessiert zunächst das Vorzeichen der Schubspannung. In Abb. 15 ist dies gemäß o. g. Gleichung für τ_{xz} aufgetragen. Die Schubspannungen verschwinden auf der z-Achse sowie der Geraden $x = z$.

In ähnlicher Weise läßt sich auch das Spannungsfeld einer Schraubenversetzung berechnen. Hier ergibt sich

$$\tau_{xy} = -\frac{G\,b}{2\pi}\frac{z}{x^2+y^2}, \qquad \tau_{zy} = \frac{G\,b}{2\pi}\frac{x}{x^2+y^2}.$$

Normalspannungen und daher Wechselwirkung mit Fremdatomen treten nicht auf. Wenn das Spannungsfeld bekannt ist, läßt sich auch die elastische Energie berechnen, die zur Bildung einer Versetzung notwendig ist. Bei Gültigkeit des HOOKEschen Gesetzes gilt

$$dE = \frac{1}{2}(\sigma_x \varepsilon_x + \sigma_y \varepsilon_y + \sigma_z \varepsilon_z + \tau_{xy}\gamma_{xy} + \tau_{yz}\gamma_{yz} + \tau_{zx}\gamma_{zx}).$$

Führt man die Integration aus, wobei man als Volumen einen Hohlzylinder mit Außen- bzw. Innenradius R_a und R_i zugrunde legt, ergibt sich die Energie pro Längeneinheit zu

$$\frac{E}{l} = \varepsilon = \frac{G}{4\pi}\left\{\frac{b_{st}^2}{1-\mu} + b_{schr}^2\right\}\ln\frac{R_a}{R_i}.$$

Hierbei bedeuten b_{st} den Stufenanteil und b_{schr} den Schraubenanteil der Versetzungen. Da die Abmessungen logarithmisch eingehen, wird das Ergebnis nicht stark von der Wirklichkeit abweichen, wenn sie nur annähernd richtig abgeschätzt sind. In unserem Rahmen kann man daher R_i mit dem BURGERS-Vektor $\sim 3\times10^{-8}$ cm und R_a mit der Mosaikblockgrenze $\sim 10^{-4}$ cm identifizieren. Damit wird, wenn man noch $\mu = 0$ setzt $\varepsilon = \frac{G\,b^2}{2}$.

Diese Abschätzung gilt unabhängig vom Verlauf der Versetzungslinie und von ihrem Charakter als Schrauben- oder Stufenversetzung. Bei der Einführung des Versetzungsbegriffes als Berandung der abgeglittenen Fläche hatten wir die Möglichkeit offen gelassen, daß Versetzungen sich verzweigen oder auch vereinigen. Es war lediglich zu fordern, daß der BURGERS-Vektor ein Gittertranslationsvektor ist, da sonst im abgeglittenen Bereich das Gitter nicht mehr in Ordnung wäre. Diese Aussage müssen wir nun insofern verschärfen, als im allgemeinen nur solche Reaktionen auftreten, bei denen sich die Energie verringert. Nehmen wir als Beispiel an, daß zwei Versetzungen mit den BURGERS-Vektoren $\mathfrak{b}_1$ und $\mathfrak{b}_2$ sich zu einer einzigen vereinigen wollen. Die Energiebilanz liefert $\varepsilon_v = \frac{G}{2}(\mathfrak{b}_1^2 + \mathfrak{b}_2^2)$ vor der Vereinigung und $\varepsilon_n = \frac{G}{2}(\mathfrak{b}_1 + \mathfrak{b}_2)^2$ nach der Vereinigung. Wegen $(\mathfrak{b}_1 + \mathfrak{b}_2)^2 = \mathfrak{b}_1^2 + \mathfrak{b}_2^2 + 2\,|\mathfrak{b}_1|\,|\mathfrak{b}_2|\cos\alpha$ sieht man, daß diese Vereinigung nur dann mit einem Energiegewinn verbunden ist, wenn die BURGERS-Vektoren einen stumpfen Winkel miteinander bilden. Versetzungslinien mit einem stumpfen Winkel zwischen den BURGERS-Vektoren wollen sich also vereinigen. Solche mit spitzem Winkel dagegen streben auseinander. Gehen wir wieder auf das Bild der abgeglittenen Fläche zurück, so ergibt sich, daß der Sprung in Einzelschritte aufgelöst wird, wenn der BURGERS-Vektor ein Vielfaches des kleinsten Translationsvektors ist.

Die Linienenergie der Versetzungen bewirkt die Tendenz, die Versetzungslinie möglichst kurz, d. h. geradlinig verlaufen zu lassen, da dieser Endzustand die geringste Energie erfordert. Die Versetzungslinie hat die Tendenz, sich wie ein Gummifaden zusammenzuziehen. Ihr kann eine Linienspannung zugeschrieben werden.

Wir hatten die Versetzung zur Deutung der plastischen Verformung angenommen. Es erscheint nun zweckmäßig, auf die Kräfte näher einzugehen, die die Versetzung über die Gleitebene treibt. Wenn die Versetzungslinie die gesamte Fläche F überstrichen hat (Abb. 16), beträgt die Abgleitung gerade den BURGERS-Vektor. Wir nehmen nun an, daß für den Fall, daß nicht die ganze Fläche überstrichen wird, die Abgleitung jeweils proportional dem überstrichenen Flächenelement wird. Es gilt also dann

$$da = \mathfrak{b} \cdot l \cdot ds/F \, .$$

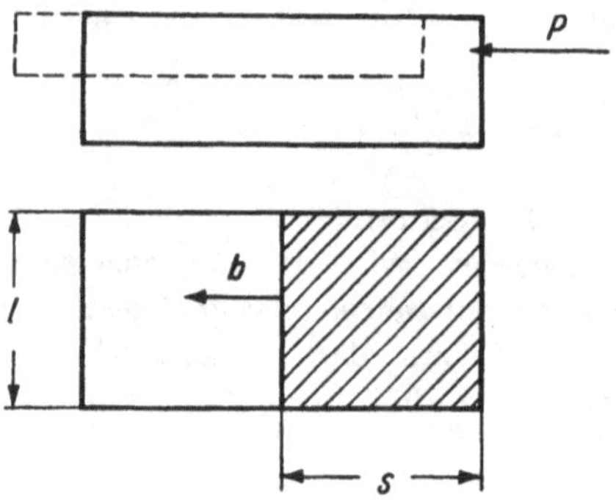

Abb. 16. Berechnung der Kraft auf eine Versetzungslinie

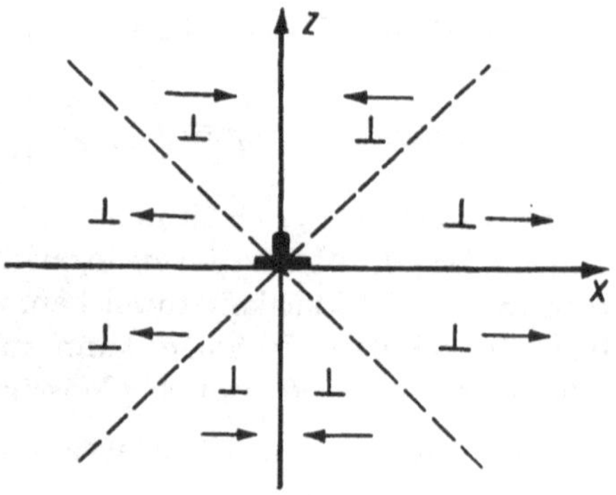

Abb. 17. Wechselwirkung auf eine Stufenversetzung

Zu dieser Abgleitung wird eine Arbeit verbraucht, wenn P die Kraft ist, die an dem oberen Teil des Kristalles angreift. Die Arbeit beträgt

$$dA = P\,da = P\,\mathfrak{b}\,l\,ds/F = \tau\,\mathfrak{b}\,l\,ds \, ,$$

wenn τ die von außen angelegte Schubspannung ist. Man kann aber auch sagen, daß die von außen angelegte Schubspannung eine Kraft auf die Versetzungslinie ausübt. Die Arbeit, die dann bei der Bewegung der Versetzungslinie um die Strecke ds aufgebracht wird, ist dann $dA = K(\tau)\,l\,ds$. Durch Vergleich der beiden Beziehungen erhält man

$$K(\tau) = \mathfrak{b}\,\tau \, .$$

Jede Schubspannung bewirkt eine Kraft auf die Versetzungslinie. Da andererseits jede Versetzungslinie ein Schubspannungsfeld um sich aufbaut, ergeben sich Wechselwirkungskräfte zwischen den Versetzungslinien. Wir hatten schon vorher das Schubspannungsfeld einer Stufenversetzung ermittelt und in der Figur dargestellt. In diesem Feld wirkt auf eine Versetzung gleichen Vorzeichens eine Kraft, deren Richtung in Abb. 17 angedeutet ist. Bei Versetzungen ungleichen Vorzeichens wirkt die Kraft in der Gegenrichtung. Wir lesen aus der Abbildung ab, daß sich gleichnamige Versetzungen in der gleichen Gleitebene abstoßen. Dieses Ergebnis wurde auch durch die Energiebetrachtungen nahegelegt. Versetzungen, die in der Zeichnung senkrecht übereinander liegen, bilden eine stabile Lage (Abb. 18).

II. Erzeugung von Versetzungen

Wir sind nun in der Lage, den Ablauf der plastischen Verformung zu verstehen. Er ist darstellbar als die Bewegung von Versetzungen. Es erhebt sich aber nun die Frage nach dem Ursprung dieser Versetzungen im Kristall. Zu Beginn dieser

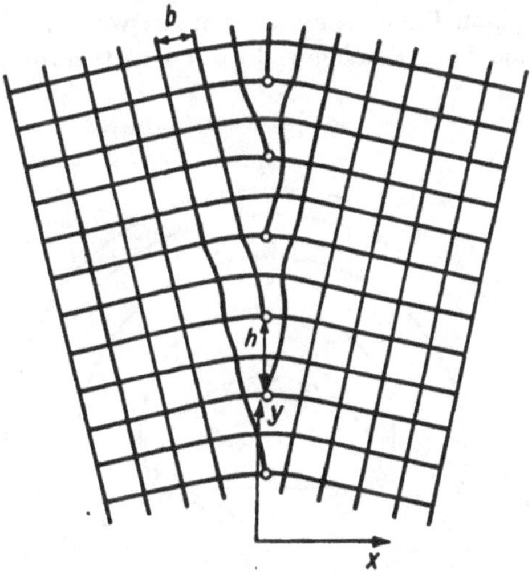

Abb. 18. Kleinwinkelkorngrenze (nach COTTRELL)

Entwicklung nahm man an, daß die Versetzungen unter dem Einfluß genügend großer Schubspannungen spontan im Material entstehen. Zur Bildung von solchen Versetzungen müßte dann eine bestimmte Bildungsenergie E_B aufgebracht werden. Diese Energie sollte durch die äußere Spannung erzeugt werden; falls diese nicht ganz ausreicht, wird der fehlende Rest durch statistische Energieschwankungen, wie sie die BOLTZMANNsche Theorie der Statistik voraussagt, aufgebracht werden. Die Bildungswahrscheinlichkeit würde dann durch eine ARRHENIUS-Gleichung der Form

$$v = c \cdot e^{-\frac{E_B - E(\tau)}{k\,T}}$$

beschrieben. Gegen diese Vorstellung sprechen nun verschiedene Beobachtungen. Aus der Temperaturabhängigkeit der Streckgrenze muß sich eine Aussage über die Bildungsenergie der Versetzungen gewinnen lassen. Der so ermittelte Wert stimmt jedoch nicht mit den Energiebeträgen zur Bildung der Versetzungen überein, die man aus Rechnungen erhält. Weiter bleibt die Tatsache schwer verständlich, daß in gewissen Stadien der Verformung schnell hintereinander auf ganz bestimmten Ebenen Abgleitung stattfindet, daß also hier ständig Versetzungen erzeugt werden, während dies an anderen Stellen nicht der Fall ist. Man sollte daher Versetzungsquellen annehmen, die laufend Versetzungen erzeugen können. Von den verschiedenen diskutierten Möglichkeiten einer solchen Quelle soll hier die Frank-Read-Quelle (Abb. 19) als bekanntestes Beispiel behandelt werden. Die Ursache der Quelle wird von einer Versetzung gebildet, die längs der Strecke l in ihrer Gleitebene verläuft. An den Enden ist die Versetzung verankert, z. B. dadurch, daß sie außerhalb der Gleitebene verläuft. Unter dem Einfluß einer Schubspannung wandert die Versetzung zwischen den beiden Ankerpunkten aus. Die Linienspannung will sie zurückziehen. Zwischen den beiden Festpunkten bildet die Versetzungslinie einen Kreisbogen, dessen Auswölbung bei kleiner Spannung mit dieser wächst. Aus dem Gleichgewicht der Kräfte kann man die Auswölbung abschätzen.

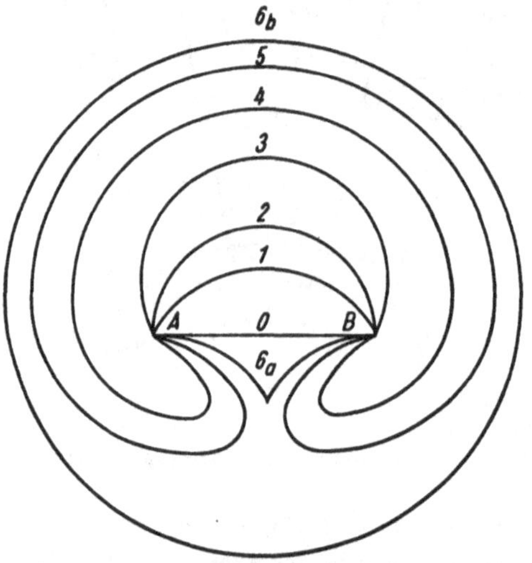

Abb. 19. Frank-Read-Quelle

Es ist dann $\tau = G \cdot \mathfrak{b}/2\,r$, wo r der Krümmungsradius der Versetzungslinie ist. Je größer der Radius wird, um so kleiner ist die Gleichgewichtsspannung. Nun lassen sich aber zwischen zwei Punkten immer zwei Kreisbögen mit gleichem Radius ziehen. Es gibt daher für jede Spannung zwei Gleichgewichtslagen. Man überlegt sich leicht, daß die mit der kleineren Auswölbung stabil ist, während die andere einem labilen Zustand entspricht. Der kleinste Radius, der auftreten kann, ist $r = l/2$. Hier fallen beide Gleichgewichtslagen zusammen. Wenn man also die Schubspannung von Null stetig wachsen läßt, wölbt sich die Versetzungslinie immer weiter aus, bis sie bei der kritischen Spannung

$$\tau_k = G\,\mathfrak{b}/l$$

halbkreisförmig ist. Bei einer Überschreitung dieser Spannung nimmt die Versetzung nacheinander die in Abb. 19 gezeigten labilen Lagen an. Auf der rückwärtigen Seite vereinigen sich die Versetzungsstücke. Es hat sich dann ein Versetzungsring gebildet, und die ursprüngliche Konstellation hat sich wieder eingestellt. Das Spiel kann dann von neuem beginnen. Wenn also einmal eine derartige Quelle besteht, so ist sie in der Lage, ständig neue Versetzungen zu erzeugen. Die entstehenden Versetzungsringe in dem geschilderten einfachen Fall liegen alle in einer Ebene, so daß in dieser Ebene ein Abgleiten über viele Stufen stattfindet. Untersuchungen zeigen, daß eine derartige Quelle bis zu 1 000 Versetzungsringe erzeugen kann. Es erhebt sich natürlich sofort die Frage, wo die Ausgangsversetzungen, die für die Frank-Read-Quelle nötig sind, herkommen. Wir müssen hier feststellen, daß beim Kristallwachstum aus verschiedenen Gründen solche Versetzungen gebildet werden. Die Untersuchung sorgfältigst hergestellter Einkristalle zeigt, daß sie immer noch Versetzungen enthalten. Um nur einige dieser Mechanismen zu nennen, sei daran erinnert, daß bei der Kristallisation aus der Schmelze immer ein Temperaturgradient auftritt. Das feste Material ist im Inneren kälter als unmittelbar an der Flüssigkeitsgrenze. Mit der Temperatur ändert sich aber auch der Gitterparameter, d. h. der Abstand zwischen den Atomen. Beim Erstarren passen die heißen Atomlagen nicht genau auf die kälteren, so daß der Ausgleich durch Versetzungen erfolgen muß. Ähnlich liegen die Dinge bei Fremdatomen.

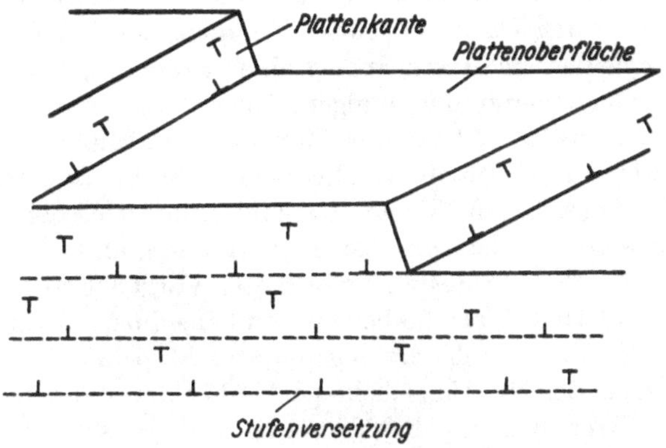

Abb. 20. Entstehung von Versetzungen (nach Tiller)

Wie Tiller gezeigt hat, führen ähnliche Effekte beim Vorhandensein von Fremdstoffen zur Versetzungsbildung. Das Erstarren aus der Schmelze erfolgt nicht atomlagenweise; es werden vielmehr einzelne Lamellen aufgebaut (Abb. 20). Nun ist die chemische Zusammensetzung des erstarrenden Kristalls etwas verschieden von der Schmelze. Diese Tatsache wird bekanntlich beim Zonenschmelzen zum Reinigen der Stoffe benutzt. Als Folge davon muß aber die Schmelze in der Nähe des Kristalls eine etwas andere Zusammensetzung haben als weiter davon entfernt. Ganz besonders in den in der Abbildung zu sehenden Kanten wird sich der Konzentrationsunterschied nicht durch Diffusion ausgleichen können. Wenn aber in der Schmelze ein Konzentrationsgefälle vorhanden ist, so wird der Kristall dadurch beeinflußt, daß auch hier in der Lamelle Konzentrationsunterschiede und damit Unterschiede im Gitterparameter auftreten. Die unterschiedlichen Gitterparameter können aber nur durch Versetzungen ausgeglichen werden.

Kristalle, die Versetzungen enthalten, sind im Wachstum gegenüber anderen bevorzugt. Wenn nämlich in einem Kristall eine Gitterebene fertiggestellt ist, benötigt man zum Beginn einer neuen Gitterebene zunächst einen Keim. Wenn dieser Keim einmal vorhanden ist, wächst die Ebene schnell weiter. Wenn aber eine Versetzungslinie an der Kristalloberfläche mündet mit einem BURGERS-Vektor, der eine Komponente senkrecht zur Oberfläche hat, entfällt die sonst nötige Keimbildung. In Abb. 21 ist ein solcher Fall dargestellt, wo eine Schraubenversetzung die Oberfläche erreicht. Durch den Anbau von Atomen kann die Fläche wendelförmig weiterwachsen. Durch einen derartigen Mechanismus, der für das Whiskerwachstum häufig diskutiert wurde, sind Kristalle mit Versetzungen im Wachstum gegenüber anderen bevorzugt. Sie sind daher auch häufiger anzutreffen.

Aber auch nachdem der Kristall fertig gewachsen ist, ist die Bildung von Versetzungen noch möglich. Ein durchsichtiges Beispiel liefert die Kondensation von Leerstellen. Bei der Besprechung der Bewegungsmöglichkeiten von Versetzungen hatten wir gesehen, daß nichtkonservative Bewegung mit der Erzeugung oder Vernichtung von Leerstellen verknüpft ist. Wenn aber z. B. infolge schneller Abkühlung, d. h. durch Abschrecken, eine hohe Leerstellenübersättigung vorliegt, können diese nicht durch Diffusion schnell genug zu den Versetzungen wandern. Die Leerstellen scheiden sich dann analog einer zweiphasigen Entmischung aus, indem sie sich zu Konglomeraten vereinigen. Energetisch günstig ist eine scheibenförmige Anordnung, wie sie z. B. auch bei der Al-Aushärtung von Al-Cu-Legierungen beobachtet wird. Eine Scheibe von Leerstellen ist aber nichts anderes als eine fehlende Gitterebene (Abb. 22). Wenn dieses fehlende Stück der Gitterebene groß genug wird, klappen die beiden Oberflächen zusammen, und es entsteht eine ringförmige Versetzung. Bei der Besprechung dieser Vorgänge in kfz-Gittern treten Besonderheiten insofern auf, als die beiden nun benachbarten Ebenen nicht mehr aufeinander passen. Es entsteht ein sogenannter Stapelfehler. Dieser kann beseitigt werden, wenn sich die eine Ebene gegenüber der anderen um ein gewisses Stück verschiebt. Bei hoher Stapelfehlerenergie wird dies stattfinden. Das Gebiet ist aber dann durch eine sog. R-Versetzung begrenzt. Ist aber die Stapelfehlerenergie nur klein, so wird sich nicht eine solche R-Versetzung bilden, sondern es entsteht ein Tetraeder, das von Stapelfehlern begrenzt ist. Die Kanten bilden sog. LOMER-COTTRELL-Versetzungen. Man kann durch Abschätzen der Energie gleich einem Zustandsdiagramm die jeweils stabilen Konfigurationen auftragen und dann aus der Beobachtung Rückschlüsse auf Stapelfehlerenergie und Oberflächenenergie ziehen (Abb. 23).

Diese Vorgänge werden in dem folgenden Vortrag näher diskutiert. Es kam mir darauf an, zu zeigen, daß man auch vor der Verformung in jedem Fall mit Versetzungen im Kristall zu rechnen hat. Diese Versetzungen bilden ein räumliches Netzwerk. Es kann mit der röntgenographisch geforderten Mosaikstruktur identifiziert werden. Diese Versetzungen bilden die Grundstruktur. Von ihr ausgehend

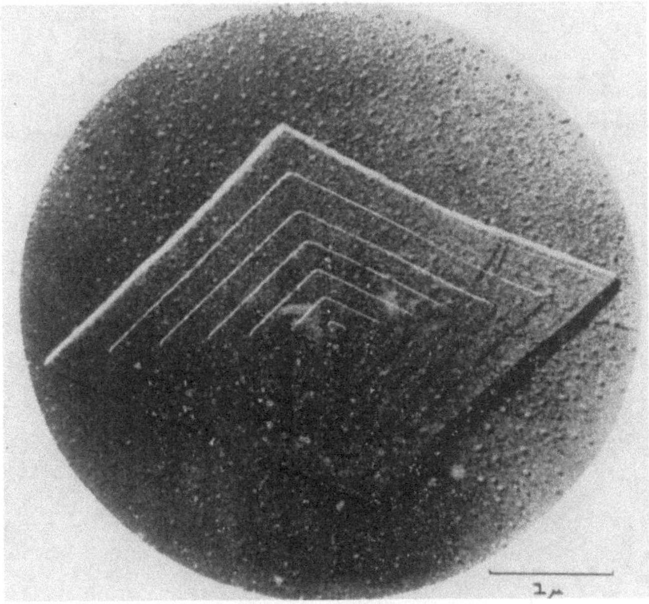

Abb. 21. Wachstumspirale auf einem Paraffin-Kristall
(nach Dawson und Vand)

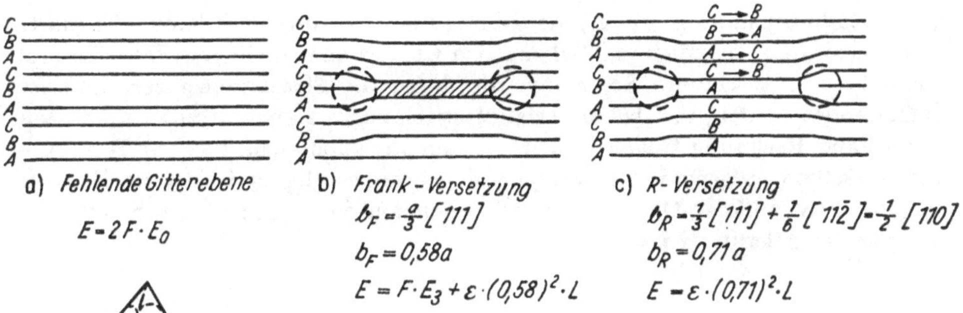

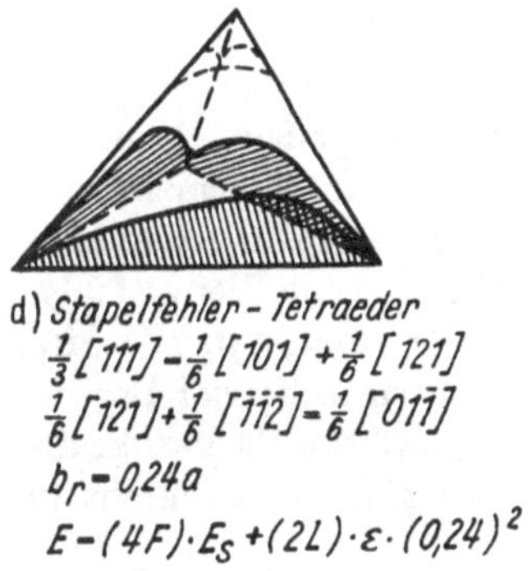

Abb. 22. Typen von Leerstellenzentren

E = Gesamtenergie
E_0 = spez. Oberflächenenergie
E_s = spez. Stapelfehlerenergie
ε = Linienenergie der Versetzung für $b = a$
F = Fläche
Z = Länge der Versetzung

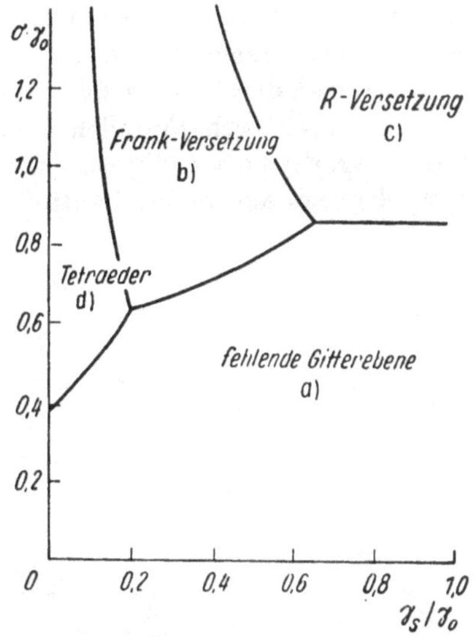

Abb. 23. Stabile Leerstellenzentren

$\delta = s/a$
mit
s = Kantenlänge der als dreieckig angenommenen Fläche
$\gamma_0 = E_0/G \cdot a$
$\gamma_s = E_s/G \cdot a$

kann man dann die plastische Verformung, insbesondere das Vorhandensein einer Streckgrenze behandeln.

III. Streckgrenze

Wir hatten festgestellt, daß sich die Versetzungen unter dem Einfluß einer Schubspannung bewegen. Man sollte daher vermuten, daß schon eine beliebig geringe Schubspannung genügt, die Versetzungsbewegung und damit die plastische Verformung einzuleiten. Bekanntlich ist dies aber nicht der Fall. Es muß vielmehr eine bestimmte Spannung, die durch die Streckgrenze bestimmt ist, aufgewendet werden, um das Material plastisch zu verformen. Wenn wir diesem Tatbestand Rechnung tragen wollen, müssen wir annehmen, daß zur Bewegung von Versetzungen gewisse Mindestspannungen notwendig sind. Bei der Betrachtung der FRANK-READ-Quelle hatten wir schon eine derartige kritische Schubspannung kennengelernt. Sie war

$$\tau = \frac{G\mathfrak{b}}{l}.$$

Es gibt aber außerdem noch andere Hindernisse, die durch die äußere Spannung überwunden werden müssen. So konnte PEIERLS zeigen, daß unter dem Einfluß der Kristallstruktur für die Versetzungslinien energetisch günstige Lagen existieren, zwischen denen solche mit höherer Energie liegen. Um nun eine Versetzungslinie durch den Kristall zu bewegen, müssen Schubkräfte, die PEIERLSkräfte, aufgebracht werden. Sie lassen sich ähnlich abschätzen wie wir es bei der Berechnung der „theoretischen Festigkeit" taten. Es zeigt sich, daß die PEIERLSkräfte im allgemeinen kleiner sind als die kritische Schubspannung, so daß sie nicht die wesentliche Grundlage der Metallfestigkeit sein können.

Wesentlicher sind die Wechselwirkungskräfte zwischen den Versetzungen. Wir hatten gesehen, daß jede Versetzung ein Schubspannungsfeld um sich aufbaut. Soll nun eine Versetzung durch eine Anordnung von im wesentlichen parallelen Versetzungen durch einen sogenannten Versetzungswald hindurchbewegt werden, so muß sie ein sich räumlich änderndes Spannungsfeld überwinden. So ist die Spannung, die notwendig ist, die Einzelversetzungen in Abb. 24 durch die Anordnung der anderen hindurchzutreiben,

$$\tau = \frac{G}{2\pi(1-\mu)} \cdot \frac{\mathfrak{b}}{l}.$$

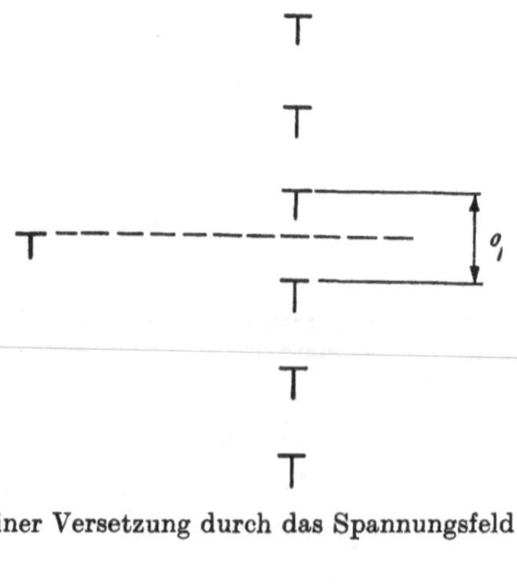

Abb. 24. Bewegung einer Versetzung durch das Spannungsfeld anderer Versetzungen

Aber auch für das Schneiden von Versetzungen ist eine Energie aufzubringen. Um dies einzusehen, betrachten wir in Abb. 25 eine Versetzung 1, die sich in ihrer Gleitebene nach rechts bewegt. Auf dem Weg trifft sie auf die Versetzung 2. Wir können uns, wie wir im ersten Teil des Vortrages gesehen haben, diese 2. Versetzung dadurch entstanden denken, daß der Kristall, wie es in der Abbildung angedeutet ist, aufgeschnitten wurde und dann die beiden Teile um den BURGERS-Vektor $\mathfrak{b}_2$ gegeneinander verschoben sind. Hierdurch wird die Gleitebene geteilt.

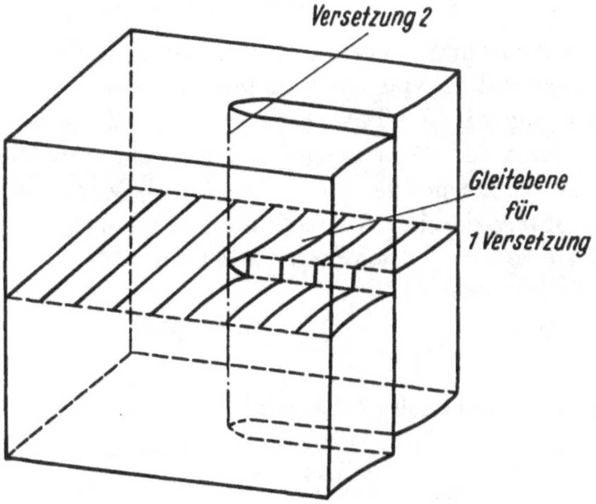

Abb. 25. Kreuzen von Versetzungen

In die Versetzungslinie 1 wird dann nach dem Schneiden ein Stück eingeschoben, das mit $\mathfrak{b}_2$ übereinstimmt. Wenn $\mathfrak{b}_2$ nicht gleich $\mathfrak{b}_1$ war, kann die Bewegung des Zwischenstückes einer nicht konservativen Bewegung entsprechen. Da das Versetzungsstück aber von der übrigen Versetzung mitgeschleppt wird, muß es hinter sich einen Schweif von Leerstellen oder auch Zwischengitteratomen zurücklassen. Die hierzu nötige Energie muß von der äußeren Schubspannung aufgebracht werden.

Wir haben also gesehen, daß zur Bewegung der Versetzung eine Anzahl von Widerständen zu überwinden ist, die durch eine charakteristische Spannung τ_v bestimmt sind.

Es mag speziell sein

1. PEIERLS-Kraft: τ_1
2. Kraft zur Anregung von FRANK-READ-Quellen: $\tau_2 = \frac{G \cdot \mathfrak{b}}{l}$
3. Kraft, um ein Kreuzen von Versetzungslinien zu ermöglichen: τ_3
4. die Kraft, die die Versetzung durch das Spannungsfeld ungefähr paralleler Versetzungen treibt:

$$\tau_4 = \frac{G}{2\pi(1-\mu)} \frac{\mathfrak{b}}{l}.$$

In allen Fällen kann, wenn die Spannung nicht voll ausreicht, der Rest durch thermische Aktivierung ersetzt werden. Jeder Vorgang wird daher durch eine Arrhenius-Gleichung der folgenden Form beherrscht:

$$a^{\cdot} = C_\nu \cdot e^{-\frac{U_\nu - v_\nu \tau_\nu}{k\,T}} .$$

Bei sehr tiefer Temperatur, d. h. bei Abwesenheit jeder thermischen Aktivierung, gilt:

$$U_\nu = v_\nu \cdot \tau_{\nu 0} .$$

Hierbei ist U_ν die Aktivierungsenergie des Prozesses, v_ν ein für den Prozeß charakteristisches Volumen und $\tau_{\nu 0}$ der Spannungsanteil bei $T = 0$. Wenn man eine thermische Aktivierung für die Bewegung in einer Richtung zuläßt, so gilt die gleiche Beziehung auch für die Bewegung in der anderen Richtung. Lediglich wird hier die Aktivierungsenergie durch den Betrag $v_\nu \tau_\nu$ nicht herab-, sondern heraufgesetzt. Es ist also das Verhältnis der nichtaktivierten Versetzungen zu den in der einen und zu den in der anderen Bewegungsrichtung aktivierten Versetzungen

$$1 : e^{-\frac{U_\nu - v_\nu \tau_\nu}{k\,T}} : e^{-\frac{U_\nu + v_\nu \tau_\nu}{k\,T}} .$$

Da die Summe der Anteile gleich der Anzahl der Versetzungen überhaupt ist, gilt

$$a^{\cdot} = C_\nu \frac{e^{-\frac{U_\nu - v_\nu \tau_\nu}{k\,T}} - e^{-\frac{U_\nu + v_\nu \tau_\nu}{k\,T}}}{1 + e^{-\frac{U_\nu - v_\nu \tau_\nu}{k\,T}} + e^{-\frac{U_\nu + v_\nu \tau_\nu}{k\,T}}} .$$

Man kann diesen Ausdruck nach τ_ν auflösen, wobei sich unter Benutzung dimensionsfreier Größen

$$\frac{v_\nu}{U_\nu}\tau_\nu = 1 + \frac{k\,T}{U_\nu}\ln\frac{A^{\cdot}}{1 - A^{\cdot}} + \frac{k\,T}{U_\nu}\ln\frac{1 + \sqrt{1 + \frac{4\,(1 - A^{\cdot 2})}{A^{\cdot 2}} \cdot e^{-\frac{2\,U_\nu}{k\,T}}}}{2}$$

ergibt. Führt man eine charakteristische Temperatur

$$\overline{T}_\nu = \frac{U_\nu}{k \ln \frac{1 - A^{\cdot}}{A^{\cdot}}}$$

ein, so ergibt sich bei kleinem $A^{\cdot} = \frac{a^{\cdot}}{C_\nu}$ (nur solche Werte haben praktische Bedeutung) für

$$T \ll \overline{T}_\nu : \frac{v_\nu}{U_\nu}\tau_\nu = 1 - \frac{T}{T_\nu} ,$$

$$T \ll \overline{T}_\nu : \frac{v_\nu}{U_\nu}\tau_\nu = 0 .$$

Der Übergang zwischen den beiden Geraden erfolgt in einem kurzen Kurvenstück (Abb. 26).

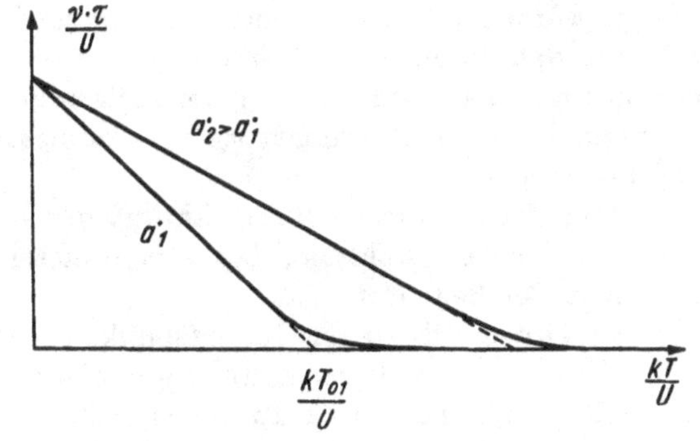

Abb. 26. Berechnung der kritischen Schubspannung für einen Hindernistyp

Die gesamte Spannung setzt sich aus den einzelnen Teilen zusammen. Man kann sich mit der Berücksichtigung der obigen Näherung begnügen. Der Verlauf der Schubspannung ist in Abb. 27 angedeutet.

Für $T < \overline{T}_v$ ist die Spannung stark temperatur- und geschwindigkeitsabhängig. Für höhere Temperaturen wird dieser Einfluß geringer, ohne jedoch, wie sich auch aus Kriechversuchen ergibt, ganz zu verschwinden.

Es ist auf diese Weise gelungen, die Versetzungseigenschaften von Metalleinkristallen zu verstehen. Wir konnten die Streckgrenze und ihre Temperatur- bzw. Geschwindigkeitsabhängigkeit berechnen. Die Ergebnisse stimmen einigermaßen mit der Erfahrung überein. Natürlich sind wir mit den hier dargelegten Überlegungen noch nicht am Ende. Wir haben zum Beispiel den Einfluß der Korngrenzen nicht berücksichtigt. Diese bilden für die Versetzungsbewegung große Hindernisse und erhöhen die Streckgrenze beträchtlich. Soweit es sich um Kleinwinkelgrenzen handelt, kann man als Modell heranziehen, daß sich solche Korngrenzen als Anhäufung von Versetzungen auffassen lassen. Auf diese Weise ist es formal möglich, den Verformungsvorgang auf das Besprochene zurückzuführen. Eine besondere Rolle spielt noch die Tatsache, daß sich die laufenden Versetzungen vor einem solchen Hindernis aufstauen. Ihr eigenes Spannungsfeld addiert sich dann zu der von außen angelegten, so daß auf diese Weise neue Quellen angeregt werden

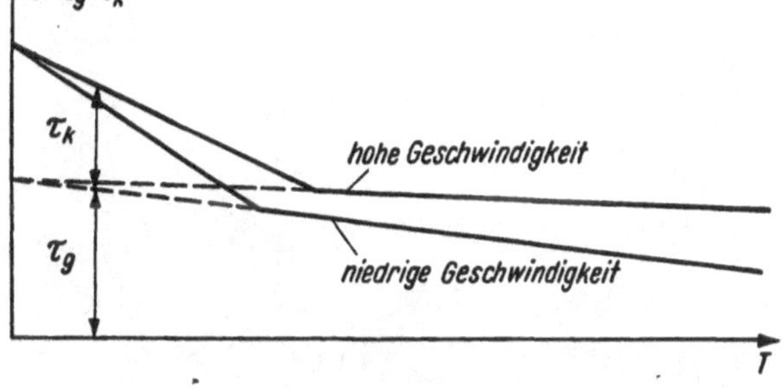

Abb. 27. Kritische Schubspannung als Funktion der Temperatur

können. Des weiteren wurden alle spezifischen Legierungseffekte außer acht gelassen. Es ist bekannt, daß durch solche Legierungen wesentliche neue Eigenschaften hervorgerufen werden können. In einer der vorigen Veranstaltungen im gleichen Rahmen wurden die durch Ordnungsvorgänge bedingten Legierungseinflüsse bereits einmal besprochen.

Ferner wurde in diesem Vortrag nicht auf den Einfluß der speziellen Kristallstruktur eingegangen. Es leuchtet wohl ein, daß gerade dieser Einfluß für das tiefere Verständnis von großer Bedeutung ist.

Im folgenden Vortrag wird gerade dieser Gesichtspunkt besondere Beachtung finden. Es würde den Rahmen dieser Veranstaltung und erst recht dieses Einzelvortrages sprengen, wollte man auf alle diese Tatsachen näher eingehen. Es sollte der Sinn dieser Ausführungen sein, den Weg zu weisen, den die moderne Forschung beschreitet, um die für die technische Anwendung von Werkstoffen so wichtigen mechanischen Eigenschaften zu verstehen und Mittel zu finden, diese in gewollter Weise zu beeinflussen.

Literatur

[1] Cottrell, A. H., Dislocations and plastic flow in crystals. Oxford, the Clarendon Press 1953.

[2] Seeger, A., Handbuch der Physik, Band VII/2, Kristallphysik II. Springer-Verlag, 1958.

[3] Täubert, P., Metallphysik. Verlag Teubner, Leipzig 1963.

Dr. rer. nat. Hans-Joachim Bunge

Abteilungsleiter im Institut für Strukturforschung der Deutschen Akademie der Wissenschaften zu Berlin

ÜBER DIE GEOMETRIE DER VERSETZUNGEN

Versetzungen im Kontinuum und im kubisch-primitiven Gitter

Im vorangehenden Vortrag wurden die grundlegenden Eigenschaften der Versetzungen behandelt. Dabei hat sich gezeigt, daß viele Eigenschaften der Versetzungen schon verstanden werden können ohne Berücksichtigung des atomaren Aufbaues des betreffenden Festkörpers. So kann zum Beispiel das elastische Spannungsfeld einer Versetzung schon ziemlich gut mit Hilfe der Kontinuumsmechanik berechnet werden. Für die unmittelbare Umgebung des Kerns der Versetzung reicht diese Betrachtungsweise natürlich nicht zu. Hier muß das zugrunde gelegte Modell verfeinert werden. Es muß der periodische Aufbau aus Atomen berücksichtigt werden. Abbildung 1 zeigt, wie man sich die Atomanord-

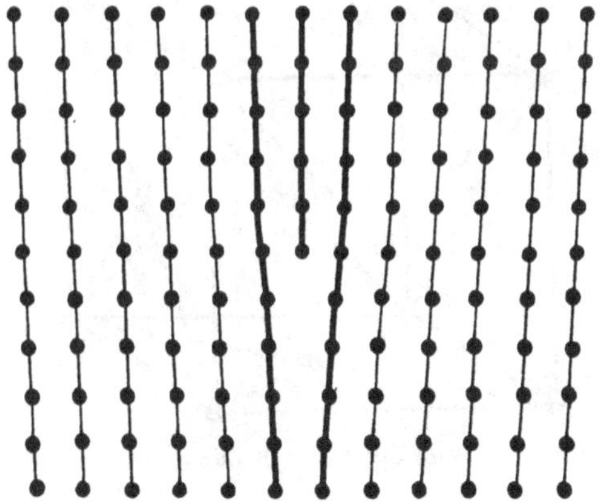

Abb. 1. Versetzung im kubisch-primitiven Gitter

nung in der unmittelbaren Umgebung einer Stufenversetzung vorstellen kann. Aus diesem Modell kann man zum Beispiel die verhältnismäßig gute Gleitfähigkeit der Versetzungen ableiten. Man erkennt sehr anschaulich, wie die Atome nacheinander über eine Potentialschwelle hinweggezogen werden. Dieses Modell entspricht einem einfachen kubischen Gitter aus gleichen Atomen, was ja in der Natur kaum vorkommt. Die Verhältnisse in anderen Gittern liegen jedoch ganz ähnlich, insofern als alle Gitter periodisch aus Atomen aufgebaut sind und es in dieser Näherung eben nur auf die Periodizität ankam. Es gibt jedoch eine Reihe von Fragen, für die auch dieses zweite, verfeinerte Modell nicht zureicht. Eine ganze Reihe wichtiger Eigenschaften von Versetzungen ist nur zu erklären unter Berücksichtigung des speziellen Gittertypes. In diesem Vortrag haben wir uns gerade mit solchen Eigenschaften zu beschäftigen. Da wir hier über Metalle sprechen, werden wir uns auf die in der Metallkunde besonders wichtigen Gittertypen beschränken, und zwar das kubisch-flächenzentrierte und das kubisch-raumzentrierte Gitter sowie die hexagonale dichteste Kugelpackung. Den größten Raum nimmt dabei das kubisch-flächenzentrierte Gitter ein, bei dem die Erscheinungen bisher am besten bekannt sind.

Versetzungen im kubisch-flächenzentrierten Gitter

In Abb. 2 ist eine Elementarzelle eines kubisch-flächenzentrierten Gitters gezeichnet. In Richtung der Würfeldiagonale gesehen sieht die Atomanordnung aus wie in Abb. 3 gezeigt. Dichtest gepackte Kugelschichten sind aufeinander gelegt, jede Schicht in die Lücken der vorhergehenden. Da es doppelt so viele Lücken in einer Schicht gibt wie Atome, gibt es insgesamt drei verschiedene, mit *a*, *b*, *c* bezeichnete Lagemöglichkeiten für die Mittelpunkte der Atome einer Schicht.

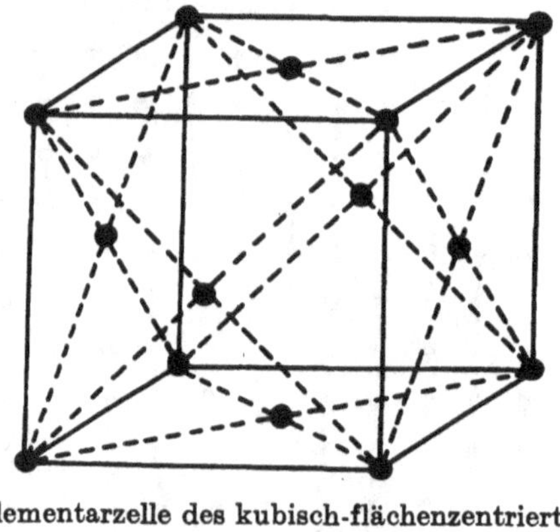

Abb. 2. Elementarzelle des kubisch-flächenzentrierten Gitters

Der kürzeste Gittervektor in diesem Gitter hat die Länge und Richtung der halben Flächendiagonale $a/2\,\{110\}$. Man erhält eine Versetzung mit diesem Vektor als Burgers-Vektor, indem man die in Abb. 3 gezeichnete Atomschicht „aufschneidet" und etwa die rechte Hälfte um diesen Vektor nach rechts verschiebt. Den gleichen Zustand hätten wir herstellen können, wenn wir die beiden in Abb. 3 schraffiert gezeichneten Atomreihen herausgenommen hätten. In Abb. 4 ist die Atomanordnung von der Seite gesehen gezeichnet. Dabei stellen die vollen Kreise Atome in der Zeichenebene dar, die leeren liegen hinter der Zeichenebene. Man erkennt, daß im kubisch-flächenzentrierten Gitter zwei Netzebenen eingeschoben

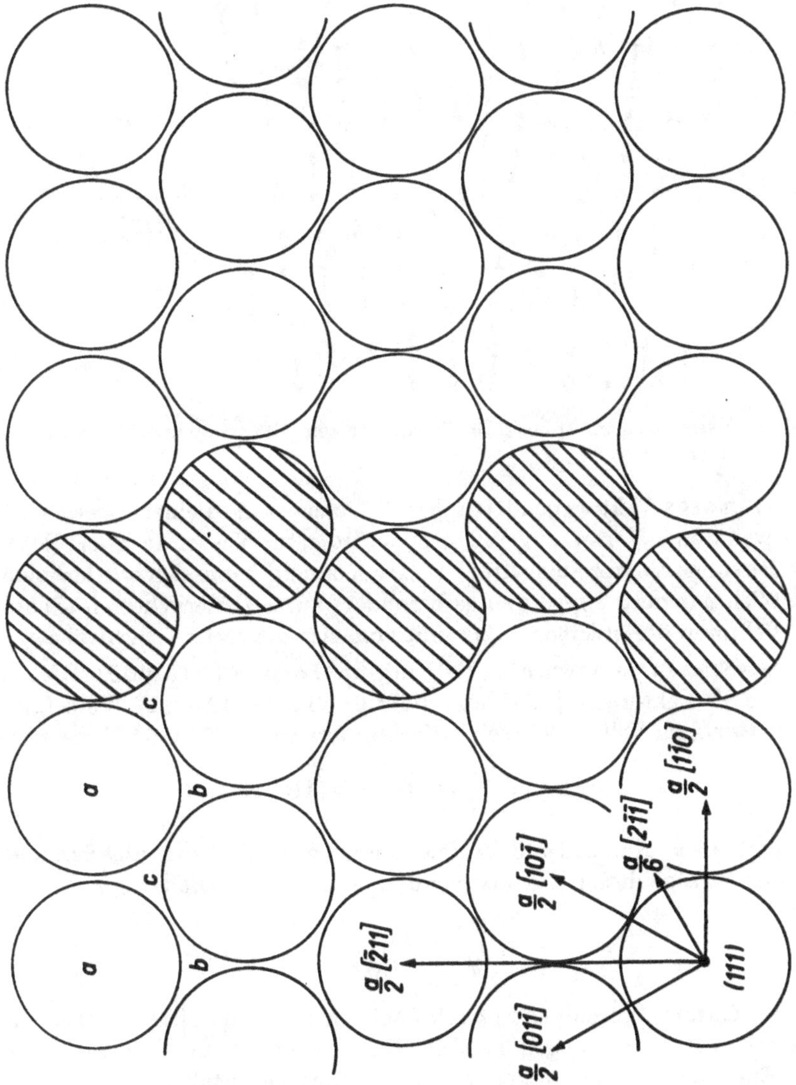

Abb. 3. (111)-Ebene des kubisch-flächenzentrierten Gitters

bzw. herausgenommen sind im Gegensatz zum einfachen kubischen Gitter Abb. 1, wo man nur eine solche Ebene benötigt. Diese Tatsache hat eine wichtige Konsequenz, auf die wir bald zurückkommen werden.

Stabile Versetzungen in verschiedenen Gittern

Die in Abb. 4 dargestellte Versetzung hat den Burgers-Vektor $a/2\{110\}$. Prinzipiell kann natürlich jeder Gittervektor Burgers-Vektor einer Versetzung sein. Wie im ersten Vortrag gezeigt wurde, hängt die Energie einer Versetzung vom

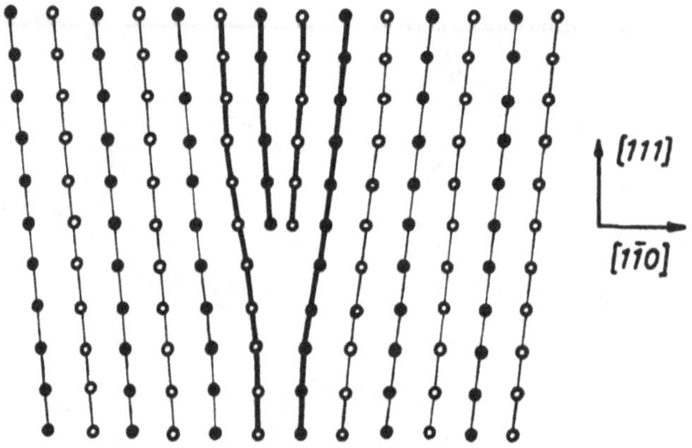

Abb. 4. Versetzung im kubisch-flächenzentrierten Gitter in der (11$\bar{2}$)-Ebene

Betrag des BURGERS-Vektors quadratisch ab. Daher kann es einen Energiegewinn bedeuten, wenn eine Versetzung mit großem BURGERS-Vektor in zwei solche mit kleinerem BURGERS-Vektor aufspaltet. Dieser Vorgang kann sich wiederholen, so daß schließlich nur noch einige wenige besonders kurze Gittervektoren als stabile BURGERS-Vektoren übrigbleiben. Das sind zunächst die sechs verschiedenen kürzesten Gittervektoren der Form $a/2\,\{110\}$ mit der Länge $a/\sqrt{2}$ (Abb. 2). Die nächst größeren sind die Vektoren $a\,\{100\}$, also die Würfelkanten (Abb. 2). Versetzungen mit diesem BURGERS-Vektor können aufspalten in zwei $a/2\,\{110\}$-Versetzungen,

$$a\,[100] = \frac{a}{2}\,[110] + \frac{a}{2}\,[1\bar{1}0]\,,$$

jedoch bringt diese Aufspaltung keinen Energiegewinn, denn die Summe der Quadrate der Beträge dieser Vektorgleichung ist auf beiden Seiten gleich

$$a^2 = \left(\frac{a}{\sqrt{2}}\right)^2 + \left(\frac{a}{\sqrt{2}}\right)^2.$$

Alle anderen Gittervektoren des kubisch-flächenzentrierten Gitters sind als BURGERS-Vektoren von Versetzungen instabil. Die entsprechenden Versetzungen können unter Energiegewinn in zwei oder mehrere kleinere zerfallen.

Ganz ähnlich liegen die Verhältnisse im kubisch-raumzentrierten Gitter. Eine Elementarzelle dieses Gitters ist in Abb. 5 dargestellt. Der kürzeste Gittervektor ist hier $a/2\,\{111\}$, also die halbe Raumdiagonale. Die nächstgrößeren Vektoren sind wieder die Vektoren $a\,\{100\}$, also die Würfelkanten. Sie können aufspalten in zwei kürzeste nach der Reaktionsgleichung

$$a\,[100] = \frac{a}{2}\,[111] + \frac{a}{2}\,[1\bar{1}\bar{1}]\,.$$

Dazu muß jedoch Energie aufgewendet werden. Die Versetzung $a\,\{100\}$ ist also ebenfalls stabil. Alle weiteren sind jedoch instabil.

Schließlich betrachten wir noch die hexagonale dichteste Kugelpackung, deren Elementarzelle in Abb. 6 wiedergegeben ist. Der kürzeste Translationsvektor ist hier der Vektor $a\,\{100\}$, das ist der Abstand zwischen zwei benachbarten Atomen in der Basisebene. Der nächstlängere Vektor in der Basisebene ist $a\,\{1\bar{1}0\}$. Er hat die Länge $a\sqrt{3}$ und kann somit unter Energiegewinn aufspalten in die beiden kleineren

$$a\,[1\bar{1}0] = a\,[100] + a\,[0\bar{1}0]\,.$$

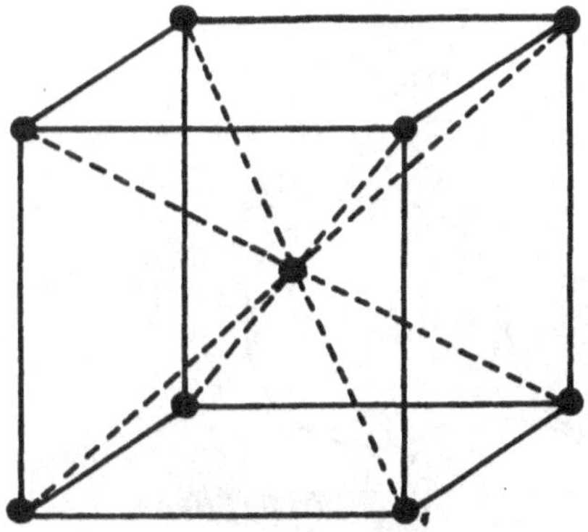

Abb. 5. Elementarzelle des kubisch-raumzentrierten Gitters

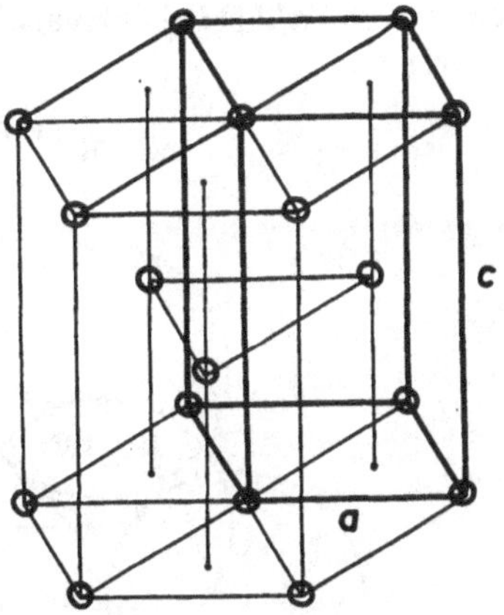

Abb. 6. Elementarzelle der hexagonalen dichtesten Kugelpackung

Er ist also nicht stabil. Senkrecht zur Basisebene ist der kürzeste Vektor $c\,\{001\}$. Er kann nicht in kürzere zerlegt werden und muß infolgedessen stabil sein. Schließlich kann noch ein Vektor $\{a\,o\,c\}$ vorkommen. Sein Betrag ist $\sqrt{a^2\,c^2}$. Er kann daher ohne Energiegewinn aufspalten.

$$[a\,o\,c] = a\,[100] + c\,[001]\,.$$

Weitere Vektoren treten in der hexagonalen dichtesten Kugelpackung nicht als stabile BURGERS-Vektoren auf. In Abb. 7 sind die stabilen BURGERS-Vektoren in den drei Gittern noch einmal zusammengestellt.

	STABIL	INDIFFERENT
Kubisch-flächenzentriert	$\frac{a}{2}$ {110}	a {100}
Kubisch-raumzentriert	$\frac{a}{2}$ {111} a {100}	
Hexagonal	a {100} c {001}	{a 0 c}

Abb. 7. Tabelle der stabilen BURGERS-Vektoren in den drei einfachen Gittern

In Abb. 8 ist noch einmal eine dichtest gepackte Ebene des kubisch-flächenzentrierten Gitters gezeichnet sowie ein Atom der darüber liegenden Schicht. Man erkennt, daß die Verschiebung um den Gittervektor $a/2\ [1\bar{1}0]$ in zwei Schritten geschehen kann. Die obere Atomschicht kann zunächst aus der einen Sorte von Gitterlücken heraus in die andere verschoben werden und von dort aus weiter auf den nächsten Gitterplatz. Dementsprechend kann die Versetzung mit dem BURGERS-Vektor $a/2\ [\bar{1}10]$ aufgespalten werden in zwei Teile mit kleineren BURGERS-Vektoren

$$\frac{a}{2}[1\bar{1}0] = \frac{a}{6}[2\bar{1}\bar{1}] + \frac{a}{6}[1\bar{2}1].$$

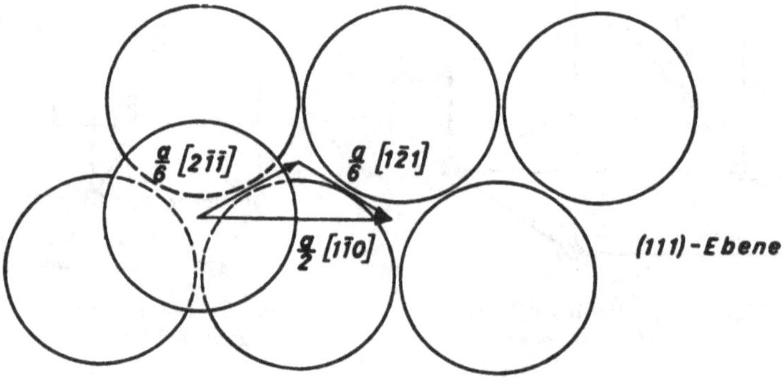

Abb. 8. Aufspaltung des Gleitschrittes $a/2\ [1\bar{1}0]$ in zwei Teilschritte

Da die beiden Vektoren $a/6\,[2\bar{1}\bar{1}]$ und $a/6\,[1\bar{2}1]$ keine Gittervektoren sind (sie führen nicht von einem besetzten Gitterplatz auf einen gleichwertigen anderen), nennt man diese Versetzungen unvollständige Versetzungen. Aus Abb. 8 erkennt man, daß das Gitter nach Ausführung des ersten der beiden Gleitschritte nicht mehr in seiner ursprünglichen Anordnung vorliegt, da die obere Atomschicht jetzt in den vorher unbesetzten Gitterlücken liegt. Betrachten wir die Schichten von der Seite und bezeichnen die drei verschiedenen Lagen mit *a*, *b*, *c*, so haben wir in der ursprünglichen Gitteranordnung die Schichtenfolge *a*, *b*, *c*, *a*, *b*, *c*, *a*, *b*, *c*, ... Abb. 9a. Nach Durchführung des Gleitschrittes $a/6\ [2\bar{1}\bar{1}]$ liegt jedoch die Anordnung *a b c a b a b c a b c* ... vor. Sie enthält einen Stapelfehler. Die vollständige Versetzung mit dem BURGERSvektor $a/2\ \{110\}$ spaltet also auf in zwei unvollständige Versetzungen und einen dazwischen gelegenen Stapelfehler. Wie man aus Abb. 10 erkennt, besitzt jede solche Teilversetzung nur noch eine eingeschobene Netzebene. Im Bereich zwischen den beiden Teilversetzungen treffen jedoch jetzt verschiedene Netzebenen aufeinander, so daß dort ein Stapelfehler entsteht. Ein solcher Stapelfehler stellt einen Bereich erhöhter Energie dar, denn die Atomanordnung weicht ja dort von der stabilen Anordnung, das heißt von der Anord-

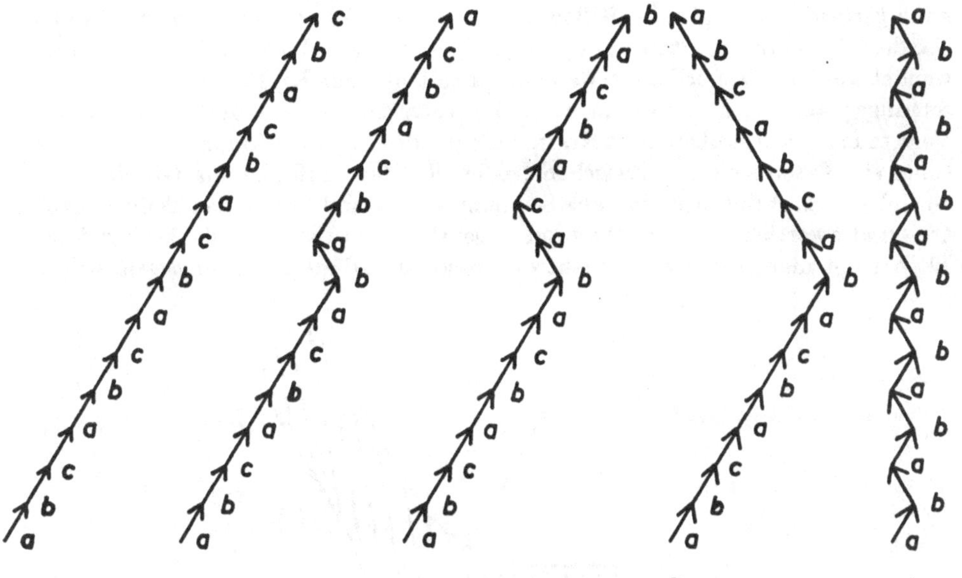

a) b) c) d) e)

Abb. 9. Schichtenfolge bei verschiedenen Stapelfehlern im kubisch-flächenzentrierten Gitter

a) Ungestörtes kubisch-flächenzentriertes Gitter
b) Verformungsstapelfehler
c) Verformungsstapelfehler
d) Zwillingsstapelfehler
e) Hexagonale dichteste Packung

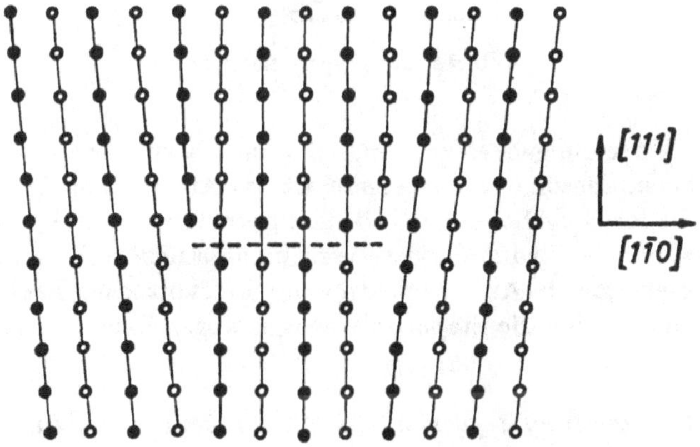

Abb. 10. Unvollständige Versetzung im kubisch-flächenzentrierten Gitter (11$\bar{2}$)-Ebene

nung geringster Energie ab. Sollen also die beiden Teilversetzungen auseinanderwandern, so muß der Stapelfehler vergrößert werden, dazu muß Energie aufgewendet werden. Das bedeutet, daß der Stapelfehler eineKraft auf die beiden Versetzungen ausübt, und zwar zieht er die Versetzungen zusammen. Die beiden Versetzungen selbst üben auch Kräfte aufeinander aus, aber in umgekehrter Richtung, sie stoßen sich ab. Zwischen beiden Kräften muß sich ein Gleichgewicht einstellen. Es ergibt sich ein ganz bestimmter Abstand der beiden Teilversetzungen, und zwar hängt dieser Abstand wesentlich von der Stapelfehlerenergie ab. Beobachtet man also etwa im Elektronenmikroskop die Aufspaltungsweite solcher

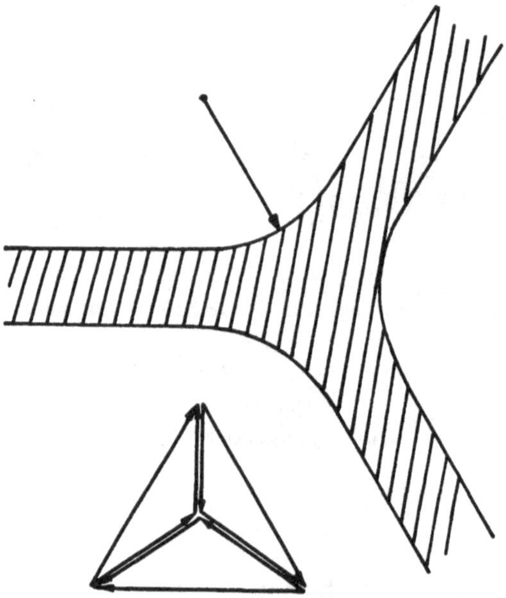

Abb. 11. Aufgespaltener Knoten

aufgespaltener Versetzungen, so kann man daraus näherungsweise die Stapelfehlerenergie berechnen. Besonders interessant ist die Aufspaltung in unvollständige Versetzungen in der Umgebung von Versetzungsknoten (Abb. 11). Hier hängt der Krümmungsradius der krummlinigen Versetzungsstücke sehr empfindlich von der Stapelfehlerenergie ab. Aus der elektronenmikroskopischen Beobachtung kann auch aus diesen Gebilden die Stapelfehlerenergie abgeschätzt werden.

Quergleitung aufgespaltener Schraubenversetzungen

Bis jetzt haben wir nur die Aufspaltung von Stufenversetzungen in unvollständige Versetzungen betrachtet. Nun können natürlich auch Schraubenversetzungen aufspalten. Eine Schraubenversetzung hat einen BURGERS-Vektor parallel zur Versetzungslinie, das heißt jede die Versetzungslinie enthaltende Ebene kann Gleitebene der Schraubenversetzungen sein (Abb. 12a). Spaltet nun eine solche Versetzung in zwei unvollständige Versetzungen auf, so sind diese beiden Teile keine reinen Schraubenversetzungen mehr. Ihre BURGERSvektoren haben Komponenten senkrecht zu den Versetzungslinien. Damit besitzen sie eindeutige Gleitebenen, und zwar beide die gleiche Ebene, in der auch der Stapelfehler liegt (Abb. 12b). Aufgespaltene Schraubenversetzungen besitzen also im Gegensatz zu nicht aufgespaltenen eine eindeutig festgelegte Gleitebene. Während die nicht aufgespaltenen Schraubenversetzungen leicht von einer Gleitebene auf eine andere

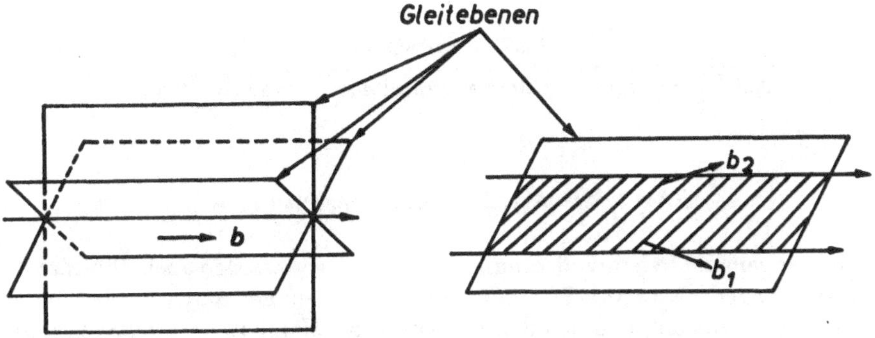

Abb. 12. Aufgespaltene Schraubenversetzung (Festlegung der Gleitebene)

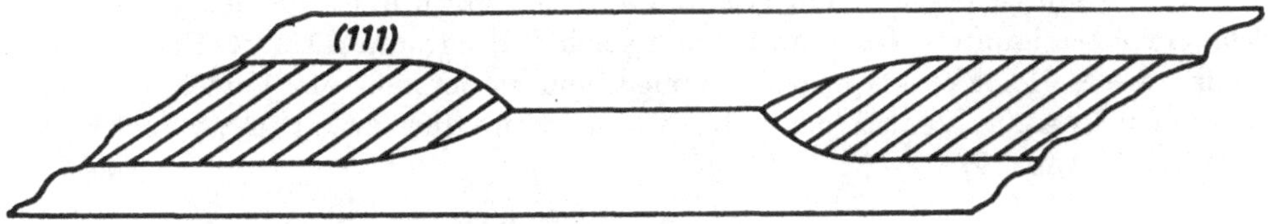

Abb. 13. Einschnürung in der Aufspaltung einer Schraubenversetzung

übergehen können, ist bei aufgespaltenen Schraubenversetzungen solche Quergleitung nicht ohne weiteres möglich. Soll eine aufgespaltene Schraubenversetzung dennoch zur Quergleitung veranlaßt werden, so muß zunächst an einer Stelle die Aufspaltung rückgängig gemacht werden (Abb. 13), bevor erneute Aufspaltung und Gleitung in einer anderen Gleitebene erfolgen kann (Abb. 14). Um die in Abb. 13 gezeigte Einschnürung der Aufspaltung zu bewirken, muß ein bestimmter Energiebetrag aufgewendet werden, der um so größer ist, je größer die Aufspaltung der Versetzung war, das heißt je kleiner die Stapelfehlerenergie in dem betreffenden Metall ist. Diese Tatsache ist sehr wichtig, sie spielt eine entscheidende Rolle in der Theorie der Verfestigung kubisch-flächenzentrierter Metalle.

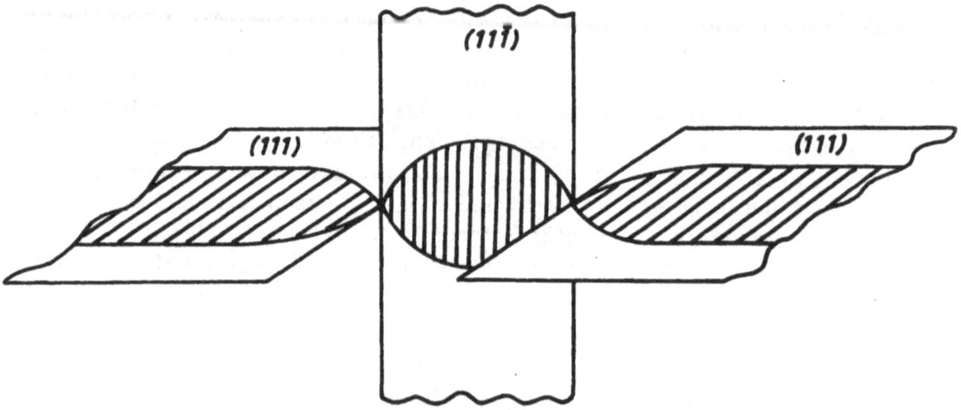

Abb. 14. Quergleitung einer aufgespaltenen Schraubenversetzung

Franksche *unvollständige Versetzungen*

Die bisher behandelten unvollständigen Versetzungen werden auch Shokleysche Halbversetzungen genannt. Wir kommen nun zu einem anderen Typ unvollständiger Versetzungen, nämlich den Frankschen. Man kann sie folgendermaßen erhalten. Befinden sich im Gitter mehr Leerstellen als dem Gleichgewicht entspricht, so können sie sich ähnlich wie Fremdatome in einer Art Guinier-Preston-Zone zusammenballen, beispielsweise zu Schichten in den dichtest gepackten Ebenen. Dadurch entsteht ein Hohlraum in der Form eines flachen Zylinders. Von einer bestimmten Größe an ist nun solcher Hohlraum instabil, Deckel und Boden dieses Gebildes klappen zusammen, und es entsteht ein Versetzungsring mit einem Burgers-Vektor, der dem Abstand zweier dichtest gepackter Schichten entspricht (Abb. 15).

$$b = \frac{a}{3}[111] .$$

Im Innern des Versetzungsringes ist ein Stapelfehler entstanden, denn dort ist ja die Aufeinanderfolge der Schichten geändert worden. Wie man aus Abb. 15 erkennt, ist die Schichtfolge die gleiche, wie sie durch seitliche Verschiebung der Schichten bei der vorher betrachteten Shokley-Versetzung entsteht (Abb. 9b). Aus der Richtung der Versetzungslinie (senkrecht zur Zeichenebene) und der Richtung des Burgers-Vektors ergibt sich die Gleitebene. Sie steht senkrecht auf der Ebene des Stapelfehlers. Daraus resultiert ein wichtiger Unterschied gegenüber den vorher behandelten Shokleyschen Halbversetzungen, dort lag die Gleitebene in der Stapelfehlerebene. Wenn eine solche Versetzung gleiten soll, so braucht der Stapelfehler also nur ausgedehnt oder verkleinert zu werden, was die Gleitung nicht wesentlich behindert. Bei der zuletzt behandelten Frankschen Versetzung hingegen müßte der Stapelfehler bei Gleitung der Versetzung aus seiner Ebene

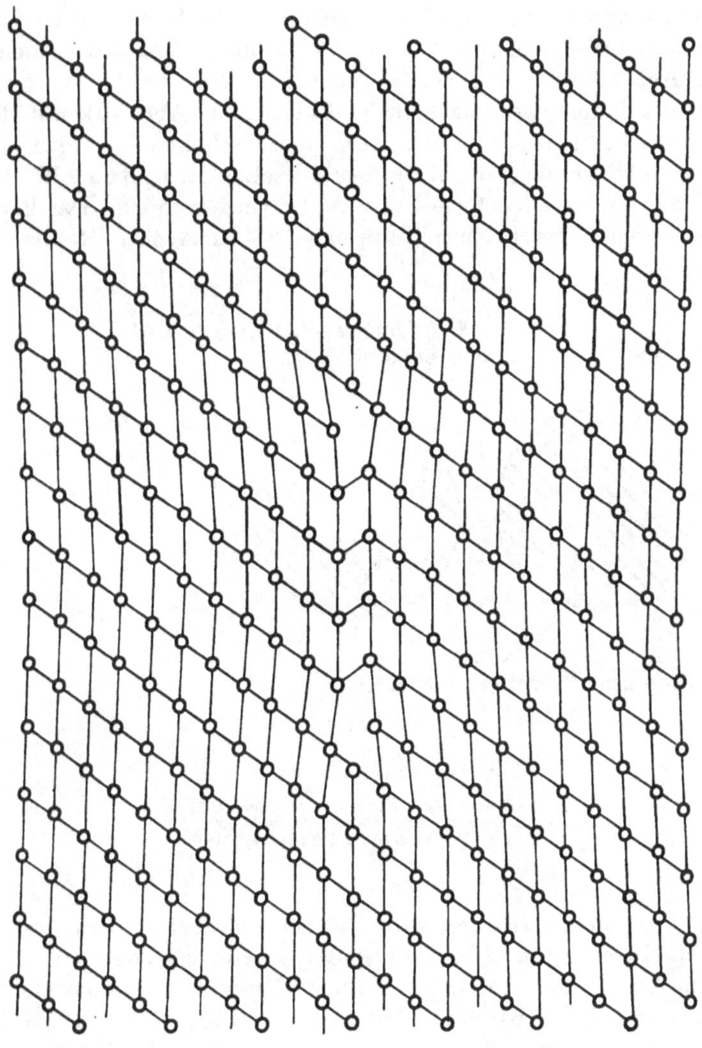

Abb. 15. Versetzungsring mit Frankscher unvollständiger Versetzung, entstanden durch Kondensation von Leerstellen

heraus verschoben werden. Da das nicht auf einfache Weise möglich ist, ist eine solche Versetzung nicht gleitfähig. Eine ganz analoge Versetzung kann entstehen, wenn nicht Leerstellen, sondern Zwischengitteratome in einer $\{111\}$-Ebene angesammelt werden. In diesem Falle wird also eine Atomschicht eingeschoben. Der Burgers-Vektor besitzt entgegengesetztes Vorzeichen:

$$b = -\frac{a}{3}[111] .$$

Es entsteht wieder ein Stapelfehler, jedoch mit einer anderen Schichtenfolge wie sie in Abb. 9c dargestellt ist. Ein solcher Stapelfehler besitzt eine etwas höhere

Energie als der in Abb. 9b dargestellte, deshalb sind die beiden durch Einschub oder Herausnahme einer Schicht entstehenden Gebilde nicht ganz gleichwertig. Die beiden in Abb. 9b und 9c gezeichneten Stapelfehler werden Verformungsstapelfehler genannt im Gegensatz zum Zwillingsfehler (Abb. 9d), mit dem wir uns hier aber nicht beschäftigen wollen. In Abb. 9e ist schließlich noch die hexagonale Schichtenfolge gezeichnet. Wenn der Versetzungsring von Abb. 15 gleitfähig werden soll, muß zunächst der Stapelfehler verschwinden. Das kann man beispielsweise erreichen durch Einführung einer SHOKLEYschen Halbversetzung

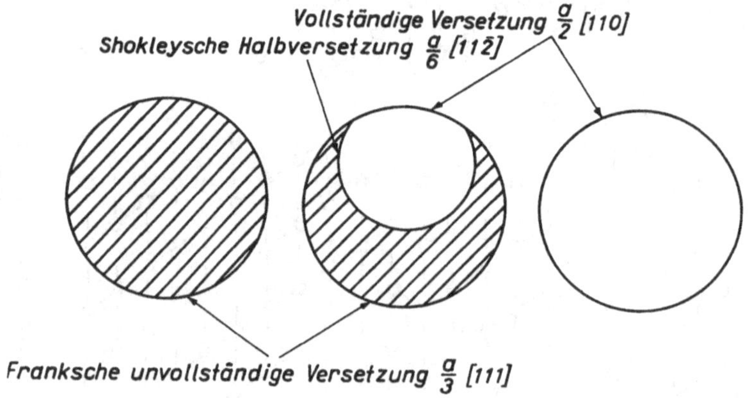

a) b) c)

Abb. 16. Versetzungsringe

a) FRANKsche Versetzung und Stapelfehler
b) Reaktion mit einer SHOKLEY-Versetzung
c) Vollständige Versetzung, kein Stapelfehler

in der Stapelfehlerebene. Dadurch wird die eine der beiden den Stapelfehler bildenden Atomschichten um einen halben Gleitschritt verschoben und gelangt also aus der „falschen“ in die „richtige“ Gitterlückenposition, so daß der Stapelfehler verschwindet (Abb. 16b). Ist der Stapelfehler völlig eliminiert (Abb. 16c), so fallen beide Versetzungen zusammen und reagieren nach der Gleichung

$$\frac{a}{3}[111] + \frac{a}{6}[11\bar{2}] = \frac{a}{6}[330] = \frac{a}{2}[110].$$

Es entsteht ein Versetzungsring aus einer vollständigen, also gleitfähigen Versetzung (Abb. 17).

Kantenversetzungen

Wir wollen noch eine weitere Art unvollständiger Versetzungen besprechen, die Kantenversetzungen. In Abb. 18 sind zwei verschiedene {111}-Ebenen gezeichnet

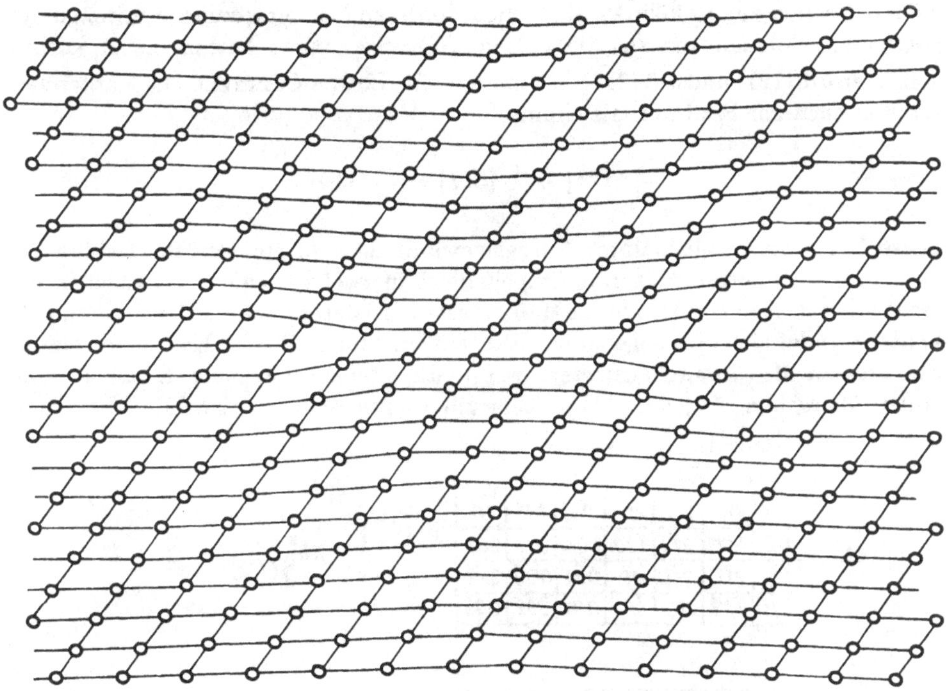

Abb. 17. Versetzungsring mit vollständiger Versetzung

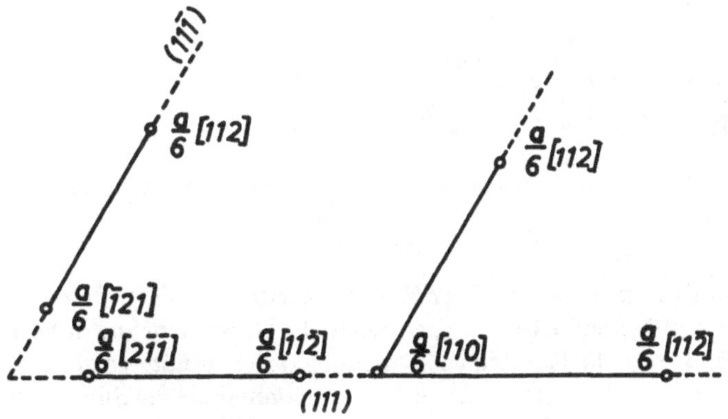

Abb. 18. Lomer-Cottrellsche Kantenversetzung

a) vor der Reaktion der Shokleyschen Halbversetzungen
b) nach der Reaktion der Shokleyschen Halbversetzungen

und in jeder eine aufgespaltene Versetzung. Gleiten sie auf die Schnittlinie der beiden Ebenen zu, so können die beiden vorderen Teilversetzungen miteinander reagieren. Nehmen wir an, die beiden Teilversetzungen hätten die BURGERS-Vektoren $a/6\,[\bar{1}21]$ und $a/6\,[2\bar{1}\bar{1}]$, so entsteht eine LOMER-COTTRELLsche Kantenversetzung nach der Reaktionsgleichung

$$\frac{a}{6}[\bar{1}21] + \frac{a}{6}[2\bar{1}\bar{1}] = \frac{a}{6}[110]\,.$$

Diese Reaktion verläuft unter Energiegewinn. Das so entstandene Gebilde ist also stabil. Es besteht aus zwei Stapelfehlern in zwei verschiedenen Ebenen, die jeweils durch eine SHOKLEYsche Halbversetzung begrenzt sind. An der Schnittkante befindet sich eine sogenannte Kantenversetzung. Solche Kantenversetzungen müssen also immer auftreten, wenn Stapelfehler von einer Ebene in eine andere übergehen. In jeder $\{111\}$-Ebene gibt es nun nicht nur eine $\{211\}$-Richtung

$\frac{a}{6}\cdot$

	$11\bar{2}$	$1\bar{2}1$	$\bar{2}11$	$\bar{1}\bar{1}2$	$\bar{1}2\bar{1}$	$2\bar{1}\bar{1}$
112	220	$2\bar{1}3$	$\bar{1}23$	004	031	301
$1\bar{2}\bar{1}$	$2\bar{1}\bar{3}$	$2\bar{4}0$	$\bar{1}\bar{1}0$	$0\bar{3}1$	$00\bar{2}$	$3\bar{3}\bar{2}$
$\bar{2}1\bar{1}$	$\bar{1}2\bar{3}$	$\bar{1}\bar{1}0$	$\bar{4}20$	$\bar{3}01$	$\bar{3}3\bar{2}$	$00\bar{2}$

$$2b^2_{\frac{a}{6}\{112\}} = \frac{a^2}{36}\cdot 12$$

$\frac{a^2}{36}\cdot$

8	14	14	16	10	10
14	20	2	10	4	22
14	2	20	10	22	4

	stabil				instabil			
$\frac{a}{6}\cdot$	110	200	220	310	321	400	420	332
$\frac{a^2}{36}\cdot$	2	4	8	10	14	16	20	22

Abb. 19. Tabelle der verschiedenen Kantenversetzungen

als möglichen BURGERS-Vektor einer Halbversetzun g,sondern deren 3, und, wenn man in einer der beiden Ebenen auch noch die Gegenrichtungen berücksichtigt, sogar 6, so daß man 18 Kombinationsmöglichkeiten erhält (Abb. 19). Darunter sind jedoch nur diejenigen stabil, deren Energie kleiner als die Summe der Energien der beiden SHOKLEYschen Halbversetzungen ist. Die oben angeschriebene Reaktion führt also zu der Kantenversetzung mit dem kürzest möglichen BURGERS-Vektor.

Wir haben bis jetzt vier verschiedene Arten von Versetzungen im kubisch-flächenzentrierten Gitter betrachtet, dazu noch Stapelfehler. Es ist daher nützlich, sich eine Übersicht über die verschiedenen BURGERS-Vektoren und Versetzungsreaktionen zu verschaffen. Wir gehen aus von den BURGERS-Vektoren $a/2\ \{110\}$ der vollständigen Versetzungen [4]. Es gibt deren sechs, die man sich zu einem Tetraeder angeordnet denken kann (Abb. 20). Die Ecken bezeichnen wir mit A, B, C, D.

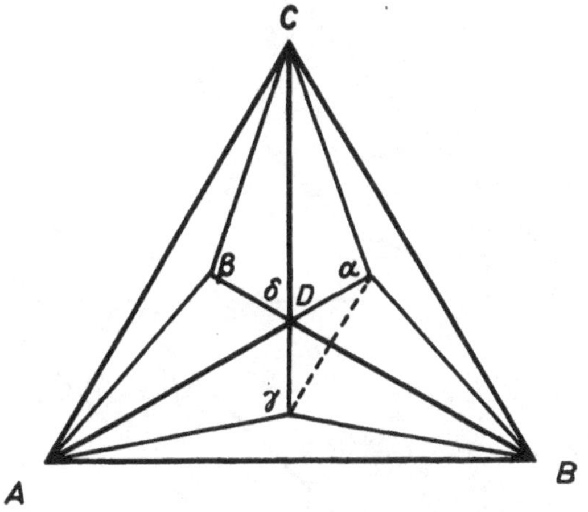

Abb. 20. THOMPSONsches Tetraeder

Die Flächen entsprechen den vier verschiedenen dichtest gepackten $\{111\}$-Ebenen. Die Flächenmittelpunkte bezeichnen wir mit α, β, γ, δ. Sie entsprechen den jeweils nicht besetzten Gitterlücken. In diesem Tetraeder finden wir die BURGERS-Vektoren aller bisher beschriebener Versetzungen wieder. Die Kanten AB, BC, AD usw. entsprechen den vollständigen Versetzungen. Die Flächendiagonalen $A\gamma$, $B\gamma$, αC, βD usw. stellen SHOKLEYsche Halbversetzungen dar. Der griechische Buchstabe gibt dabei auch noch die Ebene des jeweiligen Stapelfehlers an. Man erkennt, daß die BURGERS-Vektoren der SHOKLEYschen Halbversetzungen in der jeweiligen Stapelfehlerebene liegen. Die Raumdiagonalen $D\delta$, $A\alpha$, βB usw. stellen FRANKsche Versetzungen dar. Ihr BURGERS-Vektor steht senkrecht auf der zugehörigen Stapelfehlerebene. Schließlich finden wir auch die zuletzt genannten LOMER-COTTRELLschen Kantenversetzungen mit den BURGERS-Vektoren $a/6\ \{110\}$ wieder. (Jedoch nicht unmittelbar alle in Tab. 1 aufgeführten Kantenversetzungen.) Ihre BURGERS-Vektoren $\alpha\beta$, $\beta\gamma$, $\gamma\delta$ usw. sind parallel zu den Kanten des Tetraeders, also zu den BURGERS-Vektoren der vollständigen Versetzungen, sie sind aber nur ein Drittel so lang; außerdem sieht man, daß zu diesen Versetzungen zwei Stapelfehler in verschiedenen Ebenen gehören.

Wir wollen noch einige Erscheinungen erwähnen, die mit Sprüngen in Versetzungen zusammenhängen. Geht eine Versetzung von einer Ebene in eine dazu parallele Ebene über (Abb. 21a), so nennt man das einen Sprung. Handelt es sich, wie in Abb. 21a gezeichnet, um eine Schraubenversetzung, die in der gezeichneten Ebene gleitet, so ist das Sprungstück, da es natürlich den gleichen BURGERS-

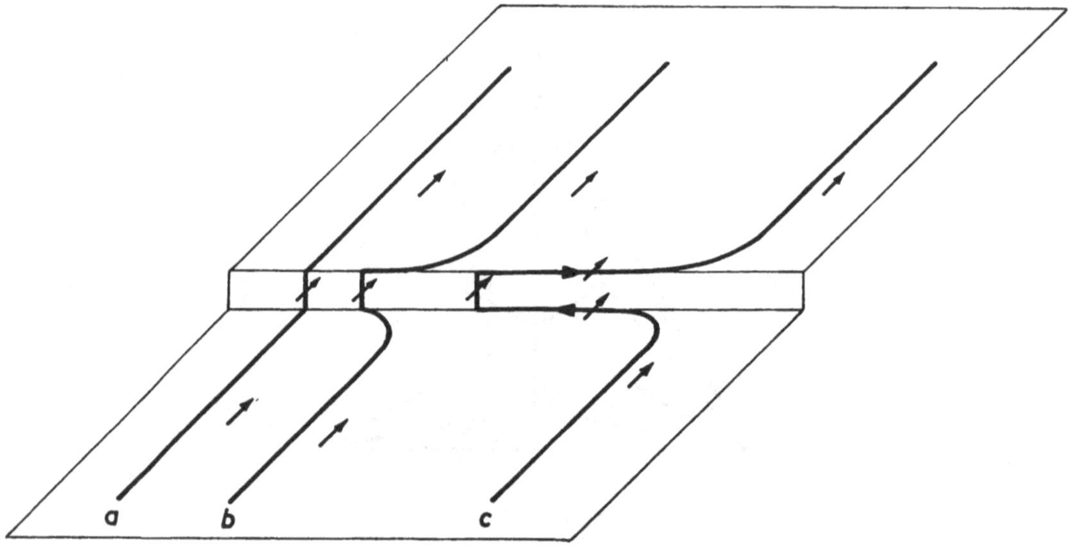

Abb. 21. Sprung in einer Schraubenversetzung und Entstehung eines Versetzungsdipols

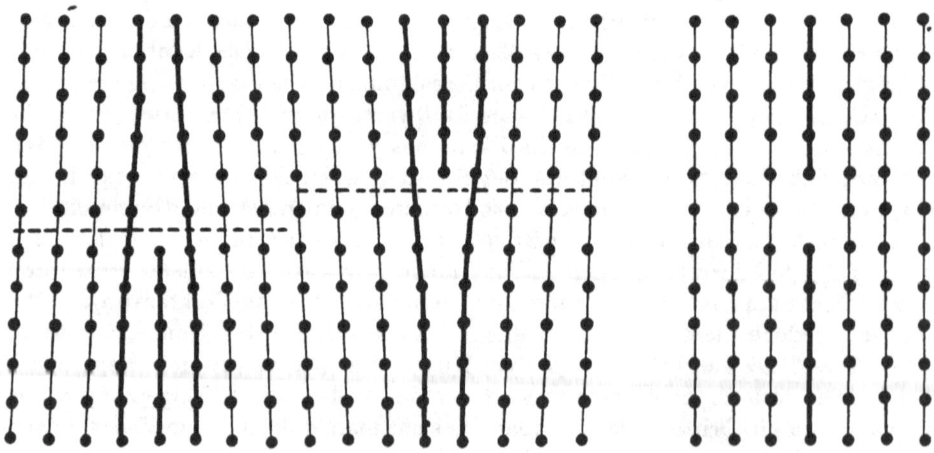

Abb. 22. Annihilation zweier ungleichnamiger Versetzungen in benachbarten Gleitebenen im kubisch-primitiven Gitter und Entstehung einer Reihe von Leerstellen

Vektor haben muß, eine Stufenversetzung mit einer dazu senkrechten Gleitebene. Wenn daher die Schraubenversetzung gleitet, so kann das Stufenversetzungsstück an dieser Gleitung nicht teilnehmen. Die Schraubenversetzung baucht sich aus, und schließlich entstehen zwei entgegengesetzt gerichtete Stufenversetzungsstücke oder, wenn wir sie auf die gleiche Richtung beziehen, zwei parallele Stufenversetzungen mit entgegengesetztem BURGERS-Vektor. Solche Gebilde nennt man Versetzungsdipole. In Abb. 22a ist solch ein Dipol im Querschnitt gezeichnet (der Einfachheit halber im primitiven kubischen Gitter). Beträgt der Abstand zwischen beiden Versetzungen einen Atomabstand, so können sie sich gegenseitig vernichten, und es bleibt, wie in Abb. 22b gezeichnet, eine Reihe von Leerstellen übrig. Dieser Vorgang ist in gewisser Weise die Umkehrung des weiter oben geschilderten Vorganges, durch welchen Versetzungsringe aus Leerstellen entstehen.

Aufgespaltene Sprünge

Zum Schluß wollen wir, ohne auf Einzelheiten einzugehen, noch einige recht komplizierte Gebilde aus Versetzungen und Stapelfehlern erwähnen, die entstehen können, wenn Versetzungen mit Sprüngen in Teilversetzungen aufspalten. In Abb. 23a ist eine aufgespaltene Schraubenversetzung gezeichnet mit einem Sprung, der zunächst noch nicht aufgespalten ist. In Abb. 23b ist der Sprung in den zwei

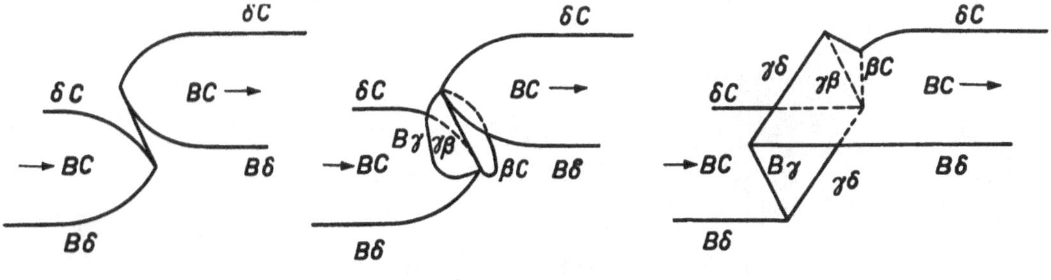

a) b) c)

Abb. 23. Aufspaltung eines Versetzungssprunges

Ebenen β und γ aufgespalten. Dabei entstehen außer den beiden Stapelfehlern β und γ zwei SHOKLEYsche Halbversetzungen $B\gamma$ und βC sowie eine Kantenversetzung $\gamma\beta$. In Abb. 23c schließlich ist eine weitere Aufspaltung vorgegangen, und es ist ein in komplizierter Weise aufgespaltener Sprung entstanden. Solche aufgespaltenen Sprünge spielen wie auch die aufgespaltenen Schraubenversetzungen selbst eine wichtige Rolle in der Theorie der Verfestigung kubischflächenzentrierter Metalle [5].

Damit haben wir uns einen Überblick verschafft über die wichtigsten Besonderheiten der Versetzungen im kubisch-flächenzentrierten Gitter, die durch die spezielle Geometrie dieses Gitters bedingt sind. Wir haben gesehen, daß diese Besonderheiten großenteils auf das Auftreten von unvollständigen Versetzungen und Stapelfehlern zurückzuführen sind. Während vollständige Versetzungen Teile des Kristalls um ganze Elementarzellen gegeneinander verschieben, bewirken unvollständige Versetzungen Atomverschiebungen innerhalb der Elementarzelle gegeneinander. Daher ist es klar, daß die letzteren in besonders starkem Maße von den strukturellen Besonderheiten des betreffenden Gitters abhängen. Unter den in der Metallkunde interessierenden Gittertypen ist das kubisch-flächenzentrierte Gitter bisher am ausführlichsten untersucht worden. Wir haben uns daher hauptsächlich auf dieses Gitter beschränkt, obwohl auch an anderen Gittertypen viele interessante Ergebnisse erhalten wurden.

Literatur

[1] Read, W. T., Dislocations in Crystals. McGraw Hill Book Company Inc. New York, Toronto, London 1953.
[2] Seeger, A., Theorie der Gitterfehlstellen. Handbuch der Physik **VII/1, 383.** Springer-Verlag 1955.
[3] Bueren, H. G. van, Imperfections in crystals. North Holland Publishing Company, Amsterdam 1960.
[4] Thompson, N., Proc. Phys. Soc. Lond. B **66** (1953) 481.
[5] Hirsch, P. B., Philosophical Magazine 8 Ser. **7** (1962) 67.

Dr. rer. nat. Helmut Kronmüller

Max-Planck-Institut für Metallforschung, Stuttgart, und Institut für theoretische und angewandte Physik der Technischen Hochschule Stuttgart

DIE VERFESTIGUNG VON METALL-EINKRISTALLEN DURCH PLASTISCHE VERFORMUNG

1. Einleitung

Als Ausgangspunkt der Erforschung der Kristallplastizität, insbesondere von Metalleinkristallen, darf heute die v. Lauesche Entdeckung der Röntgeninterferenzen in Kristallen und die dadurch gegebene Möglichkeit, Orientierungsbestimmungen an Einkristallen vorzunehmen, angesehen werden. Ein weiterer wichtiger Schritt war die Entwicklung experimenteller Verfahren zur Herstellung von Einkristallen gewünschter Orientierungen. Als wichtigste Verfahren sollen hier nur das sog. Bridgman-Verfahren und das Rekristallisationsverfahren erwähnt werden.

Erste Verformungsexperimente wurden von Mark, Polanyi und Schmid [1] an Zinkeinkristallen durchgeführt. In den folgenden Jahren und Jahrzehnten wurden besonders die kubisch-flächenzentrierten und die hexagonalen Metall- und Legierungskristalle ausführlich erforscht, während die Plastizität der kubisch-raumzentrierten Metallkristalle erst in den letzten Jahren wieder größeres Interesse gewonnen hat. Zusätzlich zu den eigentlichen Verformungsexperimenten, die in den Anfangsjahren der Kristallplastizität dominierten, ist in den letzten Jahren eine ganze Reihe ergänzender experimenteller Methoden zur Untersuchung des plastisch verformten Zustandes entwickelt worden. In erster Linie sind hierbei elektronenmikroskopische Gleitlinien- und Durchstrahlungsaufnahmen sowie Röntgenstreuexperimente zu nennen.

Hand in Hand mit der Entwicklung dieser modernen experimentellen Methoden ging auch die Entwicklung der Theorie der Kristallplastizität, die für hexagonale und kubisch-flächenzentrierte Kristalle heute in ihren Grundzügen im wesentlichen als abgeschlossen betrachtet werden darf. In dieser Arbeit soll gezeigt werden, wie die enge Verflechtung experimenteller und theoretischer Ergebnisse zu einem weitgehenden Verständnis zahlreicher mit der plastischen Verformung von Einkristallen zusammenhängender Effekte geführt hat.

2. Die Geometrie der plastischen Verformung. Gleitsysteme. Zwillingsbildung

In den zwanziger und zu Beginn der dreißiger Jahre wurden im wesentlichen die bei der plastischen Verformung vorliegenden makroskopischen geometrischen Eigenschaften geklärt. Diese Ergebnisse sind in dem bekannten Buch von Schmid und BOAS [2] in vorbildlicher Weise zusammenfassend dargestellt. Die wichtigsten Erkenntnisse jener Zeit über die plastische Verformung von Einkristallen waren die folgenden:

1. Die plastische Verformung erfolgt unter Erhaltung der Kristallstruktur. Bei der plastischen Gleitung (auch Translation genannt) verschieben sich benachbarte Kristallbereiche immer um ein ganzzahliges Vielfaches des Gitterabstandes in der betreffenden Richtung. Vom kristallographischen Standpunkt aus betrachtet, führt die Translation das Kristallgitter in sich selbst über.

2. Die plastische Translation erfolgt durch das Abgleiten dicht gepackter Ebenen in Richtung der kürzesten Gitterabstände. Das Kristallvolumen bleibt dabei in guter Näherung unverändert.

Entsprechend dem unter Punkt 1 und 2 Gesagten ist die plastische Verformung durch die *Gleitebene* und die *Gleitrichtung* gekennzeichnet. Beide Gleitelemente definieren ein *Gleitsystem*.

Bei kubisch-flächenzentrierten Metallen bilden die dichtest gepackten $\{111\}$-Ebenen und die dichtest belegten $\langle 110 \rangle$-Richtungen die weitaus wichtigsten Gleitsysteme. Die zwölf Gleitsysteme der kubisch-flächenzentrierten Kristalle sind in Abb. 1 an Hand eines gleichseitigen Tetraeders veranschaulicht. Die

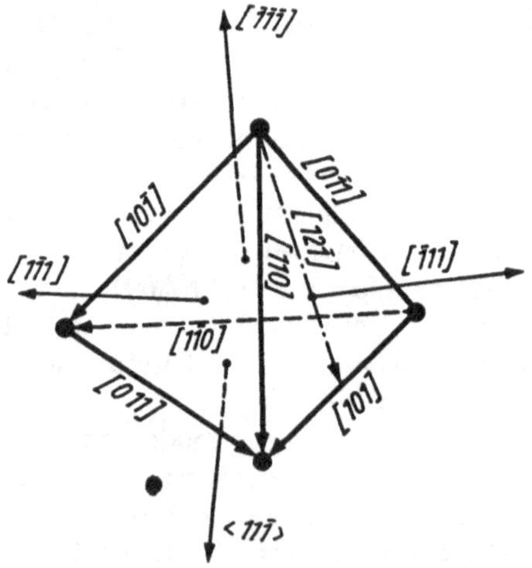

Abb. 1. Gleitebenen und Gleitrichtungen bei kubisch flächenzentrierten Kristallen. Die Eckpunkte des Tetraeders entsprechen den vier Atomen der Grundzelle und die 6 Kanten den 6 voneinander unabhängigen BURGERS-Vektoren $\mathfrak{b} = a/2 \langle 110 \rangle$

Ebenen dieses Tetraeders entsprechen den vier $\{111\}$-Gleitebenen und die sechs Kanten den sechs voneinander unabhängigen $\langle 110 \rangle$-Gleitrichtungen.

Bei kubisch-raumzentrierten Metallen ist die $\{110\}$-Ebene die dichtest gepackte Ebene und die $\langle 111 \rangle$-Richtung am dichtesten belegt. Neben der $\{110\}$-Ebene findet man jedoch auch die $\{112\}$- und die $\{123\}$-Ebenen als Gleitebenen.

Besonders vielfältig und für die Plastizität aufschlußreich sind die Gleitsysteme der hexagonal dichtest gepackten Kristalle, denn hier ist für Achsenverhältnisse $c/a > \sqrt{8/3}$ die Basisebene (0001) und für Achsenverhältnisse $c/a < \sqrt{8/3}$ die Prismenebene $\{10\bar{1}0\}$ die dichtest gepackte Ebene. Unter besonderen Bedingungen wird auch die Pyramidenebene 2. Art und 2. Ordnung $\{11\bar{2}2\}$ als Gleitebene beobachtet. Häufigste Gleitrichtung in der Basisebene und den Prismenebenen ist die $\langle 11\bar{2}0\rangle$-Richtung, also eine Kante des Basis-Hexagons, während in der $\{11\bar{2}2\}$-Ebene die $\langle 11\bar{2}3\rangle$-Richtung als Gleitrichtung gefunden wird. Die in hexagonalen Metallen auftretenden Gleitebenen und Gleitrichtungen sind in Abb. 2 dargestellt. Die zu den verschiedenen Gleitebenen gehörenden Gleitrichtungen (Burgers-Vektoren) sind in Tab. 1 aufgeführt. Nach dem Vorstehenden erwartet man bei Metallen mit einem übernormalen Achsenverhältnis, wie Zn und Cd, die Basisebene als Gleitebene und bei Metallen mit einem unternormalen Achsenverhältnis $c/a < \sqrt{8/3}$, wie Be, Ti und Zr, die Prismenebene als häufigste Gleitebene. Dies wird experimentell auch beobachtet.

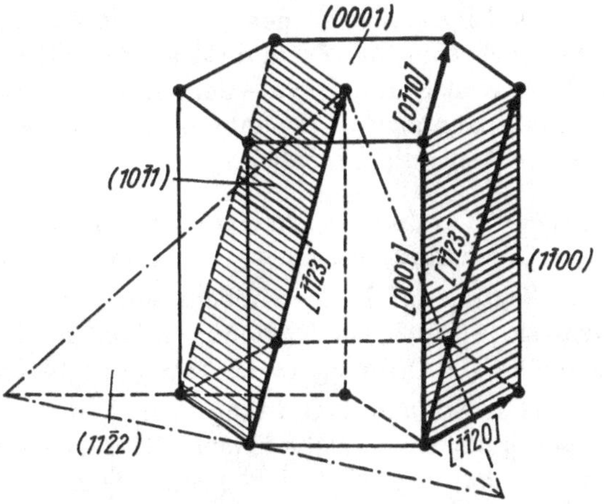

Abb. 2. Gleitebenen und Gleitrichtungen bei hexagonal dichtest gepackten Kristallen. Der Übersicht halber sind die Atome in halber Höhe der Elementarzelle weggelassen worden (nach Berner und Kronmüller [4])

Tabelle 1. Gleitebenen und Gleitrichtungen bei hexagonal dichtest gepackten Kristallen

Gleitebene	(0001)	$(1\bar{1}00)$	$(11\bar{2}2)$
Gleitrichtung	$\langle 11\bar{2}0\rangle$ $\langle 0\bar{1}10\rangle$	$\langle \bar{1}\bar{1}20\rangle$ $\langle \bar{1}\bar{1}23\rangle$ $\langle 0001\rangle$	$\langle \bar{1}\bar{1}23\rangle$

Unsere bisherigen Ausführungen zeigen, daß in Kristallen im allgemeinen eine große Anzahl von Gleitsystemen vorhanden ist. So gibt es bei den kubisch-flächenzentrierten Metallen mindestens 12, bei den kubisch-raumzentrierten Metallen mindestens 8 unabhängige Gleitsysteme, während die bei den hexagonalen Metallen vorliegenden komplizierten Verhältnisse stark vom c/a-Wert abhängen. Eine ausführliche Diskussion der Gleitsysteme in hexagonalen Metallen wurde von SEEGER [3] sowie BERNER und KRONMÜLLER [4] gegeben, an deren Darstellung wir im folgenden anknüpfen. Bei einfachen Verhältnissen ist die Kristallorientierung maßgebend dafür, welches Gleitsystem bei der plastischen Verformung betätigt wird; und zwar wird erfahrungsgemäß immer dasjenige Gleitsystem, in welchem zu Beginn der plastischen Verformung die größte Schubspannung wirkt, angeregt. Durch geeignete Auswahl der Kristallorientierung kann daher erreicht werden, daß praktisch nur ein einziges Gleitsystem an der plastischen Verformung teilnimmt (die Beanspruchungsrichtung darf nicht in der Mitte einer Symmetrierichtung liegen). Man spricht dann in diesem Falle von *Einfachgleitung*.

Diese Methode der Auswahl bestimmter Kristallorientierungen wurde unter anderem auch bei den hexagonalen Metallen Zn und Cd angewandt, um die Gleitung auf Prismen- und Pyramidenebenen genauer zu studieren. Von GILMAN [5, 6] wurde die Prismengleitung bei Zn und Cd an Kristallen, deren Stabachse genau in der Basisebene verlief, untersucht. Bei derartig orientierten Kristallen verschwindet die Schubspannungskomponente in der Basisebene, so daß die Betätigung dieses Gleitsystems nicht möglich ist.

BELL und CAHN [7] haben in Zink Gleitung auf der Pyramidenebene $\{11\bar{2}2\}$ bei Kristallorientierungen, deren Stabachse einen geringen Winkel mit der Basisebene einschloß, gefunden. Gleitung auf der Pyramidenebene $\{11\bar{2}2\}$ wurde ferner von STOLOFF und GENSAMER [8] auch bei Kadmium gefunden. Das Auftreten der Pyramidenebene 2. Art und 2. Ordnung als Gleitebene ist besonders interessant, da die Pyramidenebene 1. Art und 1. Ordnung $\{10\bar{1}1\}$ dichter gepackt ist und demnach auch in Erscheinung treten sollte. Neuere Untersuchungen von ROSENBAUM und KRONBERG [9] haben gezeigt, daß dieser scheinbare Widerspruch mit der Geometrie der Atomanordnung in den Pyramidenebenen zusammenhängt. So ist eine Aufspaltung der Versetzungen in Teilversetzungen in den gewellten Pyramidenebenen 1. Art nicht möglich, während in der Pyramidenebene 2. Art und 2. Ordnung eine Aufspaltung in drei Teilversetzungen eintritt. Dadurch wird die Lage der Atome so gegeneinander verschoben, daß bei Atombewegungen in der Gleitebene die sterischen Einflüsse, welche die Atombewegung behindern, reduziert werden. Da die Stapelfehlerenergie die Weite der Aufspaltung bestimmt (siehe hierzu Abschnitt 3, β), ist dieser Parameter bei den hexagonalen Metallen mitbestimmend bei der Auswahl der Gleitsysteme. Da ferner in Prismenebenen eine Aufspaltung in Teilversetzungen nicht möglich ist, benachteiligt dieser Umstand nach SEEGER [3] Versetzungen in den Prismenebenen gegenüber Versetzungen in der Basisebene in energetischer Hinsicht. Man erwartet daher, daß auch in Metallen mit mittleren Achsenverhältnissen, wie z. B. Mg ($c/a = 1{,}62$)

und Co ($c/a = 1{,}62$), die Basisgleitung vorherrscht. Bei der Auswahl des Gleitsystems sind bei hexagonalen Metallen somit folgende Faktoren zu berücksichtigen:

1. Der Einfluß der Packungsdichte begünstigt bei Achsenverhältnissen $c/a > \sqrt{8/3}$ die Basisebene und bei $c/a < \sqrt{8/3}$ die Prismenebene.
2. Aus sterischen Gründen erfolgt die Gleitung auf ebenen Gleitebenen leichter als auf den gewellten Prismenebenen $\{10\bar{1}0\}$ und den ebenfalls gewellten Pyramidenebenen 1. Art und 1. Ordnung $\{10\bar{1}1\}$.
3. Die in den Pyramidenebenen $\{11\bar{2}2\}$ und der Basisebene (0001) mögliche Aufspaltung der Versetzungen begünstigt diese beiden Gleitebenen gegenüber Pyramidenebenen 1. Art und den Prismenebenen.
4. Wie bei den kubischen Metallen findet Abgleitung bevorzugt in den Gleitsystemen mit der größten Schubspannung statt.

Die Abgleitung auf dichtest gepackten Ebenen wird durch das sogenannte Holzscheibenmodell von Mark, Polanyi und Schmid [1] am übersichtlichsten veranschaulicht. In Abb. 3 ist dies für die reine Basistranslation eines zugverformten hexagonalen Kristalls für den Fall der Einfachgleitung veranschaulicht. Durch die Basistranslation erfährt der Kristall eine ganz bestimmte Formänderung. Aus dem ursprünglich kreiszylindrischen Querschnitt wird ein elliptischer Querschnitt. Außerdem ist mit der Dehnung des Kristalls eine Drehung des Kristallgitters in bezug auf die Zugachse verknüpft; und zwar erfolgt die Drehung immer so, daß der Winkel zwischen Gleitebenennormalen und Zugrichtung mit wachsender Verformung zunimmt. Damit im Zusammenhang ist auch die Erscheinung der *geometrischen Entfestigung*. Diese tritt nach Schmid und Boas [2] bei Orientierungen in der Nähe der c-Achse auf. Bei diesen Kristallen ist die Schubspannung in der Basis- und Prismenebene sehr klein. Gleitung setzt auf diesen Ebenen daher erst bei großen angelegten Zugspannungen ein. Mit dem Einsetzen der Versetzungsgleitung wird der Winkel zwischen Gleitebenennormalen und Stabachse rasch größer, so daß die zur Weiterverformung aufzuwendende Zugkraft abnimmt, sofern die durch die Verfestigung bedingte Spannungszunahme kleiner ist als die durch die Winkeländerung und die Querschnittsverminderung hervorgerufene Abnahme. Beim Auftreten der geometrischen Entfestigung ist die Verformung nicht mehr stabil gegen Einschnürungen und verläuft häufig inhomogen. Steht die Stabachse zu Beginn des Zugversuchs genau senkrecht zur Basisebene, so brechen die Kristalle häufig spröde mit der Basisebene als Bruchfläche, sofern sich der Kristall nicht durch *Zwillingsbildung* verlängern kann. Die plastische Verformung durch Zwillingsbildung spielt nach Schmid und Boas [2] vor allem bei den hexagonalen Metallen für Kristallorientierungen, wo die Schubspannung in der Basisebene und den Prismenebenen sehr klein ist, eine wichtige Rolle, also bei Kristallorientierungen, deren Stabachse parallel zur c-Achse ist. Ein Zwilling wird von zwei aneinandergrenzenden Kristallbereichen gebildet, die durch Spiegelung an einer Ebene oder einer Geraden ineinander übergeführt werden können. Die durch den Zwilling hervorgerufene Verformung wird am einfachsten durch das in Abb. 4 dargestellte Holzscheibenmodell veranschaulicht. In diesem Modell kann man sich die Lage der beiden Kristallbereiche durch Verschieben der Netzebenen des einen Kristallteils um einen linear mit wachsendem Abstand von der Trennungsfläche zunehmenden Betrag entstanden denken. Der abgescherte Kristallteil erfährt daher eine homogene Scherung. Zwillinge sind durch ihre Gleitfläche, ihre Gleitrichtung und ihre Scherung gekennzeichnet. Häufig ist die Gleitfläche mit der Verwachsungsfläche der Zwillinge identisch, wie z. B. in Abb. 4. Zwillinge können sowohl beim Wachsen des Kristalls als auch bei der plastischen Verformung gebildet werden. Man spricht dann von Wachstums- oder Verformungszwillingen. Die Kristallographie der Zwillinge ist ausführlich in den Büchern von Schmid und Boas [2] und bei Hall [10] dargestellt.

Bei den hexagonalen Metallen bezeichnet man Zwillinge mit der Pyramidenebene 1. Art und 2. Ordnung $\{10\bar{1}2\}$ als Gleitfläche als normale Zwillingsbildung, während man die Zwillinge mit den Pyramidenebenen 2. Art n-ter Ordnung $\{11\bar{2}n\}$ als Gleitfläche nach Hall [10] als anomale Zwillingsbildung bezeichnet. Infolge der hexagonalen Symmetrie gibt es für jeden Zwillingstyp jeweils sechs kristallographisch gleichwertige Zwillingssysteme. Welches von diesen sechs bevorzugt betätigt wird, hängt von verschiedenen Bedingungen ab. Beim Zugversuch werden nur diejenigen Zwillingssysteme, die zu einer Verlängerung des Kristalls führen, angeregt, während umgekehrt beim Druckversuch nur diejenigen Zwillingssysteme, die eine Verkürzung des Kristalls zur Folge haben, betätigt werden. Einen entscheidenden Einfluß auf die Zwillingsbildung haben ferner die Orientierung der Zug- oder Druckachse und das Achsenverhältnis c/a. Dies wurde ausführlich von Schmid und Boas [2] für die normale Zwillingsbildung und von Seeger und Mitarb. [11] sowie Berner und Kronmüller [4] für die anomale Zwillingsbildung diskutiert. Die wichtigsten Ergebnisse dieser Autoren lassen sich dahingehend zusammenfassen:

Bei Achsenverhältnissen $c/a < \sqrt{3}$ tritt in sämtlichen sechs Zwillingssystemen der normalen Zwillingsbildung bei Orientierungen in der Nähe der hexagonalen Achse eine Verkürzung des Kristalls ein, während bei Orientierungen in der Nähe der Basisebene eine Verlängerung stattfindet. Dementsprechend erwartet man bei Kristallen mit einem übernormalen Achsenverhältnis im Zugversuch Zwillingsbildung bei Orientierungen in der Nähe der Basisebene und im Druckversuch bei Orientierungen in der Nähe der hexagonalen Achse. Bei Kristallen mit einem Achsenverhältnis $c/a < \sqrt{3}$ verhält es sich genau umgekehrt.

Die anomale Zwillingsbildung wurde vor allem bei Metallen mit einem unternormalen Achsenverhältnis im Zugversuch gefunden. Über anomale Zwillingsbildung in Titan und Zirkon berichten Rosi, Alexander und Dube [12], Liu und Steinberg [13] und Rapperport und Hartley [14]. In Kobalt wurden von Davis und Teghtsoonian [15] die $\{1121\}$-Zwillingsebene und von Seeger und Mitarb. [11] die Zwillingsebenen $\{11\bar{2}2\}$ und $\{11\bar{2}4\}$ gefunden. Die theoretische Untersuchung der anomalen Zwillingsbildung ergab, daß diese vom Achsenverhältnis c/a so gut wie unabhängig ist, so daß nur die Orientierung des Kristalls bei der Auswahl der Zwillingsebenen maßgebend ist. Nach Seeger und Mitarb. [11] liefern bei Orientierungen in der Nähe der hexagonalen Achse sämtliche 6 Zwillingssysteme eine Verkürzung des Kristalls, während bei Orientierungen in der Nähe der Basisa)

b)

c)

d)

Abb. 3. Holzscheibenmodell zur Veranschaulichung der Einfachgleitung in der Basisebene eines hexagonal dichtest gepackten Kristalls (nach SCHMID und BOAS [2])

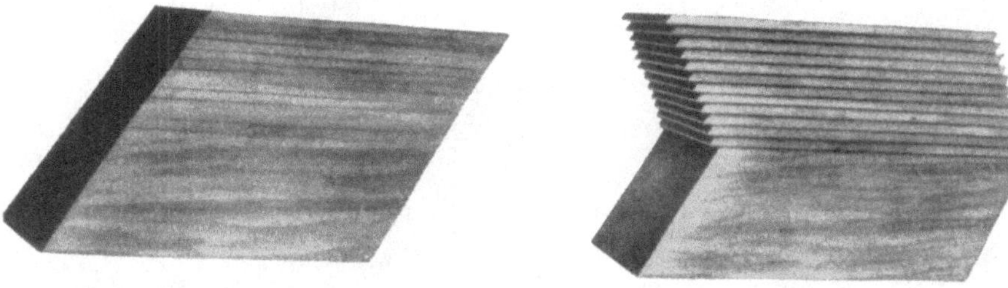

a) b)

Abb. 4. Schematische Darstellung der Zwillingsbildung (nach SCHMID und BOAS [2])

a) Modell vor, b) nach der einfachen Schiebung

ebene in allen Systemen eine Verlängerung des Kristalls erfolgt. Man erwartet daher die anomale Zwillingsbildung im Zugversuch für Orientierungen in der Nähe der Basisebene und im Stauchversuch für Orientierungen in der Nähe der hexagonalen Achse.

Fassen wir unsere bisherigen Ergebnisse über den Einfluß der Kristallorientierung auf das Fließverhalten der hexagonalen Metalle zusammen, so gelangt man zu der von SEEGER [2] vorgenommenen Einteilung der Kristallorientierungen in vier Gruppen, die für den Fall des Zugversuchs Abb. 5 zu entnehmen sind.

Die erste Gruppe umfaßt die Orientierungen in Nähe des Großkreises $\langle 10\bar{1}0\rangle$ bis $\langle 11\bar{2}0\rangle$. Bei diesen Orientierungen findet Gleitung auf Prismen- und Pyramidenlächen sowie für Achsenverhältnisse $c/a > \sqrt{3}$ Zwillingsbildung statt.

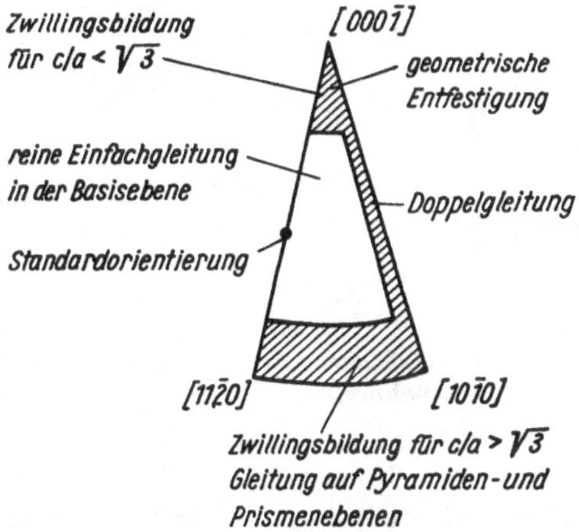

Abb. 5. Orientierungsdreieck hexagonaler Kristalle mit Angabe der Standardorientierung und der Ausnahmeorientierungen

Die zweite Gruppe enthält alle Orientierungen in der Nähe der c-Achse. In dieser Gruppe tritt geometrische Entfestigung, Zwillingsbildung bei Achsenverhältnissen $c/a < \sqrt{3}$ und Sprödbruch bei Achsenverhältnissen $c/a > \sqrt{3}$ auf.

Die dritte Gruppe enthält alle Orientierungen in der Umgebung der Symmetralen $\langle 0001\rangle$—$\langle 10\bar{1}0\rangle$. In diesem Falle sind zwei Basisgleitsysteme gleichberechtigt und man findet Doppelgleitung.

Die vierte Gruppe schließlich umfaßt alle Orientierungen, die nicht zu nahe an der Symmetralen $\langle 0001\rangle$—$\langle 10\bar{1}0\rangle$ und dem Großkreis $\langle 11\bar{2}0\rangle$—$\langle 10\bar{1}0\rangle$ liegen. In diesem Orientierungsbereich verformen sich Metalle mit einem übernormalen und einem unternormalen Achsenverhältnis durch Einfachgleitung auf der Basisebene.

Bei den kubisch-flächenzentrierten Metallen ist die Abhängigkeit des Fließverhaltens von der Orientierung des Kristalls etwas einfacher als bei hexagonalen

Metallen, da bei diesen auch für extreme Orientierungen die Zwillingsbildung zur plastischen Verformung nicht notwendig ist. Das Fließverhalten wird am einfachsten verständlich an Hand des in Abb. 6 dargestellten Orientierungsdreiecks. Kristallorientierungen in der Nähe der Eckpunkte ⟨100⟩, ⟨110⟩ und ⟨111⟩ zeigen Achtfach-, Sechsfach- und Vierfachgleitung. Ob die theoretisch erwartete Mehrfachgleitung auch tatsächlich beobachtet wird, hängt jedoch von der Probe und ihrer Behandlung ab. Längs der Symmetralen ⟨100⟩—⟨110⟩ sind je zwei Gleit-

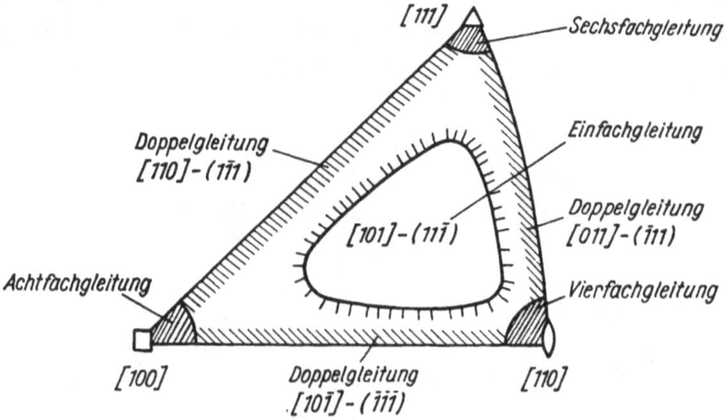

Abb. 6. Orientierungsdreieck kubisch flächenzentrierter Kristalle mit Kennzeichnung der Ausnahmeorientierungen

systeme gleichberechtigt. Dasselbe gilt auch für die beiden andern Symmetralen ⟨100⟩—⟨111⟩ und ⟨110⟩—⟨111⟩. Innerhalb des Orientierungsdreiecks gibt es einen Orientierungsbereich, in welchem ein einziges Gleitsystem gegenüber den andern eindeutig ausgezeichnet ist. In diesem Falle verformt sich der Kristall durch *Einfachgleitung*. Dieses Gleitsystem wird auch *Hauptgleitsystem* oder *Primärgleitsystem* genannt. Entsprechend bezeichnet man die anderen Gleitsysteme als *Nebengleitsysteme* oder *Sekundärgleitsysteme*. In der Nähe der Symmetralen werden die in Abb. 6 angegebenen Gleitsysteme gleichberechtigt zum Hauptgleitsystem. Man bezeichnet das ⟨110⟩—(1$\bar{1}$1)-Gleitsystem als *Doppelgleitsystem* und das Gleitsystem ⟨10$\bar{1}$⟩—($\bar{1}\bar{1}\bar{1}$) als *unerwartetes* Gleitsystem.

Kristallorientierungen, die Einfachgleitung aufweisen, werden sowohl bei den hexagonalen als auch bei den kubisch-flächenzentrierten Metallen *mittelorientierte* Einkristalle genannt, da ihre Orientierung jeweils in der Mitte des Orientierungsdreiecks liegt. Die folgenden Betrachtungen über die Plastizität der Metalle befassen sich vor allem mit diesen mittelorientierten Einkristallen, denn zum Studium der Grunderscheinungen bei der Verfestigung sind die bei der Einfachgleitung vorliegenden übersichtlichen Verhältnisse besonders geeignet.

3. *Das mikroskopische Modell der plastischen Verformung*

α) Theoretische Schubfestigkeit und Versetzungen

Neben den in Abschnitt 2 beschriebenen makroskopischen geometrischen Verhältnissen stand schon sehr früh die Frage nach den mikroskopischen Vorgängen bei der plastischen Verformung im Brennpunkt des Interesses. Einerseits waren die geometrischen und kristallographischen Grundtatsachen zu erklären, und andererseits mußte ein Mechanismus gesucht werden, der es erlaubte, die Kristalle bei relativ kleinen Schubspannungen zu verformen. In Abb. 7 ist die Temperaturabhängigkeit der kritischen Schubspannung von Zink [16] und Kadmium [17]

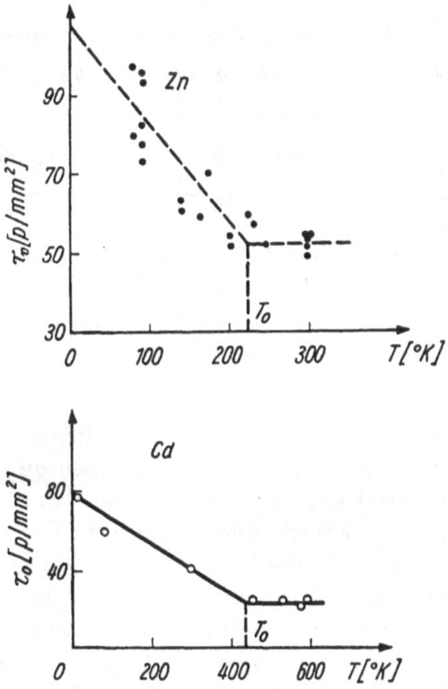

Abb. 7. Die Temperaturabhängigkeit der kritischen Schubspannung von Zink [16] und Kadmium [17]

dargestellt. Unter der kritischen Schubspannung versteht man die auf das angeregte Gleitsystem umgerechnete Zugspannung, die erstmals zu einer plastischen Verformung führt. Der Schubmodul dieser Metalle ist von der Größenordnung $G = 3000$ kp/mm². Demnach beträgt die kritische Schubspannung nur einige 10^{-6} des Schubmoduls. Andererseits hatte Frenkel [18] 1926 gezeigt, daß die theoretische Schubfestigkeit des idealen Gitters für die in Abb. 8 dargestellte homogene translatorische Verschiebung dichtest gepackter benachbarter Netzebenen von der Größenordnung $G/10$ ist, also um mindestens einen Faktor 10^3 zu groß ist. Dieses offenkundige Paradoxon wurde erst 1934 von Polanyi [19], Orowan [20] und Taylor [21] unabhängig voneinander in überzeugender Weise gelöst. Diese Autoren erkannten, daß die gegenseitige Verschiebung der Netzebenen durch die Wanderung leichtverschiebbarer Gitterfehlstellen, der sogenannten Versetzungen,

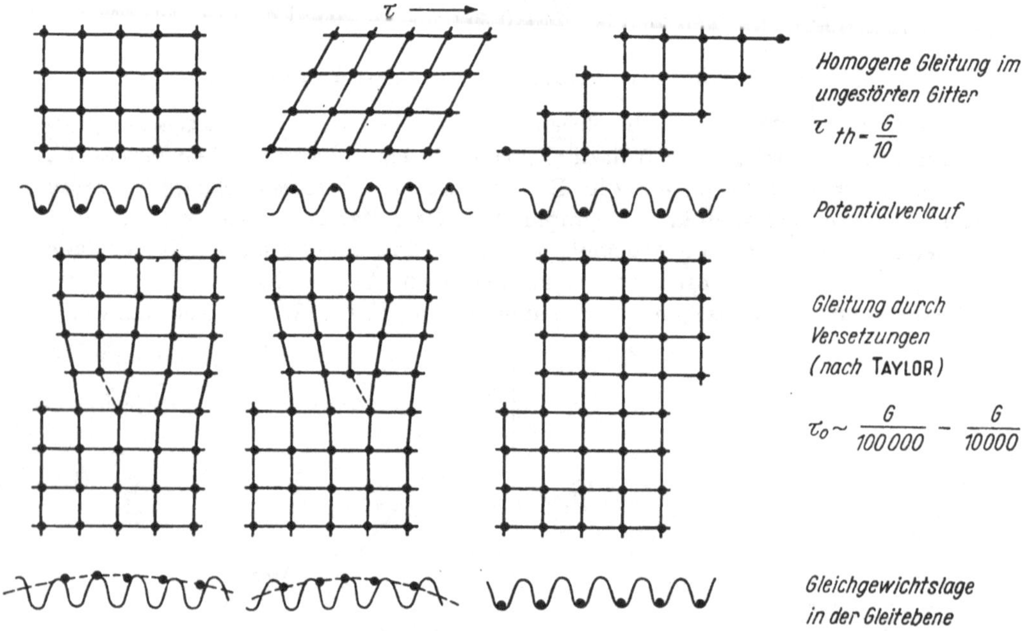

Abb. 8. Potentialverlauf in der Gleitebene eines ungestörten Gitters und im Gitter mit einer Stufenversetzung. Die Translation des Gitters durch eine wandernde Stufenversetzung wird anschaulich dargestellt

zustande kommt. Die in Abb. 9 eingezeichnete Stufenversetzung in einem kubisch primitiven Gitter wird durch Einschieben einer zusätzlichen Halbebene erzeugt. Im oberen Gitterbereich entsteht hierdurch eine Kompression des Kristallgitters und im unteren Bereich eine Dilatation. Der untere Rand der Halbebene ist mit der Versetzungslinie identisch. Es ist sofort ersichtlich, daß sich die Versetzung sehr leicht nach beiden Seiten bewegen kann, ohne allzu große relative Verschiebungen der benachbarten Atome hervorzurufen. Dies wird an Hand des zu überwindenden Gitterpotentials in Abb. 8 veranschaulicht. Während bei der homogenen Translation sämtliche interatomare Bindungen aufgelöst werden müssen und in der ganzen Ebene der Potentialberg gleichzeitig überwunden werden muß, sind bei der Wanderung der Versetzung nur die Bindungen in unmittelbarer Umgebung des Versetzungszentrums aufzulösen, und der zu überwindende Potentialberg in der Gleitebene ist um ein Vielfaches reduziert. Die Ebene der leichtesten Gleitung ist die in Abschnitt 2 eingeführte Gleitebene. Den kleinsten Identitätsabstand zwischen den zur eingeschobenen Halbebene parallelen Ebenen in Richtung der Gleitrichtung bezeichnet man als den BURGERS-Vektor $\mathfrak{b}$ der Versetzung. Bei den kubisch-flächenzentrierten Metallen sind die BURGERS-Vektoren parallel zu den Tetraederkanten in Abb. 1. Bei der *Stufenversetzung* liegt der BURGERS-Vektor senkrecht zur Versetzungslinie. Ein anderer Versetzungstyp ist die sogenannte *Schraubenversetzung*, deren BURGERS-Vektor parallel zur Versetzungslinie ist.

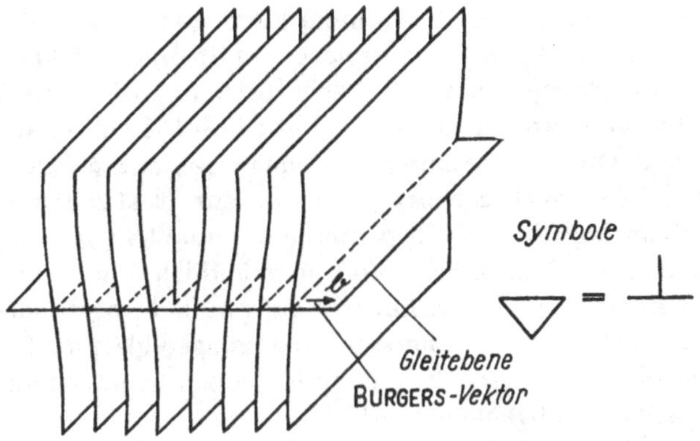

Abb. 9. Modell einer Stufenversetzung im kubisch primitiven Gitter (nach SEEGER [3])

β) Elastische Energie und Aufspaltung in Teilversetzungen

Die Versetzungen besitzen ein Spannungsfeld, das wie $1/r$ mit wachsendem Abstand r von der Versetzungslinie abnimmt und proportional zum Betrag des BURGERS-Vektors ist. Die elastische Energie der Versetzungslinien ist somit proportional zum Quadrat des BURGERS-Vektors. Es ist deshalb leicht verständlich, warum die dichtest belegten Gittergeraden als Gleitrichtungen vorkommen. In diesen Richtungen treten die kleinsten BURGERS-Vektoren auf; die Versetzung besitzt dann die kleinstmögliche Energie. Die Proportionalität der elastischen Energie der Versetzung zum Quadrat des BURGERS-Vektors bewirkt nach [22], daß in kubisch-flächenzentrierten Kristallen eine vollständige Versetzung mit dem BURGERS-Vektor $\mathfrak{b} = a/2\,\langle 110\rangle$ entsprechend der Reaktion

$$\frac{a}{2}\langle 110\rangle = \frac{a}{6}\langle 121\rangle + \frac{a}{6}\langle 21\bar{1}\rangle$$

unter Energiegewinn in zwei Teilversetzungen dissoziieren kann. Die BURGERS-Vektoren der beiden Teilversetzungen sind keine Gittervektoren, man spricht daher auch von unvollständigen Versetzungen. Zwischen den beiden Teilversetzungen wird die normale Stapelfolge *ABCABC* der $\{111\}$-Ebenen in *ABCACABC* verkehrt. Eine derartige Störung in der Stapelfehlerfolge wird als ein Stapelfehler bezeichnet. Die mit dem Stapelfehler verknüpfte Energie pro Flächeneinheit des Stapelfehlers wird Stapelfehlerenergie γ genannt. Sie beträgt z. B. bei Nickel 300 erg/cm^2 und bei Silber 29 erg/cm^2 [23]. Bei Metallen mit großen $\frac{\gamma}{Gb}$ — Werten (Ni, Cu, Al) ist die Aufspaltungsweite zwischen den Teilversetzungen gering und umgekehrt bei Metallen mit kleinen $\frac{\gamma}{Gb}$ — Werten ist diese groß (Ag, Co). Die hier für die kubisch-flächenzentrierten Metalle diskutierte Aufspaltung der vollständigen Versetzungen in Teilversetzungen tritt auch bei den hexagonalen und kubisch-raumzentrierten Metallen auf.

γ) Kräfte auf Versetzungen

Eine elastische Spannung übt auf eine Versetzung eine Kraft aus, die proportional zur Schubspannung und zum BURGERS-Vektor ist [3]. Unter dem Einfluß einer von außen angelegten Schubspannung können sich daher die Versetzungen bewegen. Da die Versetzungen ein weitreichendes Spannungsfeld besitzen, besteht zwischen ihnen eine starke elastische Wechselwirkung, die je nach Orientierung der BURGERSvektoren sowohl anziehend als auch abstoßend wirken kann.

Mit dem Modell einer Versetzung wird das sogenannte SCHMIDsche Schubspannungsgesetz [24], welches besagt, daß die zur plastischen Verformung im Gleitsystem aufzubringende Schubspannung τ, unabhängig von der Kristallorientierung, immer gleich groß ist, sofort verständlich, denn zur Bewegung der Versetzung ist immer die gleiche Schubspannung aufzubringen, sofern die die Versetzungsbewegung behindernden anderen Versetzungen gleichmäßig auf sämtliche Gleitsysteme verteilt sind. Diese Bedingung ist jedoch bei frisch aus der Schmelze gezogenen Kristallen im allgemeinen erfüllt.

Um zu einem tieferen Verständnis der bei der plastischen Verformung ablaufenden Vorgänge zu gelangen, ist es erforderlich, genaue Aussagen über die Versetzungsstruktur der Einkristalle zu gewinnen. Die hierbei angewandten Methoden und ihre wichtigsten Ergebnisse wollen wir im folgenden Abschnitt behandeln.

4. Fließspannung und Verfestigung

a) Allgemeines

Unter der Fließspannung eines Metalls versteht man die zur Aufrechterhaltung der plastischen Verformung erforderliche Schubspannung. Diejenige Schubspannung, die erstmals eine bleibende plastische Verformung hervorruft, wird als *kritische Schubspannung* τ_0 bezeichnet. Auf Grund der in Abschnitt 3 entwickelten Vorstellungen über die plastische Verformung durch Versetzungen entspricht die Fließspannung der mittleren Spannung, die aufzubringen ist, um eine Versetzung durch den Kristall hindurchzubewegen. Bei diesem Vorgang tritt die Versetzung mit anderen Versetzungen in Wechselwirkung, wodurch eine Behinderung der Versetzungsbewegung eintritt. Grundsätzlich ist hierbei nach SEEGER [3, 27] zwischen zwei Arten der Wechselwirkung zu unterscheiden. Einerseits muß die bewegte Versetzung die *weitreichenden* Spannungsfelder benachbarter Versetzungen überwinden, und zum anderen muß die bewegte Versetzung Versetzungen anderer Gleitsysteme, sogenannte Waldversetzungen, da sie ihre Gleitebene durchstoßen, unter Bildung von Versetzungssprüngen durchschneiden. Die letztere Wechselwirkung findet in atomaren Dimensionen statt und hat daher den Charakter einer *kurzreichenden* Wechselwirkung. Der Einteilung SEEGERS [3, 27] folgend, bezeichnen wir den auf die weitreichenden elastischen Spannungsfelder zurückzuführenden Spannungsanteil mit τ_G und den auf Schneidprozessen beruhenden als τ_S. Der Index G soll dabei darauf hinweisen, daß τ_G proportional zum Schubmodul G ist. Allgemein gilt somit

$$\tau = \tau_G + \tau_S \,. \tag{4.1}$$

Da sich die Schneidprozesse in atomaren Dimensionen abspielen, kann die zum Durchschneiden erforderliche Energie zum Teil auch durch die thermischen Schwingungen des Kristalls aufgebracht werden. Die Schneidprozesse laufen daher mit steigender Temperatur immer leichter ab, und die Fließspannung wird in zunehmendem Maße von den weitreichenden Spannungsfeldern bestimmt. Eine der wichtigsten Aufgaben der Verfestigungstheorie ist es, die Anteile τ_G und τ_S zur Gesamtspannung zu bestimmen. Um eine derartige Analyse durchführen zu können, muß vor allem die ***Aktivierungsenergie***, die beim Schneidprozeß aufzubringen ist, bekannt sein. Ferner müssen genaue Kenntnisse über die bei der plastischen Verformung entstandene Versetzungsstruktur vorliegen. Grundlage all dieser Untersuchungen ist die *Verfestigungskurve* des betreffenden Kristalls. Die Verfestigungskurve ist der analytische Zusammenhang zwischen der Abgleitung a und der im Gleitsystem wirkenden Schubspannung τ. Wie das Wort Verfestigung bereits zum Ausdruck bringt, nimmt die zur Weiterverformung aufzuwendende Fließspannung mit wachsender Abgleitung zu. Diese neben der in Abschnitt 3 behandelten kleinen kritischen Schubspannung zweite charakteristische Erscheinung bei der plastischen Verformung, die man als Verfestigung bezeichnet, war Anlaß zahlreicher experimenteller und theoretischer Arbeiten. Insbesondere tritt hierbei die Frage auf, ob es sich bei der Zunahme der Fließspannung um ein Anwachsen des Spannungsanteils τ_G oder des Spannungsanteils τ_S handelt. Grundsätzlich kommt die Verfestigung durch die zunehmende gegenseitige Behinderung der Versetzungen zustande. Infolge von Hindernissen, die von anderen Versetzungen gebildet werden, können die Versetzungen den Kristall nicht, wie in Abb. 8 angenommen wurde, vollkommen durchlaufen. Dadurch werden immer mehr Versetzungen im Kristall angesammelt, was gleichbedeutend mit einer Zunahme der inneren Spannungen ist, die ihrerseits wieder für eine wachsende Behinderung der Versetzungsbewegung verantwortlich sind. Die Versetzungen spielen demnach eine doppelte Rolle, denn einerseits ermöglichen sie die plastische Verformung schon bei verhältnismäßig niedrigen Schubspannungen und andererseits hemmen sie die Versetzungsbewegung und damit die weitere Verformung durch den Aufbau innerer Spannungen. Zur Untersuchung der Verfestigung werden im allgemeinen drei Methoden angewandt:

1. Messung der Verfestigungskurve, kombiniert mit Temperatur- und Geschwindigkeitswechselversuchen;
2. Untersuchung des Gleitlinienbildes mit Hilfe des Elektronenmikroskops;
3. Durchstrahlung dünner Folien plastisch verformter Kristalle im Elektronenmikroskop.

Die erste Methode gibt Auskunft über die makroskopischen Eigenschaften der Verfestigung, während die letzteren Auskunft über die Versetzungsstruktur, die Versetzungsdichte sowie über einzelne Versetzungsreaktionen geben.

5. *Experimentelle Untersuchung der plastischen Verformung*

a) Verfestigungskurven

Um bei der plastischen Verformung möglichst übersichtliche Verhältnisse zu wahren, ist es angebracht, bei Verformungsexperimenten Kristallorientierungen, die zur Einfachgleitung führen, zu verwenden. Sowohl bei den kubisch-flächenzentrierten als auch bei den hexagonalen Metallen handelt es sich hierbei um die sogenannten Mittelorientierungen, die in Abb. 5 und 6 gekennzeichnet sind. Zusammenfassende Darstellungen über die Verfestigungskurven von Einkristallen wurden von SEEGER [3], CLAREBROUGH [25] sowie BERNER und KRONMÜLLER [4] gegeben.

α) Kubisch-flächenzentrierte Metalle

Die von DIEHL und BERNER [26] bei verschiedenen Temperaturen gemessenen Verfestigungskurven mittelorientierter Kupfereinkristalle sind in Abb. 10 dargestellt. Die auffälligste Erscheinung an diesen Kurven ist die Aufteilung der Verfestigungskurve in drei Bereiche. Bei niedrigen Verformungsgraden einen Bereich I mit einem kleinen Verfestigungskoeffizienten ϑ_{I}. Daran anschließend ein Bereich II mit einem 10- bis 20mal größeren Verfestigungskoeffizienten ϑ_{II} und schließlich

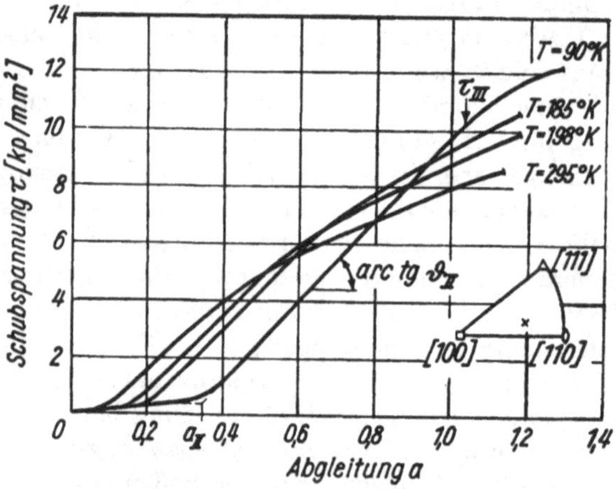

Abb. 10. Verfestigungskurven mittelorientierter Kupfereinkristalle für verschiedene Verformungstemperaturen (nach DIEHL und BERNER [26])

bei großen Verformungsgraden einen Bereich III, dessen Verfestigungskoeffizient ϑ_{III} wieder kleiner ist und dessen Beginn durch die Schubspannung τ_{III} und die Abgleitung a_{III} gekennzeichnet ist. Die erwähnten Parameter der Verfestigungskurve sind in Abb. 11 nochmals besonders aufgeführt. Die Dreiteilung der Verfestigungskurve wurde bei allen kubisch-flächenzentrierten Metallen gefunden. Bei Orientierungen, die in der Nähe der Symmetralen ⟨100⟩—⟨110⟩ und ⟨100⟩ bis ⟨111⟩ liegen, sind die Verfestigungskoeffizienten größer, da bei diesen Kristallen mehrere Gleitsysteme an der Verformung beteiligt sind, wodurch es zu einer stärkeren Behinderung der Versetzungsbewegung kommt als bei reiner Einfachgleitung. Schließlich ist noch zu bemerken, daß bei eckorientierten Einkristallen der Bereich I nicht mehr auftritt.

Die Verfestigungskurven in Abb. 10 zeigen eine ausgeprägte Temperaturabhängigkeit. Grundsätzlich hat man zwischen zweierlei temperaturabhängigen Effekten zu unterscheiden. Einmal kann die Temperaturabhängigkeit von der Temperaturabhängigkeit der Materialkonstanten wie Schubmodul oder BURGERS-Vektor herrühren und zum anderen können thermisch aktivierte Prozesse eine Rolle spielen. Die Analyse der Verfestigungskurven ergab, daß bei sämtlichen mit den Bereichen I und III zusammenhängenden Größen, also τ_0, τ_{II}, a_{II}, ϑ_I, τ_{III} und a_{III}, thermisch

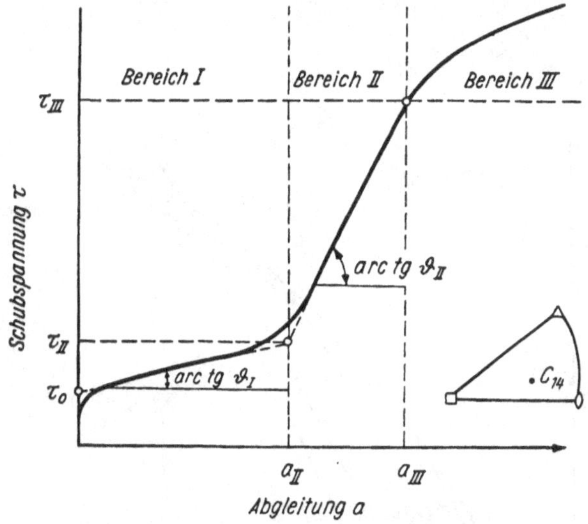

Abb. 11. Schematische Verfestigungskurve mittelorientierter kubisch-flächenzentrierter Einkristalle und Definition der Verfestigungsparameter

aktivierte Prozesse eine Rolle spielen und diese Größen außerdem stark strukturempfindlich sind. Zum Beispiel haben der Verunreinigungsgehalt und die Kristallzuchtbedingungen einen wesentlichen Einfluß auf diese Parameter [3, 27]. Demgegenüber erweist sich der Verfestigungskoeffizient ϑ_{II} als eine strukturunempfindliche Größe. Experimentell ergibt sich für alle kubisch-flächenzentrierten mittelorientierten Kristalle

$$\vartheta_{II} \sim G/300 \,. \tag{5.1}$$

Die starke Temperaturabhängigkeit der Schubspannung τ_{III}, die Abb. 10 zu entnehmen ist, wurde von SEEGER [27, 3] und SEEGER und SCHÖCK [28] als das Einsetzen thermisch aktivierter Quergleitung erkannt. Da bei der Quergleitung die Versetzungen vom primären Gleitsystem in die Quergleitebene überwechseln (in Abb. 1 z. B. von der $(11\bar{1})$-Ebene in die $(1\bar{1}\bar{1})$-Ebene), müssen die zwei Halbversetzungen der aufgespaltenen Versetzungen zunächst rekombinieren. Hierbei muß das Stapelfehlerband eingeschnürt werden. Die hierfür erforderliche Schubspannung ist um so größer, je weiter die Versetzung aufgespalten ist oder je kleiner die Stapelfehlerenergie ist. Man erwartet daher, daß bei Metallen mit großer Stapelfehlerenergie der Bereich III bereits bei kleinen Schubspannungen beginnt, während bei Metallen mit kleiner Stapelfehlerenergie der lineare Bereich II bis zu großen Schubspannungen ausgedehnt ist. Den Einfluß der Stapelfehlerenergie auf die Schubspannung τ_{III} kann man in übersichtlicher Weise an Hand des Legierungssystems Ni-Co studieren. Bei diesen Legierungen nimmt die Stapelfehlerenergie von sehr großen Werten bei reinem Nickel mit wachsendem Kobaltgehalt auf einen kleinen Wert ab. Dementsprechend weisen die in Abb. 12 darge-

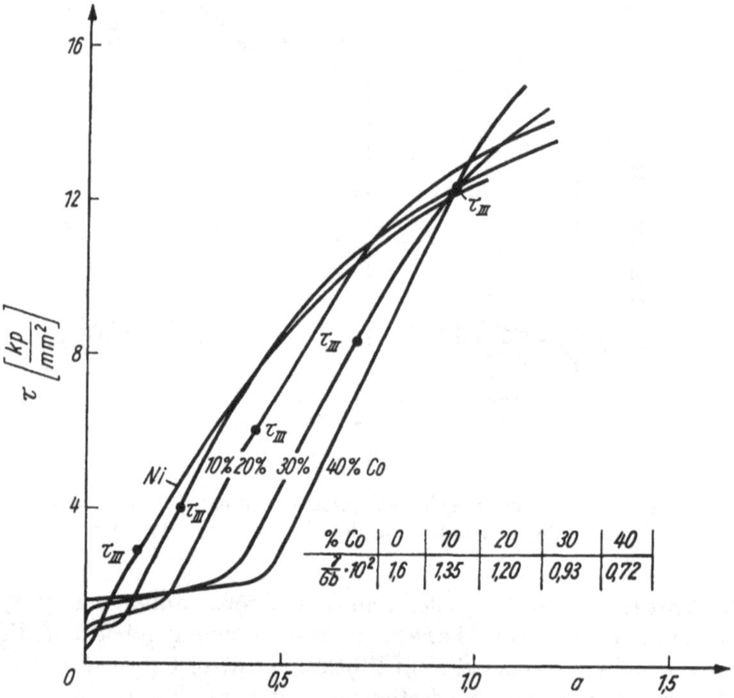

% Co	0	10	20	30	40
$\frac{\gamma}{Gb} \cdot 10^2$	1,6	1,35	1,20	0,93	0,72

Abb. 12. Verfestigungskurven mittelorientierter Ni–Co-Einkristalle mit verschiedenen Co-Konzentrationen (nach Meissner [29])

stellten Verfestigungskurven der Ni-Co-Legierungen nach Messungen von Meissner [29] eine mit zunehmendem Co-Gehalt anwachsende Schubspannung τ_{III} auf. Gleichzeitig ist diesen Verfestigungskurven zu entnehmen, daß ϑ_{II} keine Abhängigkeit von der Stapelfehlerenergie besitzt. Daraus ist der Schluß zu ziehen, daß die Verfestigung nicht auf die Waldversetzungen, sondern auf die Primärversetzungen zurückzuführen ist. Das Anwachsen der kritischen Schubspannung der Ni-Co-Kristalle mit zunehmendem Co-Gehalt ist vermutlich auf eine mit wachsendem Co-Gehalt ansteigende Waldversetzungsdichte zurückzuführen. Auf die Ausdehnung des Bereichs I, insbesondere bei den Ni-Co-Legierungen, werden wir noch in Abschnitt 9c zu sprechen kommen.

β) Hexagonale Metalle

Besonders ausgeprägt ist die Temperaturabhängigkeit der Verfestigungskurven hexagonaler Metalle. Die hexagonalen Metalle Zn, Cd und Mg besitzen eine wesentlich kleinere Selbstdiffusionsenergie als zum Beispiel die Edelmetalle (Zn: 1,0 eV). Thermisch aktivierte Prozesse laufen deshalb in diesen Metallen bereits bei tieferen Temperaturen ab als bei den Edelmetallen. In Abb. 13 werden zwei Verfestigungskurven von Zink [16] bei Raumtemperatur und 90 °K miteinander verglichen. Während man bei Raumtemperatur eine Dreiteilung der Verfestigungskurven

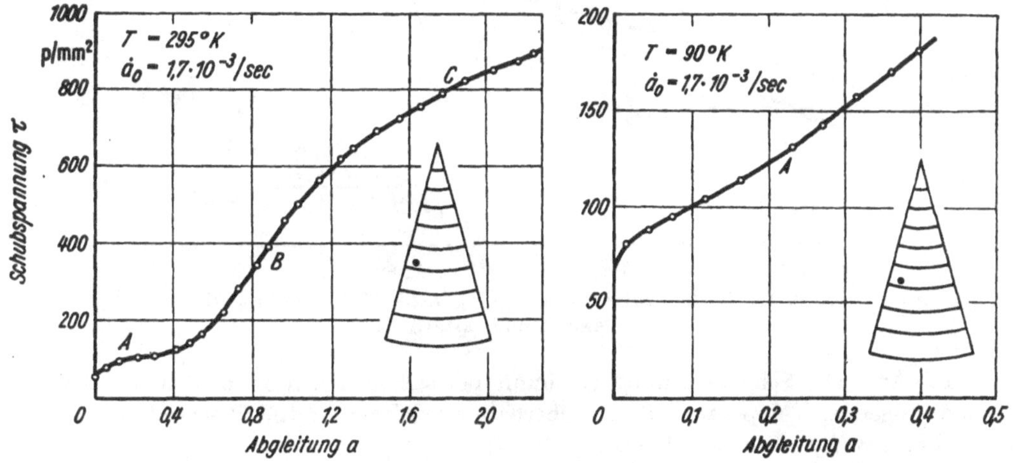

a) b)

Abb. 13. Verfestigungskurven von Zink bei 90 °K und 295 °K (nach SEEGER und TRÄUBLE [16])

erkennen kann, findet man bei 90 °K bis zur Brucheinschnürung des Kristalls nur einen einzigen Bereich. Da die verfestigenden Prozesse bei hexagonalen Metallen nicht dieselben sind wie bei den kubisch-flächenzentrierten Metallen, spricht man hier von den Bereichen *A*, *B* und *C*. Die Parameter der Verfestigungskurven der hexagonalen Metalle sind in derselben Weise definiert wie in Abb. 11 für die kubisch-flächenzentrierten Metalle, nur daß an Stelle der Indizes I, II und III nun die Indizes *A*, *B* und *C* treten. Der Einfluß thermisch aktivierter Prozesse wird besonders deutlich, wenn wir die Verfestigungskurven des Zinks mit denen des hochschmelzenden Kobalts vergleichen. Verfestigungskurven von Co-Einkristallen sind in Abb. 14 nach Messungen von SEEGER und Mitarb. [11] für verschiedene Temperaturen dargestellt. Es ist zu erkennen, daß der Bereich *A* weit stärker ausgedehnt ist als bei Zink und der Bereich *C* vollkommen fehlt. Der naheliegende Schluß ist, daß bei Kobalt thermisch aktivierte Prozesse bei höheren Verformungsgraden als bei Zink eine Rolle zu spielen beginnen.

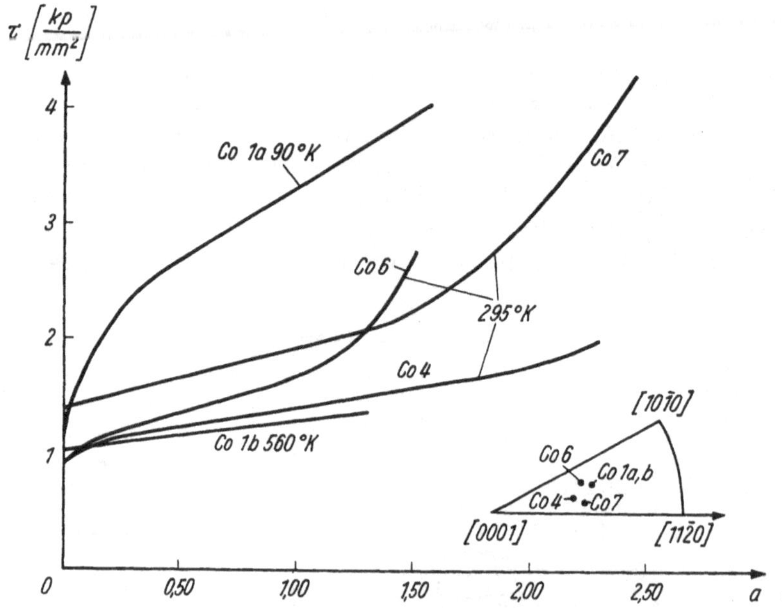

Abb. 14. Verfestigungskurven hexagonaler Kobalteinkristalle (nach SEEGER und Mitarb. [11])

Die kritische Schubspannung τ_0 nimmt bei sämtlichen hexagonalen Metallen mit steigender Temperatur T ab. Oberhalb einer Temperatur T_0 ergibt sich für τ_0/G eine waagrechte Gerade (siehe Abb. 7).

Neuere Untersuchungen von BOČEK und KASKA [30] haben ergeben, daß die Temperaturabhängigkeit der Verfestigungskoeffizienten ϑ_A und ϑ_B praktisch gleich ist. Bei allen hexagonalen Metallen fällt ϑ_A und ϑ_B oberhalb einer für jedes Metall charakteristischen Temperatur von einem hohen Tieftemperaturwert auf einen niedrigen Wert ab, um bei höheren Temperaturen schließlich ganz zu verschwinden. Diese Temperatur liegt bei Zink, Kadmium und Magnesium etwa bei 250 °K. Im Falle von Kobalt scheint diese Temperatur nach Messungen von SEEGER und Mitarb. [11] sowie DAVIS und TEGHTSOONIAN [31] etwas höher, bei etwa 300 °K, zu liegen.

Die starke Temperaturabhängigkeit des Verfestigungskoeffizienten bei höheren Temperaturen weist darauf hin, daß hier thermisch aktivierte Prozesse eine Rolle spielen. Dies wurde durch Erholungsexperimente von SEEGER und TRÄUBLE [16] an plastisch verformten Zinkeinkristallen genauer untersucht. Ihre Experimente haben gezeigt, daß die Fließspannung von Zink, das bei Raumtemperatur gelagert wurde, im Bereich A innerhalb 24 Stunden vollständig ausheilt, während im Bereich B keine vollständige Erholung mehr möglich ist. Bei der Temperatur des flüssigen Sauerstoffs konnte keine Erholung der Fließspannung mehr festgestellt werden. Diese Experimente weisen darauf hin, daß das plastische Verhalten der hexagonalen Metalle durch ausheilende Punktfehlstellen (Leerstellen und Zwischengitteratome) in starkem Maße beeinflußt wird.

b) Elektronenmikroskopische Gleitlinienaufnahmen

α) Grundlagen

Die Bildung von Gleitlinien auf der Oberfläche plastisch verformter Einkristalle beruht auf der kristallographischen Natur der Gleitvorgänge. Wie bereits ausgeführt wurde, findet die Gleitung auf dichtest gepackten Netzebenen statt. Die an der Oberfläche austretenden Versetzungen hinterlassen dort eine Stufe, die im Abdruckverfahren sichtbar gemacht werden kann. Da die Versetzungen im allgemeinen nur einen endlichen Laufweg L besitzen, führen die Gleitstufen nicht um den ganzen Kristall herum. Das in Abb. 3 dargestellte Holzscheibenmodell von Mark, Polanyi und Schmid [1], das die Geometrie der plastischen Verformung makroskopisch richtig beschreibt, muß daher in der in Abb. 14 veranschaulichten Weise modifiziert werden. An Stelle der um den ganzen Kristall laufenden Gleitstufe treten sogenannte Gleitzonen auf, deren Fläche durch die Laufwege der Stufen- und Schraubenversetzungen bestimmt ist. An Stellen, wo eine solche Gleitzone auf die Oberfläche trifft, entsteht die in Abb. 15 schematisch dargestellte Gleitlinie. Mit Hilfe des in Abb. 15 eingeführten Modells für die Entstehung der Gleitlinien durch Gleitzonen ist es verhältnismäßig einfach, die für die Versetzungsstruktur maßgebenden Parameter zu definieren. Die Versetzungsstruktur ist durch die Zahl N_0 der Gleitzonen pro cm³, die Längen L_1 und L_2 der Versetzungslaufwege von Schrauben- und Stufenversetzungen und die Stufenhöhe h der Gleitlinien festgelegt. Zwischen der Stufenhöhe h und der Zahl der ausgetretenen Versetzungen n besteht der einfache Zusammenhang

$$h = n\,b\,,$$

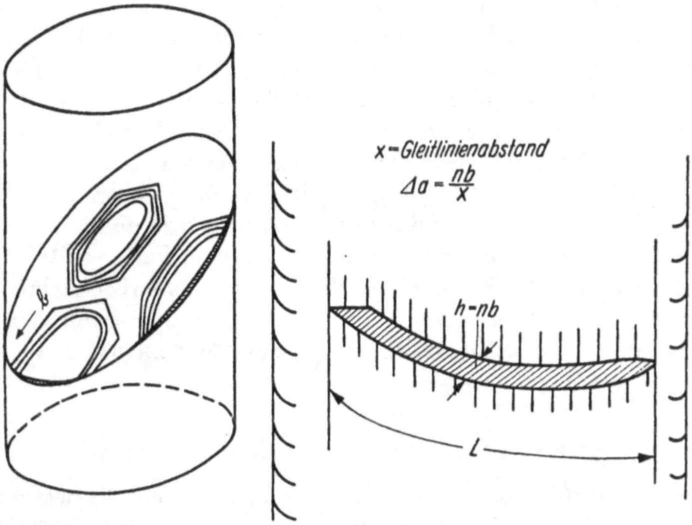

Abb. 15. Schematische Darstellung einer Gleitzone und der Bildung einer Gleitlinie

denn jede Versetzung erzeugt eine dem BURGERS-Vektor $\mathfrak{b}$ entsprechende Stufenhöhe. Die mittleren Laufwege L_1 und L_2 der Stufen- und Schraubenversetzungen können den Gleitlinienbildern direkt entnommen werden, ebenso der mittlere senkrechte Abstand x betätigter Gleitebenen. Für die Zahl der Gleitzonen pro cm^3 gilt dann

$$N_0 = \frac{1}{L_1 L_2 x} . \tag{5.2a}$$

Die von den Gleitzonen erzeugte Abgleitung ist das Produkt aus BURGERS-Vektor $\mathfrak{b}$ und der von ihnen pro cm^3 überstrichenen Fläche $F = \alpha_L^2 n L_1 L_2 N_0$. Es gilt also

$$a = \alpha_L^2 n b L_1 L_2 N_0 , \tag{5.2b}$$

wobei α_L ein Faktor von der Größenordnung 1 ist, der der Verteilung der Versetzungen innerhalb der Gleitzone Rechnung trägt. Die Zahl n der pro Gleitlinie an die Oberfläche ausgetretenen Versetzungen kann entweder direkt aus der Verlängerung oder Verkürzung des Schattens von Latexkügelchen infolge der Gleitstufe [33, 35, 23] oder aber aus der makroskopisch gemessenen Abgleitung und dem mittleren senkrechten Abstand x der Gleitzonen bestimmt werden, denn Gl. (5.2a) in Gl. (5.2b) eingesetzt ergibt

$$n = \frac{a x}{\alpha_L^2 b} . \tag{5.3}$$

Da das Auflösungsvermögen des Elektronenmikroskopes höchstens 10 Å beträgt, können Gleitstufen, die weniger als diese untere Grenze betragen, nicht erkannt werden. Dies bedeutet, daß man z. B. Gleitung auf sekundären Gleitsystemen, die möglicherweise durch einzelne Versetzungen erfolgt, im Gleitlinienverfahren nicht erkennen kann.

Zur Untersuchung des Gleitlinienbildes längs der Verfestigungskurve werden im allgemeinen zwei Verfahren angewandt. Einmal können Zielpräparate von derselben Stelle eines Kristalls für aufeinanderfolgende Verformungsstufen hergestellt werden. Man untersucht in diesem Falle die Veränderung des gesamten Gleitlinienbildes mit der plastischen Verformung. Dieses Verfahren ist anwendbar, solange die Gleitliniendichte nicht zu groß wird. Das andere Verfahren besteht in einer erstmals von MADER [32] angewandten differentiellen Methode, bei der nach jeder Verformungsstufe der Kristall abpoliert wurde und nur die neu hinzukommenden Gleitlinien beobachtet werden. In diesem Falle werden also nur die *aktiven* an der Gleitung noch teilnehmenden Versetzungen beobachtet. Ausführliche Beschreibungen der hier geschilderten Methoden sowie deren experimentelle Ergebnisse wurden von MADER [32, 33], SEEGER und MADER [34] und KRONMÜLLER und BERNER [4] gegeben.

β) Kubisch-flächenzentrierte Metalle

Zielpräparate wurden vor allem im Bereich I und A der Verfestigungskurven aufgenommen. Abb. 16 zeigt die Gleitlinien zweier aufeinanderfolgender Verformungsstufen eines Kupfereinkristalls im Bereich I der Verfestigungskurve nach

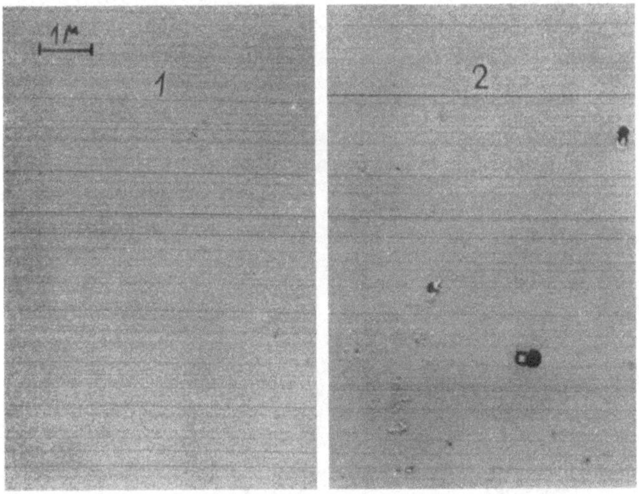

Abb. 16. Elektronenmikroskopische Aufnahme des Gleitlinienbildes zweier aufeinanderfolgender Verformungsstufen im Bereich I eines Kupfereinkristalls. Verformungstemperatur 90 °K. 1 und 2 bezeichnen die aufeinanderfolgenden Verformungsstufen mit den Abgleitungen $a_1 = 0{,}048$ und $a_2 = 0{,}0375$ (nach Seeger und Mitarb. [36])

Abb. 17. Elektronenmikroskopische Gleitlinienaufnahme im Bereich II eines Kupfereinkristalls. $a = 0{,}20$. Zusatzgleitung $\Delta a = 0{,}08$, Verformungstemperatur 295 °K (nach Mader [32])

Messungen von SEEGER und Mitarb. [36]. Die Bilder wurden von derselben Stelle des Kristalls aufgenommen. Man erkennt die homogene Verteilung der Gleitlinien über die gesamte Oberfläche. Dieses Gleitlinienbild wird nach MADER [32] als *homogene Feingleitung* bezeichnet. Die Auswertung der beiden Aufnahmen ergibt ferner, daß der mittlere senkrechte Abstand x der aktiven Gleitlinien unabhängig von der Verformung ist. Die an langen Gleitlinienaufnahmen bestimmten Gleitlinienlängen erwiesen sich im Bereich I ebenfalls als von der Abgleitung unabhängig. Werte für x und L_2 im Bereich I sind in Tab. 2 zusammengefaßt.

Tabelle 2. Die Kenngrößen der Gleitlinienstruktur mehrerer Metalle und Legierungen im Bereich I der Verfestigungskurve

Metall	Verformungs-temperatur	x [Å]	L_2 [μ]	$\vartheta_I \left[\frac{kp}{mm^2}\right]$	Autor
Cu	90 °K	386	600	0,70	[36]
Cu	90 °K	330	620	0,70	[36]
Cu	90 °K	322	660	0,70	[36]
Cu	90 °K	380	700	0,77	[36]
Ni	90 °K	820	1000	2,5	[37]
Zn	90 °K	600	$>$5000	0,4	[16]
Co	293 °K	325	300	1,0	[11]
Ni–20% Co	90 °K	500	1000	1,7	[37]
Ni–20% Co	293 °K	510	1000	1,2	[37]
Ni–50% Co	333 °K	240	566	1,9	[37]
Ni–50% Co	293 °K	188	420	1,3	[38]

Zur Untersuchung des Gleitlinienbildes im Bereich II wird vorwiegend die differentielle Methode der aktiven Gleitlinien angewandt. Abb. 17 zeigt Gleitlinien im Bereich II eines nach Abpolieren um Δa verformten Kupfereinkristalls. Das äußere Erscheinungsbild der Gleitlinien zeigt im Gegensatz zur homogenen Feingleitung im Bereich I nunmehr eine mehr oder weniger *strukturierte Feingleitung*. Die von MADER [32] an Kupfer vorgenommene quantitative Auswertung der Gleitlinienbilder hat ergeben, daß im Bereich II die Zahl n pro Gleitlinie konstant ist ($n \sim 20$) und daß die Gleitlinienlänge L_2 mit wachsender Abgleitung wie

$$L_2 = \frac{\Lambda_2}{a - a^*}$$

abnimmt, wobei $a^* \sim a_{II}$ beträgt und Λ_2 eine Konstante von der Größenordnung $\Lambda_2 = 4 \cdot 10^{-4}$ cm ist. Diese Gesetzmäßigkeiten wurden auch für eine Reihe anderer kubisch-flächenzentrierter Metalle und Legierungen gefunden. In Abb. 18 sind die reziproken Gleitlinienlängen $1/L$ für Kupfer [32], Nickel [37] und mehrere Nickel-Kobalt-Legierungen [37, 38, 39] angegeben. Obige Gesetzmäßigkeit scheint bei all diesen Kristallen erfüllt zu sein. Werte für die Konstanten n und Λ_2 sind Tab. 3 zu entnehmen. Aus Abb. 18 ist ferner ersichtlich, daß die Gleitlinienlänge L_2

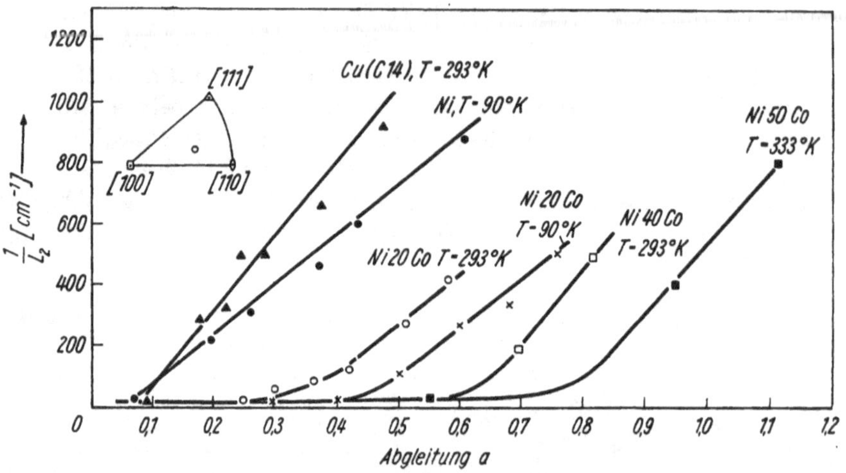

Abb. 18. Verlauf der reziproken Gleitlinienlängen als Funktion der Abgleitung. Cu [32]; Ni, NiCo 20 [37]; NiCo 40 [39]; NiCo 50 [38]

Tabelle 3. Vergleich zwischen dem mechanisch bestimmten und dem aus Gleitlinienaufnahmen ermittelten Verfestigungskoeffizienten im Bereich II

Metall oder Legierung	Verformungs-temp. [°C]	n	Λ_2 [10^{-4} cm]	ϑ_{II} $\left[\frac{kp}{mm^2}\right]$ theor.	ϑ_{II} $\left[\frac{kp}{mm^2}\right]$ experim.	Autoren
Cu	20	20	4	12	13,5	MADER [32]
Ni	−183	31	5,9	21	23	KRONMÜLLER [37]
Ni 20% Co	−183	32	6,2	21	23	KRONMÜLLER [37]
Ni 40% Co	20	25	6,5	20	23	THIERINGER [39]
Ni 50% Co	60	15	6	17,2	21	PFAFF [38]

weitgehend unabhängig von der Verformungstemperatur ist, wie auch auf Grund des temperaturunabhängigen reduzierten Verfestigungskoeffizienten ϑ_{II}/G zu erwarten war. Dieselbe Aussage trifft auch auf den Parameter n zu.

Zu Beginn des Bereichs III ist die Gleitlinienstruktur noch weitgehend durch die im Bereich II vorliegende strukturierte Feingleitung gekennzeichnet. Mit zunehmender Abgleitung treten jedoch sogenannte *Gleitbänder* auf, die durch Bündelung mehrerer Gleitlinien entstehen. Gleichzeitig nimmt die strukturierte Feingleitung zwischen diesen Gleitbändern ab und verschwindet schließlich ganz. Gleitbänder im Bereich III eines Kupferkristalls sind in Abb. 19 zu erkennen. Auch dieses Bild wurde nach Abpolieren und einer Zusatzverformung von 10% gewonnen. Neben der fragmentierten Gleitbandbildung erkennt man in Abb. 19 Spuren der *Quergleitung* von Schraubenversetzungen zwischen den Endbereichen nahe benachbarter Gleitbänder. Die quantitative Auswertung ergab, daß die Zahl dieser Quergleitprozesse mit wachsender Abgleitung zunimmt. Die Quer-

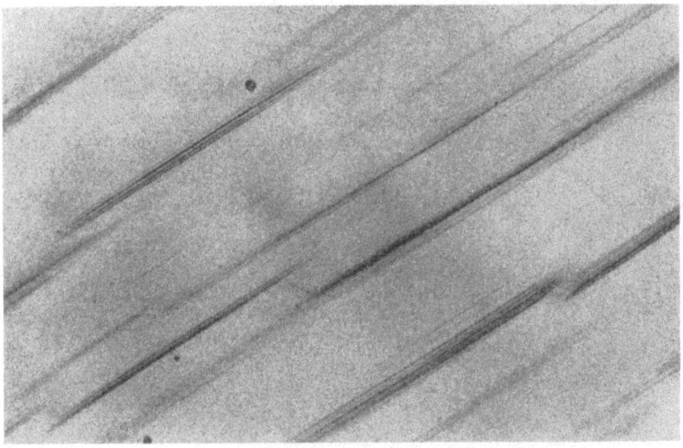

Abb. 19. Elektronenmikroskopische Gleitlinienaufnahme im Bereich III eines Kupfereinkristalls mit Spuren von Quergleitung. $a = 0{,}59$; Zusatzabgleitung $\Delta a = 0{,}1$, 10000× (nach MADER [32])

gleitung als thermisch aktivierter Prozeß bestimmt somit maßgebend das Geschehen im Bereich III und ist insbesondere für den durch τ_{III} gekennzeichneten Beginn des Bereichs III verantwortlich. Die bei kubisch-flächenzentrierten Metallen vorliegenden Verhältnisse sind in Abb. 20 zusammenfassend dargestellt.

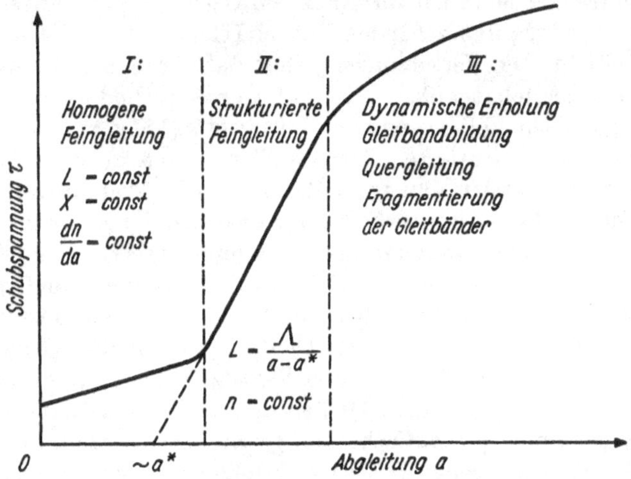

Abb. 20. Gleitlinienbild und Verfestigungskurve bei kubisch flächenzentrierten Metallen

Die Auswertung der Gleitlinienbilder hat nun zu folgenden Vorstellungen über die Versetzungsstruktur der kubisch-flächenzentrierten Metalle geführt:

Bereich I: Die Abgleitung erfolgt durch Betätigung einer konstanten Anzahl von Gleitzonen, deren Ausdehnung im Laufe der Verformung konstant bleibt Die Abgleitung ist somit proportional zur Zahl n der pro Gleitzone gebildeten Versetzungen.

Bereich II: Im Bereich II werden fortwährend neue Gleitzonen gebildet. Die Laufwege der Versetzungen werden verkürzt; dies bedeutet, daß die Gleitzonen kleiner werden. Die Zahl der pro Gleitzone gebildeten Versetzungen n ist konstant. Im Gegensatz zum Bereich I erfolgt die Ausbildung der Gleitzonen im Bereich II spontan.

Bereich III: Die strukturierte Feingleitung des Bereichs II geht zur Gleitbandbildung über. Die Abgleitung erfolgt durch Betätigung neuer Gleitzonen in der Nähe bereits vorhandener Gleitbänder. Durch thermisch aktivierte Quergleitung kommt es zu einer Relaxation der Versetzungsstruktur, die man als *dynamische Erholung* bezeichnet.

γ) Hexagonale Metalle

Bei hexagonalen Metallen liegen die Verhältnisse qualitativ ähnlich wie bei den kubisch-flächenzentrierten Metallen. Im Bereich A erfolgt die Abgleitung durch Betätigung einer konstanten Anzahl von Gleitzonen, deren Ausdehnung wie im

Bereich I ebenfalls konstant bleibt. Dies konnte im Falle von Zink [16, 30] und Kobalt [11] gezeigt werden. Die von SEEGER und TRÄUBLE [16] durchgeführten Untersuchungen bei Zink ergaben ferner, daß im Bereich *B* und *C* die Gleitlinienlänge *L* entsprechend Gl. (5.4) abnimmt und die Zahl *n* der Versetzungen pro Gleitzone konstant bleibt, also qualitativ dieselben Verhältnisse wie bei den kubisch-flächenzentrierten Metallen vorliegen. Im Bereich *C* der Verfestigungskurve beobachtet man, wie im entsprechenden Bereich III der kubisch-flächenzentrierten Metalle, Quergleitung. Die Versetzungen gehen dabei von der Basisebene in eine Prismenebene als Gleitebene über. Hierauf wurde besonders von BOČEK und KASKA [30] hingewiesen. Wie SEEGER und TRÄUBLE [16] gezeigt haben, tritt die Quergleitung bei mittelorientierten Zn-Kristallen jedoch nicht in solchem Maße auf, um die starke Temperaturabhängigkeit des Bereichs *C* quantitativ zu erklären. Diese Autoren haben darauf hingewiesen, daß es neben der Erholung durch Quergleitung in Zink noch einen weiteren die Spannungen relaxierenden Prozeß gibt. Dabei handelt es sich um thermisch aktiviertes Klettern der Stufenversetzungen. Diese Kletterbewegung durch diffundierende Punktfehlstellen führt zu einer Auffächerung der Gleitlinien. Aufgefächerte Gleitlinien sowie die schematische Darstellung des Kletterprozesses durch zu den Versetzungen hindiffundierende Leerstellen sind Abb. 21 zu entnehmen. Daß es sich hierbei um Leerstellen handelt, konnte aus der Richtung der Auffächerung geschlossen werden, die jeweils nach der Richtung der eingeschobenen Netzebene erfolgte. Die bei der plastischen Verformung erzeugten Punktfehler können ferner durch Agglomeration Versetzungsringe in der Basisebene bilden, die dann als Hindernisse für die Versetzungsbewe-

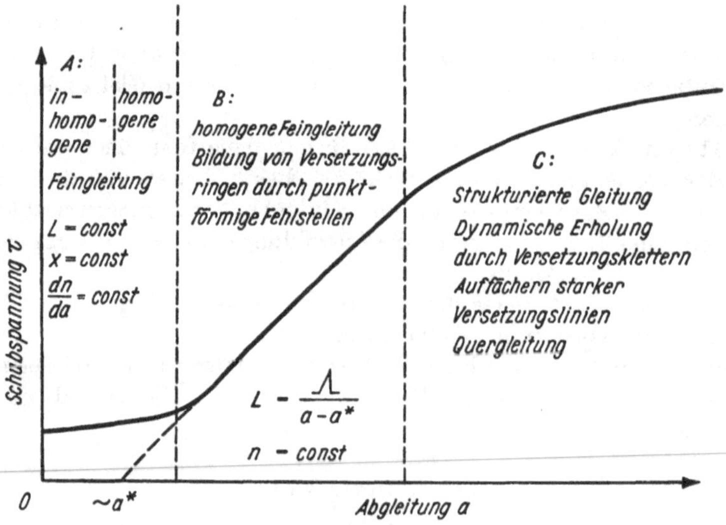

Abb. 22. Gleitlinienbild und Verfestigungskurve bei hexagonal dichtest gepackten Kristallen

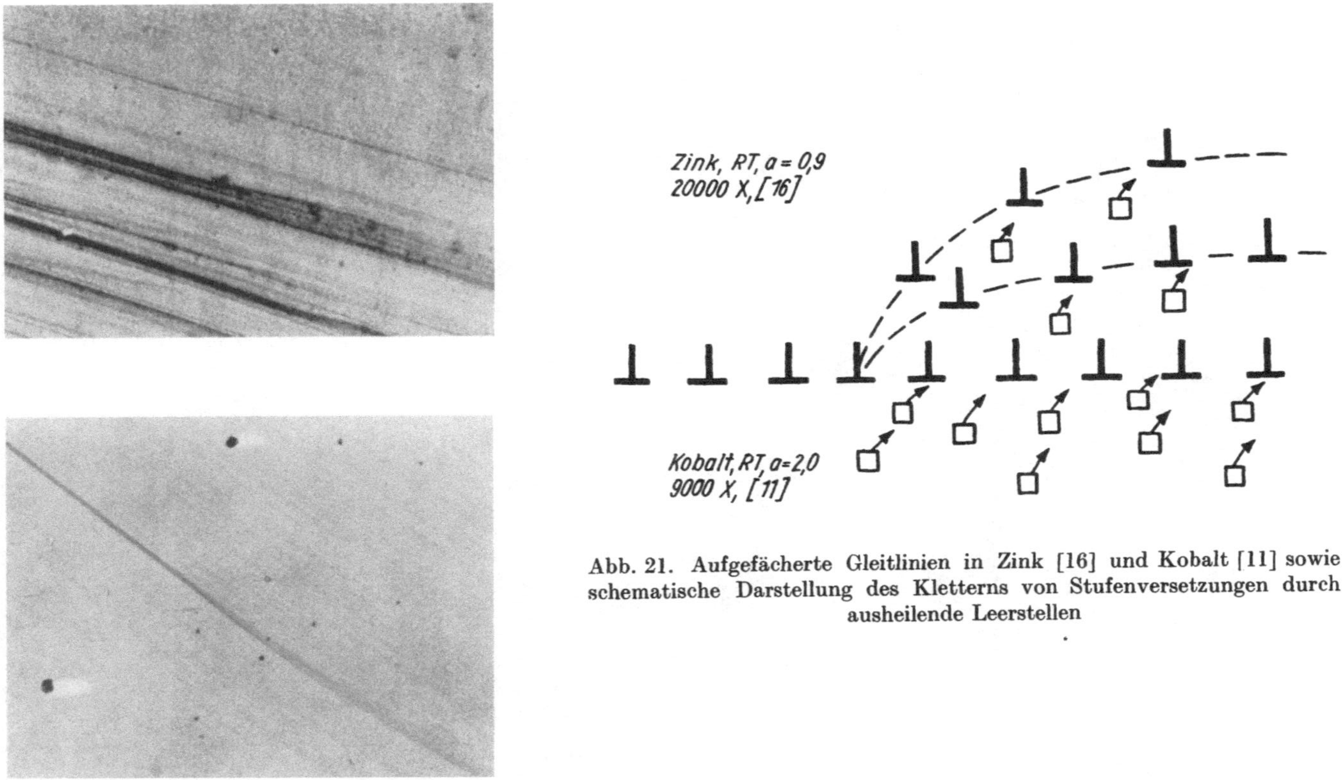

Abb. 21. Aufgefächerte Gleitlinien in Zink [16] und Kobalt [11] sowie schematische Darstellung des Kletterns von Stufenversetzungen durch ausheilende Leerstellen

gung wirksam werden. Die Rolle der Punktfehlstellen ist daher eine doppelte. Einerseits können sie durch Ausheilen an den Versetzungen die Spannungen erniedrigen, und zum anderen können sie Hindernisse für die Versetzungsbewegung erzeugen, also verfestigend wirken. Die bei hexagonalen Metallen aufgefundene Gleitlinienstruktur ist in Abb. 22 zusammenfassend dargestellt.

Wie wir noch sehen werden, sind die aus Gleitliniendaten gewonnenen Erkenntnisse über die Versetzungsstruktur plastisch verformter Einkristalle, also die Kenntnis der Parameter L, x und n vollkommen ausreichend, um die Verfestigung auch theoretisch quantitativ zu verstehen. Um jedoch noch spezifischere Aussagen über die im Inneren des Kristalls ablaufenden Prozesse zu gewinnen, kann die Methode der Durchstrahlungsaufnahmen dünner Folien zur Untersuchung der Versetzungsstruktur herangezogen werden, deren Ergebnissen wir uns nun zuwenden wollen.

c) Elektronenmikroskopische Durchstrahlungsaufnahmen

Die elektronenmikroskopische Durchstrahlung dünner Folien gestattet die direkte Beobachtung einzelner Versetzungslinien und ist somit die einzige Methode, die Einblick in das mikroskopische Geschehen bei der plastischen Verformung gibt. Die Sichtbarmachung der Versetzungslinien durch am Kristallgitter gebeugte Elektronenstrahlen beruht auf der Streuung der Elektronen an den Gitterverzerrungen der Versetzungen. Der Vorteil der Durchstrahlungsaufnahmen gegenüber den Gleitlinienbildern beruht auf der Tatsache, daß auch die in mancher Hinsicht wichtigen Versetzungen *sekundärer* Gleitsysteme beobachtet werden können. Außerdem gestatten die Durchstrahlungsaufnahmen eine Überprüfung des aus Gleitlinienaufnahmen gewonnenen Versetzungsbildes. Der Zusammenhang zwischen Gleitlinienbild und Durchstrahlungsaufnahmen wird besonders in Arbeiten von Mader [33] und Mader, Seeger, Thieringer [39] eingehend diskutiert.

Zwei Faktoren, die die Auswertung und Deutung der Durchstrahlungsaufnahmen besonders erschweren, sind bei der Herstellung dünner Folien zu beachten. Einmal dürfen die Folien infolge der Absorption nur 1000—2000 Å dick sein, während die Gleitzonen 10—100 μ groß sind. Deshalb müssen, um Aussagen über die Versetzungslängen zu gewinnen, die Folien möglichst parallel zur Gleitebene ausgeschnitten werden. Weiter erfahren die Versetzungen beim Dünnpolieren Bildkräfte, und außerdem wird das Spannungsgleichgewicht gestört, da an der Oberfläche laufend Versetzungen weggenommen werden. Beide Effekte verursachen Versetzungsbewegungen in der Hauptgleitebene sowie Quergleitung, so daß es teilweise zur Annihilation der Versetzungen kommen kann und die Versetzungsstruktur dünner Folien daher nicht mehr unbedingt mit der bei der plastischen Verformung entstandenen übereinstimmt. Es muß deshalb dafür gesorgt werden, daß die Bewegung der Versetzungen weitgehend unterdrückt wird. Dies kann durch Bestrahlung mit schnellen Neutronen erreicht werden, denn die von den Neutronen erzeugten *gestörten Zonen* stellen Verankerungspunkte für die Versetzungen dar und erhöhen die kritische Schubspannung um ein Vielfaches des unbestrahlten Kristalls [40].

Ein zweites Verfahren besteht darin, Kristalle mit kleiner Stapelfehlerenergie zu untersuchen. Bei diesen Kristallen ist die Spannung τ_{III}, bei der Quergleitung eingesetzt, bei Raumtemperatur sehr groß, so daß eine durch Bildkräfte induzierte Quergleitung der Schraubenversetzungen bei diessn Kristallen nicht auftritt. Das zuerst erwähnte Verfahren wurde von ESSMANN [41] zur Untersuchung von Kupfereinkristallen und das zweite von MADER, SEEGER und THIERINGER [39] bei den Ni-Co-Legierungen erfolgreich angewandt.

Die Bestrahlung mit Neutronen wurde jeweils bei etwa 80 °C vorgenommen im Anschluß an die plastische Verformung. Zur Untersuchung der Versetzungsstruktur im primären Gleitsystem (111)-[$\bar{1}$01] werden Folien parallel zur Hauptgleitebene ausgeschnitten und zum Studium der Versetzungsstruktur im sekundären Gleitsystem werden Folien parallel zur ($\bar{1}$01)-Ebene hergestellt, die senkrecht auf der Gleitebene und der Gleitrichtung im primären Gleitsystem stehen. Abb. 1 entnehmen wir, daß in diesem Falle die Schraubenversetzungen des sekundären Gleitsystems parallel zur ($\bar{1}$01)-Ebene verlaufen. Abb. 23 zeigt die Durchstrahlungsaufnahme einer (111)- und einer ($\bar{1}$01)-Folie eines bis zum Beginn des Bereichs II verformten Einkristalls. Man erkennt lange Versetzungsstränge, die weitgehend von Versetzungsdipolen gebildet werden und die eine ausgeprägte Vorzugsorientierung in [1$\bar{2}$1]-Richtung aufweisen. Aus Kontrastexperimenten konnte weiter entschieden werden, daß die einzelnen Dipole aus Stufenversetzungen gebildet werden. Die Abbildungsbedingungen wurden so gewählt, daß bei der (111)-Folie die Versetzungen des primären Gleitsystems und bei der ($\bar{1}$01)-Folie nur die Versetzungen der sekundären Gleitsysteme sichtbar sind. Es ist ersichtlich, daß die Ausdehnung des Versetzungsstrangs senkrecht zur Gleitebene weit geringer ist ($\sim$1 μ) als in [1$\bar{2}$1]-Richtung ($\sim$10 μ), dieser also ein eindimensionales Gebilde darstellt. Das Auftreten der Versetzungen sekundärer Gleitsysteme weist darauf hin, daß der Versetzungsstrang durch eine Reaktion zwischen Versetzungen des primären und der sekundären Gleitsysteme zustande kommt. Die Versetzungsstränge sind als wesentliches die Ausdehnung der Gleitung in der Hauptgleitebene beschränkendes Element zu betrachten. Man erkennt dies auch daran, daß die auf der einen Seite des Versetzungsstrangs liegenden Versetzungen überwiegend dasselbe Vorzeichen besitzen. Die Versetzungsstränge sind demnach als die den Versetzungslaufweg L bestimmenden Hindernisse anzusehen, die im Bereich II für die Abnahme des Versetzungslaufwegs gemäß Gl. (5.4) verantwortlich sind. Die Vorzugsstellung des primären Gleitsystems ist an Hand von Abb. 24 ebenfalls deutlich zu erkennen. Diese Aufnahme einer ($\bar{1}$01)-Folie senkrecht zur primären Gleitebene und senkrecht zur Gleitrichtung in der primären Gleitebene zeigt einen Schnitt durch die Versetzungsstränge des primären Gleitsystems. Es ist klar ersichtlich, daß die Gleitung bevorzugt auf der Hauptgleitebene stattgefunden hat. Die Abstände zwischen den dunklen Streifen entsprechen den im Bereich II gefundenen Abständen x zwischen den Gleitlinien.

Abbildung 25 zeigt die Durchstrahlungsaufnahme einer (111)-Folie parallel zur Hauptgleitebene im Bereich III der Verfestigungskurve. Man erkennt einen Bereich mit relativ langen Versetzungslinien des primären Gleitsystems, der von Verset-

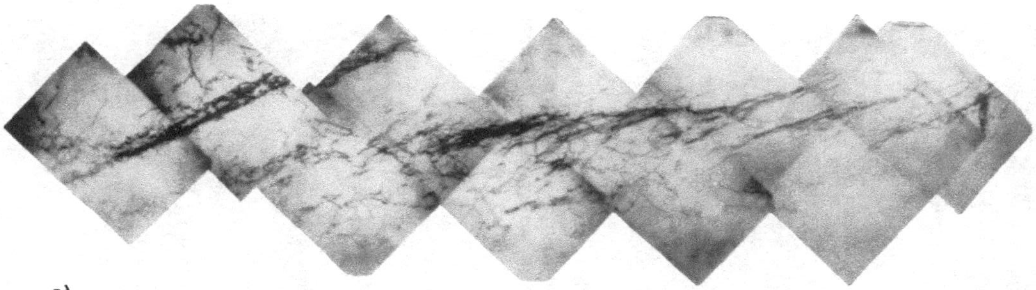

a)

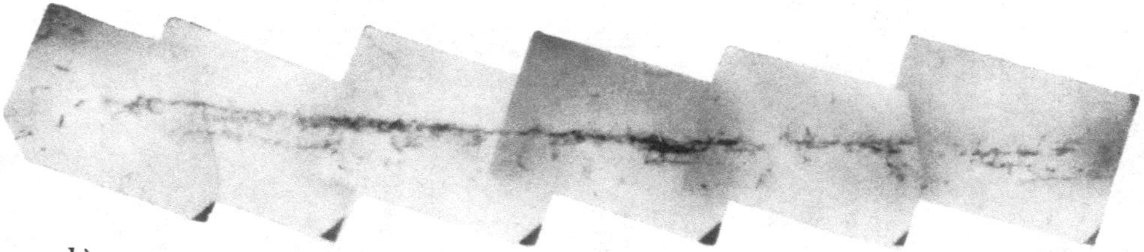

b)

Abb. 23. Elektronenmikroskopische Durchstrahlungsaufnahme am Beginn des Bereichs II eines Kupfereinkristalls einer parallel zur Gleitebene (111) (a, 3000×) und einer senkrecht zur Gleitrichtung $(\bar{1}01)$ (b) ausgeschnittenen Folie. Die Versetzungen in der Folie b gehören zu sekundären Gleitsystemen (nach Essmann [41]) (10000×)

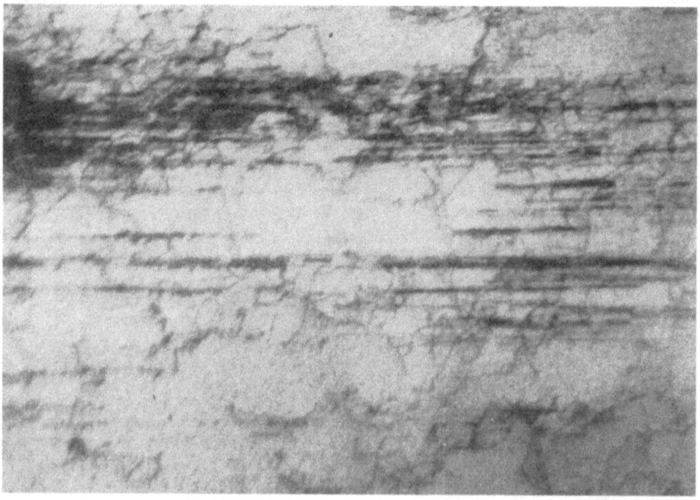

Abb. 24. Elektronenmikroskopische Durchstrahlungsaufnahme einer senkrecht zur Gleitrichtung ausgeschnittenen Folie. Anfang Bereich II. Die Vorzugsstellung des Hauptgleitsystems äußert sich in langen dunklen Streifen, die als Gleitzonen betrachtet werden dürfen (nach ESSMANN [41]) (25000×)

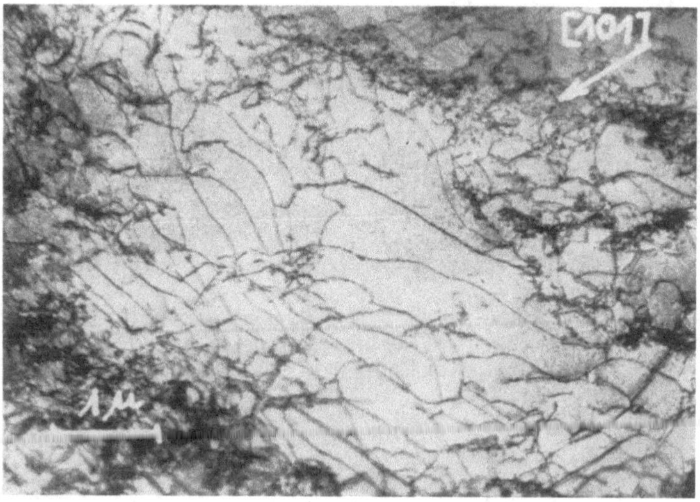

Abb. 25. Elektronenmikroskopische Durchstrahlungsaufnahme im Bereich III eines Kupfereinkristalls. Folie parallel zur Hauptgleitebene (nach ESSMANN [41]) (14000×)

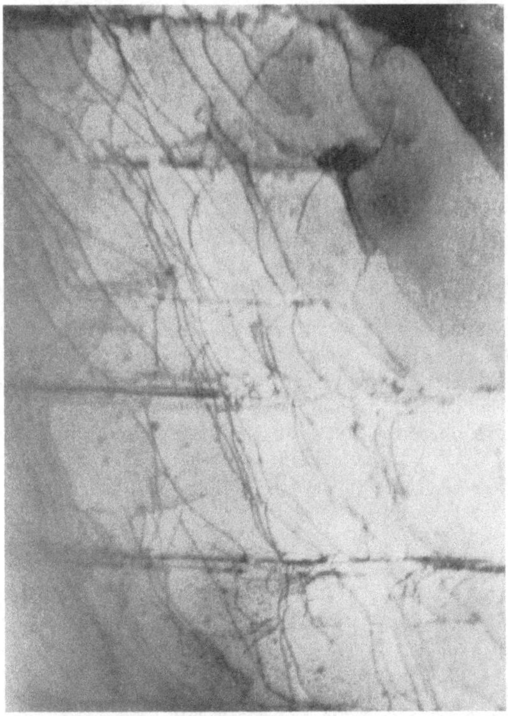

Abb. 26. Elektronenmikroskopische Durchstrahlungsaufnahme im Bereich II eines Kupfereinkristalls. Folie senkrecht zur Gleitrichtung und senkrecht zur Hauptgleitebene ausgeschnitten (nach ESSMANN [41]). Die langen Versetzungslinien in der Bildebene gehören zum unerwarteten Gleitsystem (25 000 ×)

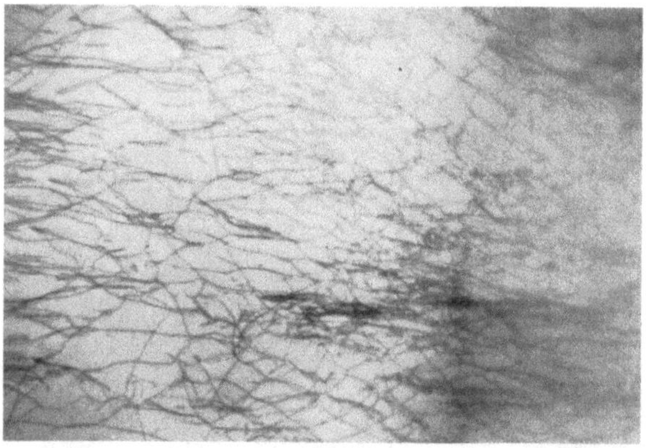

Abb. 27. Elektronenmikroskopische Durchstrahlungsaufnahme einer Ni–40% Co-Legierung im Bereich II der Verfestigungskurve. $a = 0,7$; $\tau = 6$ kp/mm². Folie parallel zur Hauptgleitebene herausgeschnitten. In der rechten oberen Ecke sind Versetzungsrekombinationen zu erkennen (5000 ×)

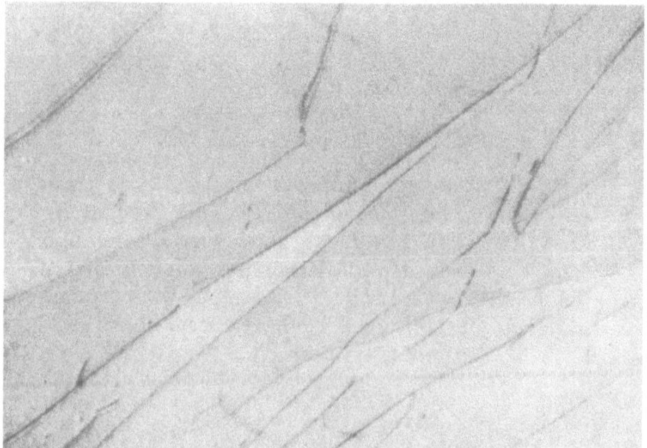

Abb. 28. Versetzungskonfiguration in der Basisebene des hexagonalen Zinks. $a = 0,052$. $T = 293$ °K (nach PFEIFFER [42]), (13500 ×)

zungen sekundärer Gleitsysteme, die durch die Hauptgleitebene hindurchstoßen, begrenzt wird. Die linearen Abmessungen dieses Gleitgebietes sind mit den aus Gleitlinienaufnahmen im Bereich III zu entnehmenden Gleitbandlängen (siehe Abb. 19) vergleichbar. Es ist deshalb naheliegend, anzunehmen, daß diese Gleitgebiete das direkte Abbild der auf Grund der Gleitlinienaufnahmen eingeführten Gleitzonen sind. In besonders übersichtlicher Form ist die Versetzungsstruktur aus der in Abb. 26 wiedergegebenen Durchstrahlungsaufnahme einer (101)-Folie, die senkrecht zur Gleitrichtung herausgeschnitten wurde, zu erkennen. Diese Aufnahme zeigt Versetzungen des sekundären Gleitsystems, die in (101)-Richtung verlaufen, und Versetzungsgruppen in der primären Gleitebene, die senkrecht zur Folie verlaufen und als schwarze Striche sichtbar sind. Man sieht wiederum, daß die Gleitung im Hauptgleitsystem auf wenige Gleitebenen beschränkt ist. Jedes der in Abb. 26 zu erkennenden Gleitgebiete entspricht einer Gleitzone, wie wir sie an Hand der Gleitlinienaufnahmen eingeführt haben. Die mittleren Abstände der Gleitzonen in Abb. 26 entsprechen den aus Gleitlinienaufnahmen nach Gl. (5.1) berechneten mittleren Abständen x der Gleitzonen.

Die von Mader, Seeger und Thieringer [39] an Ni–Co-Einkristallen durchgeführten Untersuchungen haben qualitativ dasselbe ergeben wie die Durchstrahlungsaufnahmen bei den Cu-Einkristallen. Die in Abb. 27 wiedergegebene Durchstrahlungsaufnahme wurde an einer parallel zur Hauptgleitebene herausgeschnittenen Folie aufgenommen. Die sichtbaren Versetzungslinien sind Stufenversetzungen, die annähernd parallel zur [112]-Richtung verlaufen. In der Mitte des Bildes erkennt man sogenannte Rekombinationen zwischen den Versetzungen des Hauptgleitsystems und Sekundärversetzungen (siehe hierzu auch Abschnitt 8).

Eine Durchstrahlungsaufnahme senkrecht zur Basisebene eines schwach verformten hexagonalen Zinkeinkristalls ist in Abb. 28 dargestellt. Man erkennt lange, weitgehend parallele Versetzungslinien, die vermutlich parallel zur [$1\bar{1}00$]-Richtung sind.

Von besonderem Interesse ist die Versetzungskonfiguration, wie sie in Abb. 29 zu erkennen ist. Neben langen Versetzungslinien sind auf diesem Bild Versetzungsringe sichtbar, die von den während der plastischen Verformung erzeugten Punktfehlern durch Agglomeration entstanden sind. Ob es sich hierbei um Leerstellen- oder Zwischengitteratomringe handelt, kann an Hand der Durchstrahlungsaufnahme nicht entschieden werden. Da die Zwischengitteratome im allgemeinen an den Leerstellen ausheilen, ist man jedoch geneigt, die Versetzungsringe als aus Leerstellen gebildete zu betrachten. In Abb. 29 ist ferner die Wechselwirkung zwischen Versetzungsring und geradliniger Versetzung zu erkennen.

Wir können zusammenfassend feststellen, daß die Durchstrahlungsaufnahmen das aus den Gleitlinienaufnahmen erschlossene Versetzungsmodell der Gleitzonen qualitativ und quantitativ stützen und insbesondere auch die Durchstrahlungsaufnahmen die Auszeichnung der primären Gleitebene hervorheben. Weiter ergaben die Durchstrahlungsaufnahmen, daß die Begrenzung der Versetzungslaufwege durch die Mitwirkung von Versetzungsgleitung auf sekundären Gleitsystemen zustande kommt. Dies bestätigt die von Seeger [3, 27] und Seeger und Mitarb. [43] vertretene Ansicht, daß die Verkürzung der Versetzungslaufwege im Bereich II auf die Betätigung sekundärer Gleitsysteme und insbesondere auf die Bildung nichtgleitfähiger LOMER-COTTRELL-Versetzungen zurückzuführen ist.

d) Vergleich Gleitlinienbild und Durchstrahlungsaufnahmen

Eine wesentliche Frage bei Untersuchungen des Gleitlinienbildes ist natürlich, inwiefern die an der Oberfläche hinterlassenen Gleitstufen der Versetzungen auch repräsentativ für das Innere des Kristalls sind. Zunächst ist zu beachten, daß beim Abdruckverfahren das Auflösungsvermögen höchstens 10 Å beträgt und somit Gleitlinien, die aus weniger als fünf ausgetretenen Versetzungen bestehen, nicht beobachtet werden können. Dies gilt in ganz besonderem Maße für die Versetzungen sekundärer Gleitsysteme, die entsprechend den Durchstrahlungsaufnahmen keine Gleitzonen bilden, sondern eher mehr statistisch verteilt auftreten. Gleitlinienaufnahmen eignen sich demnach nur zum Studium der Versetzungsstruktur im primären Gleitsystem. Andererseits kann den Durchstrahlungsaufnahmen in den allerwenigsten Fällen etwas über die Versetzungslaufwege oder die Art der Versetzungsausbreitung entnommen werden. Die Gleitlinienaufnahmen weisen darauf hin, daß die Versetzungsausbreitung auf eine Gleitebene oder zumindest auf nahbenachbarte Gleitebenen beschränkt ist. Daß diese Erscheinung nicht nur in einer dünnen Oberflächenschicht auftritt, sondern auch im Innern des Kristalls vorhanden ist, konnte von ESSMANN und KRONMÜLLER [44] (siehe auch SEEGER [45]) bei Kupfer mit Hilfe elektronenmikroskopischer Durchstrahlungsaufnahmen gezeigt werden. Die dabei angewandte Methode bestand in der Sichtbarmachung des von den Versetzungen zurückgelegten Weges in neutronenbestrahlten Proben. Das Verfahren beruht auf folgendem Effekt: In neutronenbestrahlten Metallen werden durch Zusammenstoß sogenannter sekundärer Rückstoßteilchen mit anderen Atomen des Gitters größere gestörte Gitterbereiche gebildet, die Abmessungen von der Größenordnung 10—20 Å besitzen. Bei der Durchstrahlung sind diese Zonen als dunkle Punkte zu erkennen (siehe Abb. 30). Wird eine gestörte Zone von Versetzungen durchschnitten, so wird dieselbe zerstört, und der schwarze Punkt verschwindet. In den von Versetzungen durchlaufenen Bereichen sollten deshalb die schwarzen Punkte nicht mehr vorhanden sein. In Abb. 30 werden eine Gleitlinienaufnahme mit Gleitbändern und eine Durchstrahlungsaufnahme eines neutronenbestrahlten Kristalls miteinander verglichen. Die weißen Streifen in der Durchstrahlungsaufnahme entsprechen den durch Versetzungen von gestörten Zonen leergefegten Gleitzonen. Der geradlinige Verlauf der weißen Streifen sowie deren Ausdehnung entspricht den ebenfalls geradlinigen Gleitbändern an der Oberfläche des Kristalls, wie sie z. B. in Abb. 19 zu erkennen sind. Wir dürfen deshalb mit Zuversicht voraussetzen, daß die aus der Gleitlinienstruktur ermittelten Versetzungslaufwege auch für das Innere des Kristalls zutreffen.

6. *Zur Theorie der Verfestigung durch plastische Verformung*

Im vorhergehenden Abschnitt haben wir gesehen, daß der Anteil der thermisch aktivierten Schneidprozesse zur Gesamtspannung τ sehr klein ist, also der Hauptbeitrag zur Gesamtspannung von den weitreichenden Spannungsfeldern herrührt.

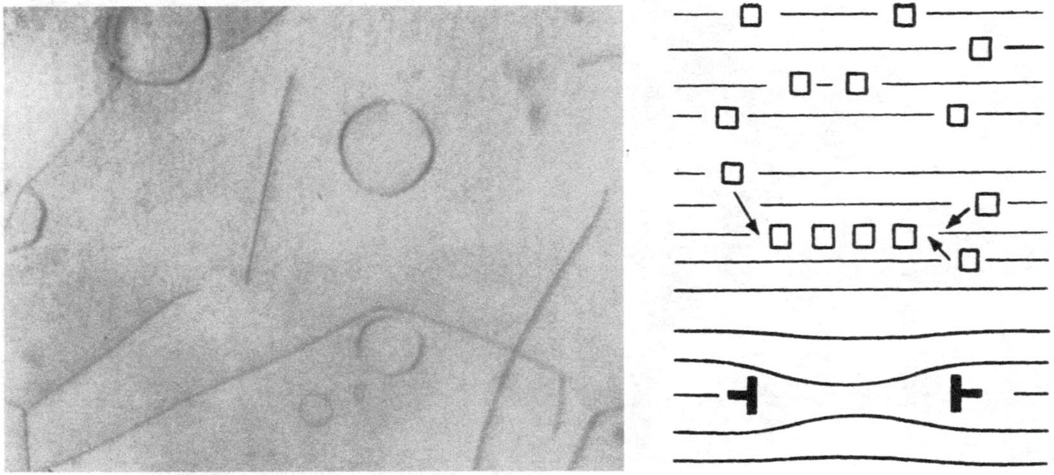

Abb. 29. Versetzung im Spannungsfeld eines Versetzungsrings in der Basisebene des hexagonalen Zinks (nach PFEIFFER [42]), (20 000 ×). Schematische Darstellung der Bildung eines Versetzungsrings

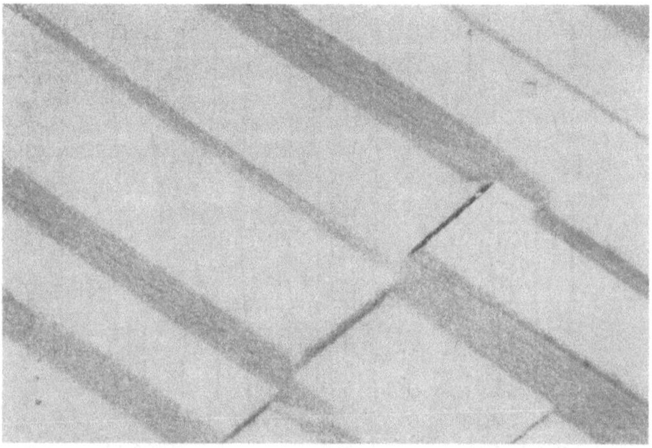

a)

b)

Abb. 30. Vergleich einer elektronenmikroskopischen Gleitbandaufnahme an der Oberfläche (a) mit der Durchstrahlungsaufnahme (b) eines neutronenbestrahlten und anschließend verformten Kupfereinkristalls
(nach ESSMANN und KRONMÜLLER [44] (16000×)

Unsere Aufgabe besteht nun darin, diejenige Schubspannung zu berechnen, die bei gegebener Versetzungsanordnung aufzuwenden ist, um eine Versetzung durch die Spannungsfelder dieser Versetzungen hindurchzubewegen. Bei bekannter Versetzungsanordnung dürfen dann in dieser Theorie nur noch Materialkonstanten, wie Schubmodul oder BURGERS-Vektor, auftreten. Zur Berechnung der Verfestigungskurve sind nach SEEGER [46] folgende drei Fragen zu beantworten:

1. Wie sind die Versetzungen in plastisch verformten Einkristallen angeordnet?
2. Wie ändern sich die Parameter der Versetzungsanordnung mit der plastischen Verformung?
3. Welche Schubspannung muß angelegt werden, um eine Versetzung durch die nach 1. angenommene Versetzungsstruktur hindurchzubewegen?

Sofern die Versetzungsstruktur vorgegeben ist, kann die Fließspannung τ berechnet werden, falls die Art der Wechselwirkung zwischen den Versetzungen bekannt ist. Mit Hilfe der nach Punkt 2 ermittelten Änderung der Versetzungsstruktur mit der plastischen Verformung ist dann die Berechnung des Verfestigungskoeffizienten $\vartheta = \frac{d\tau}{da}$ möglich. Die Fließspannung ergibt sich als Integral:

$$\tau = \tau_0 + \int_0^a \vartheta \, da \,. \tag{7.1}$$

Sowohl Frage 1 als auch Frage 2 sind durch die in Abschnitt 5b und 5c mitgeteilten Ergebnisse über Gleitlinien- und Durchstrahlungsaufnahmen vollauf beantwortet. Danach müssen wir unseren Betrachtungen das dort entworfene Gleitzonenmodell zugrunde legen. Die Versetzungsstruktur und ihre Veränderung ist in diesem Modell durch die Parameter n, x und $L_{1,2}$ festgelegt. Somit verbleibt allein Frage drei als ein mit Hilfe der Versetzungstheorie noch zu behandelndes Problem. In diesem Zusammenhang ist noch besonders zu untersuchen, welcher Art die Wechselwirkung zwischen den Versetzungen ist. Dies kann an Hand von Abb. 26 anschaulich eingesehen werden. In dieser Aufnahme sind die Gleitzonen als schmale dunkle Streifen zu erkennen, die Versetzungen sekundärer Gleitsysteme verlaufen schräg zur primären Gleitebene. Eine gleitende Versetzung in der Hauptgleitebene hat daher einmal die Spannungsfelder $\tau_G^{(i)}$ der Versetzungen des primären Gleitsystems zu überwinden und muß andererseits auch die Versetzungen sekundärer Gleitsysteme, die sogenannten Waldversetzungen, durchschneiden. Bei der Wechselwirkung mit den Waldversetzungen ist nun wiederum zwischen zwei Beiträgen zur Fließspannung zu unterscheiden.

1. Die elastische Wechselwirkung zwischen zwei sich schneidenden Versetzungen bewirkt bei entsprechender Lage der BURGERSvektoren, daß sich die Versetzungen stückweise parallel legen, sofern dadurch eine Erniedrigung der Wechselwirkungsenergie der beiden Versetzungen möglich ist. Die Auflösung einer derartigen *Rekombination* zweier sich anziehender Versetzungen erfordert eine Fließspannung $\tau_G^{(w)}$, auf die von HIRSCH [47], WHELAN [48] und FRIEDEL [49] hingewiesen wurde. Quantitative Berechnungen der Fließspannung $\tau_G^{(w)}$ wurden von SAADA [50, 51] vorgenommen.

2. Beim Schneidprozeß der Versetzungen verändert sich die Konfiguration derselben, z. B. müssen Versetzungssprünge erzeugt oder Stapelfehlerbänder eingeschnürt werden. Die in den Versetzungen vorhandenen Versetzungssprünge erzeugen Leerstellen oder Zwischengitteratome, wenn sich die Versetzung bewegt. Den damit verknüpften Spannungsanteil bezeichnen wir nach SEEGER [3, 27, 46, 52, 63] mit τ_s.

Die gesamte Wechselwirkung, die eine gleitende Versetzung mit anderen Versetzungen erfährt, setzt sich damit aus zwei langwelligen Anteilen $\tau_G^{(i)}$ und $\tau_G^{(w)}$, herrührend von den Spannungsfeldern der Versetzungen des primären und der sekundären Gleitsysteme sowie einem Anteil τ_s infolge der thermisch aktivierten Schneidprozesse, zusammen. Allgemein gilt somit:

$$\tau = \tau_G^{(i)} + \tau_G^{(w)} + \tau_s \,. \tag{6.2}$$

Die beiden auf die elastische Wechselwirkung zurückführenden Anteile $\tau_G^{(i)}$ und $\tau_G^{(w)}$ sind proportional zum Schubmodul G und daher nur schwach temperaturabhängig. Aufgabe der Verfestigungstheorie ist es, die einzelnen Schubspannungsanteile zur Gesamtspannung zu ermitteln und ihren Verlauf in Abhängigkeit von der Verformung zu bestimmen.

7. *Bestimmung von τ_s*

a) Theorie der thermisch aktivierten Schneidprozesse

Experimentell ist schon seit langem bekannt, daß die zur plastischen Verformung aufzuwendende Schubspannung τ um so größer ist, je größer die vorgegebene Abgleitgeschwindigkeit $\dot{a}$ gewählt wird. Dies steht in unmittelbarem Zusammenhang mit den thermisch aktivierten Schneidprozessen. Da der Ablauf eines Schneidprozesses eine gewisse Zeit erfordert, bestimmen diese die Abgleitgeschwindigkeit $\dot{a}$. Mit $\tau_s = 0$ wäre die Fließspannung überhaupt von der Abgleitgeschwindigkeit unabhängig, sofern die Geschwindigkeit der Versetzungsbewegung nicht in die Größenordnung der Schallgeschwindigkeiten kommt. Für die beiden Spannungsanteile τ_G und τ_s gelten folgende Zustandsgleichungen:

$$\tau_G = \tau_G(a, G) \,, \quad \tau_s = \tau_s(a, \dot{a}, T) \,, \tag{7.1}$$

wobei a die für die Versetzungsstruktur maßgebende Abgleitung und T die Verformungstemperatur bedeutet.

Die Abgleitgeschwindigkeit des Kristalls ist durch die Anzahl der in der Zeiteinheit stattfindenden Schneidprozesse und die dabei von den Versetzungen überstrichene Fläche bestimmt. Spielt nur ein einziger Schneidprozeß mit einer einheitlichen Aktivierungsenergie U eine Rolle, so gilt für die Abgleitgeschwindigkeit eine ARRHENIUS-Gleichung der Form

$$\dot{a} = \dot{a}_0 \, e^{-\frac{U}{kT}} \,. \tag{7.2}$$

Dabei bedeutet U die beim Schneidprozeß thermisch aufzubringende Aktivierungsenergie, k die BOLTZMANN-Konstante, T die absolute Temperatur und $\dot{a}_0$ die Abgleitgeschwindigkeit, die sich bei hohen Temperaturen einstellen würde. Die Konstante $\dot{a}_0$ lautet

$$\dot{a}_0 = N_s F b \nu e^{S/k}, \tag{7.3}$$

wobei N_s die Zahl der Schneidprozesse pro cm³, F die von der Versetzungslinie pro Schneidprozeß überstrichene Fläche (siehe Abb. 31), S die Entropie des Schneidprozesses, die von der Größenordnung einiger k ist, und ν eine Schwingungsfrequenz bedeutet, die zwischen der DEBEYE-Frequenz ν_D und der Eigenfrequenz des Versetzungssegments liegt.

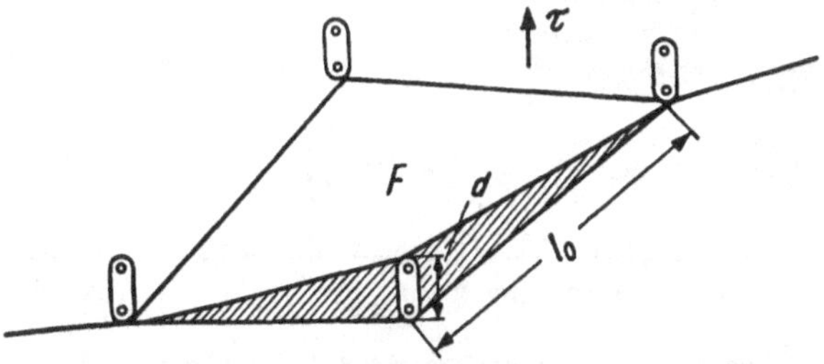

Abb. 31. Zur Definition der Parameter beim thermisch aktivierten Schneidprozeß. Die lange Versetzung liegt in der Hauptgleitebene, und die Waldversetzungen sind durch elliptische Querschnitte charakterisiert (nach SEEGER [3])

Die beim Durchschneiden aufzuwendende Energie U ist eine Funktion der am Durchschneidungspunkt wirkenden Kraft K. Die Kraft K bewirkt nach MOTT [54], COTTRELL [55] und SEEGER [56, 3, 27] eine Erniedrigung der gesamten beim Schneidprozeß aufzubringenden Energie. Betrachten wir diese Erniedrigung der Aktivierungsenergie als klein gegen U, so dürfen wir die Aktivierungsenergie in eine TAYLOR-Reihe nach Potenzen der Kraft K entwickeln und erhalten

$$U(K) = U_0 - dK - (d')^2 K^2 - \cdots. \tag{7.4}$$

In Gl. (7.4) entspricht U_0 der Energie, die bei Abwesenheit äußerer Kräfte zum Schneidprozeß aufzubringen ist. Das Glied $d \cdot K$ entspricht der von der Kraft während des Schneidprozesses geleisteten Arbeit, wobei für den Potentialverlauf eine Stufenfunktion entsprechend Abb. 32 zugrunde gelegt wird. Das letzte Glied in Gl. (7.4) trägt der Deformation des Stufenpotentials während des Schneidprozesses Rechnung. Es beschreibt damit die Abweichungen von einem unendlich harten Potential, welches nach Abb. 32 zu einer Rechteckfunktion für die Kraft führt.

Berücksichtigt man nach einem Vorschlag von FRIEDEL [57, 49], daß sich die Versetzungssegmente zwischen den einzelnen Durchschneidungspunkten infolge der wirkenden Kraft K auswölben und dadurch die Wahrscheinlichkeit, eine Waldversetzung anzutreffen, erhöht wird, so ergibt sich nach SEEGER und Mitarb.

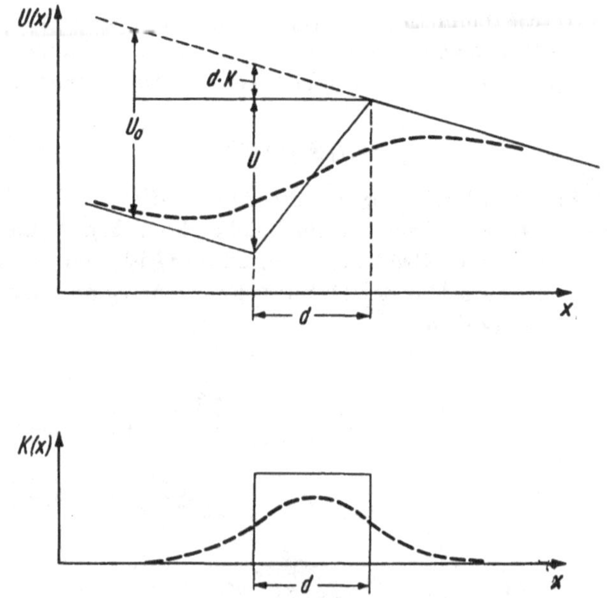

Abb. 32. Potentialverlauf und Kraftverlauf beim Schneidprozeß für ein „hartes" (——) und ein „weiches" (- - - -) Potential

[58] für die Kraft K:

$$K = \frac{3}{2} b \sqrt[3]{\frac{G b}{N^{(w)}}} \cdot \tau_s^{2/3} , \tag{7.5}$$

wobei b den Betrag des Burgers-Vektors der Versetzungen und $N^{(w)}$ die Dichte der Waldversetzungen bedeutet. Für die Aktivierungsenergie U folgt aus Gl. (7.4):

$$U = U_0 - \frac{3}{2} d b \sqrt[3]{\frac{G b}{N^{(w)}}} \tau_s^{2/3} - \frac{9}{4} b^2 (d')^2 \left[\frac{G b}{N^{(w)}}\right]^{2/3} \tau_s^{4/3} \tag{7.6a}$$

oder

$$U/U_0 = 1 - \left(\frac{\tau_s}{\tau_s^{(1)}}\right)^{2/3} - \left(\frac{\tau_s}{\tau_s^{(2)}}\right)^{4/3} \tag{7.6b}$$

mit

$$\tau_s^{(1)} = \left(\frac{2}{3 d b}\right)^{3/2} \cdot \left(\frac{N^{(w)}}{G b}\right)^{1/2} U_0^{3/2} \quad \text{und} \quad \tau_s^{(2)} = \left(\frac{2}{3 d' b}\right)^{3/2} \left(\frac{N^{(w)}}{G b}\right)^{1/2} U_0^{3/4} . \tag{7.6c}$$

Wird Gl. (7.6a) in Gl. (7.2) eingesetzt, so ist sofort eine Berechnung der Schubspannung τ_s als Funktion der Abgleitgeschwindigkeit $\dot{a}$ und der Temperatur T möglich. Die Rechnung liefert

$$\tau_s^{2/3} = \frac{1\, d}{3\, b\, (d')^2} \left(\frac{G b}{N^{(w)}}\right)^{-1/3} \left\{ -1 + \sqrt{1 + \frac{4 (d')^2}{d^2} U_0 + k\, T \ln \frac{\dot{a}}{\dot{a}}} \right\} . \tag{7.7}$$

Hieraus erhält man durch Reihenentwicklung der Wurzel

$$\tau_s^{2/3} = \frac{2}{3\,b\,d}\left(\frac{G\,b}{N^{(w)}}\right)^{-\frac{1}{3}}\left(U_0 + k\,T\ln\frac{\dot{a}}{a_0}\right)\left\{1 - \frac{(d')^2}{d^2}\left(U_0 + k\,T\ln\frac{\dot{a}}{a_0}\right)\right\}. \quad (7.8)$$

Aus Gl. (7.8) geht hervor, daß für die Schubspannung τ_s oberhalb einer Temperatur

$$\left.\begin{aligned} T_0 &= \frac{U_0}{k\ln\frac{a_0}{a}}, \\ \tau_s &= 0 \quad \text{oder} \quad \tau = \tau_G \end{aligned}\right\} \quad (7.9)$$

gilt. Dieses Ergebnis, daß die Schubspannung τ_s oberhalb der Temperatur $T = T_0$ allein durch die weitreichenden Spannungsfelder bestimmt ist, wurde bereits von Seeger [46, 3] abgeleitet. Aus Messungen der Fließspannung oberhalb von T_0 kann daher der τ_s-Anteil bei tiefen Temperaturen bestimmt werden. Dieses Verfahren kann jedoch nur dann angewandt werden, wenn T_0 bei nicht zu hohen Temperaturen, bei denen bereits die Selbstdiffusion einsetzt, liegt. Die Temperaturabhängigkeit der Fließspannung oberhalb von T_0 ist allein durch die des Schubmoduls G gegeben. Für τ/G sollte man daher eine waagerechte Gerade erhalten. Die hier diskutierte Temperaturabhängigkeit der Fließspannung wurde bei Al [59, 60] und den hexagonalen Metallen Zn [16, 30, 64] (siehe Abb. 7), Mg [61, 62, 63], Cd [17, 65] (siehe Abb. 7), Co [11, 31] gefunden. Im Falle von Mg konnte auch die nach Gl. (7.6) zu erwartende τ_s-Abhängigkeit der Aktivierungsenergie nachgeprüft werden. Nach Seeger und Mitarb. [58] sowie Kronmüller [66] läßt sich die von Conrad und Mitarb. [62, 63] gemessene $U(\tau_s)$-Kurve mit dem zweiten Glied von Gl. (7.6a) befriedigend deuten. Die Deformation des Potentialverlaufs, der durch den dritten Term in Gl. (7.6a) Rechnung getragen wird, spielt damit bei diesen Messungen keine Rolle. Der Einfluß des d'-Termes hängt in starkem Maße von der Waldversetzungsdichte $N^{(w)}$ ab. Betrachten wir die Aktivierungsenergie für ein konstantes τ_s, so ist diese um so kleiner, je kleiner die Waldversetzungsdichte ist. Mit kleiner werdender Waldversetzungsdichte ist die Verminderung der Aktivierungsenergie immer mehr dem d'-Term zuzuschreiben. Je nachdem, ob d' groß oder klein ist, kann $U(\tau_s)$ einen ganz verschiedenen Kurvenverlauf besitzen. Dies ist in Abb. 33 veranschaulicht. Die dort in reduzierten Einheiten eingezeichneten $U(\tau_s)$-Kurven wurden für $\tau_s^{(1)} = 100$ p/mm² und drei verschiedene Verhältnisse $\frac{\tau_s^{(1)}}{\tau_s^{(2)}}$ berechnet. Während man bei kleinen $\tau_s^{(1)}/\tau_s^{(2)}$-Werten, d. h. einem sehr harten, undeformierbaren Potential, einen nahezu linearen Verlauf der $U(\tau_s)$-Kurven findet, ergibt sich bei großen $\tau_s^{(1)}/\tau_s^{(2)}$-Werten, d. h. einem weichen, leicht deformierbaren Potential, eine gekrümmte Kurve, die bei kleinen Schubspannungen τ_s eine positive Krümmung und bei größeren τ_s-Werten eine negative Krümmung aufweist. Der zuletzt geschilderte Kurvenverlauf kann vor allem bei Metallen mit einer kleinen Stapelfehlerenergie eine Rolle spielen. Bei diesen Metallen sind die Versetzungen sehr weit aufgespalten, so daß wahrscheinlich eine Deformation des Potentials beim Schneidprozeß auftritt.

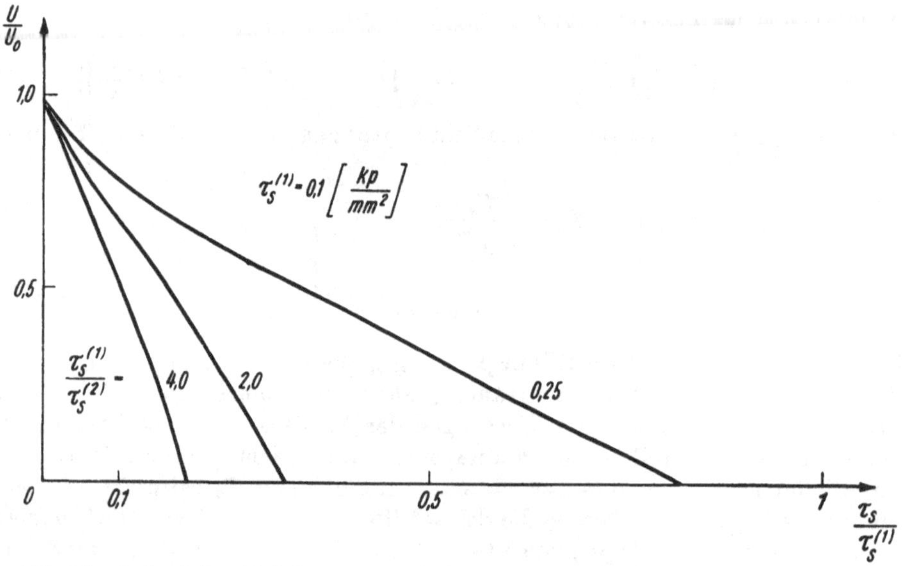

Abb. 33. Verlauf der Aktivierungsenergie in reduzierten Einheiten als Funktion des Parameters $\tau_s/\tau_s^{(1)}$

b) Experimentelle Untersuchung der thermisch aktivierten Schneidprozesse

Die experimentelle Bestimmung der Aktivierungsenergie $U(\tau_s)$ wird vor allem durch die Temperaturabhängigkeit der Schubspannung selbst erschwert. Darauf wurde vor allem von Conrad [67] und Mitarb. [68, 62, 63] hingewiesen. Zur Bestimmung der Aktivierungsenergie führt man einen Geschwindigkeitswechselversuch bei konstanter Temperatur und einen Temperaturwechselversuch bei konstanter Schubspannung durch. Der erste Versuch kann sowohl bei dynamischer als auch bei statischer Versuchsführung vorgenommen werden, während der Temperaturwechselversuch bei konstanter Schubspannung im Kriechversuch durchgeführt werden muß. Für den Geschwindigkeitswechselversuch folgt aus Gl. (7.2)

$$\left.\frac{\partial \ln \dot{a}}{\partial \tau}\right|_{T,a} = -\frac{1}{kT}\left.\frac{\partial U}{\partial \tau_s}\right|_{T,a}. \tag{7.10a}$$

Es ist üblich, an Stelle des Differentialquotienten $\frac{\partial U}{\partial \tau}$ das differentielle Aktivierungsvolumen

$$v' = -\left.\frac{\partial U}{\partial \tau_s}\right|_{T,a} \tag{7.11}$$

einzuführen, und Gl. (7.10a) lautet dann

$$\left.\frac{\partial \ln \dot{a}}{\partial \tau}\right|_{T,a} = \frac{v'}{kT} = -\frac{1}{kT}\left.\frac{\partial U}{\partial \tau_s}\right|_{T,\dot{a}}. \tag{7.10b}$$

In Gl. (7.10a) wurde $\partial\tau$ durch $\partial\tau_s$ ersetzt. Dies ist leicht einzusehen, wenn wir davon ausgehen, daß im ersten Augenblick des Geschwindigkeitswechsels kein Anwachsen der Versetzungsdichte eintritt und damit $d\tau_G = 0$ gilt.

Für den Temperaturwechselversuch bei konstanter Schubspannung folgt aus Gl. (7.2) durch Differentiation nach der Temperatur

$$\left.\frac{\partial \ln \dot{a}}{\partial T}\right|_{a,\tau} = \frac{1}{k T^2} U(\tau - \tau_G) + \frac{1}{k T} \left.\frac{\partial U}{\partial \tau_s}\right|_{T,a} \left.\frac{\partial \tau_G}{\partial T_s}\right|_{\tau}. \qquad (7.12)$$

Hierbei wurde eine mögliche Temperaturabhängigkeit der Aktivierungsenergie von anderen Parametern als τ_s nicht berücksichtigt. Gl. (7.10b) in Gl. (7.12) eingesetzt, liefert schließlich für die Aktivierungsenergie folgende Beziehung:

$$U(\tau) = k T^2 \left\{ \left.\frac{\partial \ln \dot{a}}{\partial T}\right|_{a,\tau} + \frac{v' \tau_G}{kT} \frac{dG}{dT} \right\}. \qquad (7.13)$$

Da $dG/dT < 0$ gilt, mißt man bei Vernachlässigung der Temperaturabhängigkeit von τ_G eine zu große Aktivierungsenergie. In Gl. (7.13) ist auf der rechten Seite bis auf τ_G alles experimentell bestimmbar. Eine Methode, um τ_G zu bestimmen haben wir in Abschnitt 7.a kennengelernt. Sie besteht im Prinzip aus der Messung der Fließspannung oberhalb der Temperatur T_0, denn hierbei wird direkt τ_G gemessen. Dieses Verfahren wurde z. B. von CONRAD und Mitarb. [62, 63, 64] bei Mg angewandt. Bei den Edelmetallen ergibt sich, wie wir noch sehen werden, τ_s als wesentlich kleiner als τ_G, daher darf in Gl. (5.13) in guter Näherung für τ_G die Gesamtspannung τ eingesetzt werden.

c) Anwendung auf Kupfereinkristalle

Das in Abschnitt b) geschilderte Verfahren zur Bestimmung der Aktivierungsenergie thermisch aktivierter Schneidprozesse wurde von KRONMÜLLER, SEEGER und NUSS [69] im Falle von Cu angewandt. Die Ergebnisse sind in den Abb. 34

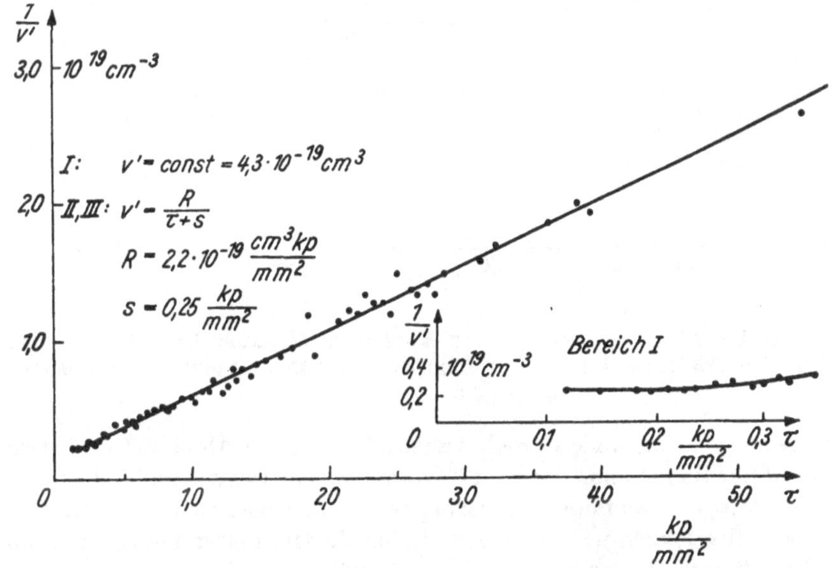

Abb. 34. Reziprokes differentielles Aktivierungsvolumen v' von Kupfer bei Raumtemperatur im Lastwechselversuch gemessen (nach KRONMÜLLER und Mitarb. [69, 66]); $\dot{a} = 4 \cdot 10^{-7}$ (sec^{-1})

und 35 zusammengefaßt. Die Verfestigungskurve des Einkristalls ist Abb. 37 zu entnehmen. Für die Aktivierungsenergie ergab sich im Bereich I $U_I = 1,6$ eV und im Bereich II $U_{II} = 1$ eV. Das Aktivierungsvolumen ist im Bereich I unabhängig von der Verformung und beträgt

$$v'_I = 4,3 \cdot 10^{-19}\ \text{cm}^3\,. \tag{7.14}$$

Im Bereich II nimmt das differentielle Aktivierungsvolumen stetig ab. Entsprechend Abb. 34 läßt sich diese Abnahme durch ein Gesetz der Form

$$v'_{II} = \frac{R}{\tau + S} \tag{7.15}$$

beschreiben, mit $R = 13,1$ eV und $S = 0,25$ kp/mm². Dieses Verhalten des differentiellen Aktivierungsvolumens in den Bereichen I und II der Verfestigungskurve scheint ganz allgemein zu sein, denn es wurde auch von MICHELITSCH [70], OSBORNE [71] sowie durch neuere Messungen von ZEYFANG und Mitarb. [72] gefunden. Die Werte für v'_I, R und S beziehen sich auf eine mittlere Abgleitgeschwindigkeit von $\dot{a} = 4 \cdot 10^{-7}$ (sec⁻¹).

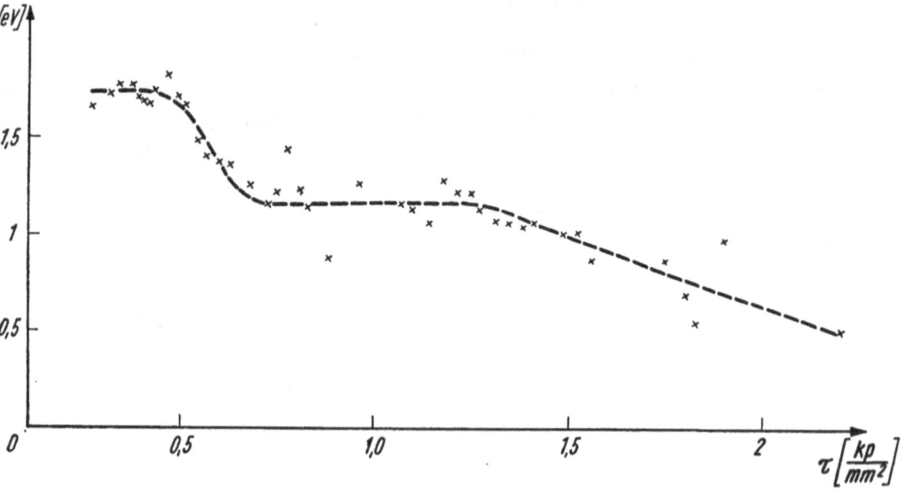

Abb. 35. Die Aktivierungsenergie von Kupfer als Funktion der Fließspannung τ. $T = 293$ °K; $\dot{a} = 4 \cdot 10^{-7}$ (sec⁻¹) (nach KRONMÜLLER und Mitarb. [69])

Um unsere experimentellen Ergebnisse mit Hilfe der in Abschnitt 7.a entwickelten Theorie zur Berechnung der Schubspannung τ_s verwenden zu können, müssen wir zunächst das differentielle Aktivierungsvolumen gemäß Gl. (7.10a) aus Gl. (7.6) bestimmen. Bezeichnen wir das differentielle Aktivierungsvolumen, das man aus Gl. (7.6) für $d' = 0$ erhalten würde, mit v'_0, so ergibt sich:

$$v' = v'_0 \left(1 + 3\, v'_0\, \tau_s \frac{(d')^2}{d^2}\right). \tag{7.16}$$

v_0' entspricht dem Aktivierungsvolumen eines nicht deformierbaren Potentials und beträgt

$$v_0' = db \sqrt[3]{\frac{G\,b}{N^{(w)}\,\tau_s}}\,. \tag{7.17}$$

Die Bestimmungsgleichungen für τ_s und $N^{(w)}$ lauten nun

$$U = U_0 - \frac{3}{2}\,db \sqrt[3]{\frac{G\,b}{N^{(w)}}}\,\tau_s^{2/3} - \frac{9}{4}\,b^2(d')^2 \left(\frac{G\,b}{N^{(w)}}\right)^{2/3} \tau_s^{4/3} \tag{7.18}$$

und

$$-\left.\frac{\partial U}{\partial \tau}\right|_{T,a} = v' = db \sqrt[3]{\frac{G\,b}{N^{(w)}\,\tau_s}} \left(1 + 3\,v_0'\,\tau_s \frac{(d')^2}{d^2}\right). \tag{7.19}$$

Sofern das Glied mit d' vernachlässigt werden darf (bei Cu ist diese Näherung bei kleinem τ_s sicher erlaubt, da dessen große Stapelfehlerenergie ein „hartes" Potential garantiert), ergibt sich aus Gl. (7.18) und Gl. (7.19)

$$\tau_s = \frac{A}{v'}\,, \tag{7.20}$$

$$N^{(w)} = \frac{G\,b^4\,d^3}{A(v')^2}\,, \tag{7.21}$$

wobei $A = 2/3\,(U_0 - U)$ gesetzt wurde. Mit den speziellen Ergebnissen im Bereich I und II folgt aus Gl. (7.20) und Gl. (7.21) mit Hilfe von Gl. (7.14) und Gl. (7.15) im Bereich I

$$\tau_{s,\,\mathrm{I}} = \frac{A}{v_\mathrm{I}}\,, \tag{7.22}$$

$$N_\mathrm{I}^{(w)} = \frac{G\,b^4\,d^3}{A(v_\mathrm{I})^2}\,; \tag{7.23}$$

und im Bereich II:

$$\tau_{s,\,\mathrm{II}} = C_\mathrm{II}\,(\tau + S) \tag{7.24}$$

und

$$N_\mathrm{II}^{(w)} = C_w\,(\tau + S)^2\,, \tag{7.25}$$

wobei

$$C_\mathrm{II} = \frac{2}{3} \cdot \frac{U_0 - U_\mathrm{II}}{R} = \frac{A}{R} \tag{7.26}$$

und

$$C_w = \frac{G\,b^4\,d^3}{R^2\,A} \tag{7.27}$$

gesetzt wurde. Gl. (7.22) bis Gl. (7.26) ermöglichen eine Bestimmung des Spannungsanteils τ_s und der Waldversetzungsdichte $N_{(w)}$, sofern A und d bekannt sind. Im Rahmen dieser Arbeit können wir auf die Berechnung dieser Größen nicht eingehen. Diese Frage wurde an anderer Stelle ausführlich behandelt [66, 69]. Die Konstante A wurde aus dem zeitlichen Verlauf der Abgleitgeschwindigkeit während eines Kriechversuchs bei konstanter Schubspannung im Bereich II bestimmt und beträgt:

$$A = 0{,}133\ \mathrm{eV}\,.$$

Dieser kleine Wert für A bestätigt die in Abschnitt 7.a gemachte Annahme, daß U in eine TAYLOR-Reihe nach Potenzen von K entwickelt werden darf. Die Berechnung des effektiven Versetzungsdurchmessers d setzt die Kenntnis des die Abgleitgeschwindigkeit bestimmenden Schneidprozesses voraus. Nach SEEGER [3, 45] erwartet man, daß dies bei Kupfer im Temperaturbereich, um und oberhalb der Raumtemperatur, die Schneidprozesse bewegter Schraubenversetzungen mit den Stufenversetzungen des Versetzungswaldes sind. Die hierbei aufzuwendende Energie setzt sich aus zwei Anteilen zusammen. Einmal ist zur Bildung des Versetzungssprungs die Energie U_γ aufzubringen und zum andern ist zur Einschnürung der in ein Stapelfehlerband aufgespaltenen Versetzung die Energie U_j erforderlich. Für die gesamte Aktivierungsenergie U_0 gilt also:

$$U_0 = U_j + U_\gamma \,. \tag{7.28}$$

Für den effektiven Durchmesser der aufgespaltenen Versetzung ergab sich [66]:

$$d^{\odot} = 0{,}62\, \mathfrak{b} \,.$$

Mit diesen Werten für A_{II} und $d^{\odot}$ folgt aus Gl. (7.26)

$$C_{\mathrm{II}} = 0{,}01$$

und

$$C_w = 7{,}95 \cdot 10^7 \left[\frac{\mathrm{cmkp}}{\mathrm{mm}^2}\right]^{-2} .$$

Zur Diskussion des Bereichs I gehen wir davon aus, daß das differentielle Aktivierungsvolumen v'_{I} eine Konstante ist. Dieses Ergebnis wird am einfachsten verständlich, wenn wir annehmen, daß τ_s und $N^{(w)}$ im Bereich I *unabhängig* von der Verformung sind. Nach Gl. (7.8) schließt dabei die eine Voraussetzung die andere mit ein. Setzen wir weiter voraus, daß im Bereich I derselbe Prozeß vorherrscht wie in Bereich II, so müssen die Werte für $N^{(w)}$ und τ_s stetig vom Bereich II in den Bereich I übergehen. Aus Gl. (7.22) folgt dann für τ_s im Bereich I

$$\tau_{s,\mathrm{I}} = 5\ \mathrm{p/mm}^2 \,, \tag{7.29a}$$

und aus Gl. (7.23) ergibt sich für die Waldversetzungsdichte im Bereich I

$$N_{\mathrm{I}}^{(w)} = 1{,}75 \cdot 10^7\ (\mathrm{cm}^{-2}) \,. \tag{7.29b}$$

Die Aufteilung der Fließspannung τ in τ_s und τ_G ist in Abb. 37 entsprechend unseren Ergebnissen vorgenommen. Besonders überraschend ist, daß im Bereich II nur 1% der Gesamtspannung auf die thermisch aktivierten Schneidprozesse zurückzuführen ist. Dies hängt zum Teil auch mit der kleinen Abgleitgeschwindigkeit von $\dot{a} = 4 \cdot 10^{-7}$ (sec^{-1}) und der hohen Meßtemperatur von $T = 293$ °K zusammen. Aus Gl. (7.8) folgt, daß τ_s im Bereich I am absoluten Nullpunkt

$$\tau_{s,\mathrm{I}}(0) = 33\ \mathrm{p/mm}^2$$

beträgt.

Zusammenfasssend können wir daher sagen, daß die Verfestigung zum überwiegenden Teil auf das Anwachsen der inneren Spannungen τ_G zurückzuführen ist. Insbesondere im Bereich I der Verfestigungskurve ist das Anwachsen der

Fließspannung allein eine Folge der elastischen Wechselwirkung zwischen den Versetzungen. Im Bereich II wächst sowohl τ_s als auch τ_G linear mit der Gesamtspannung an. Man erwartet daher, daß im Bereich II, entsprechend Gl. (7.24), das Verhältnis von τ_s und τ_G, eine Konstante ist, während im Bereich I dieses Verhältnis mit wachsender Verformung abnehmen sollte. Dies kann mit Hilfe von Geschwindigkeitswechselversuchen entlang der Verfestigungskurve nachgeprüft werden. Die bei einem Geschwindigkeitswechselversuch bei konstanter Temperatur auftretende Änderung $\Delta\tau$ der Fließspannung ist nach Gl. (7.10) auf τ_s zurückzuführen. Das Verhältnis $\Delta\tau/\tau = \Delta\tau_s/\tau$ ist demnach ein Maß für die Änderung der Fließspannung τ_s längs der Verfestigungskurve. Abbildung 36 zeigt die Meßergebnisse an einem Kupfereinkristall bei -77 °C. Im Bereich I nimmt das

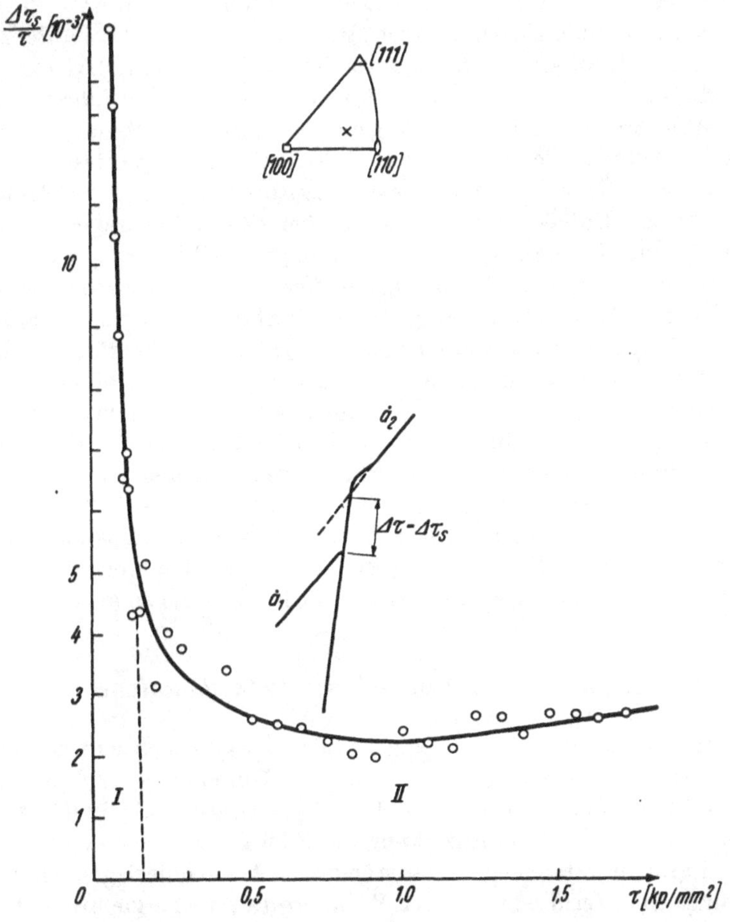

Abb. 36. Relative Fließspannungsänderung $\Delta\tau//\tau$ beim Geschwindigkeitswechselversuch an einem Kupfereinkristall. $\dot{a}_1 = 1{,}6 \cdot 10^{-5}\,\mathrm{sec}^{-1}$, $\dot{a}_2 = 1{,}6 \cdot 10^{-4}\,\mathrm{sec}^{-1}$, Verformungstemperatur $T = 77$ °K (nach ZEYFANG, BUCK und SEEGER [72])

Verhältnis $\Delta\tau_s/\tau$ zunächst stark ab und erreicht im Bereich II einen annähernd konstanten Wert, um im Bereich III wieder leicht anzuwachsen.

Nach Gl. (7.22) und Gl. (7.29a) ist τ_s im Bereich I eine Konstante. Der Fließspannungssprung $\Delta\tau_s$ im Bereich I ist daher ebenfalls unabhängig von der plastischen Verformung, und für das Verhältnis $\Delta\tau_s/\tau$ gilt

$$\frac{\Delta\tau_s}{\tau} = \frac{\text{const}}{\tau} . \tag{7.30}$$

Im Bereich II der Verfestigungskurve folgt aus Gl. (7.24)

$$\frac{\Delta\tau_s}{\tau} = \text{const.} \tag{7.31}$$

Der nach Gl. (7.30) zu erwartende hyperbolische Abfall des Fließspannungsverhältnisses sowie der konstante Wert im Bereich II werden nach Abb. 36 experimentell tatsächlich gefunden. Der Anstieg des Verhältnisses $\Delta\tau_s/\tau$ im Bereich III ist nach Diehl und Berner [26] auf das Einsetzen thermisch aktivierter Quergleitprozesse, die eine Zunahme von τ_s zur Folge haben, zurückzuführen.

Die in Abb. 36 mitgeteilten Meßergebnisse stehen im Widerspruch zum sogenannten „Cottrell-Gesetz", dessen Gültigkeit für die Verfestigung kubisch-flächenzentrierter Kristalle von zahlreichen Autoren [73, 74, 75] vertreten wurde. Dieses „Cottrell-Gesetz" besagt, daß das bei zwei aufeinanderfolgenden Temperaturen T_1 und T_2 gemessene Fließspannungsverhältnis τ_1/τ_2 unabhängig von der Schubspannung τ_1 sei. Die Gültigkeit dieses Gesetzes würde bedeuten, daß auch das Verhältnis τ_s/τ_G über den gesamten Verformungsbereich eine Konstante ist. Dies trifft auf Grund unserer Ergebnisse jedoch nur im Bereich II der Verfestigungskurve näherungsweise zu. Verfestigungstheorien, die das „Cottrell-Gesetz" zugrunde legen, gehen von der Annahme aus, daß τ_s und τ_G von denselben Versetzungen herrühren. Dies führte zu dem Schluß, daß die Verfestigung auf die Waldversetzungen zurückzuführen sei. Beide Annahmen sind, wie wir gezeigt haben, falsch, da einerseits nach Abb. 36 das „Cottrell-Gesetz" nicht erfüllt ist und andererseits τ_s nur einen kleinen Bruchteil der Gesamtspannung ausmacht. Der Hauptbeitrag zur Fließspannung ist vielmehr in den weitreichenden Spannungsfeldern der Versetzungen des primären Gleitsystems zu suchen.

8. Der Spannungsanteil der Rekombinationen

Bereits von Read wurde darauf hingewiesen, daß zwei sich schneidende Versetzungen, die sich auf verschiedenen Gleitebenen befinden, je nach Stellung ihrer Burgers-Vektoren anziehen oder abstoßen. Wie Hirsch [47] und Whelan [48] erkannt haben, bewirkt diese Anziehung die Bildung von sogenannten Rekombinationen. Darunter versteht man das stückweise Aneinanderlegen der Versetzungen, wodurch eine Verminderung der Wechselwirkungsenergie erreicht wird. In Abb. 27 sind derartige Rekombinationen zwischen den Versetzungen des primären und des sekundären Gleitsystems ebenfalls zu erkennen. Die Zahl der Rekombinationen, die die Primärversetzungen mit den Waldversetzungen pro cm^3

eingehen, ist umgekehrt proportional zum mittleren Abstand $l_w = 1/(N^{(w)})^{1/2}$ der anziehenden Waldversetzungen. Dementsprechend lautet die Schubspannung $\tau_G^{(w)}$, die aufzuwenden ist, um eine Versetzung gegen den Widerstand der Rekombinationen durch den Kristall hindurchzubewegen,

$$\tau_G^{(w)} = \frac{\alpha_j \cdot G b}{2\pi} \cdot \frac{1}{l_w} = \frac{\alpha_j}{2\pi} G b \sqrt{N^{(w)}}, \tag{8.1}$$

wobei l_w den mittleren Abstand zwischen den Waldversetzungen bedeutet. Der Faktor α_j besitzt für jedes sekundäre Gleitsystem einen anderen Wert. Für die koplanaren Gleitsysteme (dies sind die Gleitsysteme mit derselben Gleitebene wie die Primärversetzungen, aber verschiedenem BURGERS-Vektor) gilt $\alpha_j = 0$. Ebenfalls Null ist α_j beim unerwarteten Gleitsystem, dessen BURGERS-Vektor senkrecht auf dem BURGERS-Vektor der Primärversetzungen steht. Für die anderen Gleitsysteme ergibt sich α_j als von der Größenordnung 1. Für eine statistische Verteilung der Versetzungen auf sämtliche Gleitsysteme ergibt sich nach SAADA [50]

$$\tau_G^{(w)} = \frac{1}{5} G b \frac{1}{l_w} = \frac{1}{5} G b \sqrt{N^{(w)}}. \tag{8.2}$$

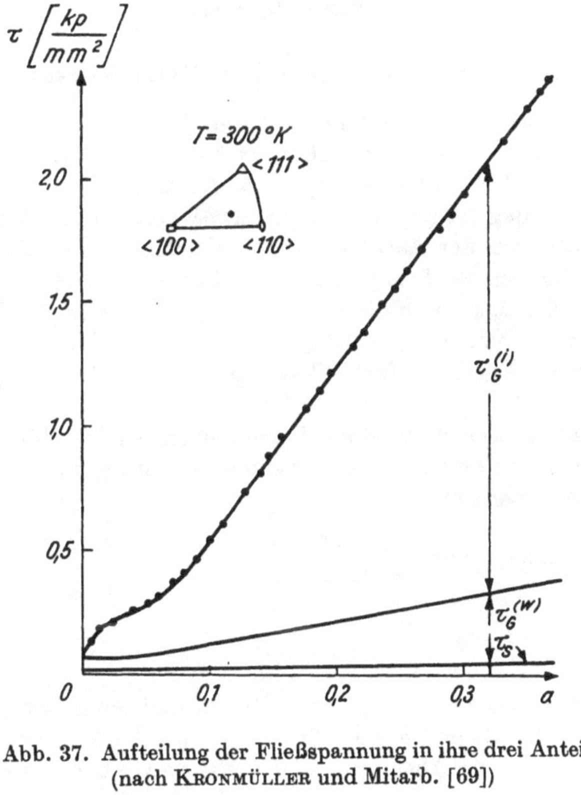

Abb. 37. Aufteilung der Fließspannung in ihre drei Anteile (nach KRONMÜLLER und Mitarb. [69])

Gl. (8.2) können wir nun benützen, um $\tau_G^{(w)}$ für den im vorhergehenden Abschnitt untersuchten Kupfereinkristall zu berechnen. Gl. (7.23) und Gl. (7.25) für die Waldversetzungsdichte im Bereich I und II in Gl. (8.2) eingesetzt, liefert im Bereich I

$$\tau_G^{(w)} = 80 \text{ p/mm}^2 \tag{8.3}$$

und im Bereich II

$$\tau_G^{(w)} = 0{,}145\,(\tau + S)^2\,. \tag{8.4}$$

Demnach beträgt der Anteil der Rekombinationen im Bereich I $\sim 50\%$ der kritischen Schubspannung und im Bereich II $\sim 14{,}5\%$ der Gesamtspannung. Wie in Abschnitt 7.c gezeigt wurde, beträgt der Anteil der Schneidprozesse im Bereich II $\sim 1\%$ der Gesamtspannung, so daß also $\sim 84\%$ der Gesamtspannung auf die Wechselwirkung zwischen den Versetzungen des primären Gleitsystems entfallen. Die Aufteilung der Fließspannung τ in ihre drei Spannungsanteile ist in Abb. 37 entsprechend unserer Rechnung durchgeführt. Man erkennt, daß der Anteil der Waldversetzungen im Bereich I prozentual am größten ist und im Bereich II nur noch eine geringe Rolle spielt.

9. Verfestigung durch die Versetzungen des primären Gleitsystems

a) Wechselwirkung zwischen parallelen Versetzungen

In Abschnitt 5 haben wir gesehen, daß die Versetzungsstruktur im Hauptgleitsystem durch das Gleitzonenmodell recht gut beschrieben wird. Die Versetzungen innerhalb des Hauptgleitsystems verlaufen weitgehend parallel. Ihre elastische Wechselwirkung hängt in starkem Maße von der Geometrie der Versetzungsstruktur, also von der Ausdehnung der Gleitzonen und der Dichte dieser Gleitzonen ab. Die *maximal* aufzuwendende Schubspannung $\tau_G^{(i)}$, die benötigt wird, um eine Versetzung durch die weitreichenden Spannungsfelder der anderen Versetzungen hindurchzubewegen, hängt von der speziellen Versetzungsanordnung ab. Im folgenden geben wir die Schubspannung $\tau_G^{(i)}$ für einige einfache Modelle an.

1. Wechselwirkung zwischen einzelnen Versetzungen (siehe Abb. 38). Die Gleitebene der bewegten Versetzung besitzt einen Abstand y_0 von der Gleitebene der festgehaltenen Versetzung.

   a) Stufenversetzung: $$\tau_G^{(i)} = \frac{1}{8\pi}\,\frac{G\,b}{1-\nu}\cdot\frac{1}{y_0}\,; \tag{9.1 a}$$

   b) Schraubenversetzung: $$\tau_G^{(i)} = \frac{1}{4\pi}\,G\,b\,\frac{1}{y_0}\,. \tag{9.1 b}$$

2. Wechselwirkung zwischen zwei festgehaltenen und einer beweglichen Versetzung nach Seeger [3] (siehe Abb. 38). Die Gleitebene der beweglichen Versetzung befindet sich im Abstand y_0 in der Mitte zwischen den beiden anderen.

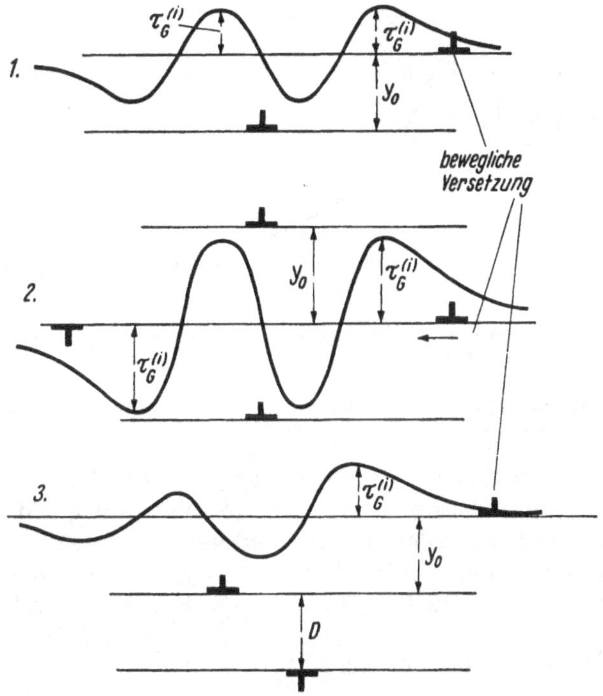

Abb. 38. Verschiedene Wechselwirkungstypen paralleler Versetzungen. Im Fall von Versetzungsgruppen sind die festgehaltenen Einzelversetzungen durch n Versetzungen, die von der wirkenden Schubspannung τ_a gegen ein Hindernis angepreßt werden, zu ersetzen

a) Stufenversetzungen: $\tau_s^{(i)} = \frac{G\,b}{4\pi(1-\nu)} \frac{1}{y_0}$. (9.2a)

b) Schraubenversetzungen: $\tau_G^{(i)} = \frac{G\,b}{2\pi} \cdot \frac{1}{y_0}$. (9.2b)

3. Wechselwirkung zwischen einer beweglichen Stufenversetzung und einem Stufenversetzungsdipol (siehe Abb. 38). Die Gleitebene der beweglichen Versetzung befindet sich im Abstand y_0 von der Gleitebene derjenigen Dipolversetzung, die der beweglichen Versetzung am nächsten liegt.

$$\tau_G^{(i)} = \alpha_D \cdot \frac{G\,b}{8\pi(1-\nu)} \frac{1}{y_0}. \tag{9.3}$$

Der Faktor α_D ist eine Funktion des Verhältnisses y_0/D, wo D den in Abb. 38 definierten Abstand der Gleitebenen der beiden Dipolversetzungen bedeutet. Wie Abb. 39 zu entnehmen ist, verhält sich der Dipol für $y_0/D \lesssim 1$ näherungsweise wie eine Einzelversetzung mit $\alpha_D \sim 1$, und mit wachsendem y_0/D wird α_D rasch kleiner.

4. Wechselwirkung zwischen einer beweglichen Versetzung und einer im Intervall $-a < x < a$ aufgestauten Versetzungsgruppe mit n Versetzungen nach Kron-

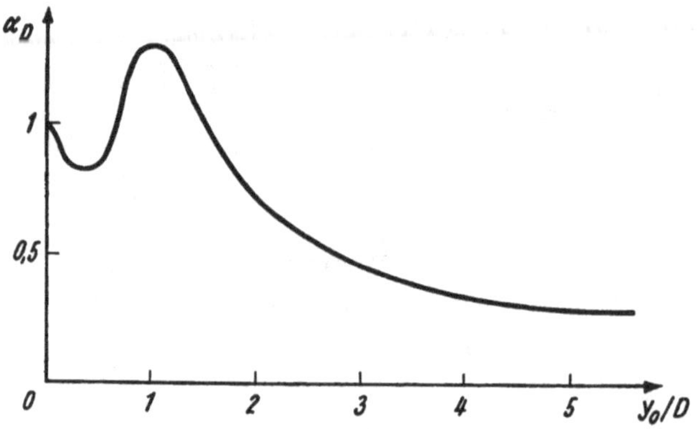

Abb. 39. Abhängigkeit des Dipol-Faktors α_D vom Abstandsverhältnis y_0/D

MÜLLER und SEEGER [76]. Die Schubspannung $\tau_G^{(i)}$ wurde für Stufen-, Schrauben- und 60°-Versetzungen bestimmt. Bei einer 60°-Versetzung bildet der BURGERS-Vektor einen Winkel von 60° mit der Versetzungslinie. Im folgenden unterscheiden wir die drei erwähnten Versetzungstypen in der oben aufgezählten Reihenfolge durch die Indizes 1, 2 und 3. Die Rechnung ergab:

Stufenversetzungen: $$\tau_G^{(i)} = \alpha_G^{(1)} \frac{n\,b}{8\,\pi\,K_1} \cdot \frac{1}{y_0}\,; \quad \frac{1}{K_1} = G\,; \tag{9.4a}$$

Schraubenversetzungen: $$\tau_G^{(i)} = \alpha_G^{(2)} \frac{n\,b}{4\,\pi\,K_2} \cdot \frac{1}{y_0}\,; \quad \frac{1}{K_2} = \frac{G}{1-\nu}\,; \tag{9.4b}$$

60°-Versetzungen: $$\tau_G^{(i)} = \alpha_G^{(3)} \frac{n\,b}{8\,\pi} \frac{1}{y_0}\,; \quad \frac{1}{K_3} = \frac{1}{4\,K_2}\left(3 + \frac{K_1}{K_2}\right). \tag{9.4c}$$

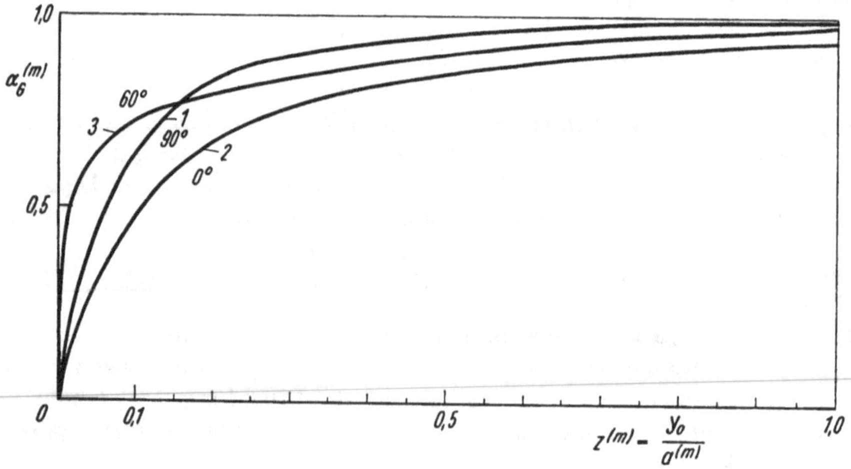

Abb. 40. Abhängigkeit des Gruppenfaktors $\alpha_G^{(m)}$ vom Abstandsverhältnis $y_0/a^{(m)}$ (nach KRONMÜLLER und SEEGER [76])

Die Faktoren $\alpha_G^{(m)}$ sind in Abb. 40 als Funktion des Verhältnisses $z = \frac{y_0}{a^{(m)}}$ dargestellt. $2\,a^{(m)}$ bedeutet die Aufstaulänge der Versetzungen vom Typ m. Allgemein gilt

$$2\,a^{(m)} = \frac{n\,b}{\pi\,\tau_a\,K_m}\,, \tag{9.5}$$

wobei τ_a die wirksame Schubspannung bedeutet. Man entnimmt dem Verlauf der Funktionen $\alpha_G^{(m)}(z)$, daß für $\frac{y_0}{a^{(m)}} < 0{,}3$ $\alpha^{(m)}(z)$ nur noch geringfügig vom Wert 1 abweicht. Man darf demnach für $\frac{y_0}{a^{(m)}} < 0{,}3$ die Versetzungsgruppen näherungsweise wie Superversetzungen vom BURGERS-Vektor $\mathfrak{B} = n \cdot b$ behandeln.

b) Bereich I und Bereich A der Verfestigungskurve

Zur Berechnung des Verfestigungskoeffizienten knüpfen wir an die in Abschnitt 7 angeführten Voraussetzungen zur Berechnung der Verfestigungskurve an. Versetzungsanordnung und die Veränderung der Versetzungsstruktur mit der plastischen Verformung können wir den in Abschnitt 5.b besprochenen Gleitlinienaufnahmen entnehmen. Die Gleitlinienaufnahmen haben ergeben, daß im Bereich I der kubisch-flächenzentrierten Metalle und im Bereich A der hexagonalen Metalle die Zahl der Gleitzonen und deren Ausdehnung unabhängig von der Verformung ist. Dieses Ergebnis läßt sich am einfachsten verstehen, wenn wir annehmen, daß im Bereich I, A eine konstante Anzahl von Versetzungsquellen betätigt wird und die Zahl der die Laufwege beschränkenden Hindernisse ebenfalls konstant bleibt. Schreiben wir Gl. (5.2b) in differentieller Form, so lautet diese im Bereich I:

$$\frac{da}{dn} = \alpha_L^2\,b\,L_1\,L_2\,N_0\,. \tag{9.6}$$

Im Falle einer im Bereich $L_1/2$ oder $L_2/2$ aufgestauten Versetzungsgruppe lautet der Faktor $\alpha_L^2 = 9/16$, denn nach Rechnungen von ESHELBY und Mitarb. [77] und LEIBFRIED [78] befindet sich der Schwerpunkt einer aufgestauten Versetzungsgruppe bei $3/8\,L_{1,2}$, so daß der effektive Laufweg der positiven und negativen Versetzungen $3/4\,L_{1,2}$ beträgt, woraus unmittelbar $\alpha_L^2 = 9/16$ folgt. Für Gl. (9.6) ergibt sich damit

$$\frac{da}{dn} = \frac{9}{16}\cdot b\,L_1\,L_2\,N_0 = \frac{9}{16}\frac{b}{x}\,, \qquad a = \frac{9}{16}\,n\,b/x\,. \tag{9.7}$$

Gl. (9.7) beantwortet sowohl die Frage nach der Versetzungsstruktur als auch die Frage nach deren Veränderungen mit der plastischen Verformung. Nach Gl. (9.7) kommt die Abgleitung allein durch ein Anwachsen der Zahl n, der von den Versetzungsquellen kontinuierlich abgespaltenen Versetzungsringe, zustande.

Um zu bestimmen, welches der im vorhergehenden Abschnitt behandelten Versetzungsmodelle zur Berechnung der Fließspannung anzuwenden ist, vergleichen wir die Ausdehnung L der Gleitzonen mit deren mittlerem Abstand

$$R_0 = \frac{1}{\sqrt{N_0 L_1}} = \sqrt{x L_2}\,. \tag{9.8}$$

Für das Verhältnis R_0/L_2 ergibt sich

$$R_0/L_2 = (x/L_2)^{1/2}\,. \tag{9.9}$$

Mit den aus Tab. 2 zu entnehmenden Werten $x \sim 300$ Å, $L_2 \sim 600\,\mu$ folgt aus Gl. (9.9) $R_0/L_2 \sim 10^{-2}$. Die Abstände zwischen den einzelnen Versetzungsgruppen sind also wesentlich kleiner als deren Ausdehnung. Das Spannungsfeld der Versetzungsgruppen entspricht daher nicht dem einer Superversetzung, denn das Spannungsfeld jeder einzelnen Versetzung der Gruppe wird durch Versetzungen benachbarter Gruppen abgeschirmt. Für die Berechnung der Fließspannung ist deshalb die in Abschnitt 8 unter Punkt 1 beschriebene Wechselwirkung zwischen Einzelversetzungen maßgebend.

Dieses Ergebnis wurde ursprünglich vom Autor [37] mit Hilfe ferromagnetischer Messungen an einer Ni–20% Co-Legierung im Gebiet der Einmündung in die ferromagnetische Sättigung auf direkte Weise erhalten. Eine ausführliche, auf dieser Erfahrung aufbauende Verfestigungstheorie des Bereichs I wurde von Seeger und Mitarb. [36, 58] gegeben. Im folgenden geben wir eine Darstellung der von diesen Autoren angewandten Methode zur Berechnung von $\vartheta_{I,A}$.

Um die Kontinuität der Gleitung zu gewährleisten, muß die auf eine Schraubenversetzung wirkende Schubspannung $\tau - \tau_0$ mindestens gleich der in Gl. (9.1b) definierten Schubspannung $\tau_G^{(i)}$ sein. Dies führt auf die Bedingungsgleichung

$$\tau - \tau_0 \geqq \frac{G\,b}{4\,\pi} \cdot \frac{1}{y_0}\,. \tag{9.10}$$

Der Abstand y_0, welcher sich während der Verformung einstellt, ist durch zwei Forderungen festgelegt. Einerseits muß die Wahrscheinlichkeit, nach Durchlaufen einer Strecke L_0 eine Versetzung im Abstande y_0 anzutreffen, gleich 1 sein, und andererseits muß dieser Laufweg so groß sein, daß die von der Versetzung auf ihre Quelle rückwirkende Schubspannung $\frac{G\,b}{2\,\pi\,L_0}$ kleiner ist als die während der Bildung eines Versetzungsrings pro Quelle erfolgte Schubspannungszunahme $\frac{\partial \tau}{\partial n}$. Diese Bedingung lautet

$$\frac{\partial \tau}{\partial n} \geqq \frac{G\,b}{2\,\pi\,L_0}\,. \tag{9.11}$$

Gl. (9.11) gewährleistet, daß die Versetzungsquelle im Bereich I kontinuierlich Versetzungen abgeben kann. Die Wahrscheinlichkeit, nach Durchlaufen der Strecke L_0 eine Versetzung im Abstande y_0 anzutreffen, die dann als ein Gleithindernis wirksam werden kann, setzt sich aus zwei Teilereignissen zusammen. Einmal muß die gleitende Versetzung eine betätigte Gleitzone im Abstande y_0 antreffen, und zum andern muß sie in dieser Gleitzone nach Durchlaufen der Strecke R_0 eine Versetzung antreffen. Die letztere Bedingung ist notwendig, da nach Durchlaufen der Strecke R_0 jeweils eine neue Versetzungsgruppe angetroffen wird und der ganze Prozeß von vorne beginnt. Die Wahrscheinlichkeit für das erste Ereignis lautet

$$P_{y_0} = \frac{L_0 y_0}{R_0^2}. \tag{9.12}$$

Zur Bestimmung der zweiten Teilwahrscheinlichkeit nehmen wir an, daß die $2n$ Versetzungen der Gleitzone gleichmäßig über deren Ausdehnung L_2 verteilt sind, und erhalten dann

$$P_v = \frac{2 n R_0}{L_2}. \tag{9.13}$$

Die Gesamtwahrscheinlichkeit, eine Versetzung anzutreffen, ist näherungsweise gleich dem Produkt $P_v \cdot P_{y_0}$ der beiden Teilwahrscheinlichkeiten und beträgt

$$P = P_v \cdot P_{y_0} = \frac{2 n L_0 y_0}{R_0 L_2}. \tag{9.14}$$

Die Bedingung, daß dieses Ereignis eintritt, lautet $P = 1$. Aus Gl. (9.14) ergibt sich damit der gewünschte Zusammenhang zwischen L_0 und y_0:

$$y_0 L_0 = \frac{R_0 L_2}{2n}. \tag{9.15}$$

Gl. (9.10), Gl. (9.11) und Gl. (9.15) bringen zum Ausdruck, daß einerseits die Versetzungsquelle dauernd neue Versetzungen bilden kann und andererseits die neugebildeten Versetzungen auch das Spannungsfeld der angetroffenen Versetzungen überwinden können. Durch Elimination der Parameter y_0 und L_0 folgt aus Gl. (9.10), Gl. (9.11) und Gl. (9.15)

$$\tau - \tau_0 = \frac{n b G}{2\pi} \frac{1}{L_2^{3/4}} \frac{1}{x^{1/4}}. \tag{9.16}$$

Zusammen mit Gl. (9.7) folgt aus Gl. (9.16) für den Verfestigungskoeffizienten im Bereich I, A:

$$\vartheta_{\mathrm{I,A}}/G = \frac{8}{9\pi}\left(\frac{x}{L_2}\right)^{3/4}. \tag{9.17}$$

Gl. (9.17) kann mit den Experimenten verglichen werden, da ϑ_{I}, x und L_2 für mehrere Metalle gemessen wurden. ϑ_{I}/G gegen $(x/L_2)^{3/4}$ aufgetragen, sollte auf einer Geraden mit der Steigung $8/9\pi$ liegen. Die in Abb. 41 eingezeichneten, mit Hilfe der in Tabelle 2 angegebenen Werte berechneten Punkte streuen beträchtlich um die theoretische Gerade. Dies ist vermutlich auf den ungenauen Wert von L_2 zurückzuführen, der experimentell sehr schwierig zu bestimmen ist. Gl. (9.17) für ϑ_{I} trägt der experimentellen Tatsache Rechnung, daß ϑ_{I} eine störungsempfindliche Größe ist, denn sowohl x als auch L_2 sind zweifellos von der Vorbehandlung und dem Verunreinigungsgrad der Kristalle abhängig. Entsprechend Gl. (9.17) rührt ein von der Temperaturabhängigkeit des Schubmoduls G abweichender Temperaturgang des Verfestigungskoeffizienten ϑ_{I} von einer Temperaturabhängigkeit der Quellendichte und der Versetzungslaufwege her.

Neben der quantitativ richtigen Beschreibung des Verfestigungskoeffizienten ϑ_{I} vermag die hier diskutierte Theorie auch die im Bereich I gefundene Bildung von Versetzungsdipolen befriedigend erklären. Zur Bildung eines Versetzungsdipols

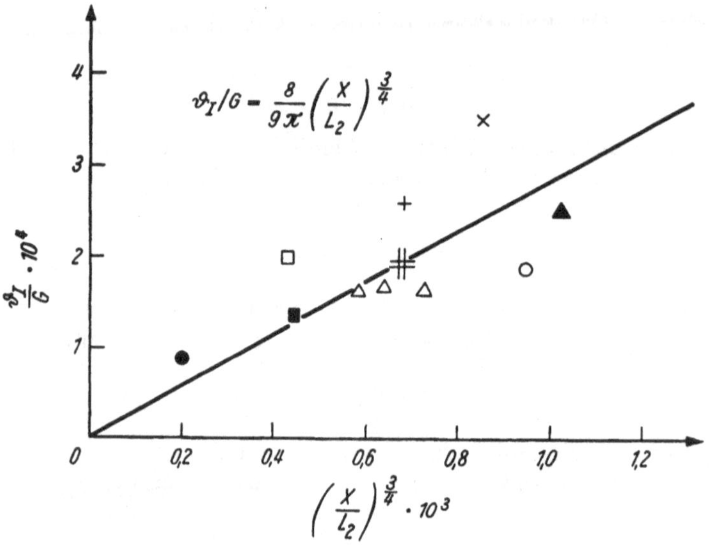

Abb. 41. Vergleich zwischen Experiment und Theorie im Bereich I. Die ausgezogene Nullpunktsgerade entspricht der theoretischen Vorhersage nach Gl. (9.17)

▲ Cu (90 °K):	Seeger, Kronmüller, Mader, Träuble [36]	● Zn (90 °K)	Seeger, Träuble [16]
		□ NiCo 50 (360 °K):	Pfaff [38]
△ Cu (300 °K):	Mader [32]	■ NiCo 50 (300 °K):	Pfaff [38]
× Ni (300 °K):	Kronmüller [37]	○ Co (300 °K):	Seeger, Kronmüller, Boser und Rapp [11]
+ NiCo 20 (300 °K):	Kronmüller [37]		
# NiCo 20 (90 °K)	Kronmüller [37]		

kommt es, falls sich zwei Stufenversetzungen entgegengesetzten Vorzeichens unter einem Abstand y treffen, der kleiner ist als der durch Gl. (9.10) festgelegte Gleichgewichtsabstand. In diesem Falle kann die bewegliche Versetzung an der anderen nicht vorbeigleiten. Falls die Versetzungsquelle neue Versetzungen nachliefern kann, ist es möglich, daß die hängengebliebene Versetzung durch eine nachfolgende über den Spannungsberg hinweggestoßen wird und nun diese mit der Versetzung der anderen Gleitebene einen Versetzungsdipol bildet. Es ist anzunehmen, daß die Bildung von Versetzungsdipolen ziemlich häufig stattfindet, so daß die Wechselwirkung von gleitenden Stufenversetzungen mit den Versetzungen benachbarter Gleitebenen, im Gegensatz zu den Schraubenversetzungen, eher durch eine Wechselwirkung mit Versetzungsdipolen beschrieben werden kann. Die im Vorhergehenden für die Schraubenversetzungen ausgearbeitete Theorie ist ohne weiteres auch auf Versetzungsdipole übertragbar; mit dem einen Unterschied, daß an Stelle von Gl. (9.10) für die Schubspannung $\tau_G^{(i)}$ nun die für Versetzungsdipole gültige Gl. (9.3) einzusetzen ist. Da sich die Schraubenversetzung und die Stufenversetzung eines Versetzungsrings auf derselben Gleitebene befinden, ist für die Stufenversetzung derselbe Wert für y_0 einzusetzen wie für die Schraubenversetzungen. Dies bedeutet, daß die beiden Dipolversetzungen im Mittel einen Abstand $D = y_0$ haben werden. Andererseits bewegt sich die gleitende Stufenversetzung ebenfalls im Abstande y_0 am Versetzungsdipol vorbei, so daß wir für α_D den Wert bei $y_0/D = 1$ in Gl. (8.3) einzusetzen haben. Abbildung 39 entnimmt man $\alpha_D = 1{,}3$. Für den Verfestigungskoeffizienten der Stufenversetzungen erhalten wir somit

$$\vartheta_{\mathrm{I}}/G = \frac{4\,\alpha_D^{1/2}}{9\,\pi\,(1-\nu)} \left(\frac{x}{L_1}\right)^{3/4} \sim 0{,}82\,\frac{8}{9\,\pi} \left(\frac{x}{L_1}\right)^{3/4}. \tag{9.18}$$

Dies ist ein um 18% kleinerer Wert als für die Schraubenversetzungen, wenn wir annehmen, daß $L_1 \sim L_2$ gilt. Dies zeigt, daß die Einführung von Versetzungsdipolen den theoretisch bestimmten Verfestigungskoeffizienten nicht wesentlich beeinflußt.

c) Die Ausdehnung des Bereichs I

Wie bei der Behandlung der Verfestigungskurven in Abschnitt 5.a bereits erwähnt wurde, ist die Abgleitung a_{II} eine störungsempfindliche Größe, die z. B. beim gleichen Metall um einen Faktor 2—3 verschieden sein kann. Die Gründe hierfür sind in der Versetzungsgrundstruktur, die beim Züchten des Kristalls entsteht, sowie im Verunreinigungsgrad der Proben zu suchen. Von Röhm und Diehl [79], Diehl [80], Seeger [3] und Seeger und Mitarb. [43] wurde darauf hingewiesen, daß der Beginn von Bereich II mit dem Einsetzen der Betätigung sekundärer Gleitsysteme im Zusammenhang steht. Dies ist in qualitativer Übereinstimmung mit dem in Abschnitt 7 erhaltenen Ergebnis, wonach im Bereich I die Versetzungswalddichte konstant bleibt und Gleitung auf sekundären Gleitsystemen erst im Bereich II beginnt. Am Punkt $a_{\mathrm{II}}, \tau_{\mathrm{II}}$ auf der Verfestigungskurve wird also die Fließspannung eines sekundären Gleitsystems erreicht. Diese kritische Schubspannung der sekundären Gleitsysteme wird bei um so kleineren Abgleitungen erreicht, je ungünstiger der Kristall in bezug auf Einfachgleitung orientiert ist. Dies konnte von Diehl [30] auch experimentell gezeigt werden. Zum Beispiel findet man bei den eckorientierten Einkristallen keinen Bereich I, da es sofort zur Betätigung mehrerer Gleitsysteme kommt (siehe Abb. 6). Die Fließspannung $\tau_{0,j}$ der sekundären Gleitsysteme berechnet sich aus der Schubspannung τ_{II} gemäß

$$\tau_{0,j} = e_j\,\tau_{\mathrm{II}}\,. \tag{9.19}$$

Dabei bezieht sich der Index j auf das j-te sekundäre Gleitsystem, und e_j bedeutet einen Orientierungsfaktor, der von Diehl und Mitarb. [81] für sämtliche sekundären Gleitsysteme bestimmt wurde. Die weitere Aufgabe besteht nun darin, die kritische Schubspannung $\tau_{0,j}$ des j-ten Nebengleitsystems zu berechnen. Allgemein setzt sich die Fließspannung aus den in Abschnitt 6 definierten Anteilen $\tau_G^{(i)}$, $\tau_G^{(w)}$ und τ_s zusammen. Deren Berechnung ist besonders einfach, da die Versetzungsstruktur des primären Gleitsystems bekannt ist. Entsprechend unseren Ausführungen in Abschnitt 5.b sind die Versetzungen in Gleitzonen angeordnet, deren gegenseitige Abstände so klein sind, daß die Versetzungen einer Gleitzone nicht als eine Superversetzung, sondern als Einzelversetzungen wirksam werden.

Die Versetzungen des primären Gleitsystems sind die Waldversetzungen der sekundären Gleitsysteme, so daß wir in Gl. (8.1) und Gl. (7.8) an Stelle von $N^{(w)}$ die Versetzungsdichte

$$N = N_0' + \frac{16}{9} \cdot \frac{a_{II}}{b L_2} \tag{9.20}$$

im primären Gleitsystem am Ende von Bereich I einzusetzen haben, wo N_0' die Versetzungsdichte des unverformten Einkristalls bedeutet. Die einzelnen Spannungsbeiträge lauten:

$$\tau_{G,j}^{(i)} = \gamma_j \cdot \frac{G b}{2\pi} \sqrt{N}\,, \tag{9.21 a}$$

$$\tau_{G,j}^{(w)} = \alpha \cdot \frac{G b}{2\pi} \sqrt{N}\,, \tag{9.21 b}$$

$$\tau_s = \left(\frac{U_0 - k T \ln \frac{\dot{a}_0}{a}}{\frac{3}{2} b d \sqrt[3]{G b}} \right)^{3/2} \sqrt{N}\,. \tag{9.21 c}$$

Der in Gl. (9.21a) auftretende Faktor γ_j ist von der Orientierung der BURGERS-vektoren im primären und sekundären Gleitsystem abhängig und ist von der Größenordnung 0,5. Zusammen mit Gl. (9.19) erhalten wir nun folgende Beziehung:

$$e_j \tau_{II} = \frac{G b}{2\pi} \left\{ \gamma_j + \alpha_j + \left(\frac{U_0 - k T \ln \frac{\dot{a}_0}{a}}{\frac{3}{2} b d \sqrt[3]{G b}} \right)^{3/2} \right\} \sqrt{N}\,. \tag{9.22}$$

Wird Gl. (9.20) in (Gl. 9.22) eingesetzt und anschließend quadriert, so ergibt sich folgende Bestimmungsgleichung für a_{II}:

$$a_{II} = c_1 L_2 \left(\frac{\tau_{II}}{G} \right)^2 - c_2 \tag{9.23 a}$$

mit

$$c_1 = \frac{9 \pi^2 e_j^2}{4 b} \left\{ \gamma_j + \alpha_j + \left(\frac{U_0 - k T \ln \frac{\dot{a}_0}{\dot{a}}}{\frac{3}{2} b d \sqrt[3]{G b}} \right)^{3/2} \right\}^{-2} \tag{9.23 b}$$

und

$$c_2 = \frac{9}{16} b L_2 N_0'\,, \tag{9.23 c}$$

wobei noch zu beachten ist, daß zwischen a_{II} und τ_{II} die Beziehung

$$\tau_{II} = \tau_0 + \vartheta_I \cdot a_{II} \tag{9.24}$$

besteht. Die Gültigkeit der Gl. (9.23) kann leicht nachgeprüft werden, sofern die Temperaturabhängigkeit von a_{II} im wesentlichen durch die Temperaturabhängigkeit des Verfestigungskoeffizienten ϑ_I gegeben ist, also die Schneidprozesse keinen wesentlichen Beitrag zur kritischen Fließspannung der sekundären Gleitsysteme liefern. In Abschnitt 7 haben wir gesehen, daß diese Bedingung im Falle reiner Kupfereinkristalle erfüllt ist. Wir dürfen daher im Falle von Kupfer in Gl. (9.23) die bei verschiedenen Temperaturen gemessenen Werte von τ_{II} und a_{II} einsetzen. In Abb. 42 wurden die von KÖSTER [82] und ZEYFANG, BUCK und

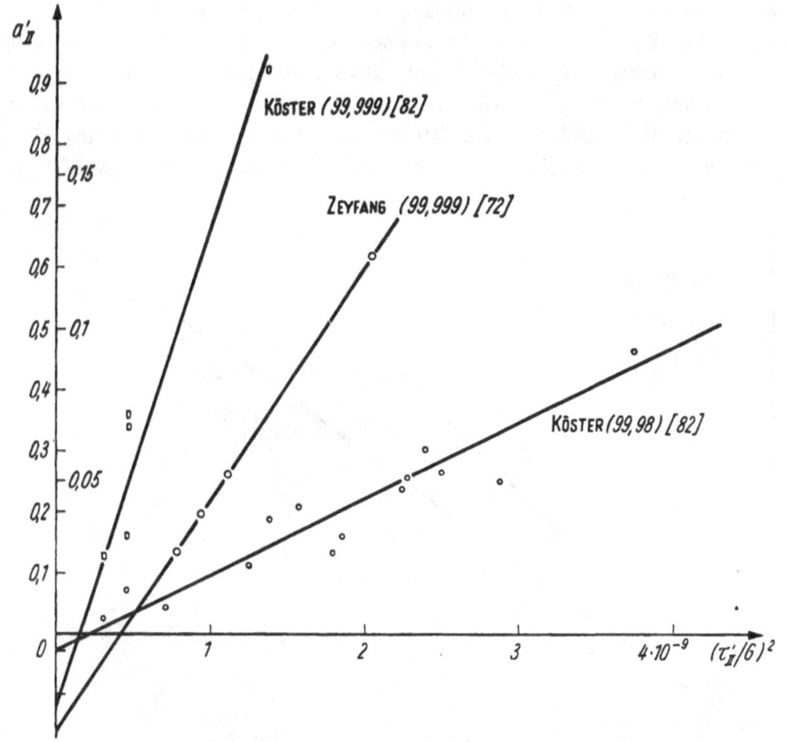

Abb. 42. $(\tau_{II}/G)^2$ als Funktion des Parameters a_{II} für Kupfer verschiedenen Reinheitsgrades

SEEGER [72] an Kristallen verschiedenen Reinheitsgrades gemessenen a_{II}-Werte für verschiedene Temperaturen gegen $(\tau_{II}/G)^2$ aufgetragen. In sämtlichen drei Fällen ergibt sich der durch Gl. (9.23) vorhergesagte lineare Verlauf. Indirekt ist dies eine Bestätigung der von uns gemachten Annahme, daß der Versetzungslaufweg L_2 im Bereich I temperaturunabhängig ist. Die Temperaturabhängigkeit von ϑ_I und a_{II} bei Kupfer ist demnach auf die Temperaturabhängigkeit des Parameters x und damit nach Gl. (5.2) auf eine Temperaturabhängigkeit der Versetzungsquellendichte N_0 zurückzuführen. Die aus Gl. (9.23) berechneten Werte für a_{II} ergeben sich als von der richtigen Größenordnung. Im Falle der von KÖSTER untersuchten Kupfereinkristalle vom Reinheitsgrad 99,98% beträgt die Konstante $c_1 L_2 = 1{,}2 \cdot 10^8$. Aus Gl. (9.23) ergibt sich mit $L_2 = 660\ \mu$, $\gamma_j = 0$ und $\alpha_j/e_j = 1$ $c_1 L_2 = 0{,}6 \cdot 10^8$. Die Abweichung um den Faktor 2 vom experimentellen Wert kann vom Verhältnis α_j/e_j herrühren, das wir hier pauschal ~ 1 gesetzt haben.

Gleichung (9.23) konnte auch im Falle der Ni-Co-Legierungen als richtig bestätigt werden. Bei diesen Legierungen ist der τ_s-Anteil zur kritischen Schubspannung nicht mehr vernachlässigbar klein.

Die Konstante c_1 darf daher nur dann als temperaturunabhängig angesehen werden, wenn Messungen, die bei derselben Temperatur durchgeführt wurden, betrachtet werden. In Abb. 43 sind die Meßergebnisse verschiedener Ni-Co-Legierungen für 293 °K und 90 °K entsprechend Gl. (9.23) aufgetragen. Bei beiden Temperaturen liegen die Meßpunkte auf einer Geraden. Die Temperaturabhängigkeit von a_{II} ist also vor allem auf eine Temperaturabhängigkeit von τ_0 und ϑ_I zurückzuführen. Qualitativ läßt sich folgendes sagen: Die Abgleitung a_{II} nimmt mit wachsendem τ_0 und fallendem Verfestigungskoeffizienten ϑ_I zu.

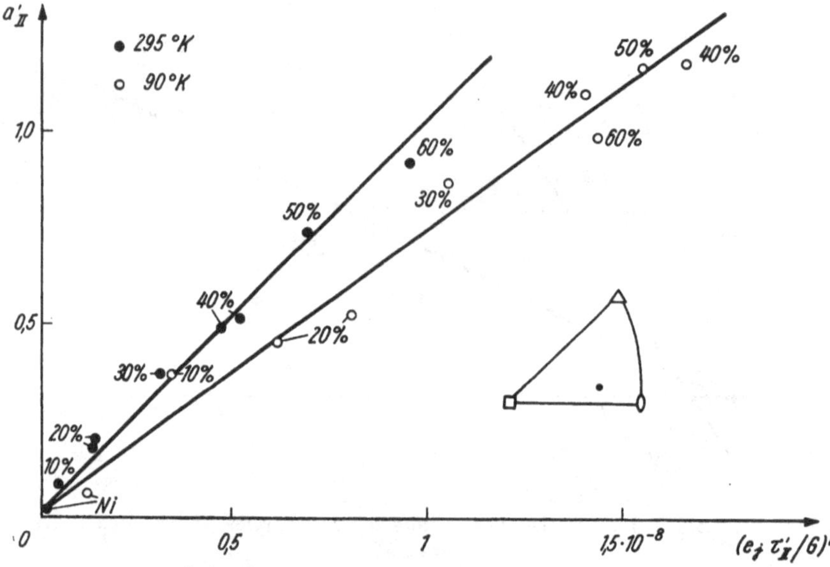

Abb. 43. $(\tau_{II}/G)^2$ als Funktion des Parameters a_{II} für Ni–Co-Einkristalle

Bei Kupfer steigt der Verfestigungskoeffizient ϑ_I mit wachsender Temperatur an. Man erwartet also, daß bei Kupfer a_{II} mit steigender Temperatur abnimmt. Dies wird experimentell auch gefunden [82, 23]. Auch bei den Ni-Co-Legierungen lassen sich die Temperaturabhängigkeit und die Legierungsabhängigkeit durch die des Verfestigungskoeffizienten deuten. Bei diesen Legierungen nimmt der Verfestigungskoeffizient mit fallender Temperatur und steigendem Co-Gehalt ab. Dementsprechend findet man bei tiefen Temperaturen und großen Co-Gehalten auch große a_{II}-Werte (siehe Abb. 12).

d) Bereich II der Verfestigungskurve

Der Bereich II der Verfestigungskurve darf heute als der am besten verstandene Teil der Verfestigungskurve angesehen werden. Seine theoretische Deutung geht auf Arbeiten von SEEGER [3, 27] und SEEGER und Mitarb. [43, 58] zurück. In dieser Theorie wurde von Anfang an davon ausgegangen, daß der Hauptteil der Verfestigung den weitreichenden Spannungsfeldern der Primärversetzungen zuzuschreiben ist. In Abschnitt 8 wurde gezeigt, daß diese Annahme vollkommen berechtigt ist, da nur etwa 15% der Fließspannung auf die Waldversetzungen zurückzuführen sind. Theorien, die nicht die weitreichenden Spannungsfelder ihren Betrachtungen zugrunde legen, wie z. B. die „Jogtheorie" von MOTT [83] und die Waldversetzungstheorien von HIRSCH [47], BAILEY und HIRSCH [84] und BASINSKI [75], haben sich als falsch herausgestellt, da sie zahlreiche experimentelle Ergebnisse nicht richtig beschreiben. So kann z. B. die „Jogtheorie" die Unabhängigkeit des Verfestigungskoeffizienten ϑ_{II} von der Orientierung des Kristalls nicht erklären. Die Waldversetzungstheorien sind besonders mit zwei einfachen Grundtatsachen nicht in Einklang. Dabei handelt es sich einmal um das Auftreten der Einfachgleitung, die durch Gleitlinienaufnahmen, Durchstrahlungsaufnahmen und Messungen des Achsenpfades [85] als gesichert angesehen werden darf, sowie um die in Abschnitt 7c behandelten Geschwindigkeitswechselversuche, die bei Gültigkeit der Waldversetzungstheorien das sogenannte COTTRELL-STOKES-Gesetz bestätigen sollten, das jedoch nach Abb. 36 nicht erfüllt ist.

Einen direkten Beweis für das Auftreten der von SEEGER [3, 27] betrachteten weitreichenden Spannungen haben Messungen der Suszeptibilität im Gebiet der Einmündung in die ferromagnetische Sättigung an plastisch verformten Nickeleinkristallen erbracht [37, 76]. Diese Messungen sind besonders aufschlußreich, da ferromagnetische Eigenschaften nur von den weitreichenden Spannungsfeldern $\tau_G^{(i)}$ abhängig sind und von den Spannungsanteilen $\tau_G^{(w)}$ und τ_S nicht beeinflußt werden.

In qualitativer Hinsicht unterscheidet sich Bereich II vom Bereich I durch seinen größeren Verfestigungskoeffizienten, durch die laufende Neubildung von Versetzungsquellen und durch die stetige Verkürzung der Versetzungslaufwege entsprechend Gl. (5.4). Die beiden zuletzt genannten Eigenschaften können mit der in Abschnitt 7c und Abschnitt 8 behandelten Betätigung sekundärer Gleitsysteme in Zusammenhang gebracht werden. Die Versetzungen der sekundären Gleitsysteme können mit den Versetzungen des Hauptgleitsystems stückweise rekombinieren und dabei nichtgleitfähige Versetzungen, z. B. LOMER-COTTRELL-Versetzungen [86, 87], bilden, die dann als Hindernisse für die nachfolgenden Versetzungen wirken und wahrscheinlich die Bildung des in Abb. 23 dargestellten Versetzungsstrangs hervorrufen. Nach SEEGER [3, 27] und SEEGER und Mitarb. [43, 58] kommt es hinter den Hindernissen zur Ausbildung aufgestauter Versetzungsgruppen, die man näherungsweise als Superversetzungen vom BURGERS-Vektor $n \cdot \mathfrak{b}$ behandeln darf, wenn n die Zahl der Versetzungen pro Gruppe bedeutet. Die zweite Rolle der Sekundärversetzungen besteht in ihrer Mitwirkung bei der Neubildung von Versetzungsquellen. Durch Reaktion der primären mit den sekundären Versetzungen werden zahlreiche Primärversetzungen durch Knotenbildung fest verankert. Wenn der Abstand zwischen diesen Verankerungspunkten hinreichend groß ist, kann sich das zwischen ihnen liegende Versetzungssegment auswölben und als FRANK-READ-Quelle [88] arbeiten. Quantitative

Zusammenhänge zwischen der Waldversetzungsdichte, dem Laufweg der primären Versetzungen und der Quellenbildung wurden vom Autor [66] an anderer Stelle diskutiert.

Zur Berechnung des Verfestigungskoeffizienten ϑ_{II} folgen wir wie im Bereich I den in Abschnitt 6 dargelegten Gesichtspunkten. Zunächst ist wiederum die Frage nach der Versetzungsstruktur sowie deren Veränderung mit der plastischen Verformung zu beantworten. Bei der Diskussion der Gleitlinienaufnahmen haben wir gesehen, daß im Bereich II das Gleitzonenmodell entsprechend Abb. 14 anwendbar ist. Bei Berücksichtigung von Gl. (5.4) für die Versetzungslaufwege lautet Gl. (5.2) in differentieller Form

$$da = \frac{n\, b\, \Lambda_1 \Lambda_2}{(a - a^*)^2}\, dN_0\,, \tag{9.25}$$

wobei nun im Gegensatz zu Bereich I n eine Konstante ist und $\alpha_L \sim 1$ gesetzt werden kann, da die Aufstaulänge $2\,a^{(m)}$ kleiner als die Gleitlinienlänge $L_{1,2}$ ist. Integration von Gl. (9.25) liefert für die Zahl der Versetzungsquellen pro cm^3

$$N_0 = \frac{1}{3}(a - a^*)^3 \frac{1}{n\, b\, \Lambda_1 \Lambda_2}\,. \tag{9.26}$$

Die mittleren Abstände zwischen gleichnamigen Stufen- und Schraubenversetzungsgruppen bestimmen sich aus der Quellendichte und den Versetzungslaufwegen gemäß

$$R_0^{(1)} = \frac{1}{\sqrt{N_0 L_2}}\,, \tag{9.27}$$

$$R_0^{(2)} = \frac{1}{\sqrt{N_0 L_1}}\,. \tag{9.28}$$

Um zu überprüfen, ob die Versetzungsgruppen als Superversetzungen behandelt werden dürfen, müssen wir entsprechend den in Abschnitt 9.a gemachten Ausführungen das Verhältnis $y_0/a^{(m)} = z$ berechnen. Dem Vorgehen Seegers [3, 27] folgend, betrachten wir eine einzelne Stufenversetzung, die sich in der Mitte zwischen zwei Stufenversetzungsgruppen gleichen Vorzeichens hindurchbewegt. Bei den Schraubenversetzungen betrachten wir nur die Wechselwirkung mit einer einzelnen Gruppe. Zwischen dem in Abschnitt 9.a eingeführten Gleitebenenabstand $y_0^{(1,2)}$ und dem mittleren Abstand gleichnamiger Stufen- und Schraubenversetzungsgruppen besteht im Falle eines quadratischen Versetzungsmusters die Beziehung

$$R_0^{(1,2)} = \sqrt{2} \cdot y_0^{(1,2)}\,. \tag{9.29}$$

Für die Schubspannung $\tau_G^{(i)}$, die zum Passieren der Gruppen aufzubringen ist, ergibt sich bei den Stufenversetzungen

$$\tau_G^{(i)} = \frac{\alpha_G^{(1)}}{2\pi(1-\nu)} \frac{n\, b\, G}{R_0^{(1)}} = \frac{\alpha_G^{(1)}}{2\sqrt{2}\,(1-\nu)} \cdot \frac{n\, b\, G}{y_0^{(1)}} \tag{9.30}$$

und bei den Schraubenversetzungen

$$\tau_G^{(i)} = \frac{\alpha_G^{(2)}}{2\pi} \frac{n\,b\,G}{R_0^{(2)}} = \frac{\alpha_G^{(2)}}{2\pi \cdot \sqrt{2}} \cdot \frac{n\,b\,G}{y_0^{(2)}}. \tag{9.31}$$

Wird Gl. (9.30) und Gl. (9.31) in Gl. (9.5) eingesetzt, so ergibt sich folgende Bestimmungsgleichung für z und $\alpha_G^{(m)}$:

$$\sqrt{2}\,\frac{y_0^{(m)}}{a^{(m)}} = \alpha_G^{(m)} \cdot \frac{\tau_a}{\tau_G^{(i)}}. \tag{9.32}$$

Für die wirkende Schubspannung τ_a ist nach SEEGER [3] der um den Faktor β verminderte Wert der äußeren Schubspannung

$$\tau_a = \beta \cdot \tau \tag{9.33}$$

einzusetzen. Der Faktor β trägt der Abschirmung der äußeren Schubspannung τ am Ort der Versetzungsquelle durch die umliegenden Versetzungsgruppen Rechnung. Wie SEEGER [3] und SEEGER und Mitarb. [58] gezeigt haben, kann β aus einer Stabilitätsbetrachtung abgeleitet werden. Damit im entlasteten Zustande die Versetzungsgruppen gegen Zurücklaufen stabil sind und außerdem auch keine Neubildung von Versetzungen mehr stattfindet, muß die am Ort der Quelle wirksame Schubspannung τ_a gleich der Rückspannung τ_R der Versetzungsgruppe auf die Versetzungsquelle sein, d. h. es gilt:

$$\tau_a = \tau_R\,. \tag{9.34}$$

Andererseits beträgt die auf die Quelle wirkende Schubspannung τ_a während der Verformung

$$\tau_a = \tau_G^{(i)} - \tau_R\,. \tag{9.35}$$

Aus diesen beiden Beziehungen folgt unmittelbar:

$$\tau_a = \frac{1}{2}\tau_G^{(i)} \sim \frac{1}{2}\tau \quad \text{und} \quad \beta = \frac{1}{2}\,. \tag{9.36}$$

Die Bestimmungsgleichung für $y_0/a^{(m)}$ lautet nun

$$\frac{y_0}{a^{(m)}}\,2 \cdot \sqrt{2} = \alpha_G^{(m)}\left(\frac{y_0}{a^{(m)}}\right). \tag{9.37}$$

Die Lösung von Gl. (9.37) kann graphisch mit Hilfe von Abb. 40 ermittelt werden, indem wir den Schnittpunkt der Geraden $2 \cdot \sqrt{2}\,\frac{y_0}{a^{(m)}}$ mit den $\alpha^{(m)}$-Kurven bestimmen.

Die Lösungen lauten [76]:

$$\left.\begin{aligned} \alpha_G^{(1)} &= 0{,}91\,; \quad & \frac{y_0^{(1)}}{a^{(1)}} &= 0{,}25\,, \\ \alpha_G^{(2)} &= 0{,}72\,; \quad & \frac{y^{(2)}}{a^{(2)}} &= 0{,}20\,. \end{aligned}\right\} \tag{9.38}$$

Diese Werte für $\alpha^{(m)}$ bestätigen die Richtigkeit des alten SEEGERschen Ansatzes [27], die Versetzungsgruppen im Bereich II als Superversetzungen zu behandeln.

Für den Verfestigungskoeffizienten ϑ_{II} folgt nun aus Gl. (9.29) und Gl. (9.30) bzw. Gl. (9.31) bei Berücksichtigung von Gl. (9.27), Gl. (9.28) und Gl. (9.26):

$$\vartheta_{II} K_m = \frac{\alpha^{(m)}}{2\pi} \sqrt{\frac{n b}{3 \Lambda_2}} . \qquad m = 1, 2 \tag{9.39}$$

Gl. (9.39) stellt die Verbindung zwischen Gleitlinienstruktur und Verfestigung her. Sie wurde erstmals bis auf den Faktor $\alpha^{(m)}$ von SEEGER [27] abgeleitet. Die nach Gl. (9.39) berechneten Werte für ϑ_{II} sind in Tab. 3 angegeben. Sämtliche Verfestigungskoeffizienten ergeben sich etwa um 15% kleiner als die gemessenen Werte. Wie in Abschnitt 8 gezeigt wurde, sind diese 15% auf die Rekombinationen und Schneidprozesse mit den Waldversetzungen zurückzuführen.

Aus Gl. (9.39) geht nicht unmittelbar hervor, daß bei sämtlichen kubisch-flächenzentrierten Metallen der Verfestigungskoeffizient im Bereich II nach Gl. (5.1) $G/300$ beträgt. Diese empirisch gefundene Gesetzmäßigkeit verlangt, daß in Gl. (9.39) die Größe $\frac{n b}{\Lambda_2}$ eine Konstante ist. Dies kann nach SEEGER [3] folgendermaßen eingesehen werden.

Da im Bereich II die Versetzungsquellen spontan gebildet werden, können diese nur so lange Versetzungen abgeben, bis die Rückspannung auf die Quelle gleich der wirkenden Schubspannung τ_a ist. Zwischen der Zahl n der bis zur Erfüllung dieser Bedingung abgegebenen Versetzungen und der Ausdehnung L_2 der als kreisförmig angenommenen Gleitzonen besteht nach LEIBFRIED folgende Beziehung:

$$\tau_a = \beta \tau = \frac{n \pi b G}{2 L_2} . \tag{9.40}$$

Aus Gl. (9.40) erhalten wir mit $L_2 = \frac{\Lambda_2}{a - a^*}$

$$\vartheta_{II}/G = \frac{n \pi b}{2 \beta L_2} . \tag{9.41}$$

Bereits aus dieser Gleichung geht hervor, daß ϑ_{II} im Bereich II eine Konstante ist. Setzen wir in Gl. (9.41) den aus Gl. (9.39) berechneten Wert für $\frac{n b}{\Lambda_2}$ ein, so ergibt sich:

$$\frac{\vartheta_{II}}{G} = \frac{2 \beta}{3 \pi} \left(\frac{\alpha^{(2)}}{2 \pi}\right)^2 . \tag{9.42}$$

In Gl. (9.42) ist ϑ_{II} nur scheinbar von den beiden Parametern $\alpha^{(2)}$ und β abhängig, denn nach Gl. (9.37) ist $\alpha^{(2)}$ bei gegebenem β vollständig bestimmt. Gl. (9.42) liefert für $\beta = 1/2$ eine untere Grenze für den Verfestigungskoeffizienten und für $\beta = 1$ eine obere Grenze. Wie im Vorhergehenden gezeigt wurde, ist im Falle $\beta = 1/2$ die Versetzungsgruppe gerade noch stabil gegen Zurückfließen beim Entlasten. Dies bedeutet, daß bei Anlegen einer Gegenspannung bereits bei kleinsten Schubspannungen eine plastische Verformung eintreten sollte. BAUSCHINGER-

Experimente [88, 3] haben diese Annahme in der Tat bestätigt. Die experimentell gemessenen ϑ_{II}-Werte sollten daher mit dem ϑ_{II}-Wert für $\beta = 1/2$ übereinstimmen. Dies wird experimentell auch beobachtet. In Abb. 44 sind die über einen großen Temperaturbereich beobachteten reduzierten Verfestigungskoeffizienten zahlreicher Metalle und Legierungen gegen die Temperatur aufgetragen. Aus Abb. 44 geht hervor, daß die ϑ_{II}/G-Werte dem kleineren Grenzwert 1/400 für $\beta = 1/2$ zustreben.

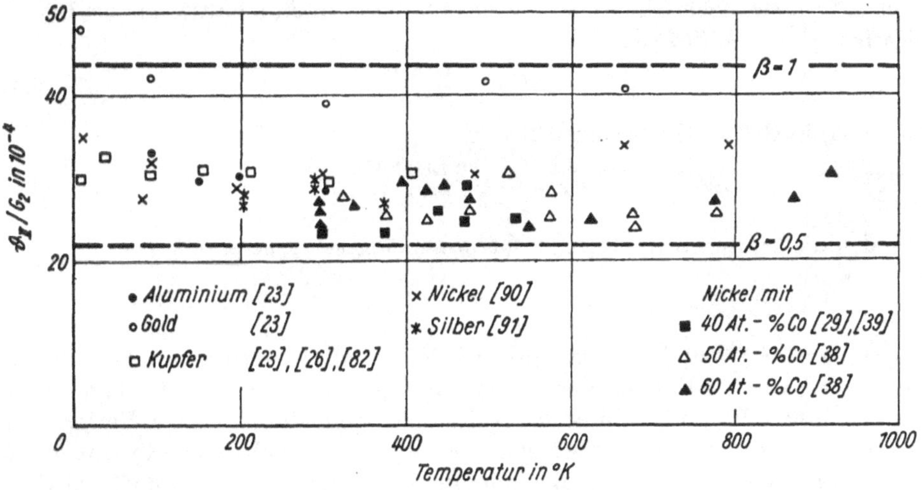

Abb. 44. ϑ_{II}/G mehrerer Metalle und Legierungen für verschiedene Verformungstemperaturen

Mit Hilfe der hier diskutierten Verfestigungstheorie des Bereichs II ist es gelungen, zahlreiche mit der plastischen Verformung verknüpfte Effekte qualitativ und quantitativ zu deuten. Hierzu gehören vor allem die Abhängigkeit ferromagnetischer Eigenschaften, wie die Einmündungssuszeptibilität [37, 76], die Koerzitivkraft [92, 93] und die Anfangssuszeptibilität [92, 93, 94, 95] von der plastischen Verformung. Weiter konnte gezeigt werden [96], daß die bei der plastischen Verformung als elastische Energie der Versetzungen gespeicherte Energie von prozentual 7,5% von dem hier behandelten Versetzungsmodell befriedigt gedeutet werden kann.

e) Bereich B hexagonaler Einkristalle

Die Gleitlinienuntersuchungen von Seeger und Träuble [16] im Bereich B des hexagonalen Zinks bei Raumtemperatur haben ergeben, daß hier qualitativ dieselben Verhältnisse wie bei den kubisch-flächenzentrierten Metallen vorliegen. Bei abnehmendem Versetzungslaufweg wird pro Gleitzone eine konstante Anzahl von n Versetzungen gebildet. In quantitativer Hinsicht unterscheidet sich Zink jedoch von Kupfer dadurch, daß die Versetzungslaufwege etwa um einen Faktor 50 größer sind. Für Λ_2 wird von SEEGER und TRÄUBLE [16] $\Lambda_2 = 175 \cdot 10^{-4}$ cm angegeben, während n von derselben Größenordnung wie bei den kubisch-flächenzentrierten Metallen ist und $\sim$ 20 beträgt. Nach SEEGER und TRÄUBLE [16] kommt die Abnahme der Versetzungslaufwege im Bereich B vermutlich durch die aus Leerstellen in der Basisebene gebildeten Versetzungsringe zustande (siehe Abb. 29). Auf Grund der großen Gleitzonen dürfen wir die Versetzungsgruppen sicher nicht als Superversetzungen wie im Bereich I betrachten, sondern müssen wie im Bereich I die Wechselwirkung zwischen einzelnen Versetzungen in Betracht ziehen. Für die nach Gl. (9.17) maßgebende Größe x/L_2 erhalten wir bei Berücksichtigung von Gl. (9.7) und Gl. (5.4)

$$x/L_2 = \frac{9}{16}\frac{n\,b}{\Lambda_2}\,. \tag{9.43}$$

Gl. (9.43) in Gl. (9.17) eingesetzt liefert

$$\vartheta_B/G = \frac{1}{9\,\pi}\left(\frac{9\,n\,b}{\Lambda_2}\right)^{3/4}. \tag{9.44}$$

Werden die Werte für n und Λ_2 in Gl. (9.44) eingesetzt, so ergibt sich

$$\vartheta_B = 500\,\frac{p}{\text{mm}^2}\,.$$

Dieser Wert für den Verfestigungskoeffizienten im Bereich B ist etwas kleiner als der experimentell bestimmte Wert von $\vartheta_B = 700\,p/\text{mm}^2$. Dies kann damit zusammenhängen, daß in Zink der Anteil der Schneidprozesse zur Verfestigung wesentlich größer als bei kubisch-flächenzentrierten Metallen ist. In Anbetracht der experimentell schwierigen Bestimmung der Gleitlinienlängen darf die Übereinstimmung zwischen Experiment und Theorie jedoch als befriedigend angesehen werden.

Der Verfasser ist Herrn Prof. ALFRED SEEGER für seine Unterstützung bei der Ausarbeitung des Manuskriptes zu Dank verpflichtet.

Literatur

[1] MARK, H., POLANYI, M., SCHMID, E., Z. Physik **12** (1922) 58.
[2] SCHMID, E., BOAS, W., Kristallplastizität. Springer-Verlag, Berlin 1935.
[3] SEEGER, A., Handbuch der Physik Bd. **VII**/2. Springer-Verlag, Berlin 1958.
[4] BERNER, R., KRONMÜLLER, H., in „Moderne Probleme der Metallphysik", herausgeg. von A. SEEGER. Springer-Verlag (im Druck).
[5] GILMAN, J. J., Trans. Amer. Inst. Mining Metallurg. Engrs. **206** (1956) 1326.
[6] GILMAN, J. J., Trans. Amer. Inst. Mining Metallurg. Engrs. **221** (1961) 456.
[7] BELL, R. L., CAHN, R. W., Proc. Roy. Soc. **239** A (1957) 494.
[8] STOLOFF, N. S., GENSAMER, M., Trans. Amer. Inst. Mining Metallurg. Engrs. **224** (1962) 732.
[9] ROSENBAUM, H. S., KRONBERG, M. L., General Electric Research Laboratory, Rep. No. 63-RL-3228 M (1963).
[10] HALL, E. O., Twinning and Diffusionless Transformation in Metals. Butterworths Sci. Publ., London 1954.
[11] SEEGER, A., KRONMÜLLER, H., BOSER, O., RAPP, M., phys. stat. sol. **3** (1963) 1107.
[12] ROSI, F. D., DUBE, G. A., ALEXANDER, B. H., Trans. Amer. Inst. Mining Metallurg. Engrs. **197** (1953) 257.

[13] Liu, S., Steinberg, M. A., J. Metals **4** (1952) 1043.
[14] Rapperport, E. J., Hartley, C. S., Trans. Amer. Inst. Mining Metallurg. Engrs. **218** (1960) 869.
[15] Davis, K. G., Teghtsoonian, E., Acta met. **10** (1962) 1189.
[16] Seeger, A., Träuble, H., Z. Metallkde. **51** (1960) 435.
[17] Boas, W., Schmid, E., Z. Physik **57** (1929) 575.
[18] Frenkel, J., Z. Physik **37** (1926) 572.
[19] Polanyi, M., Z. Physik **89** (1934) 660.
[20] Orowan, E., Z. Physik **89** (1934) 634.
[21] Taylor, G. J., Proc. Roy. Soc. (London) **A 145** (1934) 362.
[22] Heidenreich, R. D., Shockley, W., Report on a Conference on Strength of Solids (London), 1948, S. 57.
[23] Berner, R., Z. Naturforsch. **15a** (1960) 689.
[24] Schmid, E., Proc. Internat. Congr. Appl. Mech. Delft, 1924, S. 342.
[25] Clarebrough, L. M., Hargreaves, M. E., „Work-Hardening of Metals" Progress in Metal Physics **8** (1959).
[26] Diehl, J., Berner, R., Z. Metallkde. **51** (1960) 522.
[27] Seeger, A., The Mechanism of Glide and Work-Hardening in Face-Centred Cubic and Hexagonal Close-Packed Metals, S. 243. J. Wiley, New York 1957.
[28] Seeger, A., Schöck, G., Acta met. **1** (1953) 519.
[29] Meissner, J., Z. Metallkde. **50** (1959) 207.
[30] Boček, M., Kaska, V., phys. stat. sol. **4** (1964) 325.
[31] Davis, K. G., Teghtsoonian, E., Trans. Amer. Inst. Mining Engrs. **227** (1963) 762.
[32] Mader, S., Z. Physik **149** (1957) 73.
[33] Mader, S., Electron Microscopy and Strenght of Crystals. Herausgeg. von J. Washburn und G. Thomas, S. 183, Interscience Publishers, New York 1963.
[34] Seeger, A., Mader, S., Trans. Indian Inst. Metals **13** (1960) 249.
[35] Wilsdorf, A., Kuhlmann-Wilsdorf, D., Z. angew. Physik **4** (1952) 418.
[36] Seeger, A., Kronmüller, H., Mader, S., Träuble, H., Phil. Mag. **6** (1961) 639.
[37] Kronmüller, H., Z. Physik **154** (1959) 574.
[38] Pfaff, F., Z. Metallkde. **53** (1962) 411, 466.
[39] Mader, S., Seeger, A., Thieringer, H.-M., J. Appl. Phys. **34** (1963) 3376.
[40] Blewitt, T. H., Coltman, R. R., Jameson, R. E., Redman, J. K., J. Nucl. Materials **2** (1960) 277.
[41] Essmann, U., phys. stat. sol. **3** (1963) 932.
[42] Pfeiffer, W., phys. stat. sol. **2** (1962) 1727.
[43] Seeger, A., Diehl, J., Mader, S., Rebstock, H., Phil. Mag. **2** (1957) 323.
[44] Essmann, U., Kronmüller, H., Acta met. **11** (1963) 611.
[45] Seeger, A., in „The Relation between the Structure and Mechanical Properties of Metals", Bd. I, S. 4, Her Majesty's Stationary Office, London 1963.
[46] Seeger, A., Z. Naturforsch. **11a** (1956) 985.
[47] Hirsch, P. B., Internal Stress and Fatigue in Metals, S. 139. Elsevier, Amsterdam 1959.
[48] Whelan, M. J., Proc. Roy. Soc. (London) **A 249** (1958) 114.
[49] Friedel, J., Internal Stress and Fatigue in Metals, S. 220. Elsevier, Amsterdam 1959.
[50] Saada, G., Acta met. **8** (1960) 200, 841.
[51] Saada, G., Electron Microscopy and Strength of Crystals. Herausges. von J. Washburn und G. Thomas, S. 651. Interscience Publishers, New York 1963.
[52] Seeger, A., Phil. Mag. **45** (1954) 771.
[53] Seeger, A., Phil. Mag. **46** (1955) 1194.
[54] Mott, N. F., Phil. Mag. **44** (1953) 742.
[55] Cottrell, A. H., L'État Solide, S. 421. R. Stoops, Brüssel 1952.
[56] Seeger, A., Z. Naturforsch. **9a** (1954) 758, 856, 870.
[57] Friedel, J., Dislocations and Mechanical Properties of Crystals, S. 330. John Wiley and Sons, New York 1957.

[58] Seeger, A., Mader, S., Kronmüller, H., Electron Microscopy and Strength of Crystals. Herausgeg. von J. Washburn und G. Thomas, S. 665. Interscience Publishers, New York 1963.
[59] Cottrell, A. H., Stokes, R. J., Proc. Roy. Soc. (London) **A 233** (1955) 17.
[60] Howe, S., Liebermann, B., Lücke, K., Acta met. **9** (1961) 625.
[61] Conrad, H., Robertson, H. D., Trans. Amer. Inst. Mining Metallurg. Engrs. **209** (1957) 503; **212** (1958) 536.
[62] Conrad, H., Hays, L., Schöck, G., Wiedersich, H., Acta met. **9** (1961) 367.
[63] Conrad, H., Armstrong, R., Wiedersich, H., Schöck, G., Phil. Mag. **6** (1961) 117.
[64] Boček, M., phys. stat. sol. **3** (1963) 2169.
[65] Boas, W., Schmid, E., Z. Physik **61** (1930) 767.
[66] Kronmüller, H., in „Moderne Probleme der Metallphysik". Herausgeg. von A. Seeger.
[67] Conrad, H., Acta met. **6** (1958) 339.
[68] Conrad, H., Wiedersich, H., Acta met. **8** (1960) 128.
[69] Kronmüller, H., Seeger, A., Nuss, H., unveröffentlicht.
[70] Michelitsch, M., Z. Metallkde. **50** (1954) 548.
[71] Osborne, Ph., Thesis, University of California (1962).
[72] Zeyfang, R., Buck, O., Seeger, A., unveröffentlicht.
[73] Adams, M. H., Cottrell, A. H., Phil. Mag. **46** (1955) 1187.
[74] Makin, M. J., Phil. Mag. **2** (1958) 309.
[75] Basinski, Z. S., Phil. Mag. **4** (1959) 393.
[76] Kronmüller, H., Seeger, A., J. Phys. Chem. Solids **18** (1961) 93.
[77] Eshelby, J. D., Frank, F. G., Nabarro, F. H. N., Phil. Mag. **42** (1951) 352.
[78] Leibfried, G., Z. Physik **130** (1951) 214.
[79] Röhm, F., Diehl, J., Z. Metallkde. **43** (1952) 126.
[80] Diehl, J., Z. Metallkde. **47** (1956)331, 411.
[81] Diehl, J., Krause, M., Offenhäuser, W., Staubwasser, W., Z. Metallkde. **45** (1954) 490.
[82] Köster, E., Diplomarbeit, Technische Hochschule Stuttgart (unveröffentlicht).
[83] Mott, N. F., Trans. Met. Soc. AIME **218** (1960) 962.
[84] Bailey, J. E., Hirsch, P. B., Phil. Mag. **5** (1960) 485.
[85] Ahlers, M., Haasen, P., Acta met. **10** (1963) 977.
[86] Cottrell, A. H., Phil. Mag. **43** (1952) 645.
[87] Lomer, W. M., Phil. Mag. **42** (1951) 1327.
[88] Frank, F. C., Read, W. T., Phys. Rev. **79** (1950) 722.
[89] Bauschinger, J., Mitt. mech.-techn. Lab. kgl. techn. Hochschule München **13** (1886) 1.
[90] Mader, S., Seeger, A., Leitz, C., J. Appl. Phys. **34** (1963) 3368.
[91] Ahlers, M., Haasen, P., Z. Metallkde. **53** (1962) 302.
[92] Seeger, A., Kronmüller, H., Rieger, H., Träuble, H., J. Appl. Phys. **35** (1964) 740.
[93] Träuble, H., in „Moderne Probleme der Metallphysik". Herausgeg. von A. Seeger.
[94] Rieger, H., Z. angew. Physik **3** (1964) 166.
[95] Kronmüller, H., Z. angew. Physik **15** (1963) 197.
[96] Seeger, A., Kronmüller, H., Phil. Mag. **7** (1962) 897.

Diskussion

Dr. Brümmer,
Institut für experimentelle Physik, Halle (Saale):

In Ihren Ausführungen vermißte man die hervorragende Bedeutung der Lomer-Cottrell-Versetzungen für die Erklärung der Verfestigung im Bereich II, die ihr in den früheren Arbeiten von Seeger beigemessen wurde. Spielt nach den neueren experimentellen Ergebnissen die Lomer-Cottrell-Versetzung noch die entscheidende Rolle? Und zweitens:

Was verbirgt sich physikalisch hinter dem Faktor β ihrer letzten Gleichung (9.33) und sind die Annahmen über die Größe von β ausreichend gesichert?

Dr. H. Kronmüller:

Lomer-Cottrell-Versetzungen sind nach wie vor wichtig und werden auch experimentell beobachtet. Die inneren Spannungen müssen nach Wegnahme der äußeren Schubspannung gewährleisten, daß die Versetzungsquellen einerseits keine Versetzungen mehr abgeben können und andererseits die von ihr abgegebenen Versetzungen nicht wieder zurückgleiten und sich gegenseitig annihilieren. Diese beiden Bedingungen sind erfüllt, wenn die von der Versetzungsgruppe auf die Quelle ausgeübte Rückspannung gleich der Schubspannung der umliegenden Versetzungsgruppen am Ort der Quelle ist. Eine quantitative Rechnung zeigt, daß diese Schubspannung gleich der halben äußeren Schubspannung ist. Dies ist experimentell auch durch den Bauschinger-Effekt belegt. Beim Bauschinger-Effekt tritt folgendes auf: Wird nach Zugverformung eine Druckspannung angelegt, so läßt sich der Kristall bereits durch kleinste Druckspannungen zusammendrücken; d. h., die Versetzungsstruktur ist gegen Zurückgleiten gerade noch stabilisiert, und zwar nicht nur durch Lomer-Cottrell-Versetzungen sondern auch durch die Spannungsfelder der umliegenden Versetzungsgruppen.

Dr. Brümmer:

Beobachtet man tatsächlich keinen Fall eines Rücklaufes? Die Klärung dieser Frage wäre sicherlich sehr interessant! Es ist doch nicht gesagt bzw. ist es sehr überraschend, daß β immer gleich 1/2 ist, d. h. die Verformung *immer* stabilisiert ist. Es sollte doch Einzelfälle geben, wo tatsächlich ein Rücklauf stattfindet.

Dr. H. Kronmüller:

Eine derartige Erscheinung tritt nur geringfügig auf. Dies würde ja heißen, daß sich der Kristall zusammenzieht, wenn man die äußere Schubspannung wegnimmt. Tatsächlich bleibt die Längenänderung, die durch plastische Verformung hervorgerufen wurde, bis auf etwa $\frac{1}{10}$ ‰ erhalten. Die Versetzungsstruktur ist also stabilisiert. Diese Selbststabilisierung der Versetzungen während der Verformung erfolgt durch die inneren Spannungen benachbarter Versetzungen und durch Versetzungsreaktionen mit sekundären Versetzungen.

Prof. Bethge,
Arbeitsstelle für Elektronenmikroskopie, Halle (Saale):

Man sollte auch daran denken, daß die Versetzungen, wenn sie durch den Kristall laufen, mit dem Kristallgitter in irreversible Wechselwirkung treten. Kossel hat es einmal so ausgedrückt, daß ein Durchlaufen einer Versetzung in einer schmalen Zone praktisch eine Art Kristallwachstum in wiederholbaren Schritten bedeutet. Anders gesagt: Wir haben einen Bereich von 4 oder 5 Netzebenen, in denen momentan alles in Bewegung ist. Es ist denkbar, daß Fremdatome hierbei in ausgezeichnete Lagen bewegt werden und dadurch verhindern, daß eine nachfolgende Versetzung sich in der genau gleichen Netzebene bewegen kann. Es sind dies Fragen, über die noch gearbeitet werden sollte.

Dr. H. Kronmüller:

Der Effekt, den Sie hier erwähnen, würde einen Anteil zur Fließspannung τ_s liefern. Experimentell ergibt sich dieser Fließspannungsanteil (z. B. bei Kupfer) als so klein, daß er, außer bei verunreinigten Kristallen, weder bei der Stabilisierung der Versetzungsstruktur noch bei der Verfestigung eine Rolle spielt.

Prof. HIEKE,

Institut für theoretische Physik, Halle (Saale):

Haben Sie schon einmal, da Sie im Bereich I große Streuungen nachwiesen, die eventuelle Gestaltsabhängigkeit untersucht?

Dr. H. KRONMÜLLER:

Dieser Effekt tritt bei unseren Kristallen nicht in Erscheinung, denn sämtliche Kristalle hatten 4 mm ⌀ und waren etwa 10 cm lang. In unserer Theorie müßte sich die Dickenabhängigkeit, die experimentell tatsächlich gefunden wird, über den Versetzungsaufweg L bemerkbar machen.

Prof. HIEKE:

Ich möchte meine Frage näher erläutern: Sie setzen ein Spannungsfeld der Versetzung in Rechnung. Ein solches Spannungsfeld ist bestimmt durch einen Spannungstensor, der identisch verschwinden muß. Ins Spiel kommen also nur die Oberflächenkräfte, und die sind Null. Man muß also eine Spannungsquelle haben, und das ist in Ihrem Falle die Versetzungslinie. Das muß doch, da als einziges die Oberfläche eingeht, durch die Gestalt der Oberfläche irgendwie bemerkbar werden. Also sollte eine Probenabhängigkeit bestehen, wenn die These richtig ist, daß das Eigenspannungsfelder sind.

Dr. H. KRONMÜLLER:

Der Einfluß der Bildkräfte, den Sie hier erwähnen, spielt m. E. nur eine Rolle, wenn die Zahl der Versetzungen, die in den Einflußbereich der Oberfläche treten, mit der Gesamtversetzungszahl vergleichbar wird. Bei den makroskopischen Abmessungen unserer Proben ist der Einfluß der Bildkräfte vernachlässigbar klein.

Prof. HIEKE:

Dann ist noch etwas anderes. Sie haben eine Kurve für die Abhängigkeit der Schubspannung τ von der Abgleitung gezeigt. Wenn man sich diese Kurve ansieht, kommt man auf die Idee, daß es sich um eine Summenkurve handelt. Man müßte Statistik machen können. Durch Differentiation müßte man also zur Verteilungsfunktion kommen können.

Dr. H. KRONMÜLLER:

Welche Verteilungsfunktion? Von Versetzungslaufwegen? Die $\tau - a$-Kurve ist ein Mittelwert über die Versetzungslaufwege und über die Schubspannungen, die zur Bewegung der Versetzungen erforderlich sind. In diesem Sinne ist die Verfestigungskurve, wie z. B. die Magnetisierungskurve, eine Summenkurve. Der Mittelwert über die Versetzungslaufwege läßt sich aus Gleitlinienbeobachtungen ermitteln, während der makroskopische Mittelwert über die Fließspannung nur theoretisch bestimmt werden kann.

Prof. HIEKE:

Auf der anderen Seite muß man diesen makroskopischen Wert bei Kenntnis der Verteilung statistisch ausrechnen können.

Dr. H. KRONMÜLLER:

Eine derartige Rechnung wurde z. B. im Bereich I der Verfestigungskurve durchgeführt.

Prof. Hieke:

Ich würde meinen, wenn man ein thermodynamisches Potential geeignet definiert, würde man bei Berücksichtigung seiner Unabhängigkeit von der Anzahl der Versetzungen eine thermodynamische Funktion bekommen, welche die Verteilungsfunktion bestimmt, weil doch die Anzahl der Versetzungen keine Rolle spielt, da sie sich laufend ändert.

Dr. H. Kronmüller:

Für den absoluten Betrag der freien Enthalpie ist sicher die Versetzungsdichte maßgebend, denn die gespeicherte innere Energie nimmt mit der plastischen Verformung zu.

Prof. Hieke:

Wenn man die Verteilungsfunktion hat, müßte sich aus dieser auch die Anzahl der Versetzungen ausrechnen lassen.

Dr. H. Kronmüller:

Ja, das ist richtig, die Verteilungsfunktion ist jedoch eine Funktion der plastischen Verformung, so daß die thermodynamischen Funktionen von der Versetzungsdichte abhängig sind.

Prof. Kochendörfer,
Max-Planck-Institut für Eisenforschung, Düsseldorf:

Darf ich mal fragen, was bedeutet denn Verteilungsfunktion? Über die Länge oder über den Abstand?

Prof. Hieke:

Ich würde sagen, über die Abgleitung.

Prof. Kochendörfer:

Es sind doch aber schon alles mittlere Größen, die hier eingesetzt worden sind. Man kann das natürlich statistisch betrachten und die Schwankungen ausrechnen.

Prof. Hieke:

Eine Verteilungsfunktion in Abhängigkeit von der Abgleitung muß es ermöglichen, diese Summenfunktion in Abhängigkeit von der Gleitung zur Darstellung zu bringen. Natürlich ist die Dichtefunktion nicht einfach, da die Elemente der Statistik voneinander nicht unabhängig sind. Umgekehrt muß es möglich sein, Schlüsse aus der Summenfunktion auf die Verteilung zu ziehen.

Dr. H. Kronmüller:

Sie haben vermutlich eine Verteilungsfunktion über die Längen der Versetzungen und deren gegenseitigen Abstände im Auge.

Prof. Hieke:

Nein, über die Abgleitungen.

Dr. H. Kronmüller:

Die Verteilungsfunktion über die Längen der Versetzungen entspricht einer Verteilungsfunktion über die Laufwege und damit über die Abgleitung der einzelnen Versetzungen.

Aus den Oberflächenbeobachtungen kann man direkt die statistischen Volumenmittelwerte der Versetzungslängen und die Zahl n bestimmen.

Prof. Hieke:

Es sollte möglich sein, zu einer solchen Verteilungsfunktion zu kommen. In der irreversiblen Thermodynamik ist die Schwierigkeit ja immer die, zu so einer einfachen Funktion zu kommen. Das erfordert sehr langwierige Rechnungen, die man sich eventuell erleichtern könnte durch ein derartiges Vorgehen.

Dr. H. Kronmüller:

Ja, das könnte man versuchen.

Prof. Hieke:

Man müßte das dann aber auf den Polykristall anwenden können.

Dr. H. Kronmüller:

Es sind Versuche unternommen worden, diese Theorien, die ich Ihnen vorgetragen habe, auch auf den Polykristall anzuwenden, und nicht ohne Erfolge.

Prof. Bethge:

Es ist immer sehr eindrucksvoll, elektronenmikroskopische Durchstrahlungsbilder anzusehen. Im Vergleich zu den früheren Stuttgarter Untersuchungen an Gleitbändern, in denen man die Längen der Abgleitung erfaßte, sehen wir aber bei der Durchstrahlung zumeist nur wenig ausgedehnte Gleitprozesse.

Dr. H. Kronmüller:

Ich habe Ihnen vier Durchstrahlungsaufnahmen gezeigt, die das aus Gleitlinienaufnahmen abgeleitete Gleitzonenmodell einigermaßen bestätigen. Jedenfalls weit besser bestätigen, als beispielsweise die Durchstrahlungsaufnahmen von Hirsch und seinen Mitarbeitern. Hirsch hatte ja die bevorzugte Gleitung auf der Hauptgleitebene zunächst gar nicht gefunden. Er nahm daher an, daß bei der Verfestigung nur die Wechselwirkung mit Waldversetzungen, also τ_s und $\tau_G^{(w)}$, eine Rolle spielt. Aus den Bildern, die ich zeigte, ging jedoch einwandfrei hervor, daß die Hauptgleitebene eine ausgezeichnete Rolle spielt.

Prof. Bethge:

Durch Ihre Methode der definierten Schichten.

Dr. H. Kronmüller:

Sicher erlaubt erst die Methode der definierten Schnitte, eine Aussage über die Versetzungsstruktur zu machen. Die ursprüngliche Annahme, daß alle Versetzungen einer Gleitzone in einer Gleitebene liegen, hat sich als gute Näherung erwiesen. Die Versetzungen erfahren nur am Gruppenkopf senkrecht zur Gleitzone eine Umordnung. Deren Ausdehnung ist um einen Faktor 10—100 kleiner als der Abstand zwischen den Gleitzonen. Das Gleitzonenmodell ist daher eine sehr gute Näherung der tatsächlichen Verhältnisse.

Prof. Bethge:

Es ist allerdings noch die Frage offen, ob die präparierte dünne Schicht wirklich repräsentativ für das ist, was sich im Kristall abspielt.

Dr. H. KRONMÜLLER:

Um eine Umordnung der Versetzungsstruktur beim Dünnpolieren zu verhindern, wurden unsere Kristalle nach der Verformung mit Neutronen bestrahlt. Dadurch wird die Fließspannung auf 4—10 kp/mm² erhöht. Bei derartig hohen Fließspannungen können sich die Versetzungen kaum mehr bewegen. Die Versetzungsstruktur wird gewissermaßen konserviert.

Dr. HAUSER,
Zentralinstitut für Kernforschung, Rossendorf:

Man sieht auf den Aufnahmen von bestrahlten und verformten Kristallen helle Streifen, die ungestörte Gebiete darstellen. Der Kristall ist also hier wieder in Ordnung gebracht worden. Das leuchtet mir nicht ein. Wenn die Zonen durchschnitten werden, werden sie in kleine Partien eingeteilt. Wie entsteht aber daraus wieder eine Ordnung, die Sie definieren, da wieder helle Streifen auftreten?

Dr. H. KRONMÜLLER:

Durch die plastische Verformung tritt zunächst an den Stellen, wo Gleitung stattgefunden hat, eine Verkleinerung der SEEGER-Zonen ein. Dadurch nimmt ihr Streuvermögen ab. Man kann sich auch vorstellen, daß sich die Zonen ab einer gewissen Größe wieder von selbst auflösen.

Dr. HAUSER:

Sind die Verformungsversuche an den bestrahlten Proben bei relativ niedrigen Temperaturen gemacht worden?

Dr. H. KRONMÜLLER:

Bei Raumtemperatur. Bestrahlt wurde bei 90 °C.

Dr. SCHÜLKE,
Institut für experimentelle Physik, Halle (Saale):

Man kann doch bei den Durchstrahlungsexperimenten prinzipiell durch Variation des benutzten Reflexes aus der Veränderung des Kontrastes die Richtung des BURGERS-Vektors der abgebildeten Versetzung bestimmen. Besteht da nicht die Aussicht, daß man die Richtung des BURGERS-Vektors der Versetzungen bestimmen kann, die die genannten Gleitzonen beranden? Man könnte doch dann entscheiden, welche Versetzungsreaktion zur Bildung dieser nicht gleitfähigen Versetzungen geführt hat, die als Hindernisse für die Versetzungsbewegung auftreten — also, ob etwa die LOMER-COTTRELLsche Versetzungsreaktion tatsächlich eine entscheidende Rolle spielt. Sind in dieser Richtung schon Versuche gemacht worden?

Dr. H. KRONMÜLLER:

In der ersten Durchstrahlungsaufnahme, die ich Ihnen gezeigt habe, war die Folie parallel zur Hauptgleitebene ausgeschnitten. Bei dieser Aufnahme wurden die Abbildungsbedingungen so gewählt, daß man die Primärversetzungen sieht. Im Schnitt senkrecht zur Hauptgleitebene wurden die Abbildungsbedingungen so gewählt, daß man nur Sekundärversetzungen sieht. Und da war ja auch noch einiges zu sehen. Das heißt, daß der Versetzungsstrang durch Reaktion mit sekundären Versetzungen erzeugt worden ist. Neuerdings sind in den Strängen BURGERS-Vektoren bestimmt worden, die LOMER-COTTRELL-Versetzungen zuzuordnen sind.

Dr. BRÜMMER:

Womit kann man erklären, daß das τ_s wesentlich kleiner als die anderen Anteile der Fließspannung ist?

Dr. H. KRONMÜLLER:

Der τ_s-Anteil hängt in starkem Maße vom Verunreinigungsgehalt ab. Je reiner die Kristalle sind, desto kleiner wird τ_s. Bei unseren neuen Messungen beträgt τ_s nur noch $1^0/_{00}$ der gesamten Fließspannung. Qualitativ kann man dies etwa folgendermaßen verstehen: Mit abnehmendem Verunreinigungsgehalt nimmt die Zahl der Versetzungen, die beim Wachsen des Kristalls entstehen, ab. Damit verknüpft ist eine Abnahme der thermisch aktivierten Schneidprozesse und damit des thermisch aktivierten Spannungsanteils τ_s.

Prof. Dr. rer. nat. habil. HEINZ BETHGE

*Arbeitsstelle für Elektronenmikroskopie (in Halle/S.)
der Deutschen Akademie der Wissenschaften zu Berlin*

METHODEN ZUR DIREKTEN BEOBACHTUNG VON VERSETZUNGEN

Nach den vorangegangenen Vorträgen darf der Begriff der Versetzung als genügend erklärt vorausgesetzt werden.

Einleitend zum Thema sei aber noch einmal kurz darauf eingegangen, wie wir uns die in einem Realkristall vorliegende Versetzungsstruktur vorzustellen haben. Vorausgesetzt sei ein Einkristall, der von gröberen Inhomogenitäten frei sein soll und neben einer atomaren Fehlordnung (Gitterlücken, Atome auf Zwischengitterplätzen und Fremdatome) nur Versetzungen enthalten soll. Angemerkt sei, daß ein solcher Kristall im angelsächsischen Schrifttum als „nearly perfect crystal" bezeichnet wird. In einem solchen Kristall haben wir Versetzungen in drei unterschiedlichen Anordnungen vorliegen:

I. Versetzungen in Kleinwinkelkorngrenzen

II. Versetzungen als räumliches Netzwerk

III. Versetzungsringe oder Versetzungsschleifen.

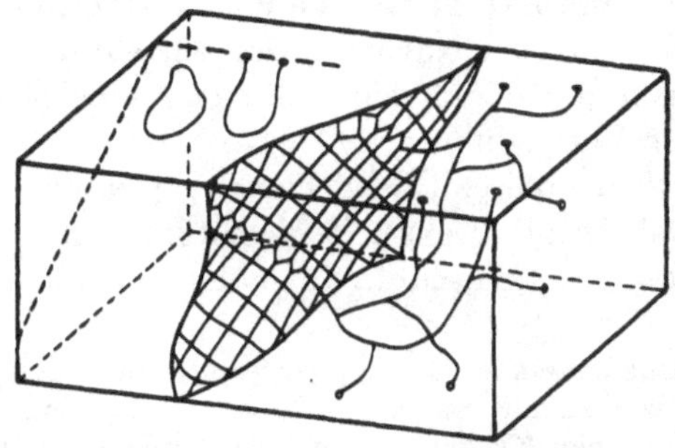

Abb. 1. Schematische Zeichnung zur Versetzungeanordnung in einem Einkristall

In Abb. 1 ist die entsprechend anzunehmende Versetzungsstruktur eines Kristalls schematisch dargestellt. Der reale Einkristall ist aufgebaut aus einzelnen „subgrains", die durch „subboundaries" voneinander getrennt sind. Gegenüber diesen englischen Bezeichnungen sind die entsprechenden deutschen Benennungen in ihrer Verwendung nicht ganz eindeutig. Die subboundaries bezeichnet man als Kleinwinkelkorngrenzen oder auch als Feinkorngrenzen. Für die Unterteilung des Kristalls in subgrains sollte die Bezeichnung grobe Mosaikstruktur verwendet werden, wobei diese aber nicht in Beziehung steht zu dem aus Röntgenuntersuchungen der Kristalle gefolgerten und auch heute noch verwendeten Begriff des Mosaikkristalls.[1])

Der reale Einkristall zeigt also eine grobe Mosaikstruktur, wobei die einzelnen nur wenig gegeneinander fehlorientierten Bereiche durch Kleinwinkelkorngrenzen unterschieden sind. Burgers und Bragg schlugen zuerst Modelle vor, nach denen die Kleinwinkelkorngrenzen aus Versetzungen jeweils bestimmter Anordnung aufgebaut sein sollten, in Abhängigkeit von der Fehlorientierung. Es sind dies die unter I. zu betrachtenden Versetzungen. In der Darstellung der Abb. 1 ist eine solche Kleinwinkelkorngrenze eingezeichnet, in der die Versetzungen als flächenhaftes Netzwerk vorliegen.

Es gilt, daß Versetzungen nicht frei im Kristall enden können. Entweder bilden die Versetzungen ein räumliches Netzwerk, wie im rechten Teil des Kristalls der Abb. 1 dargestellt, oder die Versetzungen liegen als geschlossene Ringe vor bzw. als Schleifen, wenn die Ringe infolge einer Ausdehnung bei der Plastizierung die Oberfläche erreicht haben (im linken Bereich der Abb. 1 liegen Versetzungsring und Versetzungsschleife in einer angedeuteten Gleitebene).

Angaben zur Versetzungsdichte, ausgedrückt in Versetzungen pro cm^2, beziehen sich auf eine in beliebiger Lage im Kristall zu denkende Ebene und die diese durchschneidenden Versetzungen. Gezählt werden dabei nur die Versetzungen des räumlichen Netzwerkes und einzelne Versetzungsringe oder -schleifen. In Kleinwinkelkorngrenzen werden als Versetzungsdichte die pro cm vorliegenden Versetzungen angegeben.

Damit haben wir die in einem Kristall zu erwartende Versetzungsanordnung zunächst einmal kurz erklärt. Die eben skizzierten Vorstellungen waren aus theoretischen Überlegungen gefordert, bevor eine Sichtbarmachung von Versetzungen gegeben war. Die Arbeiten zum Nachweis der Versetzungen setzten erst etwa 1950 ein und — um es gleich vorwegzunehmen — bestätigten im grundsätzlichen die theoretischen Vorstellungen.

Wenn es nun die Aufgabe dieses Übersichtsvortrages sein soll, einen Überblick zu geben über die Verfahren zur direkten Beobachtung von Versetzungen, so beinhaltet die Formulierung eine Einschränkung. Es soll nur auf Methoden einge-

[1]) Der schon in der Anfangszeit der Röntgenuntersuchung von Kristallen von Darwin geprägte Begriff des Mosaikkristalls war dadurch entstanden, daß die genauere Deutung von Intensitätsmessungen einen Kristall verlangte, der aus einzelnen sehr kleinen Bereichen von nur etwa 10^{-5} cm Ausdehnung aufgebaut sein sollte, und nur diese kleinen Bereiche sollten das Röntgenlicht kohärent streuen. In der Folgezeit wurde dieser Begriff des Mosaikkristalls zu weitgehend verallgemeinert, und man findet leider noch oftmals Darstellungen eines Realkristalls, der mosaikartig aus solchen kleinen Mosaikblöckchen aufgebaut ist. Aus heutiger Sicht müssen wir sagen, daß diese Vorstellung nicht zutreffend ist. Die geforderten kohärent streuenden Bereiche werden vorgegeben durch das räumliche Netzwerk der Versetzungen, das aber keineswegs mit einem Kristallaufbau aus kleinsten Mosaikblöckchen identisch ist, weil eine Versetzung als lineare Kristallstörung ja nicht als Grenze eines Mosaikblöckchens aufgefaßt werden kann.

gangen werden, die den direkten Nachweis der Versetzungen ermöglichen. Indirekte Verfahren zur Angabe der Versetzungsdichte — etwa aus entsprechenden Röntgenmethoden — sollen nicht behandelt werden.

Die zunächst im ersten Teil des Berichtes zu besprechenden derzeit angewendeten Methoden sind:

1. Nachweis der Versetzungen durch Anätzen
2. Dekoration von Versetzungen
3. Röntgentopographische Verfahren zur Versetzungsabbildung
4. Elektronenmikroskopische Untersuchungsverfahren.

Nachfolgend werden dann einige neuere Ergebnisse besprochen, die mehr dem Studium der Eigenschaften der Versetzungen zugehören und mit verschiedenen Verfahren durchgeführt wurden.

1. Nachweis der Versetzungen durch Anätzen

Es ist in der mineralogischen Literatur ein seit langem bekannter Befund, daß auf Oberflächen zahlreicher Kristalle bei Anwendung bestimmter Ätzmittel diskrete Ätzgrübchen gebildet werden. Oftmals sind die Ätzgrübchen in ihrer Form abhängig von der Indizierung der Fläche, auf der die Grübchen beobachtet werden. Ein bekanntes Beispiel hierfür ist der Kalkspat. Es finden sich in der entsprechenden Literatur auch bereits Hinweise, daß die diskreten Ätzgrübchen durch Kristallstörungen hervorgerufen sein sollen, aber ein Zusammenhang mit den Versetzungen wurde erstmals in den neueren Untersuchungen am Germanium diskutiert und sichergestellt. Bei den mit außerordentlich hoher Reinheit hergestellten Ge-Kristallen konnte mit Sicherheit ein Anätzen andersartiger Störungen, zum Beispiel als Inhomogenitäten vorliegende Ausscheidungen von Verunreinigungen, ausgeschlossen und die Versetzungsdichte durch Auszählen der Ätzgrübchen bestimmt werden. Einen ersten Beweis für die Identität der Ätzgrübchen mit den Durchstoßpunkten von Versetzungen geben die linear entlang von Kleinwinkelkorngrenzen angeordneten Versetzungen. Für diese Kleinwinkelkorngrenzen (siehe Abb. 1) läßt sich die Versetzungsanordnung und die zu erwartende Versetzungsdichte angeben, wenn die durch die Kleinwinkelkorngrenze bewirkte, durch Röntgenuntersuchungen leicht zu bestimmende Fehlorientierung bekannt ist. Es gilt dann, daß der Fehlorientierungswinkel ϑ durch die einfache Beziehung $\vartheta \approx b/D$ gegeben ist.[1]) b ist dabei der Betrag des Burgers-Vektors der in der Kleinwinkelkorngrenze vorliegenden Versetzungen und D deren Abstand. Ist $\vartheta < 1'$, dann folgt für den Versetzungsabstand D die Größenordnung von wenigen μ, und die einzelnen Ätzgrübchen lassen sich bei lichtmikroskopischer Beobachtung noch auflösen.

Eine Aufnahme aus den ersten Arbeiten von Vogel et al. [1] zeigt die Abb. 2. Ein sorgfältig elektrolytisch polierter Ge-Kristall wurde mit einer unter der

[1]) Diese einfache Relation gilt nur für reine tilt- bzw. twist-boundaries, d. h. für nur aus Stufen- oder Schraubenversetzungen aufgebaute Kleinwinkelkorngrenzen. Haben diese Mischcharakter, dann gelten andere, beide Anteile berücksichtigende Ausdrücke.

Bezeichnung CP4 [1]) bekannt gewordenen Ätzlösung geätzt. Der Versetzungsabstand von etwa 1 μm stimmt recht genau mit dem aus der gemessenen Fehlorientierung zu fordernden Abstand überein. Es ist hier also als gesichert anzusehen, daß die Versetzungen den bevorzugten Ätzangriff ausgelöst haben.

Neben Germanium und einigen anderen Halbleiterwerkstoffen wurden vor allem die Ionenkristalle mit der Ätztechnik untersucht. Naturgemäß ist für den zu fordernden definierten Ätzangriff die Ausbildung der vorliegenden Oberfläche von entscheidender Bedeutung, und da wir beim Ionenkristall von Spaltflächen ausgehen können, wurden an diesen Kristallen sehr gute Ergebnisse erzielt.

Erste Untersuchungen stammen von Amelinckx [2], ausgeführt am NaCl. Als Ätzmittel diente Äthylalkohol. Amelinckx konnte vor allem die durch Polygonisation gebildeten Kleinwinkelkorngrenzen nachweisen, die nach der Temperung verformter Kristalle entstehen. Aus den eigenen früheren Untersuchungen am NaCl gibt Abb. 3 ein Beispiel. Geätzt wurde mit Eisessig + 2% H_2SO_4. In der Übersichtsaufnahme (links) sind in gekrümmt verlaufenden Kleinwinkelkorngrenzen liegende und in Gleitbändern angeordnete Versetzungen neben einzelnen Versetzungen zu erkennen. Die höher vergrößerte Aufnahme (rechts) zeigt einen Bereich hoher Versetzungsdichte mit zwei etwa diagonal verlaufenden Kleinwinkelkorngrenzen. In der unteren, mit geringer Fehlorientierung, sind die einzelnen Ätzgrübchen noch sehr gut zu trennen.

Besonders gründlich und bisher wohl am ausführlichsten wurde das LiF von Gilman und Johnston [3] untersucht. In nachfolgenden Arbeiten [4] konnte auch die Wirkungsweise der verschiedenen Ätzmittel beim Ätzangriff aufgeklärt werden. Abb. 4 zeigt ein Ergebnis aus diesen Untersuchungen. Es sind Ätzgrübchen entlang eines Gleitbandes (horizontal verlaufend), Versetzungen in einer Kleinwinkelkorngrenze und auch einzelne Ätzgruben zu beobachten. Die lichtmikroskopische Vergrößerung ist recht hoch, und wir können entnehmen, daß die Grübchen eine Kantenlänge von nur etwa 2 μm haben. Die unterschiedliche Ausbildung der Ätzgrübchen ist darauf zurückzuführen, daß das in diesem Fall verwendete Ätzmittel (FeF_3 in H_2O) die „eingewachsenen“ Versetzungen, die als verunreinigt angenommen werden, anders anätzt als die Gleitversetzungen, die sicherlich erst bei der Verformung gebildet wurden. Dies ist eine spezifische Reaktion des Ätzmittels. Andere, ebenfalls gut geeignete Ätzmittel für das LiF treffen diese Unterscheidung nicht. Um anzudeuten, welche Schwierigkeiten es bereitet, für irgendeinen Kristall ein jeweils geeignetes Ätzmittel aufzufinden, sei am Rande erwähnt, wie die Ätzlösungen für das LiF aufgefunden wurden. Man verwendete zunächst die schon am Germanium erwähnte CP4-Lösung, die aber wenig reproduzierbare Ergebnisse lieferte. Es stellte sich dann heraus, daß die Ätzung immer dann gut gelang, wenn man den Kristall mit einer stählernen Pinzette in die Ätzlösung eintauchte. Gründlichere Untersuchungen ergaben schließlich, daß Fe-Ionen die entscheidende Rolle spielen.

[1]) 100 Teile konz. Flußsäure
160 Teile konz. Salpetersäure
100 Teile Eisessig
2 Teile Brom

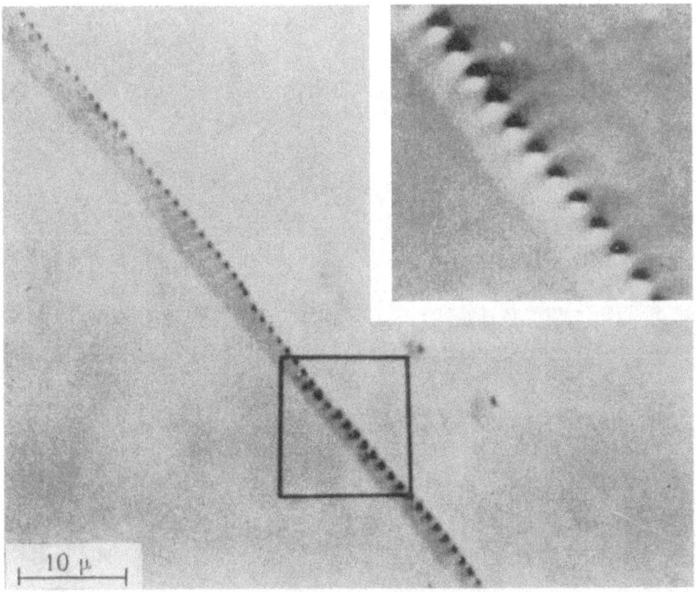

Abb. 2. Auf einer Germaniumoberfläche durch Anätzen sichtbar gemachte Versetzungen in einer Kleinwinkelkorngrenze. Entlehnte Aufnahme von VOGEL et al. [1]

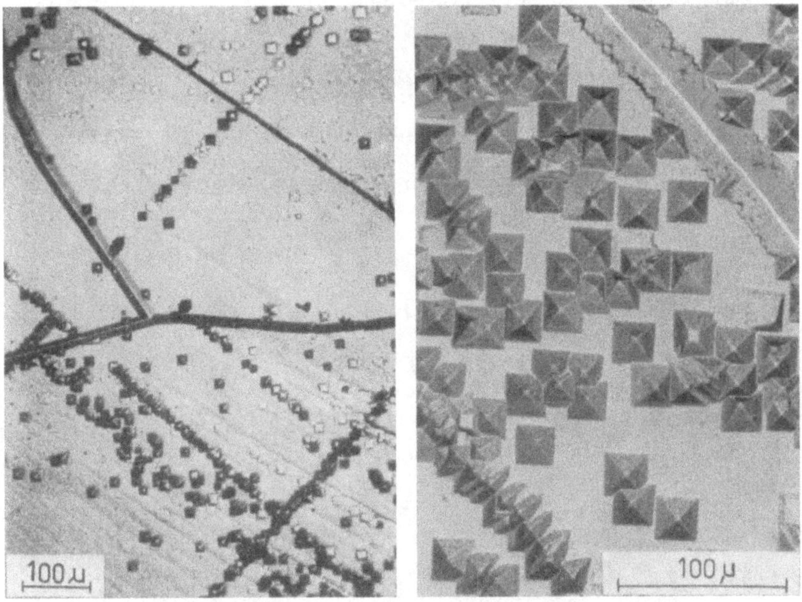

Abb. 3. Durch Anätzen erfaßte Versetzungen auf NaCl-Spaltflächen

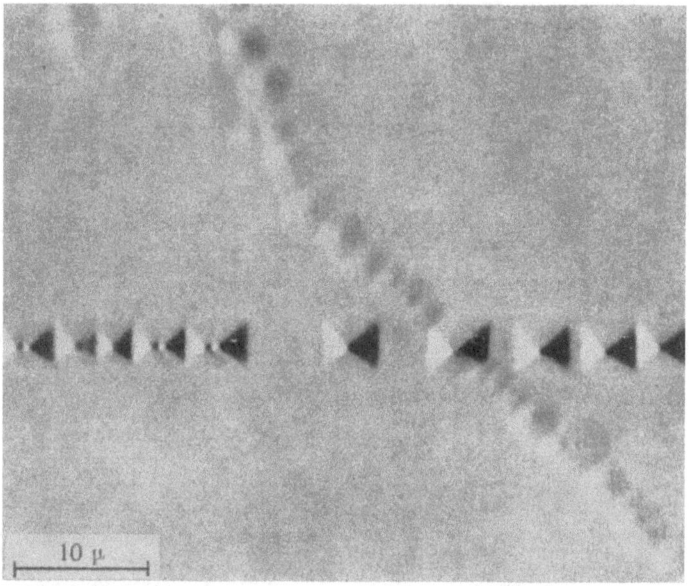

Abb. 4. Entlang einem Gleitband und in einer Kleinwinkelkorngrenze liegende Versetzungen mit unterschiedlichem Ätzverhalten. LiF-Kristall. Entlehnte Aufnahme von GILMAN et al. [4]

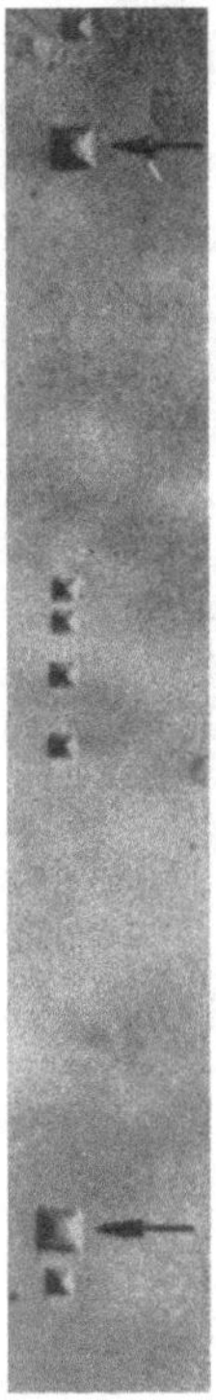

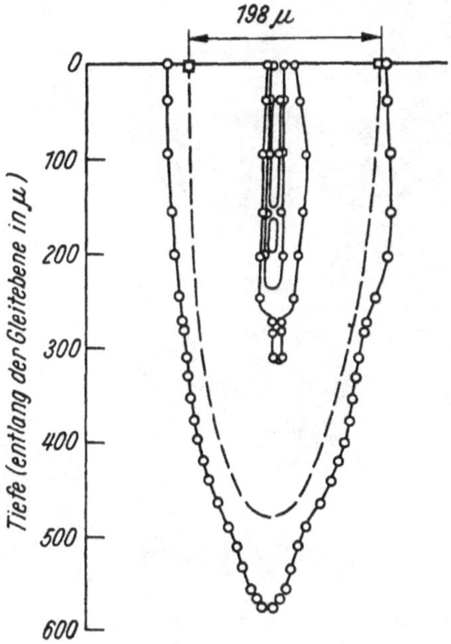

Abb. 5. Durch die Ätztechnik ermittelter Tiefenverlauf von Versetzungsschleifen in einem LiF-Kristall. Erklärung siehe Text. Entlehnte Aufnahme von GILMAN und JOHNSTON [3b]

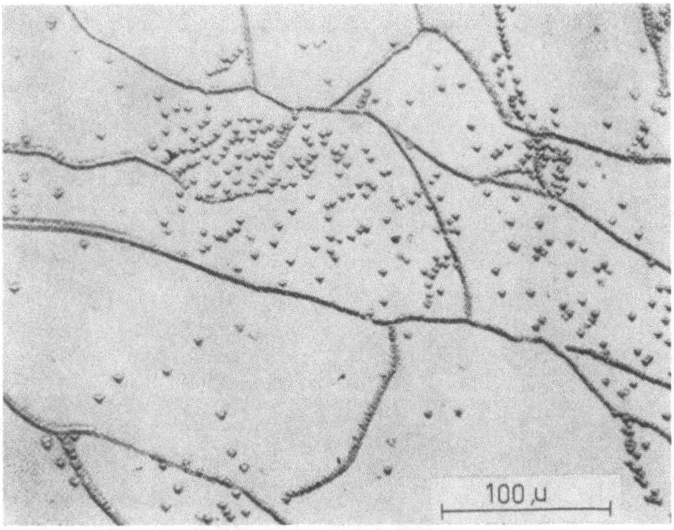

Abb. 6. Durch Anätzen sichtbar gemachte Versetzungen auf der (111)-Fläche eines Cu-Kristalls. Entlehnte Aufnahme von LIVINGSTON [5]

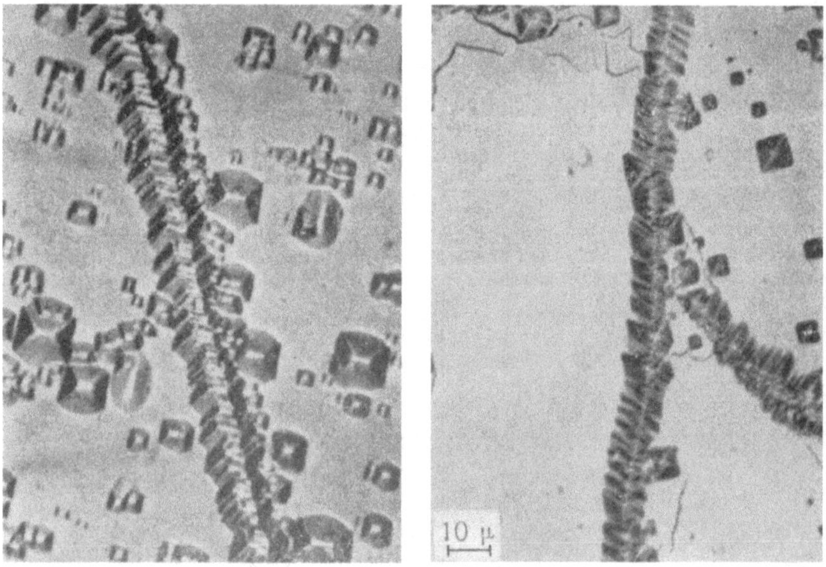

Abb. 7. Auf einer (110)-Fläche (links) und einer (100)-Fläche (rechts) eines Cu-Kristalls gebildete Ätzgrübchen an Versetzungen. Entlehnte Aufnahme von Young [6]

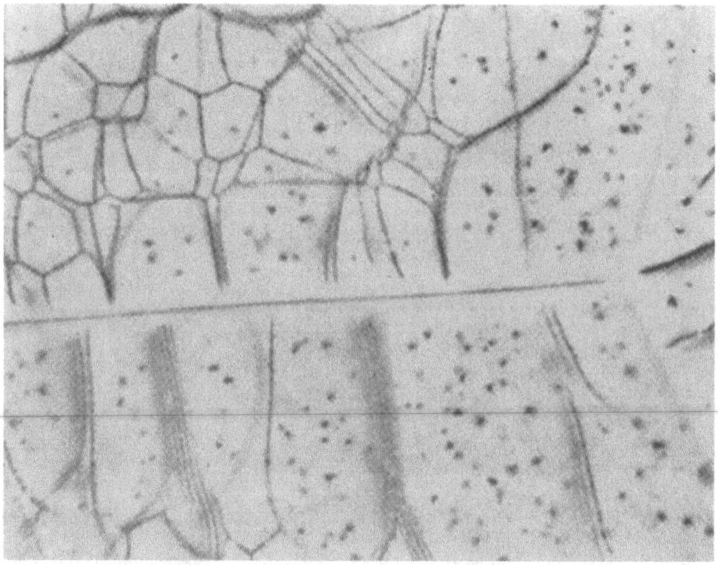

Abb. 8. Durch photolytische Ag-Abscheidung dekorierte Versetzungen in einem AgBr-Kristall. Entlehnte Aufnahme von Mitchell [7b]

Für das LiF sind auch Ätzmittel bekannt, die nicht die Versetzungen anätzen, sondern den Kristall sehr gleichmäßig abtragen. Durch sukzessive Anwendung beider Ätzmittel konnte der Verlauf der Versetzungen in den Kristall hinein verfolgt werden. Durch Anätzung der Versetzungen wird zunächst der Abstand benachbarter Versetzungen zueinander erfaßt, dann wird durch Abätzen der ganzen Oberflächenschicht eine zuvor im Kristall gelegene neue Oberfläche erzeugt und hierauf nach erneuter Versetzungsanätzung der Abstand der Versetzungen wiederum vermessen. Das Ergebnis einer solchen Versuchsreihe zeigt die Abb. 5. Die in der Aufnahme durch einen Pfeil gekennzeichneten, bei einer ersten Anätzung gebildeten Ätzgruben markieren die zunächst vorliegenden Versetzungen. Der Kristall wurde nun verformt und nochmals geätzt. Bei der Verformung wanderten die beiden zuvor durch die erste Ätzung erfaßten Versetzungen nach außen. Die in der Mitte liegenden Versetzungen stießen erst bei der Verformung zur Oberfläche durch. Bei der zweiten Ätzung wurden die die ursprüngliche Lage der Versetzungen kennzeichnenden Ätzgruben nicht weiter vertieft — die Versetzungen befinden sich ja nicht mehr an diesen Stellen —, sondern die Gruben werden nur verbreitert und zeigen eine ausgedehnte flache Grundfläche. Der Kristall wurde nun sukzessive abgetragen und jeweils zwischendurch durch spezifische Versetzungsätzung die Lage der Versetzungen zueinander ermittelt. In der zugehörigen Zeichnung der Abb. 5 ist der ermittelte Tiefenverlauf eingetragen. Die gestrichelte Linie gibt die angenommene ursprüngliche Lage der bei der ersten Anätzung vor der Verformung erfaßten Versetzungsschleife an.

Wie schon bemerkt, ist die Güte und Orientierung der Oberfläche, auf der die durchstoßenden Versetzungen durch Anätzung markiert werden sollen, von großem Einfluß. Hierin liegt die Schwierigkeit bei der Anwendung des Ätzverfahrens auf Metalle. Die bisher wohl sichersten Ergebnisse wurden an Kupfer und an Siliziumeisen erhalten. Auf die Ergebnisse an Kupfer soll eingegangen werden.

Livingston [5] untersuchte Kupfereinkristalle hoher Reinheit (99,999%) nach sorgfältiger Vorbehandlung. Aus dem Kristall wurden (111)-Flächen herausgeschnitten und elektrolytisch poliert. Eine nachfolgende Temperung erfolgte unter Stickstoff bei 1050 °C über Zeiträume von 1—2 Tagen. Als Ätzmittel diente eine wäßrige Lösung von Eisessig, HCl und einem geringen Bromzusatz. Das Ätzbild der Abb. 6 zeigt Kleinwinkelkorngrenzen und einzelne Versetzungen. Die Versetzungsdichte ergab sich zu 2×10^6 cm^{-2}. Es konnte in diesen Untersuchungen festgestellt werden, daß durch Temperbehandlung die Versetzungsdichte um rund eine Zehnerpotenz herunterzudrücken ist.

In einer etwas späteren Arbeit untersuchte Young [6] ebenfalls Cu-Einkristalle. Nach Herstellung der elektrolytisch polierten Flächen erfolgte eine Temperung der Kristalle unter Ultra-Hochvakuumbedingungen bei Drücken besser als 10^{-9} Torr. Für verschieden indizierte Oberflächen wurden jeweils Ätzmittel besonderer Zusammensetzung angewendet. Abb. 7 zeigt die auf (110)- und (100)-Flächen angeätzten Versetzungen. Es konnte auch ermittelt werden, welche maximale Fehlorientierung die geschnittenen und polierten Flächen noch haben dürfen. Es ergab sich, daß bei Fehlorientierung größer als 3 oder 4° die Anätzung einzelner Versetzungen nicht mehr mit genügender Sicherheit möglich ist, weil jetzt auch zahlreiche andere Ätzstrukturen auf der Oberfläche entstehen.

2. Dekoration von Versetzungen

Das Verfahren der Dekoration benutzt den Umstand, daß vorzugebende Verunreinigungen bei bestimmter Konzentration entlang den Versetzungen ausgeschieden werden oder daß in Ionen-Kristallen bei geeigneter thermischer Behandlung kristalleigene Atome Kolloide bilden, die sich ebenfalls an den Versetzungen anlagern. In Silberhalogeniden läßt sich das dekorierende Silber auch durch den „Print-out-effect" ausscheiden.

Mit dem Lichtmikroskop können die Ausscheidungen kolloidaler Größe und damit die Versetzungen abgebildet werden; zweckmäßig wird hierzu in ultramikroskopischer Anordnung gearbeitet.

Erste Beobachtungen an Silberhalogeniden führten HEDGES und MITCHEL 1953 [7a] aus. Die Abb. 8 zeigt in einem AgBr-Kristall durch Dekoration sichtbar gemachte Versetzungsstrukturen. In der Aufnahme sind drei Kristallite erfaßt. Besonders deutlich ist die etwa horizontal verlaufende Korngrenze zu erkennen. Im oberen Kristallit ist sehr gut das räumliche Netzwerk sichtbar, das entsprechend dem Schärfentiefenbereich des Lichtmikroskops erfaßt wurde. Im unteren Kristallit liegen mehrere Kleinwinkelkorngrenzen, die auf die Kristallitgrenze zulaufen. Es handelt sich hier um reine, nur aus Stufenversetzungen aufgebaute tilt-boundaries; die Verschwenkungsachse liegt etwa parallel zur Bildebene.

In mehreren ausführlichen Arbeiten untersuchte AMELINCKX [8] dekorierte NaCl- und KCl-Kristalle. Die Verfärbung erfolgte durch die nach einer Eindiffusion von Na- oder K-Dampf bei geeigneter Abkühlung stattfindende Kolloidbildung oder auch durch eine Temperung von mit Ag dotierten Kristallen, wobei dann die sich bildenden Ag-Kolloide die Dekoration bewirken.

Ein flächenhaftes Netzwerk einer Kleinwinkelkorngrenze in KCl ist in Abb. 9 wiedergegeben. Da aus gitterenergetischen Gründen bekannt ist, welche BURGERS-Vektoren im NaCl-Gitter möglich sind, konnten diese flächenhaften Netzwerke versetzungsgeometrisch genau indiziert werden.

Besonders zu erwähnen sind auch die von DASH [9] am Silizium erhaltenen Ergebnisse. Während die Beobachtungen an Ionenkristallen wegen deren Durchsichtigkeit keine besonderen Schwierigkeiten bereiten, erforderten die Untersuchungen an Si einen größeren experimentellen Aufwand. Silizium zeigt ja metallisches Aussehen und ist im sichtbaren Spektralgebiet nicht durchlässig, sondern erst im nahen Ultrarot. Bei der ultramikroskopischen Beobachtung wird das Bild erst über einen Ultrarotbildwandler sichtbar gemacht. In Abb. 10 zeigt die obere Aufnahme zahlreiche mit Cu dekorierte Versetzungen in einem flachen Kristallblättchen. Die untere Aufnahme zeigt das zugehörige Ätzbild der Stirnseite des Blättchens. Durch eine elegante Versuchsführung konnte der Zusammenhang zwischen Ätzgrube und Versetzung sichergestellt werden. Zunächst wurde die Stirnfläche des Kristalls poliert und dann wurden die durchstoßenden Versetzungen angeätzt. In die Ätzgruben wurde nun ein Tröpfchen $CuNO_3$ gegeben und der Kristall dann bei 900 °C getempert und schnell auf Zimmertemperatur abgekühlt. Das eindiffundierte Cu markiert jetzt die Versetzungen und liefert wegen seiner Absorption den Kontrast bei der Durchstrahlung des Kristalls mit Ultrarotlicht. Es ist ausgezeichnet zu erkennen, wie von der Spitze der Ätzgrübchen die Versetzungen ausgehen, die hier als Schleifen im Oberflächenbereich vorliegen.

3. Röntgentopographische Verfahren zur Versetzungsabbildung

Zunehmend gewinnen auch die Verfahren zur Versetzungsabbildung mittels Röntgenstrahlen an Bedeutung, und es werden in jüngster Zeit auch die hierfür benötigten speziellen Apparaturen kommerziell gefertigt. Die zunächst in den röntgenphysikalischen Laboratorien entwickelten und betriebenen Verfahren finden damit eine breitere Anwendung.

Ein Überblick über die Methoden muß sich auf eine knappe Darstellung beschränken, zumal ein Eingehen auf Einzelheiten auch ein tieferes Eindringen in die Theorie der Wechselwirkung der Röntgenwellen mit dem Kristallgitter erfordern würde. Vorauszusetzen sind die einfachen geometrischen Grundzüge der Röntgenbeugung, etwa ausgedrückt durch die BRAGGsche Gleichung. Wir können danach einen Einkristall gegenüber einem einfallenden Röntgenstrahl so einjustieren, daß abhängig von den Parametern einer vorzugebenden Netzebenenschar unter einem bestimmten Winkel Interferenzstrahlen auftreten. Vereinfachend sprechen wir oft auch kurz von BRAGGscher Reflexion an der betrachteten Netzebenenschar bestimmter Indizierung. Abhängig von der Lage der reflektierenden Gitterebenen zur Kristalloberfläche unterscheiden wir zwei Fälle: Tritt der gemäß der BRAGGschen Gleichung reflektierte Strahl auf der dem einfallenden Strahl zugekehrten Oberfläche wieder aus, dann sprechen wir vom BRAGG-Fall. Als LAUE-Fall bezeichnen wir die Bedingung, nach der hindurchgelassener Strahl und reflektierter Strahl gemeinsam aus der dem einfallenden Strahl abgekehrten Oberfläche austreten.

Im BRAGG- und im LAUE-Fall enthält nun jeweils die Intensität des reflektierten Strahls — bezogen auf die Intensität des Primärstrahls — bzw. die Intensitätsverteilung im reflektierten Strahl selbst Informationen über die Störung des erfaßten Gitterbereiches.

In genügend dünnen Kristallen oder bei den im BRAGG-Fall nur in geringer Tiefe erfaßten Oberflächenschichten des Kristalls ist die Gitterverzerrung im Bereich einer Versetzung Ursache für eine starke Abnahme der primären Extinktion, und die Störung äußert sich durch eine stärkere Intensität im reflektierten Strahl. Diese gilt es zu erfassen, um so die Versetzung „abzubilden".

Als Methoden hierzu soll auf die Verfahren nach BERG-BARRETT [10] und nach LANG [11] eingegangen werden. Beide Verfahren sind die derzeit am gebräuchlichsten. In der Abb. 11 ist in der oberen Zeichnung die ursprüngliche, auf BERG zurückgehende Anordnung für den BRAGG-Fall dargestellt. Die reflektierende Netzebene soll möglichst unter einem nur flachen Winkel zur Oberfläche liegen.

Es kann dadurch der Film genügend dicht an den Kristall herangebracht werden, was zur Erzielung eines guten Auflösungsvermögens notwendig ist. Es muß sehr feinkörniges Filmmaterial Verwendung finden, da eine vergrößerte Abbildung ja nur durch eine Nachvergrößerung des Filmes möglich ist.

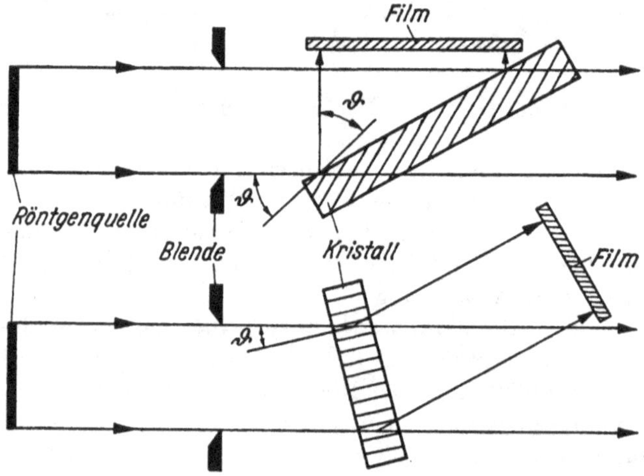

Abb. 11. Schematische Darstellung zum Verfahren nach Berg-Barrett in Reflexion (oben) und in Durchstrahlung (unten)

In der unteren Zeichnung ist die Anordnung für den Laue-Fall gezeichnet. Es gibt hierzu noch eine Reihe von Varianten. So kann in den Strahlenverlauf ein Drahtgitter eingebracht werden, und an Hand der Verschiebungen oder Verschwenkungen des im Schattenwurf abgebildeten Gitters kann man die Fehlorientierungen der erfaßten subgrains direkt erkennen.

Eine im Bragg-Fall mit dem Berg-Barrett-Verfahren hergestellte Aufnahme der Oberflächenschicht eines LiF-Kristalls zeigt die obere Aufnahme der Abb. 12. In der unteren Aufnahme ist das Ätzbild des gleichen Oberflächenbereiches wiedergegeben. Die im Gleitband AB liegenden Versetzungen mit gegenseitigen Abständen von etwa 10 μm werden in der Röntgenabbildung noch getrennt. In den Gleitbändern CD, EF und auch in der Kleinwinkelkorngrenze GH dagegen werden die einzelnen Versetzungen nicht mehr aufgelöst.

Das Langsche Verfahren (Abb. 13) arbeitet im Laue-Fall. Kristall und Film — starr miteinander verbunden — können gegenüber dem durch Blenden festgelegten primären und reflektierten Strahl bewegt werden. Es ist dadurch möglich, einen großen Kristallbereich fortlaufend auf dem Film zu erfassen. Will man mit einem Durchlauf die Versetzungsstruktur abbilden, dann ist dazu freilich eine Durchlaufzeit von mehreren Stunden notwendig, und der sehr geringe zeitliche Vorschub verlangt eine sehr hohe mechanische Präzision der apparativen Anordnung. Günstiger scheint die Lösung, Kristall und Film mit größerem Vorschub periodisch wiederholend durch den Röntgenstrahl zu führen.

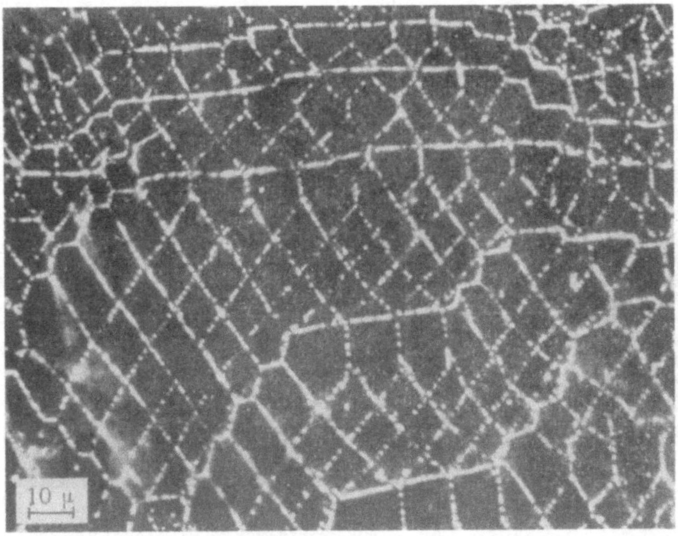

Abb. 9. Durch Kolloidbildung dekoriertes flächenhaftes Netzwerk einer Kleinwinkelkorngrenze in einem mit Ag dekorierten KCl-Kristall. Entlehnte Aufnahme von AMELINCKX [8b]

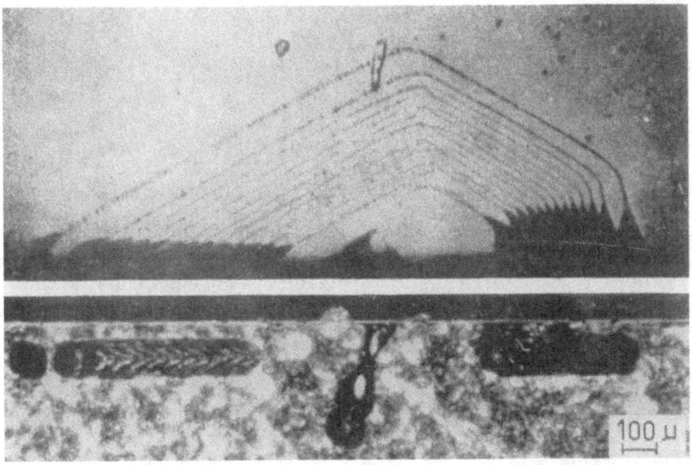

Abb. 10. Durch eindiffundiertes Cu dekorierte Versetzungen (oben) in einem Si-Kristall und Ätzgrübchen an den entsprechenden zur Oberfläche durchstoßenden Versetzungen (unten). Entlehnte Aufnahmen von DASH [9b]

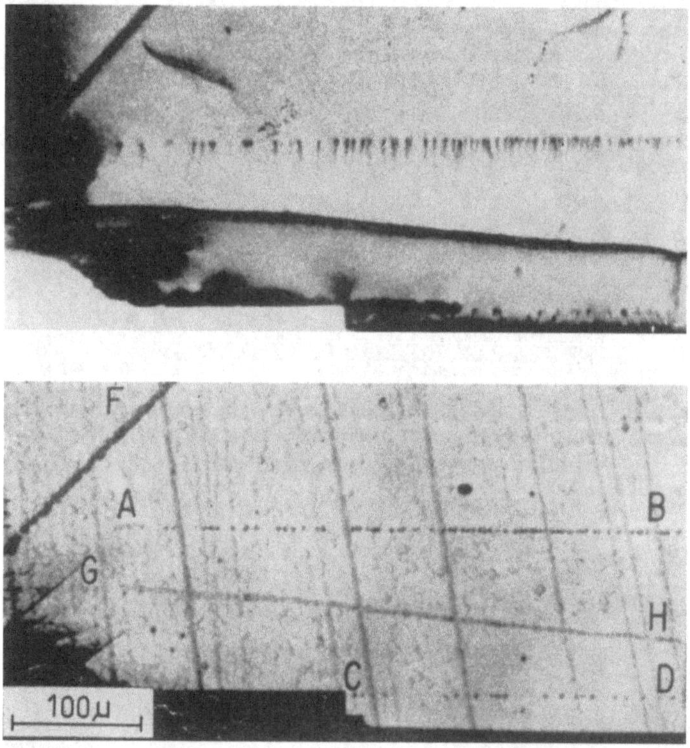

Abb. 12. Röntgentopographische Aufnahme (in Reflexion) mit dem Berg-Barrett-Verfahren eines LiF-Kristalls (oben) und lichtmikroskopische Abbildung der Ätzstruktur des gleichen Oberflächenbereichs. Entlehnte Aufnahmen von Newkirk [12]

Die mit dem LANG-Verfahren aufgenommene Versetzungsstruktur in einem Si-Kristall zeigt die Abb. 14. In dem verformten Kristall sind zahlreiche, von einer Versetzungsquelle herrührende Gleitversetzungen abgebildet, die zur Kristalloberfläche durchstoßen. Gut zu erkennen ist, wie die in einer Gleitebene bewegten Versetzungen wahrscheinlich durch geschnittene andere Versetzungen in ihrem Verlauf beeinflußt wurden. Daß die geschnittenen Versetzungen nicht mit abgebildet sind, führt zu der Frage, ob alle im erfaßten Kristallvolumen liegenden Ver-

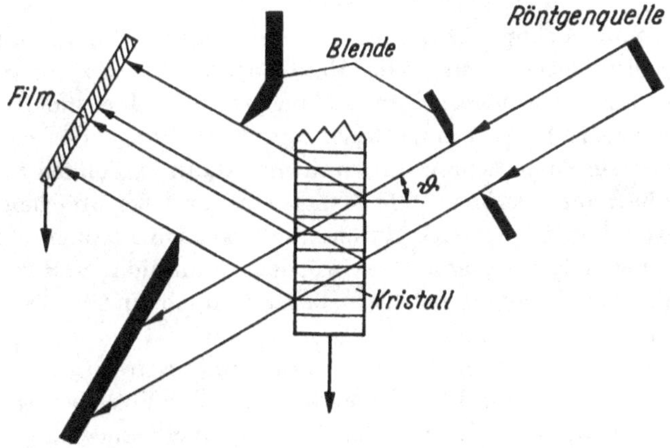

Abb. 13. Schematische Darstellung zum Verfahren nach LANG

setzungen abgebildet werden. Das ist nicht der Fall. Wir beobachten den Kristall ja nur im reflektierten Röntgenlicht einer bestimmten Netzebenenschar und wir werden dabei nur die Versetzungen erfassen, die sich entsprechend ihrer Lage zur betrachteten Netzebenenschar mit genügendem Kontrast im reflektierten Strahl äußern. Es sind dies die Versetzungen, deren BURGERS-Vektor eine ausreichende Komponente senkrecht zur reflektierenden Netzebene besitzt.[1]) Mit dem LANG-Verfahren lassen sich übrigens auch recht eindrucksvolle Stereo-Aufnahmepaare gewinnen. Hierzu wird eine zweite Aufnahme in spiegelsymmetrischer Anordnung — bezogen auf die reflektierende Netzebene — hergestellt.

4. *Elektronenmikroskopische Untersuchungsverfahren*

Will man mit dem Elektronenmikroskop Versetzungen nachweisen oder direkt abbilden, so stehen dazu prinzipiell zwei Wege offen: Einmal können wir die zu untersuchenden Proben durch spezielle Präparationsverfahren so dünn herstellen, daß diese direkt zu durchstrahlen sind; zum anderen können wir unter Anwendung von Abdruckverfahren die Oberflächen kompakter Kristalle untersuchen und aus der

[1]) Maximalkontrast ergibt sich für den Fall, daß der BURGERS-Vektor senkrecht zur reflektierenden Netzebenenschar liegt.

Oberflächenstruktur in Abhängigkeit von der jeweiligen Vorbehandlung Aussagen über Versetzungen gewinnen. Anfänglich standen die Untersuchungen der Oberflächenstruktur verformter Kristalle im Vordergrund; es interessierte die Feinstruktur der bis dahin nur lichtmikroskopisch untersuchten Gleitlinien. Etwa Mitte der fünfziger Jahre setzte dann, ausgehend von den ersten Arbeiten in Cambridge, die Durchstrahlung dünner Metallfolien ein, und diese Methode steht heute im Vordergrund bei der Untersuchung der Versetzungsstruktur und der Versetzungseigenschaften. Auf diese Untersuchungen soll zunächst eingegangen werden.

Im Elektronenmikroskop können wir nur sehr dünne Objekte durchstrahlen. Geht man bei der Untersuchung von Metallen aus, die als kompakte Proben vorliegen, dann werden zunächst durch Schneiden, Schleifen und Polieren Folien der Dicke von 10 bis 100 μm hergestellt. Durch nachfolgendes elektrolytisches Polieren in speziellen Apparaturen bekommt man dann schließlich Folien, die nur noch wenige 100 Å bis maximal 1000 Å dick sind und bei üblichen Beschleunigungsspannungen von 80–100 kV durchstrahlt werden können. In den ersten Untersuchungen von Hirsch et al. [14] wurden Aluminium und rostfreier Stahl untersucht. Aus den früheren Arbeiten dieser Gruppe sind die Abbildungen 15 und 17 entnommen.

In der Abb. 15 verläuft quer durch die Folie aus rostfreiem Stahl eine Korngrenze, von der aus sich zahlreiche Versetzungen in der Folie bewegt haben. Gut zu erkennen ist auch, wie, offenbar durch einen Quellenmechanismus gebildet, sich wiederholt Versetzungen in einer Gleitebene bewegt haben. Die rechte Aufnahme ist zu einem etwas späteren Zeitpunkt aufgenommen, und aus der geänderten Lage der Versetzungen ist die zwischenzeitliche Bewegung direkt zu erkennen. Die Versetzungen, in der Aufnahme als gekrümmte Linien von etwa 0,1 μm Länge wiedergegeben, verlaufen zwischen den die Folie begrenzenden Oberflächen, wie es die Abb. 16 für die zwischen den Punkten AB verlaufende Versetzung darstellt.

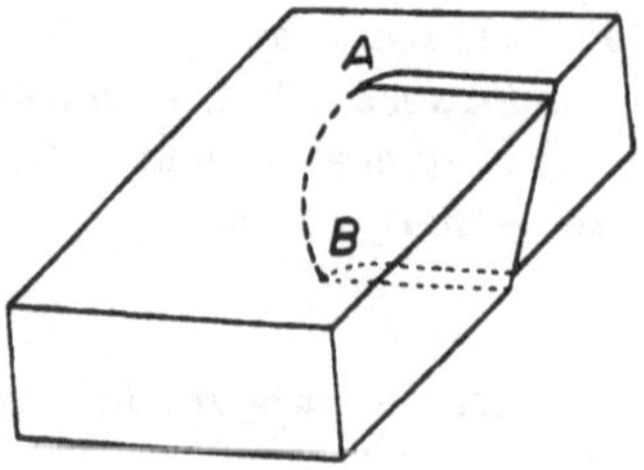

Abb. 16. Zeichnung zur Lage der in Abb. 15 abgebildeten Versetzungen

Die Abb. 17, wiederum von einer dünnen durchstrahlten Folie aus nichtrostendem Stahl aufgenommen, läßt zahlreiche Stapelfehler erkennen, die durch die kontraststarken Streifenbänder wiedergegeben werden. In der jeweils betätigten Gleitebene liegt jetzt ein Stapelfehler vor, der z. B. dadurch entstanden sein könnte, daß eine zwischen AB verlaufende Versetzung (siehe Abb. 16) in zwei Teilversetzungen aufgespalten ist und eine dieser Teilversetzungen in der Gleit-

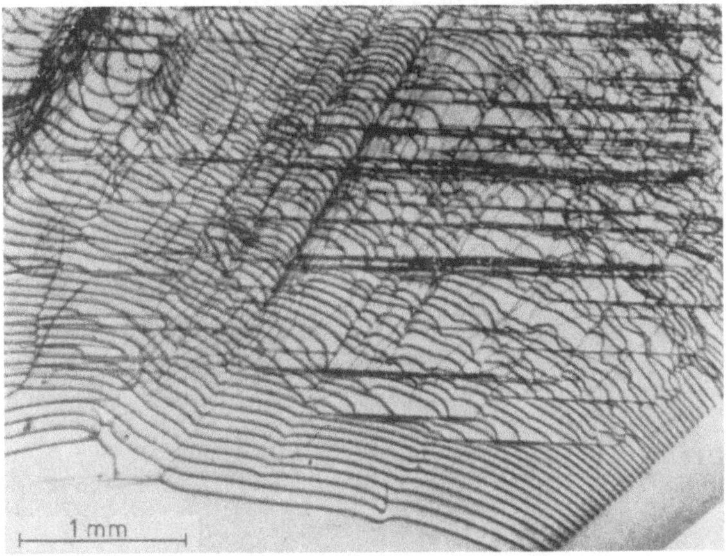

Abb. 14. Mit dem LANG-Verfahren abgebildete Versetzungen in einem Si-Kristall. Entlehnte Aufnahme von LANG [13]

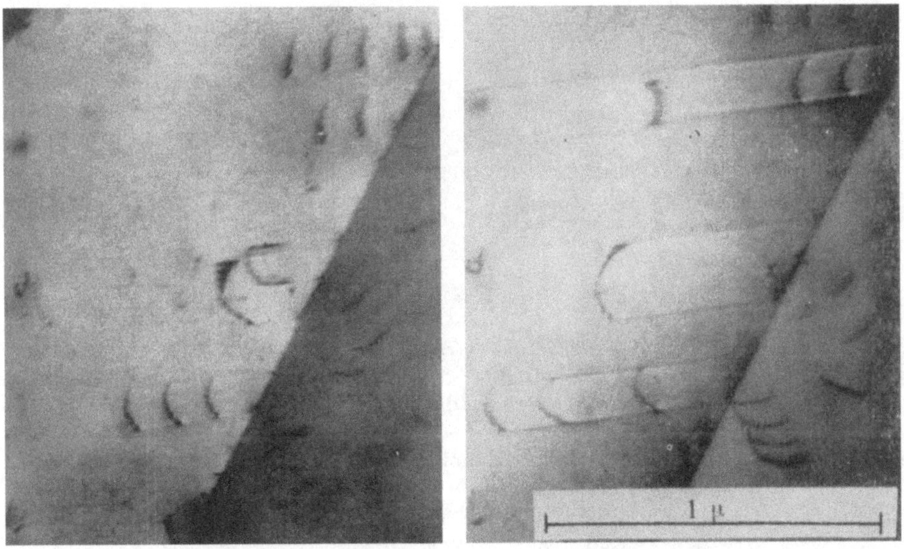

Abb. 15. In einer dünnen Folie aus rostfreiem Stahl abgebildete Versetzungen. Die rechte Aufnahme des gleichen Objektbereichs ist zu einem etwas späteren Zeitpunkt aufgenommen und läßt die erfolgte Bewegung der Versetzung erkennen. Entlehnte Aufnahmen von WHELAN et al. [15]

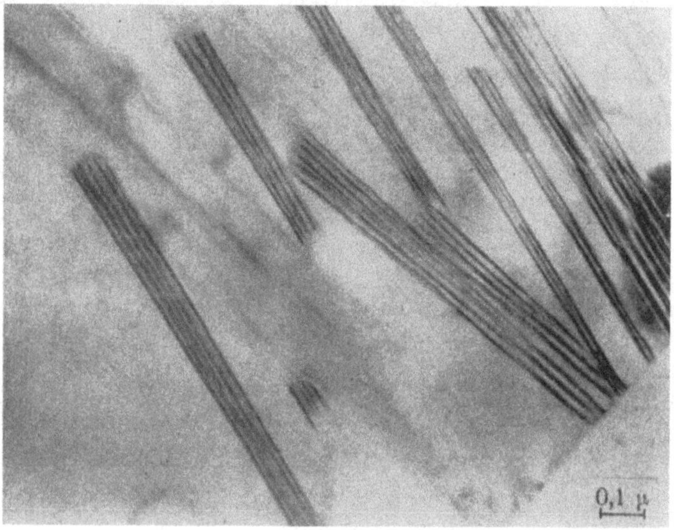

Abb. 17. Stapelfehler in einer dünnen Folie aus rostfreiem Stahl. Entlehnte Aufnahme von WHELAN et al. [16]

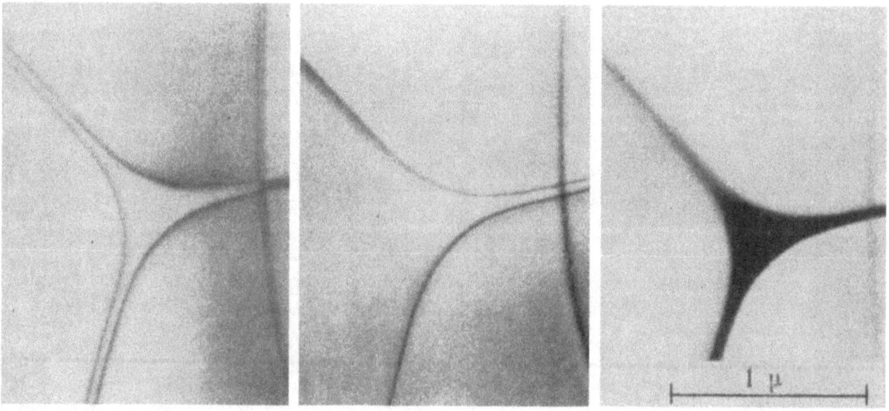

a) b) c)

Abb. 18. Versetzungsstrukturen und Stapelfehler in einem dünnen, aus der Dampfphase gewachsenen Al-Nitrid-Kristall. Die Aufnahmen *a*, *b* und *c* wurden jeweils bei veränderter Neigung des Kristalls zum Elektronenstrahl aufgenommen. Entlehnte Aufnahme von AMELINCKX und DELAVIGNETTE [17]

ebene zurückgeblieben bzw. zurückgelaufen ist. Die beiden jetzt räumlich voneinander getrennten Teilversetzungen spannen zwischen sich den Stapelfehler auf.

Das Auftreten der Stapelfehler hängt einmal von der geometrischen Bedingung ab, daß eine vollständige Versetzung in SCHOCKLEYsche Teilversetzungen aufspalten kann, und davon, daß die erforderliche Stapelfehlerenergie nicht zu hoch ist. Dies ist der Grund dafür, daß zum Beispiel in rostfreiem Stahl Stapelfehler beobachtet werden, nicht aber in Al mit einer sehr hohen Stapelfehlerenergie.

Wie die Abbildung der Stapelfehler und der Versetzungen zustande kommt, sei hier nur kurz angedeutet. Eine ausführliche Diskussion würde ein Eingehen auf die Theorie der Wechselwirkung der Elektronenwellen mit dem Gitter erfordern. Ähnlich wie bei der röntgentopographischen Abbildung von Versetzungen wird die gemäß der dynamischen Theorie zu folgernde Modulation der Energieströmung im Kristall durch Versetzungen und Stapelfehler gestört, wodurch die in der Austrittsfläche des Kristalls vorliegende Elektronendichteverteilung gegenüber einem ungestörten Kristallgebiet verändert wird.

Wie auch bei der Röntgenabbildung, ist es von der Orientierung des BURGERS-Vektors abhängig, ob überhaupt und mit welchem Kontrast Versetzungen und Stapelfehler abgebildet werden. Es darf auch hier der BURGERS-Vektor nicht in der Netzebene liegen, die sich gegenüber dem einfallenden Elektronenstrahl in Reflexionsstellung befindet und Intensität zur Abbildung beisteuert.[1]) Für systematische Untersuchungen zur Erfassung der in einer Folie vorliegenden Versetzungen ist es deshalb notwendig, daß im Elektronenmikroskop das Präparat während der Beobachtung um zwei zum Strahl senkrechte Achsen geschwenkt werden kann. Da wir das elektronenmikroskopische Bild direkt auf dem Leuchtschirm beobachten können und in modernen Elektronenmikroskopen auch eine direkte Umschaltung auf Beugung möglich ist, womit die jeweilige Interferenzstellung erfaßt werden kann, ist so eine systematische Untersuchung der Versetzungen möglich. Die Abb. 18 zeigt unmittelbar die Abhängigkeit des Versetzungsbildes von der Einstrahlrichtung. Aufgenommen ist ein Versetzungsknoten in einem dünnen Aluminiumnitrid-Kristall. Zwischen den drei Aufnahmen der gleichen Objektstelle wurde die Neigung des Präparates jeweils geändert. Im linken Bild sind die drei Versetzungen mit gleichem Kontrast abgebildet. In der mittleren Aufnahme wird eine Versetzung nicht wiedergegeben, und im rechten Bild war die Orientierung so, daß nur der aufgespannte Stapelfehler einen Kontrast ergibt.

Ein Nachteil der Durchstrahlungsmethode ist es natürlich, daß nur sehr dünne Kristall-Lamellen durchstrahlt werden können. Es wird deshalb in jüngster Zeit in verschiedenen Ländern daran gearbeitet, Elektronenmikroskope mit hohen Beschleunigungsspannungen zu bauen. In Toulouse läuft seit einigen Jahren ein von DUPOUY und Mitarbeitern entwickeltes Gerät, das mit einer Spannung von 1 MV arbeitet und ein sehr gutes Auflösungsvermögen besitzt. Eine der ersten Aufnahmen einer mit diesem Gerät durchstrahlten Metallfolie zeigt die Abb. 19. Die Folie hatte eine Dicke von 1 bis 2 μm, und wir erkennen die größere Dicke

[1]) Siehe auch Fußnote 1) S. 125.

unmittelbar durch die größere Länge der abgebildeten, schräg in der Folie liegenden Versetzungen.

Wird, wie in den bisher gezeigten Beispielen, eine kristallographisch willkürlich orientierte Folie untersucht, so werden in der Regel die Versetzungen schräg in der Folie verlaufen, und Aussagen über ausgedehnte Gleitvorgänge und deren Wechselwirkung mit durchschnittenen Versetzungen oder andersartigen Baufehlern sind nur schwer zu gewinnen. Ein Fortschritt wurde in neueren Arbeiten dadurch erzielt, daß die Folien jeweils parallel orientiert zu einer interessierenden Gleitebene hergestellt werden. Bei genügend sorgfältiger Einhaltung der Orientierung können so die über größere Längen erstreckten, etwa längs in der Folie liegenden Versetzungen untersucht werden.[1])

Zu den neueren Untersuchungen zur Erfassung der Versetzungen im elektronenmikroskopischen Bild der Oberflächenstruktur der Kristalle soll auf unsere eigenen Arbeiten eingegangen werden.

Bei der Ätztechnik wurde ja schon der Tatbestand benutzt, daß im Bereich des Durchstoßpunktes einer Versetzung eine leichtere Kristallanlösung durch das Ätzmittel erfolgt. Im Bereich der Versetzungen haben infolge der Gitterstörung die Kristallbausteine eine geringere Bindungsenergie. Physikalisch durchsichtiger kann man diese geringere Bindungsenergie zur Wirkung bringen, wenn man die Kristalle im Hochvakuum abdampft [19]. Für den Fall des NaCl beginnt im Hochvakuum ein thermischer Abbau bereits bei Temperaturen von etwa 350 °C. Ausgehend von den Durchstoßpunkten der Versetzungen werden charakteristische Abdampflamellen gebildet, die wir gut nach den Vorstellungen zur Theorie der molekularen Vorgänge des Kristallabbaus erklären können. Die entstehenden Lamellenstufen auf der Kristalloberfläche haben freilich nur Höhen von ein oder zwei Netzebenenabständen, und es bedarf besonderer Präparationsverfahren zur elektronenmikroskopischen Abbildung der Stufen. Diese gelingt durch Anwendung von Oberflächen-Dekorationsverfahren. Es wird hierzu die Oberfläche sehr schwach mit Au, Pd oder Pt bedampft. Die auftreffenden Metallatome bilden keine zusammenhängende Schicht, sondern laufen zu kleinen Kriställchen zusammen, die sich bevorzugt entlang den Stufen anlagern. Ein zusätzlich aufgedampfter Kohlefilm hüllt diese Kriställchen ein, und nach der Ablösung wird bei der Durchstrahlung im Elektronenmikroskop die Verteilung der Metallkriställchen beobachtet.

Die Abb. 20 und 21 geben Beispiele für die bei der Abdampfung (450 °C) im Hochvakuum erhaltenen Strukturen auf NaCl-Würfelflächen. Am einfachsten zu übersehen sind die um Schraubenversetzungen ausgebildeten Strukturen. Vom Durchstoßpunkt der Schraubenversetzung ausgehend, liegt auf der Oberfläche eine Stufe vor (siehe die Zeichnung der Abb. 20), deren Höhe, entsprechend dem jeweiligen BURGERS-Vektor, ein oder zwei Netzebenenabstände beträgt. An dieser Stufe beginnt wegen der geringeren Bindungsenergie der Kantenbausteine der Kristallabbau, und im weiteren Verlauf windet sich die Stufe zu einer Spirale

[1]) Siehe hierzu die im Vortrag von H. KRONMÜLLER mitgeteilten neueren Ergebnisse des MPI für Metallforschung in Stuttgart.

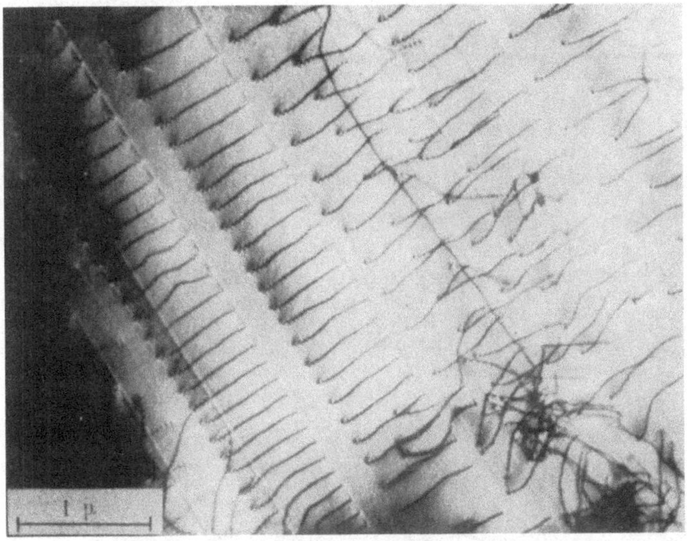

Abb. 19. Versetzungen in einer Folie aus rostfreiem Stahl, aufgenommen mit einer Beschleunigungsspannung von 1000 kV. Entlehnte Aufnahme von Dupouy und Perrier [18]

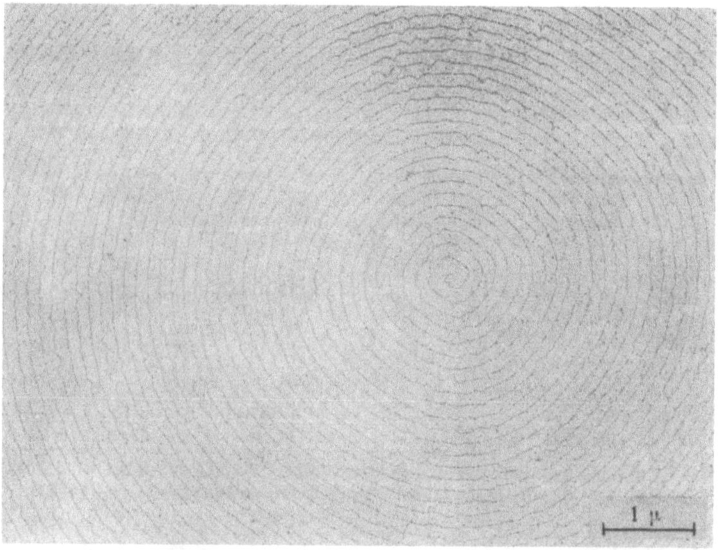

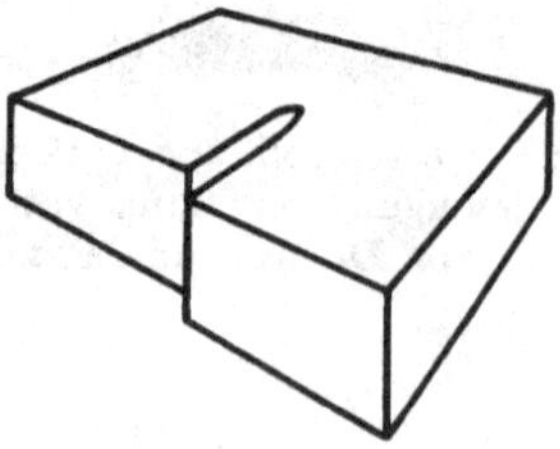

Abb. 20. Um den Durchstoßpunkt einer Schraubenversetzung gebildete Abdampfstruktur (Hochvakuum, 450 °C, 30 min) auf einer NaCl-Oberfläche. Golddekoration. Unten: Zeichnung der Ausgangsstruktur auf der Oberfläche

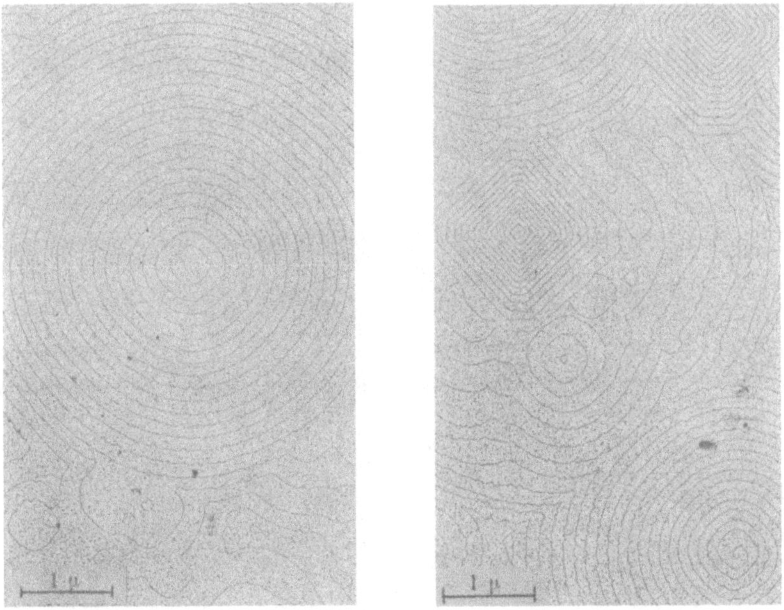

a) b)

Abb. 21. Kreislamellen um eine Stufenversetzung (a) und verschieden ausgebildete spiralförmige Lamellen (*b*) um Schraubenversetzungen mit unterschiedlichen Burgers-Vektoren. Golddekoration

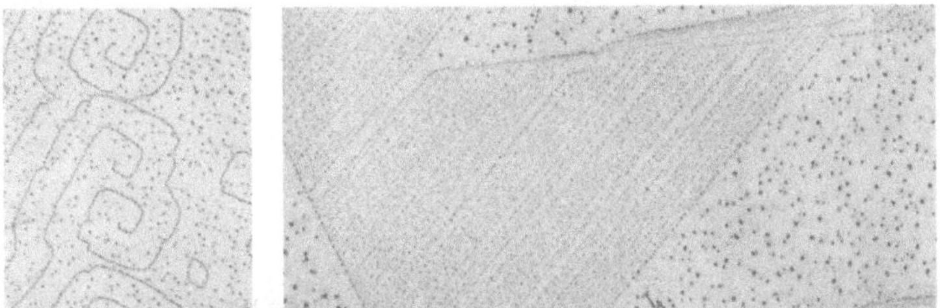

Abb. 22. Kleinwinkelkorngrenzen auf NaCl-Kristallen; links: Abdampfstrukturen um in einer Grenze liegende Schraubenversetzungen. Golddekoration; rechts: von sehr dicht liegenden Schraubenversetzungen ausgehende Spaltstufen (Spaltrichtung von links unten nach rechts oben). Pd-Dekoration

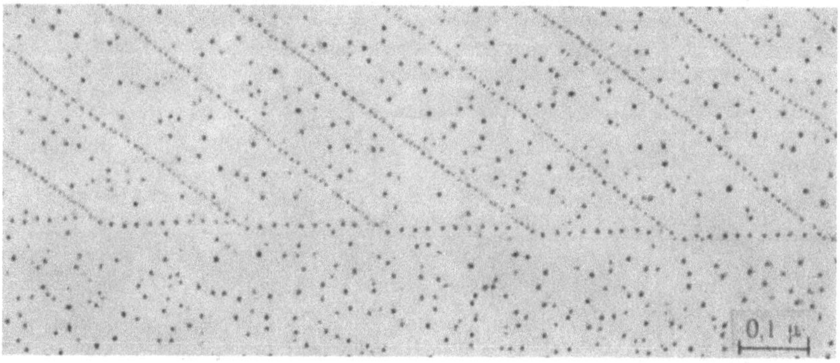

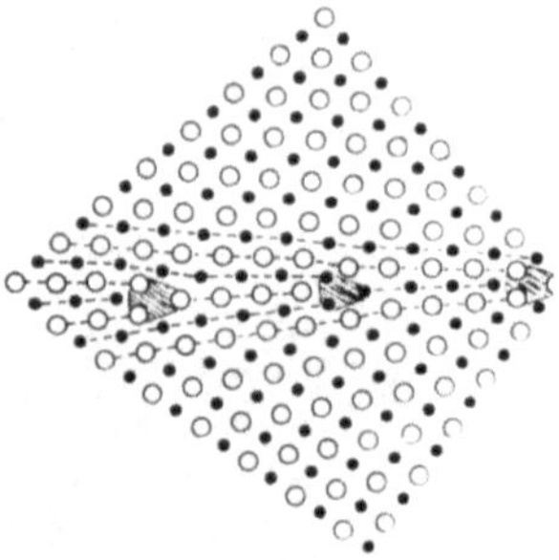

Abb. 23. Spaltstruktur im Bereich einer aus Schrauben- und Stufenversetzungen aufgebauten Kleinwinkelkorngrenze. Durch die Golddekoration werden auch die Durchstoßpunkte der Stufenversetzungen markiert; unten: schematische Zeichnung der Ionenanordnung um Stufenversetzungen

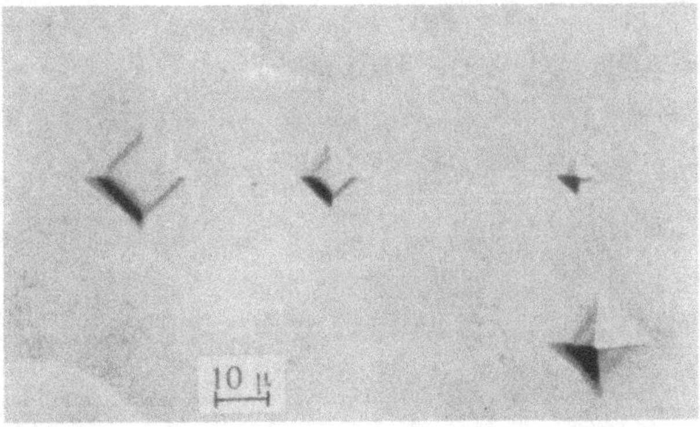

Abb. 24. Durch wiederholte Verformung und Anätzung erfaßte Bewegung einer Versetzung (obere drei Ätzgrübchen) in einem LiF-Kristall. Entlehnte Aufnahme von GILMAN und JOHNSTON [3b]

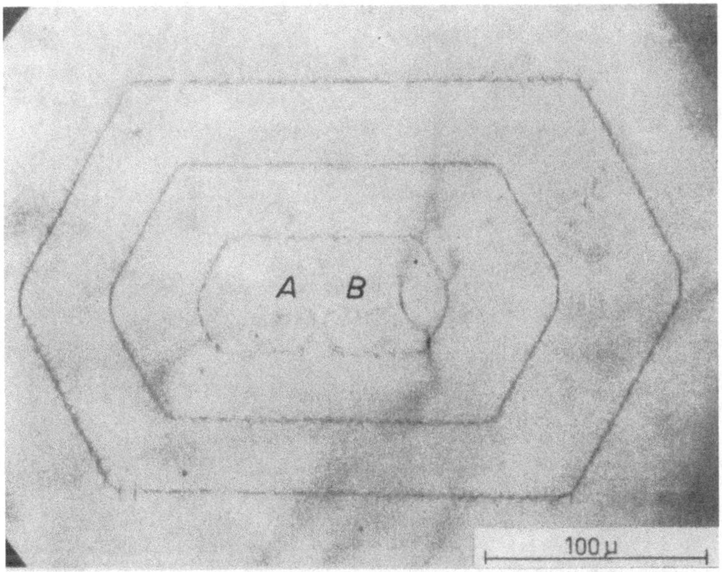

Abb. 25. Durch Cu dekorierte, von einer FRANK-READ-Quelle gebildete Versetzungen in einem Si-Kristall. Entlehnte Aufnahme von DASH [9b]

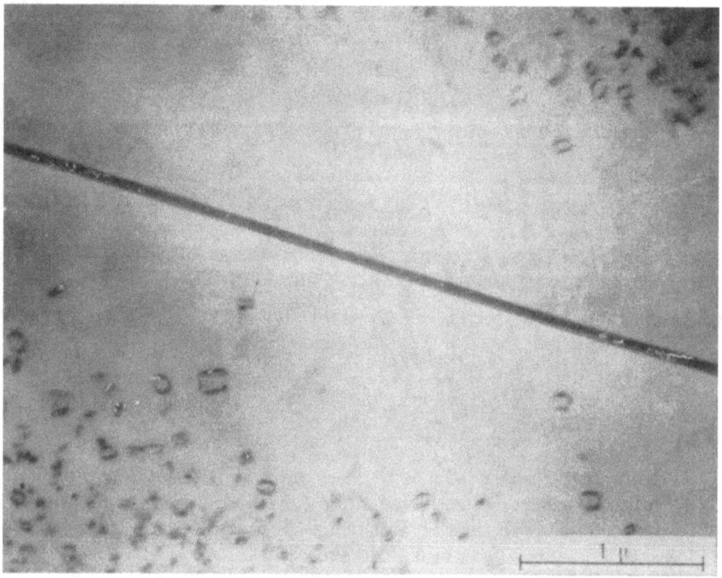

Abb. 26. In einer dünnen Al-Folie durch Kondensation von Gitterlücken gebildete Versetzungsringe. Entlehnte Aufnahme von HIRSCH et al. [20]

Abb. 27. Nach dem Abschrecken gebildete Versetzungsspiralen in einer dünnen Folie einer Al-Cu (1,7%)-Legierung. Entlehnte Aufnahme von THOMAS und WHELAN [21]

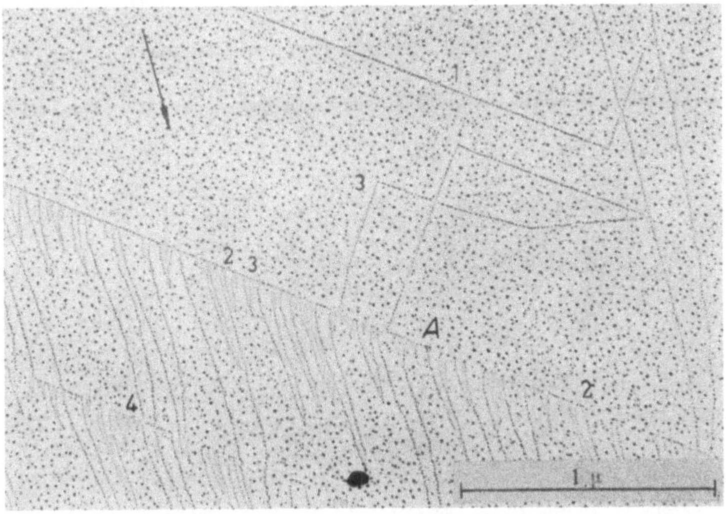

Abb. 28. Gleitstufen und Spaltstrukturen auf einem NaCl-Kristall. Golddekoration

auf, wie es die Aufnahme der Abb. 20 zeigt. Die Stufenhöhe beträgt einen Netzebenenabstand, d. h. 2,82 Å. In Abb. 21 b sind neben einer einfachen runden auch viereckige Spiralen wiedergegeben. Diese entstehen um Durchstoßpunkte von Versetzungen mit dem BURGERS-Vektor $\mathfrak{b}\langle 100\rangle$, während die runden Spiralen zu BURGERS-Vektoren $\mathfrak{b}/2\ \langle 110\rangle$ gehören. Abb. 21 a zeigt die um die Durchstoßpunkte von Stufenversetzungen entstehenden kreisförmigen Lamellen, die durch wiederholte Lochkeimbildung im Störgebiet der Versetzung entstehen.

Mit der elektronenmikroskopischen Abbildung der Abdampfstrukturen kann man also nicht nur die Versetzungen und damit die Versetzungsdichte erfassen. sondern auch die Versetzungen nach Typ und BURGERSvektor angeben.

Für nicht zu große Fehlorientierungen, d. h. für Versetzungsabstände bis etwa 0,5 μm, sind die Abdampfstrukturen auch zu benutzen, um die in Kleinwinkelkorngrenzen liegenden Versetzungen zu beschreiben. Ein Beispiel hierfür gibt die linke Aufnahme der Abb. 22. Senkrecht verläuft eine aus Schraubenversetzungen aufgebaute Kleinwinkelkorngrenze mit Versetzungsabständen von etwa 0,5 μm. Liegen die Versetzungen dichter, dann sind die Durchstoßpunkte von Schraubenversetzungen durch die Spaltstruktur zu erfassen. Auf einer Spaltfläche liegt, ausgehend von jedem Durchstoßpunkt, eine Stufe vor, und aus dem Abstand der Stufen läßt sich die lineare Dichte der in der Kleinwinkelkorngrenze liegenden Schraubenversetzungen angeben. Dies zeigt die rechte Aufnahme der Abb. 22. Der Abstand der Schraubenversetzungen beträgt etwa 100 Å, was einer Fehlorientierung von 2,3° entspricht.

In Abb. 23 ist nochmals die im Bereich einer Kleinwinkelkorngrenze entstandene Spaltstruktur wiedergegeben.[1]) Neben den von einzelnen Schraubenversetzungen ausgehenden Stufen ist auch die Grenze selbst dekoriert. Die Goldkriställchen liegen recht gut äquidistant mit einem Abstand von 200 Å und unterscheiden sich damit eindeutig von der Dekorierung an Stufen. Es hat hier jeweils der Durchstoßpunkt einer Stufenversetzung die Keimbildung zur Dekorierung bewirkt. Wie die schematische Zeichnung der Ionenanordnung im Bereich der Stufenversetzungen zeigt, kann die gestörte Ionenanordnung für die hervorgerufene Keimbildung herangezogen werden. Bemerkt sei, daß in dem Beispiel der Abb. 23 die Fehlorientierung der Kleinwinkelkorngrenze auch röntgenographisch vermessen wurde und eine sehr gute Übereinstimmung mit der daraus herzuleitenden, theoretisch anzugebenden Versetzungsanordnung gefunden wurde.

5. *Einige ausgewählte Ergebnisse*

Aus den Arbeiten von GILMAN und JOHNSTON zeigt die Abb. 24 nochmals ein Beispiel. Ein LiF-Kristall wurde auf einer zur beobachteten Fläche senkrechten Seite impulsartig durch Stoß verformt. Die zunächst zur linken Ätzgrube gehörende Versetzung wanderte durch die von einem ersten Stoß bewirkte Plastizierung nach rechts. Der zurückgelegte Weg konnte durch die nach erneuter Anätzung

[1]) Aus noch unveröffentlichten Untersuchungen von R. SCHOLZ.

ermittelte Lage der Versetzung bestimmt werden. Ein weiterer Stoß gleicher Größe bewegte die Versetzung noch einmal nach rechts in die durch eine dritte Ätzung erfaßte, durch die kleine Ätzgrube markierte Lage. Wie in Abschnitt 1 schon beschrieben, werden bei wiederholter Ätzung die schon zuvor erzeugten, jetzt aber nicht mehr zu einer Versetzung gehörenden Ätzgruben nur noch verbreitert. Bei der nicht bewegten Versetzung in der rechten unteren Ecke der Abb. 24 hat die mehrmalige Ätzung dagegen das Grübchen vertieft und verbreitert. In Abhängigkeit von der Dauer und der Größe der einwirkenden mechanischen Spannungsimpulse, die in Bezug stehen zum jeweils zurückgelegten Weg der Versetzungen, konnte die Versetzungsgeschwindigkeit diskutiert werden.

Eine sehr eindrucksvolle Beobachtung der von einer Frank-Read-Quelle gebildeten Versetzung gelang Dash mit seiner Untersuchungsmethode am Silizium. In der Aufnahme der Abb. 25, bei der es sich wiederum um die Durchstrahlung eines etwa 1 mm dicken Si-Blättchens mit Ultrarotlicht handelt, sind zwei bereits abgespaltene geschlossene Versetzungsringe zu erkennen, während die innere Versetzung gerade vor der Loslösung von der zwischen den Punkten AB liegenden Quelle steht. Die schräg zur Beobachtungsebene verlaufenden, zu den Punkten AB führenden primären Versetzungen sind unscharf abgebildet, da sie nicht mehr im Schärfentiefenbereich liegen.

In jüngster Zeit interessiert besonders die Frage der Wechselwirkung von Versetzungen mit atomaren Baufehlern, insbesondere Gitterlücken, weil jede thermische Behandlung eines Werkstoffes auf die atomare Fehlordnung von besonderem Einfluß ist. Zu diesem Problemkreis hat die elektronenmikroskopische Untersuchung dünner Metallfolien einige bemerkenswerte Ergebnisse geliefert. In Abb. 26 ist die Aufnahme einer dünnen Aluminiumfolie wiedergegeben, die von 360 °C auf —10 °C abgeschreckt und bei Raumtemperatur gealtert wurde. Es sind zahlreiche Versetzungsringe zu erkennen, die einen Durchmesser von einigen 100 bis etwa 1000 Å haben. Zur Bildung dieser Ringe wird angenommen, daß durch eine Kondensation von Gitterlücken zunächst kleine „Fehlebenen" entstehen und daß von einer kritischen Größe an die ein solches „flächenhaftes Loch" begrenzenden oberen und unteren Netzebenen zusammenklappen. Im Bereich der ursprünglichen Begrenzung der Fehlebene liegt jetzt eine Versetzung vor, die im elektronenmikroskopischen Bild als Ring zu erkennen ist. Wie Abb. 26 zeigt, ist die Dichte der Ringe in der Nachbarschaft der etwa diagonal verlaufenden Korngrenze geringer. Hier hat offenbar diese Grenze als Senke für Gitterlücken gewirkt, so daß in diesem Bereich keine Versetzungsringe gebildet wurden.

Eine andere Möglichkeit der Wechselwirkung von Gitterlücken mit Versetzungen bei thermischer Behandlung ist, daß Gitterlücken sich den im Kristall bereits vorhandenen Versetzungen anlagern können und dabei nichtkonservative Versetzungsbewegungen auslösen. Hierfür gibt Abb. 27 ein Beispiel. Die Probe einer Al-Cu (1,7%)-Legierung wurde von 540 °C abgeschreckt. Die bei der tieferen Temperatur überschüssigen Gitterlücken wanderten zu den Versetzungen, und durch Kletterbewegungen entstanden die Spiralversetzungen.

Eine Untersuchung einzelner bewegter Versetzungen in Ionen-Kristallen ist möglich durch das Studium der auf der Oberfläche erzeugten Gleitstufen. Wie beschrieben, gelingt die Abbildung solcher elementarer Stufen ja durch die Metalldekoration. Abb. 28 zeigt die Spuren einzelner Versetzungen, die einige bemerkenswerte Besonderheiten erkennen lassen.[1])

Abgebildet ist eine Spaltfläche, und die zu den Gleitspuren gehörenden Versetzungsbewegungen erfolgen im Spannungsgebiet des durchlaufenden Spaltrisses. Der eingezeichnete Pfeil gibt die Spaltrichtung an. Die Gleitstufe 1 zeigt im rechten Teil eine Quergleitung. Im linken Teil der mittleren Stufe ist diese durch zwei Versetzungen (2 und 3) gebildet. Die Versetzung 3 zeigt einen Quergleitprozeß, bei dem die Versetzung in die ursprüngliche Gleitebene wieder zurückgekehrt ist. Offenbar ist hier nur ein im Oberflächenbereich gelegenes Stück der Versetzung aus der Gleitebene herausgeglitten. Die Versetzung 3 endet beim Punkt *A*. Rechts von *A* ist die stückweise vorliegende Gleitstufe nur noch von einer Versetzung gebildet. Diesen besonderen stückweisen Verlauf der Gleitstufe 2 zeigt auch die untere Gleitstufe 4. Von den Endpunkten der einzelnen Gleitlinienstücke gehen jeweils in Spaltrichtung verlaufende Spaltstufen aus. Die von links nach rechts gelaufenen Versetzungen bewegten sich unmittelbar im Gebiet der Rißfront, wobei sie abwechselnd dem Riß hinterhereilten oder sich nach vorübergehender Einholung der Rißfront im noch ungespaltenen Kristallgebiet bewegten.

Zusammenfassung

In diesem Übersichtsvortrag konnte nur auf die aus heutiger Sicht wichtigsten Verfahren und zumeist auch nur auf das Prinzipielle eingegangen werden. Daß die beschriebenen Anwendungsbeispiele überwiegend aus Untersuchungen an Ionen- und Halbleiterkristallen ausgewählt wurden, hat mehrere Gründe. Einmal sind verschiedene Verfahren, z. B. die Dekoration, nur auf diese Kristalle anwendbar, und zum anderen reicht, etwa bei den röntgentopographischen Methoden, das Auflösungsvermögen noch nicht aus, um die in Metallen im allgemeinen höhere Versetzungsdichte aufzulösen.

Zusammenfassend sind in einer Tabelle die derzeit zum Nachweis einzelner Versetzungen angewendeten Verfahren noch einmal zusammengestellt. In der zweiten Spalte ist der jeweils erfaßte Objektbereich angegeben. Das mit den einzelnen Verfahren erreichbare Leistungsvermögen in bezug auf die „auflösbare“ Versetzungsdichte ist in der rechten Spalte angegeben. Die elektronenmikroskopische Beobachtungstechnik ist danach durch die auch bei hohen Versetzungsdichten noch mögliche Anwendung ausgezeichnet, und dies ist der entscheidende Grund für die in jüngster Zeit außerordentlich breite Anwendung des Elektronenmikroskops in der Festkörperforschung und vor allem in der Metallphysik. Für den Fall der linear angeordneten Versetzungen in Kleinwinkelkorngrenzen (ein Beispiel gab die Abb. 22) oder auch bei der Bestimmung der Abstände dicht liegender einzelner Gleitstufen ergab die Anwendung der Oberflächendekorationsver-

[1]) Aus noch unveröffentlichten Untersuchungen von G. Kästner, erscheint in „physica status solidi“.

fahren auf Alkalihalogenidkristallen die bisher kleinsten nachgewiesenen Versetzungsabstände bis herab zu wenigen 10 Å.

Methode	Bemerkungen zum erfaßten Objektbereich	noch nachweisbare Versetzungsdichte
Ätztechnik		
lichtmikroskopisch	Oberfläche	10^8 cm^{-2}
elektronenmikroskopisch		10^{10} cm^{-2}
Dekoration	Schichten bis $\sim$ 10 μ Dicke im Kristall (abhängig von der Fokustiefe)	10^7 cm^{-2}
Röntgenverfahren		
Reflexion	Oberflächenschichten von 2—50 μm Tiefe	10^5—10^7 cm^{-2}
Durchstrahlung	Kristalle von 0,1—1,0 mm Dicke	10^5 cm^{-2}
Elektronenmikroskop		
Abdrucktechnik (Aufwachs- und Abdampfstrukturen, Gleitlinien, Dekorationseffekte)	Oberfläche	10^{10} cm^{-2} 2 · 10^6 cm^{-1} (Korngrenzen und Gleitlinien)
Durchstrahlung	dünne Folie von 0,05—2 μm Dicke	10^{11} cm^{-2}

Es dürfen aber dennoch die in der Tabelle gegebenen Werte keinesfalls als ein „Gütemaß" für die Verfahren aufgefaßt werden. Jedes Verfahren hat seine Vor- und Nachteile, und welches für eine spezielle Fragestellung mit Vorteil anzuwenden ist, hängt entscheidend vom Versuchsobjekt ab. Oftmals wird es zweckmäßig sein, eine Problemstellung mit verschiedenen Verfahren zu bearbeiten, um so Vor- und Nachteile der einzelnen Methoden gegeneinander auszugleichen.

Literatur

[1] Vogel, F. L., Pfann, W. G., Corey, H. E., Thomas, E. E., Phys. Rev. **90** (1953) 489.
[2] Amelinckx, S., Acta Metallurg. **2** (1954) 848.
[3a] Gilman, J. J., Johnston, W. G., J. appl. Phys. **27** (1956) 1018.
[3b] Zusammenfassende Arbeit: Gilman J. J., Johnston, W. G., in [22], S. 116—163.
[4] Gilman, J. J., Johnston, W. G., Sears, G. W., J. appl. Phys. **29** (1958) 747.
[5] Livingston, J. D., J. appl. Phys. **31** (1960) 1071.
[6] Young, F. W., J. appl. Phys. **32** (1961) 192.
[7a] Hedges, J. M., Mitchell, J. W., Phil. Mag. **44** (1953) 223.
[7b] Zusammenfassende Arbeit: Mitchell, J. W., in [22], S. 69—91.
[8a] Amelinckx, S., Phil. Mag. **1** (1956) 269.
[8b] Zusammenfassende Arbeit: Amelinckx, S., in [22], S. 3—54.
[9a] Dash, W. S., Phys. Rev. **98** (1955) 1536.
[9b] Zusammenfassende Arbeit: Dash, W. S., in [22], S. 57—68.
[10] Barrett, C. S., Trans. Am. Inst. Min. Met. Engrs. **161** (1945) 15—64.
[11] Lang, A. R., Acta Cryst. **12** (1959) 249.

[12] Newkirk, J. B., Trans. Am. Engrs. **215** (1959) 483.
[13] Lang, A. R., J. appl. Phys. **30** (1959) 1748.
[14] Hirsch, P. B., Horne, R. W., Whelan, M. J., Phil. Mag. **1** (1956) 677.
[15] Whelan, M. J., Hirsch, P. B., Horne, R. W., Bollmann, W., Proc. Roy. Soc. A **249** (1957) 114.
[16] Whelan, M. J., Hirsch, P. B., Horne, R. W., Proc. Roy. Soc. A **240** (1957) 524.
[17] Amelinckx, S., Delavignette, P., in [24], S. 295–356.
[18] Dupouy, G., Perrier, F., J. Microscopie **1** (1962) 167.
[19] Bethge, H., Keller, W., Z. Naturf. **15a** (1960) 271.
[20] Hirsch, P. B., Silcox, J., Smallman, R. E., Westmacott, K. H., Phil. Mag. **3** (1958) 897.
[21] Thomas, G., Whelan, M. J., Phil. Mag. **4** (1959) 511.

Monographien, Kongreßberichte und Zusammenfassungen zum behandelten Thema

[22] Dislocations and mechanical properties of crystals (Internat. Conf. in Lake Placid 1956). Hrsg.: J. C. Fisher et al., John Wiley & Sons, Inc. – New York, London 1957.
Neben einem Abschnitt mit Arbeiten über Methoden der Beobachtung von Versetzungen enthält dieser Bericht eine Reihe von Arbeiten über spezielle Fragen des Verhaltens von Versetzungen.
[23] Hirsch, P. B., Observations of dislocations in metals by transmission electron microscopy. J. Inst. Met. **87** (1958/59) 406–418.
Zusammenfassender Bericht über die Beobachtung der grundlegenden Eigenschaften der Versetzungen sowie ihrer Verteilung in Abhängigkeit von der Vorbehandlung.
[24] Direct observation of imperfections in crystals. (Technical Conf. in St. Louis 1961). Hrsg.: J. B. Newkirk und J. H. Wernick. Interscience publishers – New York, London 1962.
Außer zusammenfassenden Arbeiten über die Beobachtungsmethoden wird über die Beobachtung von Versetzungen in verschiedenen Stoffen mit Hilfe von Licht- und Elektronenmikroskopie sowie Röntgenstrahlmethoden berichtet.
[25] Electron microscopy and strength of crystals. (1. Berkeley Internat. Materials Conf. in Berkeley 1961). Hrsg.: G. Thomas und J. Washburn. Interscience publishers – New York, London 1963.
Die vorgetragenen speziellen Beobachtungen von Versetzungen wurden vor allem an durchstrahlbaren dünnen Schichten gemacht.
[26] Thomas, G., Transmission electron microscopy of metals. John Wiley & Sons, Inc. – New York, London 1962.
Nach der Behandlung der Grundlagen (Streuung der Elektronen, Bildentstehung, Gerätebeschreibung) und der Präparationsfragen werden Beispiele für die Anwendung gegeben.
[27] Johnston, W. G., Dislocation etch pits in non-metallic crystals, in Progress in Ceramic Science, S. 1–75. Hrsg.: J. W. Burke. Pergamon Press – New York, Oxford, London, Paris 1962.
Es werden nicht nur die Grundlagen, die Methode und die Anwendung des Verfahrens der chemischen Ätzung behandelt, sondern es wird auch über andere Verfahren zur Beobachtung von Versetzungen berichtet.
[28] Bethge, H., Oberflächenstrukturen und Kristallbaufehler im elektronenmikroskopischen Bild, untersucht am NaCl, in physica status solidi **2** (1962) 3–27; 775–820.
Die mit dem Golddekorationsverfahren gemachten elektronenmikroskopischen Beobachtungen von Abdampf-, Spalt- und Gleitstrukturen werden zusammenfassend dargestellt und ihr Zusammenhang mit Versetzungen diskutiert.

Prof. Dr. rer. techn. ALBERT KOCHENDÖRFER

Max-Planck-Institut für Eisenforschung, Düsseldorf

DER SPRÖDBRUCH VON STÄHLEN IN PHYSIKALISCHER UND TECHNISCHER SICHT

Aufgabenstellung

Obwohl durch die in den vergangenen Jahrzehnten gewonnenen Erkenntnisse und Erfahrungen in der Werkstoffkunde, in der Schweißtechnik und in der Gestaltung von Konstruktionen die Sprödbruchgefahr stark vermindert werden konnte, bereitet sie allen Beteiligten doch noch erhebliche Sorge. Zu einem großen Teil rührt dies daher, daß die üblichen Prüfverfahren, in erster Linie die Kerbschlagprüfung, unter verschiedenen Prüfbedingungen, z. B. bei verschiedenen Probenformen, keine voll übereinstimmenden Ergebnisse liefern. Der Grundlagenforschung ist damit die Aufgabe gestellt, diese Zusammenhänge zu klären und nach Möglichkeit zuverlässige Anhaltspunkte für die Beurteilung des Werkstoffverhaltens in Konstruktionen an Hand der Versuchsergebnisse zu geben.

Im folgenden wird versucht, einen Überblick darüber zu geben, inwieweit diese Fragen heute gelöst werden können und welche Probleme für die Zukunft gestellt sind. Zunächst werden die metallphysikalischen Grundlagen des Sprödbruchs bei einachsiger Beanspruchung besprochen und die Faktoren dargelegt, die die Sprödbruchneigung beeinflussen. Danach wird der Einfluß mehrachsiger Spannungszustände beschrieben, der zu den technischen Fragestellungen überleitet. Abschließend werden diese unter den oben genannten Gesichtspunkten erörtert.

Erzeugung von wachstumsfähigen Rissen, Sprödbruchspannung

Bei der Untersuchung des Sprödbruches wird zunächst die Grundvoraussetzung, daß vor dem Eintritt des Bruchs keine plastische Verformung stattfindet, als erfüllt angesehen. Erst dann werden die Bedingungen untersucht, unter denen diese Voraussetzung tatsächlich besteht. In diesem Abschnitt wird dementsprechend angenommen, daß diese Bedingungen zutreffen.

In Konstruktionen ist vielfach damit zu rechnen, daß schon kleine Risse vorhanden sind, von denen der Bruch seinen Ausgang nimmt. Ein Sprödbruch kann aber auch auftreten, wenn solche Risse mit Sicherheit ausgeschlossen werden können. Wenn so auch die Frage des Wachstums vorhandener Risse von Bedeutung ist, so ist doch das eigentliche Problem, wie Risse überhaupt entstehen können. Dieses wiederum wird besonders deutlich, wenn zunächst die erste Frage betrachtet wird, was deshalb hier auch geschehen soll.

Diese Frage ist von A. H. GRIFFITH untersucht worden (vgl. [1, 2]). Die Theorie ergibt, daß bei gegebener Spannung $\sigma = \sigma_S$ ein Riß der Länge $r = r_n^0$ dann zu wachsen beginnt und zum Bruch führt, wenn (mit abgerundetem Zahlenwert)

$$\sigma_S = \sqrt{\gamma^0 E / r_n^0} \tag{1}$$

ist. Dabei bezeichnet γ^0 die je Einheit neuer Rißoberfläche aufzubringende Oberflächenenergie und E den Elastizitätsmodul. Die Indizes haben folgende Bedeutung: S bei σ, daß es sich um die Sprödbruchspannung handelt, 0 bei γ und r, daß die reine Oberflächenenergie in Rechnung gesetzt ist, und n bei r, daß der Bruch ein durch die Normalspannung σ bewirkter Bruch ist.

Gleichung (1) wird bei Metallen durch die Erfahrung nicht bestätigt. Für einen weichen Stahl mit $E = 2 \cdot 10^4$ kg/mm² $= 2 \cdot 10^{12}$ dyn/cm² und $\gamma^0 = 2 \cdot 10^3$ erg/cm $= 2 \cdot 10^{-4}$ kg mm/mm² wird z. B. für $\sigma_S = 6{,}5$ kg/mm² $= 6{,}5 \cdot 10^8$ dyn/cm² abgerundet $r_n^0 = 0{,}15$ mm. Ein Riß dieser Länge breitet sich aber bei dieser Spannung nicht aus.

Diese Unstimmigkeit beruht, wie zuerst E. OROWAN bemerkt hat, darauf, daß bei Metallen im Rißgrund infolge der hohen Kerbwirkung des Risses und der geringen Mehrachsigkeit des Spannungszustandes stets eine plastische Verformung auftritt, ehe der Riß sich auszubreiten beginnt. Diese beschränkt sich auf die unmittelbare Umgebung des Rißgrundes, so daß je Einheit der Längenzunahme des Risses immer derselbe Energiebetrag aufgewendet werden muß und diese daher zu der reinen Oberflächenenergie als zusätzlichen Betrag je Einheit der Rißoberfläche hinzugeschlagen werden kann. Wird die so sich ergebende Oberflächenenergie mit γ^b bezeichnet, so tritt an Stelle von Gleichung (1) die Gleichung

$$\sigma_S = \sqrt{\gamma^b E / r_n^b}\,. \tag{2}$$

Der Index b soll darauf hinweisen, daß es sich um einen bestehenden Riß handelt. Aus Messungen der Verbreiterung der Röntgenlinien der Bruchfläche und der Tiefe der plastisch verformten Schicht (einige 1/10 mm) haben E. OROWAN und A. A. WELLS Werte von γ^b von rund 10^6 erg/cm² erhalten (vgl. [2a]). Dementsprechend wird r_n^b bei gleichem σ_S rund 10^3mal größer als r_n^0. Gleichung (2) wurde mit Werten von γ^b dieser Größe durch Messungen an hochfesten Stählen, bei denen ein Sprödbruch schon bei Zimmertemperatur oder mäßig tiefen Temperaturen auftreten kann, bestätigt [4].

Diese Beobachtungen zeigen, daß es bei Metallen im allgemeinen keinen Sprödbruch im strengen Sinne gibt, sondern nur in dem Sinne, daß in einer kleinen Umgebung der Bruchfläche plastische Deformationen auftreten. Da sich diese in den Last-Verlängerungs-Schrieben nicht bemerkbar machen, so ist ein solcher Bruch in makroskopischem Sinne ein Sprödbruch und soll als solcher auch weiterhin aufgefaßt werden.

Es sei noch darauf hingewiesen, daß γ^b als Energie je Flächeneinheit wirklich die Bedeutung besitzt, die der Kerbschlagzähigkeit a_k üblicherweise zugeschrieben wird. Zahlenmäßig ist

$$a_{kS} = \gamma^b = 10^6 \text{ erg/cm}^2 = 1/100 \text{ kg m/cm}^2\,. \tag{3}$$

Der Index S bei a_k soll darauf hinweisen, daß es sich um den Wert für den Sprödbruch handelt. Dieser Wert ist wesentlich kleiner als die Verlustarbeiten, so daß die Sprödbruchtemperatur, bei der zum ersten Mal ein Sprödbruch auftritt, im Kerbschlagversuch nicht genau festgestellt werden kann.

Im Zusammenhang mit der hier zu behandelnden Frage zeigt Gl. (2), daß σ_S mit abnehmender Rißlänge beliebig anwächst. Natürlich wird die Spannung zumindest begrenzt durch die Festigkeit σ_{id} des störungsfreien Gitters. Diese ist bei dieser Betrachtung nicht berücksichtigt und steht auch außerhalb der Erörterung, denn tatsächlich treten Brüche bei wesentlich kleineren Spannungen auf, und zwar dadurch, daß Risse erzeugt werden. Die Überlegungen von A. A. GRIFFITH zeigen, daß hierzu die im Körper gespeicherte elastische Energie nicht ausreicht, sondern eine neue Energiequelle zur Deckung der Oberflächenenergie des entstehenden Risses erforderlich ist.

Soweit sich heute übersehen läßt, kann diese Energie in der erforderlichen Größe nur durch aufgestaute Gruppen von Versetzungen aufgebracht werden. Die in Frage kommenden Mechanismen sind vielfach beschrieben worden [1, 2, 3]. Hier soll der mehr anschauliche Hintergrund betrachtet werden, der darin besteht, daß eine aufgestaute Gruppe von Versetzungen ein starkes Gleitband darstellt, das im Inneren des Kristalls endet. Dadurch kann sich die angestrebte Gleitstufe nicht ausbilden, und es entsteht ein Zwangszustand mit hohen Normalspannungen. Sind diese genügend hoch geworden, so reißt das Gitter auf, was gleichbedeutend damit ist, daß der Zwangszustand weitgehend beseitigt wird. Dieses Bild läßt unmittelbar erkennen, daß auch Zwillingslamellen, die qualitativ den Gleitbändern gleichwertig sind, zur Bildung von Rissen Anlaß geben können.

In der Energiebilanz ist neben den von A. A. GRIFFITH berücksichtigten Anteilen noch die Energie der aufgestauten Gruppe in Rechnung zu setzen. Nach A. N. STROH und A. H. COTTRELL ergibt sich so für einen wachstumsfähigen Riß, der zum Sprödbruch führt:

$$z\, b\, \sigma_{S0} = 2\gamma^e\,. \tag{4}$$

Dabei bezeichnen z die Zahl der Versetzungen der aufgestauten Gruppe, b den Gleitbetrag (Betrag des BURGERS-Vektors) und γ^e die einem entstehenden Riß zugeordnete Oberflächenenergie. $z\,b$ ist die Gleitstufenhöhe der Gleitbänder. Der von nun an benutzte Index 0 soll darauf hinweisen, daß es sich um eine einachsige Beanspruchung handelt. Gleichung (4) bringt zum Ausdruck, daß die Gleitstufenhöhe um so kleiner sein kann, je größer σ_{S0} ist.

Eine aufgestaute Gruppe von Versetzungen kann nur entstehen, wenn genügend starke Hindernisse vorhanden sind, an denen sich die Versetzungen tatsächlich aufstauen können. Als solche kommen Korngrenzen, Zwillingsgrenzen und Kleinwinkelkorngrenzen in Frage. Die Versuche ergeben, daß in der Umgebung der Temperatur beginnender Versprödung bei den Stählen die Korngrenzen die wirksamen Hindernisse darstellen. Bei Einkristallen und bei Stählen bei sehr tiefen Temperaturen können es Zwillings- oder Kleinwinkelkorngrenzen sein. Hier wird nur der erste Fall in Betracht gezogen. Die Länge einer aufgestauten Gruppe von der Quelle bis zum Hindernis ist dann im Mittel gleich der halben Korngröße $D/2$, wenn D die Korngröße bezeichnet. Nach G. LEIBFRIED (vgl. [3]) ist nun die Länge einer aufgestauten Gruppe mit der Zahl z ihrer Versetzungen verknüpft durch

$$\sigma_{S0} - \sigma_{K0} = \frac{4\, z\, b\, G}{D}\,. \tag{5}$$

Dabei bezeichnet σ_{K0} den über die Kornorientierungen gemittelten Anteil der Körner selbst (ohne Berücksichtigung des Korngrenzeneinflusses) zum Bewegungswiderstand der Versetzungen. Die Gl. (4) und (5) erlauben es, die Stufenhöhe $z\,b$ zu eliminieren, wodurch sich ergibt:

$$\sigma_{S0}\,(\sigma_{S0} - \sigma_{K0}) = \frac{8\,\gamma^e\, G}{D} = \frac{k_{s0}^2}{D} \tag{6}$$

mit

$$k_{s0} = \sqrt{8\,\gamma^e\, G}\,. \tag{6a}$$

Für einen gegebenen Werkstoff ist σ_{S0} über σ_{K0} von der Temperatur (und der Dehnungsgeschwindigkeit, die aber als fest betrachtet werden soll) abhängig, sonst nur noch von der Korngröße D, denn γ^e und G sind in dem in Frage kommenden Bereich unterhalb der Zimmertemperatur praktisch konstant. Bei fester Temperatur ist die Sprödbruchspannung σ_{S0} somit eine Funktion der Korngröße allein. Der Verlauf von σ_{S0} in Abhängigkeit von $1/\sqrt{D}$ ist in Abb. 1 dargestellt. Er wird durch die Versuchsergebnisse recht gut bestätigt [5]. Aus ihnen kann γ^e

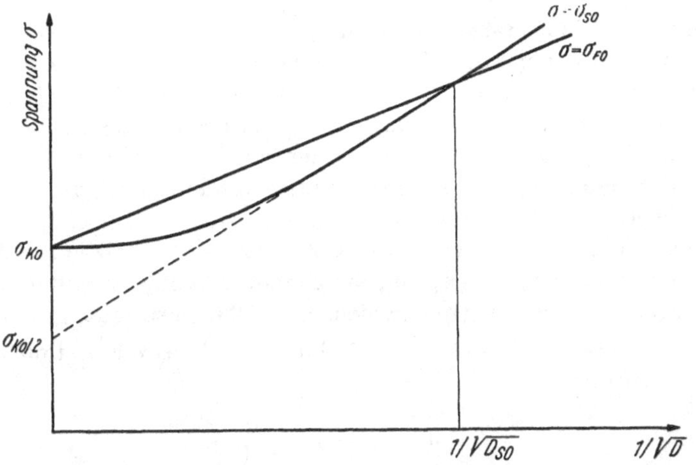

Abb. 1. Verlauf der Sprödbruchspannung σ_{S0} nach Gl. (6) und der Fließgrenze σ_{F0} nach Gl. (8) in Abhängigkeit von der reziproken Wurzel $1/\sqrt{D}$ der Korngröße D bei fester Temperatur $T = T_{S0}$. Der Schnittpunkt beider Kurven ergibt die Korngröße D_{S0}, für welche T_{S0} die Sprödbruchtemperatur ist. Aus [5]

berechnet werden. Für einen weichen Stahl mit rund 0,1% C haben sie ergeben:

$$k_{s0} = 2{,}48 \text{ cm}^{1/2} \text{ kg/mm}^2 , \quad \gamma^e = 10^4 \text{ erg/cm}^2 . \tag{7a, b}$$

γ^e beträgt also nur rund 1/100 von γ^b. Dieser Unterschied ist darauf zurückzuführen, daß die Ausbreitung des Risses nach dem Verlassen des Korns, in dem er entstanden ist, in mannigfacher Weise gestört wird, was sich in Unregelmäßigkeiten der Bruchfläche, wie Stufen und Flußlinien, äußert. Wenn die Reißspannung trotzdem diejenige für $\gamma = \gamma^e$ ist, so liegt dies daran, daß der Riß nach dem Durchlaufen des ersten Korns bereits eine hinreichend große Wachstumsgeschwindigkeit besitzt, damit die damit verbundene kinetische Energie ausreicht, um die Störungen zu überwinden. Diese Störungen zeigen sich auch darin, daß in Proben, bei denen im Trennbruchbereich der Versuch vor dem Eintritt des Bruchs unterbrochen wird, die vorhandenen Mikrorisse sich in der Mehrzahl über ein Korn erstrecken.

Sprödbruchtemperatur

Ein Sprödbruch tritt nur auf, wenn nicht vorher plastisches Fließen stattfindet. Dies besagt, daß die Fließgrenze σ_{F0} nicht kleiner sein darf als die Sprödbruchspannung σ_{S0}. Mit abnehmender Temperatur beginnt die Versprödung bei derjenigen Temperatur, bei der gerade $\sigma_{F0} = \sigma_{S0}$ wird. Sie wird als Sprödbruchtemperatur T_{S0} bezeichnet. Um sie berechnen zu können, muß neben Gl. (6), die σ_{S0} bestimmt, noch die Gleichung bekannt sein, die σ_{F0} in Abhängigkeit von den Versuchsbedingungen angibt.

Die Theorie der Fließgrenze von Vielkristallen geht, wie die des Bruchs, davon aus, daß an den Korngrenzen Gleithemmungen auftreten und deshalb an ihnen aufgestaute Gruppen von Versetzungen entstehen. Für die Weiterführung des Gleitens ist nunmehr die Schubspannung in der Umgebung des Kopfes einer Gruppe maßgebend. Wie groß diese Schubspannung werden muß, hängt von der besonderen Art der Hemmung ab, die überwunden werden muß (vgl. [3]). Hier seien wieder die weichen Stähle betrachtet. Bei ihnen sind die Versetzungsquellen entsprechend den Vorstellungen von H. H. Cottrell durch Wolken von Kohlenstoff- oder Stickstoffwolken blockiert, und die genannte Schubspannung muß die Loslösespannung von diesen Wolken erreichen. In Übereinstimmung mit den experimentellen Befunden ergibt sich dann, daß σ_{F0} eine lineare Funktion von $1/\sqrt{D}$ ist gemäß der Gleichung

$$\sigma_{F0} = \sigma_{K0} + \frac{k_{y0}}{\sqrt{D}} . \tag{8}$$

Die Temperatur kommt hierbei sowohl über σ_{K0} als auch über k_{y0} zur Geltung. Die Gerade (8) ist in Abb. 1 ebenfalls eingezeichnet, wobei angenommen ist, daß die Temperatur dieselbe ist wie bei der Kurve (6) von σ_{S0}. Der Schnittpunkt beider

Kurven gibt die Korngröße $D = D_{S0}$ an, bei welcher die Versuchstemperatur gleich der Sprödbruchtemperatur T_{S0} ist. Sie ist nach den Gl. (6) und (8) mit $\sigma_{F0} = \sigma_{S0}$ gegeben durch

$$\sqrt{D_{S0}} = \frac{k_{s0}^2 - k_{y0}^2}{\sigma_{K0}\, k_{y0}} \quad \text{für} \quad T = T_{S0} \tag{9}$$

und kann berechnet werden, wenn σ_{K0} und k_{y0} in Abhängigkeit von der Temperatur und k_{s0} bekannt sind. Theoretisch können diese Abhängigkeiten noch nicht mit ausreichender Genauigkeit angegeben werden. Um Gl. (9) zu prüfen, ist es daher erforderlich, sie experimentell zu bestimmen. Zu diesem Zweck wird σ_{F0} als Funktion von $1/\sqrt{D}$ in möglichst engen Temperaturintervallen gemessen. Die Neigung dieser Geraden ergibt $k_{y0} = k_{y0}(T)$, und ihre Extrapolation nach $1/\sqrt{D} \to 0$ den Verlauf $\sigma_{K0} = \sigma_{K0}(T)$. Mit dem bei einer bestimmten Sprödbruchtemperatur gemessenen Wert D_{S0} der Korngröße kann dann k_{s0} nach Gl. (9) berechnet werden. Dann liefert Gl. (9) die Abhängigkeit $T_{S0} = T_{S0}(D_{S0})$ im gesamten Meßbereich der Temperatur.

In Abb. 2 ist der Temperaturverlauf von k_{y0} und σ_{K0} für den Stahl mit 0,1% C wiedergegeben, für den der Wert (7a) von k_{s0} bestimmt wurde [5]. Es ergibt sich nach Gl. (9) der in Abb. 3 dargestellte Verlauf von T_{S0} in Abhängigkeit von D_{S0}. Er wird in dem Bereich der Korngrößen, die erhalten werden konnten, durch die Meßpunkte gut bestätigt.

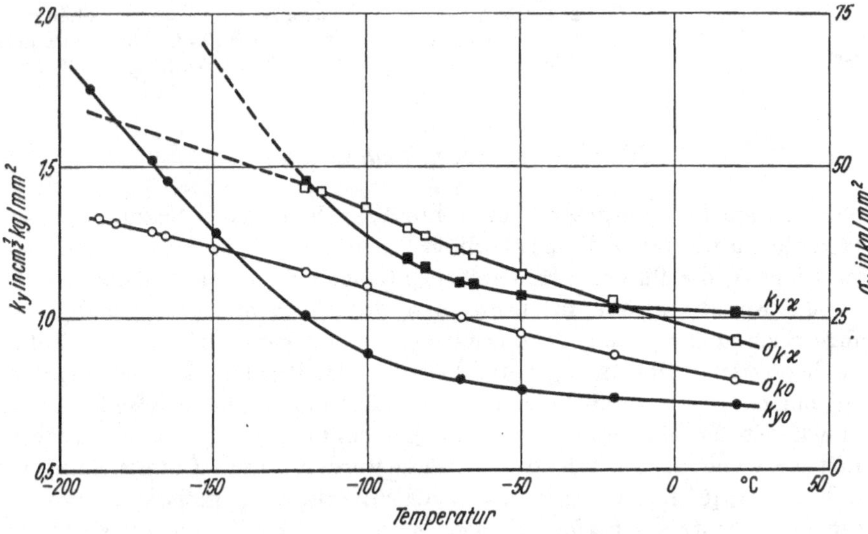

Abb. 2. Aus den Geraden $\sigma_{F0} = \sigma_{F0}\,(1/\sqrt{D})$ bzw. $\sigma_{F\varkappa} = \sigma_{F\varkappa}\,(1/\sqrt{D})$ ermittelte Werte des Kornanteils $\sigma_K = \sigma_{K0}$ bzw. $\sigma_K = \sigma_{K\varkappa}$ und der Neigung $k_y = k_{y0}$ bzw. $k_y = k_{y\varkappa}$ in Abhängigkeit von der Temperatur für einen Stahl mit 0,1% C. Aus [5]

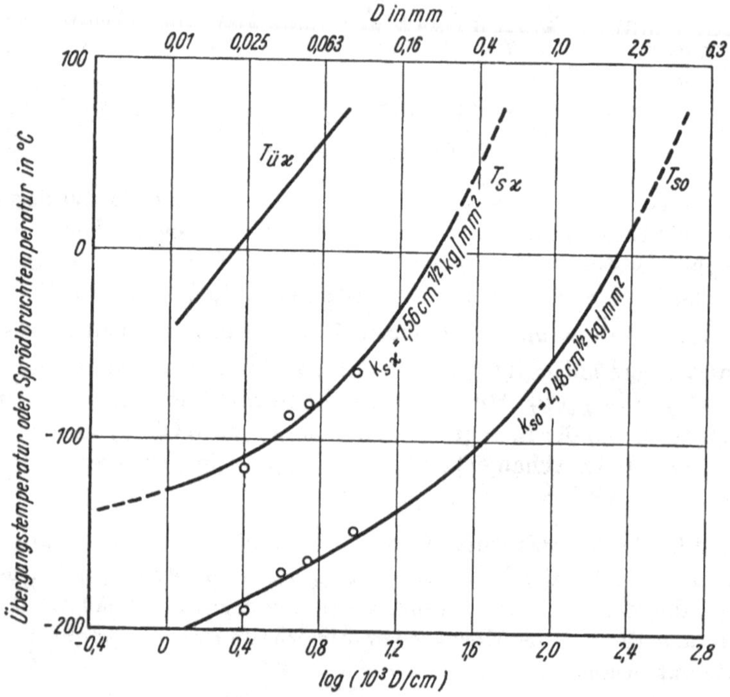

Abb. 3. Mit den Werten (7a) von k_{s0} und (16) von $\varkappa_{max}$ sowie den Werten von σ_{K0} und k_{y0} aus Abb. 2 nach den Gl. (9) bzw. (14) und (15) berechneter Verlauf der Sprödbruchtemperatur T_{S0} ungekerbter bzw. $T_{S\varkappa}$ gekerbter, zugbeanspruchter Rundproben in Abhängigkeit von der Korngröße $D = D_{S0}$ bzw. $D = D_{S\varkappa}$ für einen Stahl mit 0,1% C. Die Kreise geben die Meßpunkte an. Für die gekerbten Proben ist $a/\varrho = 1$, also $\zeta = 0{,}5$ und $\varkappa_y = 0{,}3$. Aus [5]

Mehrachsige Spannungszustände

Höhere Mehrachsigkeitsgrade können nur bei inhomogenen Spannungszuständen verwirklicht werden, z. B. in gekerbten Proben. Hierin liegt der Grund für die Schwierigkeiten, die ihre experimentelle Untersuchung bereitet, denn die Meßwerte der Spannungen sind Mittelwerte über den Prüfquerschnitt, aus denen der jeweilige Spannungszustand nicht ermittelt werden kann. Erst durch Zuhilfenahme theoretischer Überlegungen und Vergleich der Ergebnisse derselben mit den Meßergebnissen und der dabei erzielten Übereinstimmung kann geschlossen werden, inwieweit die theoretischen Grundlagen und der aus ihnen sich ergebende Spannungszustand als zutreffend angesehen werden kann. Untersuchungen in dieser Richtung [6] haben ergeben, daß die bisherigen theoretischen Ergebnisse trotz mancher heute noch erforderlichen vereinfachenden Voraussetzungen recht gut bestätigt werden. Im folgenden werden einige dieser Ergebnisse angeführt und Folgerungen über den Einfluß der Mehrachsigkeit des Spannungszustandes auf die Sprödbruchtemperatur gezogen.

Die Mehrachsigkeit eines Spannungszustandes äußert sich am auffallendsten in einer Erhöhung der Fließgrenze $\sigma_{F\varkappa}$ gegenüber der Fließgrenze σ_{F0} bei einem einachsigen Spannungszustand. Der Grund hierfür liegt darin, daß die für das Fließen maßgebenden Hauptschubspannungen um so kleiner werden, je mehr die Hauptspannungen einander gleich werden, und daß sie verschwinden, wenn die drei Hauptspannungen gleich groß sind, wie es bei einem hydrostatischen Spannungszustand der Fall ist. Da die Hauptschubspannungen (genauer eine Funktion derselben) beim Fließbeginn einen festen Wert besitzen müssen, so muß die größte Hauptspannung, durch die die Fließgrenze gemessen wird, um so größer werden im Vergleich zu den Hauptspannungen beim einachsigen Spannungszustand, je mehr der mehrachsige Spannungszustand vom einachsigen abweicht und sich dem hydrostatischen nähert. Das Verhältnis

$$b_{y\varkappa} = \frac{\sigma_{F\varkappa}}{\sigma_{F0}} \qquad (10)$$

kann daher als Maßzahl für die Mehrachsigkeit des Spannungszustandes dienen. $b_{y\varkappa}$ wird wegen der Behinderung des Fließens als Behinderungsfaktor (im englischen Sprachgebrauch als constraint factor) bezeichnet. Für den einachsigen Spannungszustand ist $b_{y\varkappa} = b_{y0} = 1$ wegen $\sigma_{F\varkappa} = \sigma_{F0}$, und für den hydrostatischen Spannungszustand ist $b_{y\varkappa} = \infty$ wegen $\sigma_{F\varkappa} = \infty$.[1]) Um den Wertebereich der Maßzahl auf einen endlichen Bereich zu begrenzen, wird zweckmäßig die Mehrachsigkeitszahl

$$\varkappa_y = \frac{b_{y\varkappa} - b_{y0}}{b_{y\varkappa}} = \frac{\sigma_{F\varkappa} - \sigma_{F0}}{\sigma_{F\varkappa}} \qquad (11)$$

benutzt, die für die beiden genannten Spannungszustände die Werte 0 (einachsig) bzw. 1 (hydrostatisch) annimmt.

In Abb. 4 ist $\varkappa_y$ bzw. $b_{y\varkappa}$ für gekerbte Proben unter verschiedenen Versuchsbedingungen in Abhängigkeit von der bezogenen Kerbziffer

$$\zeta = \frac{a/\varrho}{a/\varrho + 1} \qquad (12)$$

dargestellt. a bezeichnet bei Rundproben den Halbmesser, bei Rechteckproben die halbe Breite im Kerbquerschnitt, ϱ den Kerbhalbmesser. Um auch hier einen endlichen Wertebereich zu erhalten, ist ζ als Abszisse benutzt worden. Für sehr scharfe Kerben ($\varrho \to 0$) geht $\zeta \to 1$. Die Prüfbedingungen sind folgendermaßen bezeichnet.

Z oder *B*:	Zug- oder Biegeversuch
Bb oder *Be*:	Probe beiderseitig oder einseitig gekerbt
Erster Index 0 oder $\varkappa$:	ungekerbte oder gekerbte Probe
Zweiter Index 90 oder 0:	Flankenwinkel ω der Kerben 90° oder 0°
In Klammern (∘) oder (□):	Rundproben oder Rechteckproben.

[1]) Dieser Wert hat keine wirkliche Bedeutung, da vorher die Reißfestigkeit erreicht wird. Außerdem kann der erforderliche homogene hydrostatische Zugspannungszustand nicht verwirklicht werden.

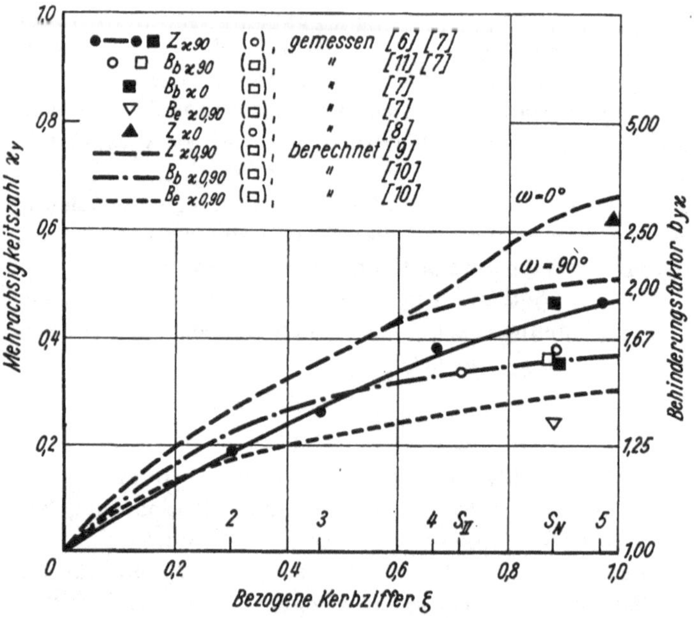

Abb. 4. Mehrachsigkeitszahl $\varkappa_y$ bzw. Behinderungsfaktor $b_{y\varkappa}$ in Abhängigkeit von der bezogenen Kerbziffer $\zeta = (a/\varrho)/[(a/\varrho) + 1]$ unter den im Text bezeichneten Prüfbedingungen. Aus [6] mit zusätzlichen Meßwerten aus [7]

Aus Abb. 4 ist zu entnehmen, daß die bezogene Kerbziffer ζ als geometrische Kennzahl der Kerben das Verhalten der Proben allein nicht bestimmt, sondern daß Probenform und Beanspruchungsart von maßgebendem Einfluß sind. Die Unterschiede beruhen auf einer verschiedenen Ausbildung der Fließzone unter den verschiedenen Prüfbedingungen. Weiterhin ist zu ersehen, daß die Mehrachsigkeitszahl bei sehr scharfen Kerben ($\zeta \to 1$) mit parallelen Flanken ($\omega \to 0°$) rund 0,6 beträgt, entsprechend einer Fließgrenzenerhöhung um den Faktor $b_{y\varkappa} = 2{,}7$. Dieser stellt auch den höchsten erreichbaren Wert für die mehrachsigen Spannungszustände, die verwirklicht werden können, dar. Aus Abb. 4 ist schließlich zu entnehmen, daß die Meßpunkte bei übereinstimmenden Prüfbedingungen recht gut auf den berechneten Kurven liegen, sonst in Anbetracht der verschiedenen Querschnittsformen sich befriedigend in das Gesamtbild einordnen.

In Abb. 2 sind auch die Kurven für $\sigma_{K\varkappa}$ und $k_{y\varkappa}$ wiedergegeben. Sie verlaufen in bezug auf die Kurven von σ_{K0} und l_{y0} gerade so, daß $\varkappa_y$ für alle Temperaturen einen festen Wert besitzt, wie es auch sein muß, wenn $\varkappa_y$ nur durch den Spannungszustand bestimmt sein soll. Es ergibt sich $\varkappa_y = 0{,}3$. Für die benutzten Proben ist $a = 3$ mm und $\varrho = 3$ mm, also $a/\varrho = 1$ und $\zeta = 0{,}5$. Somit ist

$$\varkappa_y = 0{,}3 \quad \text{für} \quad \zeta = 0{,}5 \quad \text{und} \quad Z_{\varkappa 90}(0)\,. \tag{13}$$

Dieser Punkt liegt genau auf der früher erhaltenen Kurve in Abb. 4, wodurch diese Kurve weiterhin belegt ist.

Die Erhöhung der Fließgrenze durch Kerbwirkung kann praktisch nicht ausgenutzt werden, denn auf der einen Seite bewirkt die Kerbwirkung eine Erniedrigung der Wechselfestigkeit, die immer mit berücksichtigt werden muß, auf der anderen Seite eine Erhöhung der Sprödbruchtemperatur, so daß durch eine zufällige Überbeanspruchung ein Sprödbruch ausgelöst werden kann bei einer Temperatur, bei der ein glatter Stab zäh bricht. Dieser Einfluß soll nun betrachtet werden.

Bei der Erfassung dieses Einflusses ist zu beachten, daß in Gl. (6) auf der linken Seite der Faktor $\sigma_{S0} - \sigma_{K0}$ seinem Wesen nach eine Schubspannung darstellt, die durch den Mehrachsigkeitsgrad des Spannungszustandes nicht beeinflußt wird. Der Faktor σ_S dagegen ist eine Normalspannung, die nun mit dem Faktor $1/(1-\varkappa)$ zu multiplizieren ist, wobei der Wert von $\varkappa$ gleich festgelegt werden soll. Formal bedeutet dies, daß k_{s0}^2 durch

$$k_{s\varkappa}^2 = (1-\varkappa)\, k_{s0}^2 \tag{14}$$

zu ersetzen ist. Gleichung (8) stellt ihrem Wesen nach ebenfalls eine Beziehung zwischen Schubspannungen dar und bleibt deshalb auch ungeändert. Die Gleichsetzung der aus diesen Gleichungen berechneten Spannungen σ_{S0} und σ_{F0} ergibt somit an Stelle von Gl. (9):

$$\sqrt{D_{s\varkappa}} = \frac{k_{s\varkappa}^2 - k_{y0}^2}{\sigma_{K0}\, k_{y0}} \quad \text{für} \quad T = T_{S\varkappa}\,. \tag{15}$$

Wegen $k_{s\varkappa} < k_{s0}$ müssen bei gleicher Korngröße $D_{S\varkappa} = D_{S0}$ in Gl. (15) σ_{K0} und k_{y0} verkleinert werden gegenüber Gl. (9), d. h., die Sprödbruchtemperatur $T_{S\varkappa}$ bei einem mehrachsigen Spannungszustand ist größer als die Sprödbruchtemperatur T_{S0} bei einem einachsigen Spannungszustand. Dieser Sachverhalt kann auch so ausgedrückt werden, daß bei gleicher Sprödbruchtemperatur $T_{S\varkappa} = T_{S0}$ die Korngröße $D_{S\varkappa}$ kleiner ist als die Korngröße D_{S0}. Die günstige Wirkung einer kleineren Korngröße wird also durch die ungünstige Wirkung des mehrachsigen Spannungszustandes wieder aufgehoben.

Es ist nun noch zu klären, welcher Wert der Mehrachsigkeitszahl, die ja über den Querschnitt veränderlich ist, in Gl. (14) zu benutzen ist. Es ist zu erwarten, daß dies der größte Wert $\varkappa_{\max}$ ist, denn diesem kommt die größte Sprödbruchtemperatur zu, d. h., an dieser Stelle des Querschnitts kann bei einer höheren Temperatur ein wachstumsfähigerer Riß entstehen als an jeder anderen. Für dieselben Prüfbedingungen wie in Abb. 4 ist $\varkappa_{\max}$ in Abhängigkeit von ζ in Abb. 5 dargestellt. Daneben ist noch der Verlauf der größten Längsspannung $\sigma_{l\max}$ wiedergegeben. Versuche unter diesen Prüfbedingungen [7] haben ergeben, daß $T_{S\varkappa}$ tatsächlich parallel zu $\varkappa_{\max}$ verläuft und daher obige Erwartung zutrifft.

Während $\varkappa_y$ gemessen werden kann, muß für $\varkappa_{\max}$ auf die berechneten Werte zurückgegriffen werden. Da jedoch $D_{S\varkappa}$ in Gl. (15) sehr empfindlich von dem Wert von $k_{s\varkappa}$ abhängt, so muß damit gerechnet werden, daß der aus Abb. 5 zu entnehmende Wert von $\varkappa_{\max} = 0{,}49$ für $z_{\varkappa 90}(\square)$ und $\zeta = 0{,}5$ zu stark von dem für Rundproben, mit denen die Messungen durchgeführt werden, abweicht, um benutzt wordon zu können. Tatsächlich muß der Wert

$$\varkappa_{\max} = 0{,}63 \quad \text{für} \quad \zeta = 0{,}5 \quad \text{und} \quad z_{\varkappa 90}(0) \tag{16}$$

benutzt werden, damit der Meßpunkt $D_{S\varkappa} = 0{,}055$ mm ($\log (10^3\, D_{S\varkappa}/\text{cm}) = 0{,}74$), $T_{S\varkappa} = -81$ °C in Abb. 3 richtig wiedergegeben wird. Dieser Wert ist um 25% größer als der für Rechteckproben und in Anbetracht der Vereinfachungen der

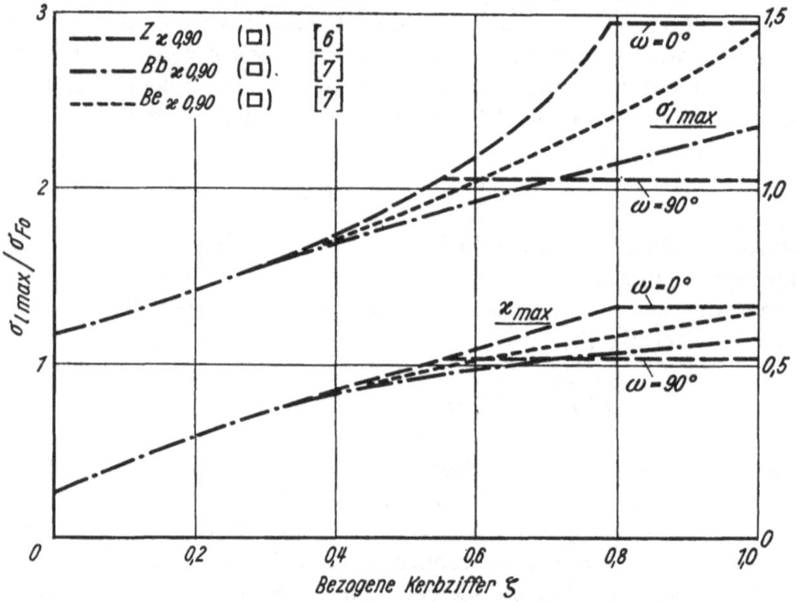

Abb. 5. Verlauf der größten Mehrachsigkeitszahl $\varkappa_{\max}$ und der größten Lösungsspannung $\sigma_{l\max}$ im Prüfquerschnitt gekerbter Proben in Abhängigkeit von der bezogenen Kerbziffer ζ für dieselben Prüfbedingungen wie in Abb. 4. Aus [6]

Theorie durchaus verträglich mit den Ergebnissen derselben, besonders da er die theoretischen Werte für $\zeta \to 1$ nicht übersteigt. Wenn der Wert (16) und die berechneten Werte für $\zeta \to 1$ als zutreffend angesehen werden, also angenommen wird, daß die Kurven in Abb. 5 schon bei $\zeta = 0{,}5$ nahezu die Werte für $\zeta = 1$ angenommen haben, so folgt daraus, daß $T_{S\varkappa}$ von $\zeta = 0{,}5$ bzw. von $\varkappa_y = 0{,}3$ an nicht mehr wesentlich zunehmen kann. Diese Folgerung wird aber gerade durch die Versuche bestätigt [11]. Es darf daher mit großer Wahrscheinlichkeit angenommen werden, daß nicht der in Abb. 5 wiedergegebene, sondern der oben genannte Verlauf von $\varkappa_{\max}$ als Funktion von ζ zutrifft. Damit wird auch zum Ausdruck gebracht, daß die nach Gl. (15) berechneten Werte von $\varkappa_{\max}$ zuverlässiger sind als die zur Zeit mit den Methoden der mathematischen Plastizitätstheorie berechenbaren Werte.

Die Bedeutung von Gl. (15) liegt darin, daß sie es gestattet, die Sprödbruchtemperatur in Abhängigkeit vom Spannungszustand und von der Korngröße zu berechnen, wenn die Kurven $\sigma_F = \sigma_{F0}(1/\sqrt{D})$ für ungekerbte Proben in Abhängigkeit von der Temperatur gemessen worden sind, damit die Funktionen $\sigma_{K0} = \sigma_{K0}(T)$ und $k_{y0} = k_{y0}(T)$ und der Wert von k_{s0} bestimmt werden können. In technischer Hinsicht bedeutet dies die Bestimmung der Temperatur, bei welcher sich ein vorhandener oder durch eine zufällige Überbeanspruchung erzeugter Riß, der einen scharfen Kerb mit parallelen Flanken darstellt, noch ohne vorhergehende merkliche plastische Verformung ausbreiten kann. Es wird allerdings zweckmäßig sein, nicht von der Prüfbedingung Z_0 auszugehen und den großen Abstand zur Bedingung $Z_{\varkappa 0}$ rechnerisch zu überbrücken, sondern eine näher gelegene Bedingung, etwa $Z_{\varkappa 90}$ zu benutzen, um dadurch die Spanne zu $Z_{\varkappa 0}$ möglichst gering zu halten.

Für das Problem des Sprödbruchs in Konstruktionen kommen jedoch noch einige schwerwiegende Umstände hinzu, die heute noch nicht vollständig beherrscht werden können. Im folgenden wird versucht, diese Probleme zu umreißen.

Bisher sind nur kleine Beanspruchungsgeschwindigkeiten betrachtet worden, wie sie bei den statischen oder quasistatischen Versuchen vorliegen. Wenn aber ein Riß durch einen Stoß schon zu Beginn eine gewisse Geschwindigkeit erhalten hat, so liegt seine Sprödbruchtemperatur höher als für einen langsam fortschreitenden Riß, und sie wird um so höher, je größer seine Geschwindigkeit wird. Nun läßt sich zwar der Einfluß der Geschwindigkeit grundsätzlich richtig beschreiben [12], aber es ist noch nicht möglich, ihn im Einzelfall zahlenmäßig hinreichend genau vorauszusagen. Die Kerbschlagversuche kommen dem entgegen, da sie den Einfluß einer hohen Beanspruchungsgeschwindigkeit bereits erfassen.

Der weitaus schwierigere Umstand ist jedoch, daß in Konstruktionen eine hinreichende Sicherheit gegen Sprödbruch vorgesehen werden muß. Dieses Problem wäre nicht schwerwiegend, wenn sich an den spröden Bruch sofort der zähe Bruch anschließen würde; denn dann wäre bei einer um wenig, beispielsweise 10 °C über der Sprödbruchtemperatur gelegenen Temperatur die Sprödbruchgefahr beseitigt. Zwischen dem spröden und dem zähen Bruch ist jedoch der Bereich des verformungsarmen Trennbruchs eingeschaltet, in dem dem Bruch zwar eine gewisse plastische Verformung vorausgeht, dieser sich aber sprödbruchartig ausbreitet, wenn er einmal eingeleitet ist. Eine ausreichende Sicherheit gegen einen solchen verzögerten Sprödbruch ist nur oberhalb dieses Temperaturbereiches gewährleistet.

Hierbei erhebt sich die Frage, durch welches Merkmal das Ende des Trennbruchbereiches gekennzeichnet ist. Der heute üblichen Auswertung der Kerbschlagversuche entspricht es, hierfür einen bestimmten Arbeitswert a_k je Einheit der Kerbquerschnittsfläche anzusehen. Diese Größe erfüllt aber nicht alle Wünsche. So ist sie nicht unabhängig von den Probenabmesseungen und ergibt besonders bei verschiedenen Probenformen nicht dieselbe Einstufung der Stähle. Es muß aber bemerkt werden, daß dies nur für Stähle innerhalb bestimmter Gruppen zutrifft, daß aber diese Gruppen selbst immer gleich eingestuft werden. Es ist jedoch gerade dieser Umstand, der die Erörterungen um die Kerbschlagprobe nicht hat verstummen lassen. Der Grund hierfür liegt darin, daß die Tiefe der plastisch verformten Zone und die Verteilung des Verformungsgrades über dieselbe von der Form der Probe und des Kerbs wie auch vom Werkstoff abhängen. Gleiche Werte von a_k bedeuten also nicht unbedingt gleiches Werkstoffverhalten. In diesem Zusammenhang ist in den letzten Jahren die Arbeit je Volumeneinheit wieder in den Vordergrund gerückt worden [13]. Diese Bestrebungen verdienen Beachtung.

Der Kerbschlagversuch in seiner heutigen Form ist aber sicher besser, als die oft pessimistischen Erörterungen vermuten lassen. Zweifellos würde seine einfache Durchführung und Auswertung allein nicht dazu berechtigen, ihn beizubehalten, wenn er grundsätzlich untauglich wäre. Das ist aber nicht der Fall, wie nicht zuletzt die mit ihm gewonnenen Erfahrungen zeigen, die es gestatten, die Verwendungsmöglichkeiten eines Stahls recht zuverlässig zu beurteilen. Soweit seine Auswertung verbesserungsbedürftig ist, ist der Grundlagenforschung die Aufgabe gestellt, seine Aussagen zu deuten und dadurch beizutragen, die gewonnenen Erfahrungen zu festigen oder zu ergänzen. Nach Ansicht des Verfassers ist diese Aufgabe lösbar, wenn die Erkenntnisse der Metallphysik und der Werkstoffmechanik in der richtigen Form angewendet werden. Ein Schritt in dieser Richtung ist mit den vorliegenden Untersuchungen versucht worden.

Wie gut die Ergebnisse von Kerbschlagversuchen mit denen von statischen Versuchen übereinstimmen können, sei an Hand von Abb. 3 erläutert. Neben den besprochenen Kurven ist die Kurve für die Übergangstemperatur $T_{ü\varkappa}$ eines Stahles ähnlicher Zusammensetzung wiedergegeben [14]. Die Meßpunkte, die nur wenig um diese Gerade streuen, sind nicht eingetragen. Die Versuche erfolgten mit ISO-Spitzkerbproben. $T_{ü\varkappa}$ ist bestimmt worden als diejenige Temperatur, bei welcher der kristalline Anteil der Bruchfläche 75% beträgt, entsprechend einer Kerbschlagzähigkeit von ungefähr 1,7 kg m/cm². Da dieser Wert recht gering ist, so sind die Voraussetzungen für einen Vergleich der Kurve für $T_{ü\varkappa}$ mit den Kurven für T_{S0} und $T_{S\varkappa}$ günstig. Tatsächlich ordnet sich die Kurve gut ein, denn sie besitzt die Neigung, die die beiden anderen Kurven in dem betreffenden Temperaturbereich besitzen. Diese Einordnung besagt, daß sich der Übergang von den statischen Versuchen zu den Kerbschlagversuchen in ähnlicher Weise durch eine Verkleinerung von k_s beschreiben läßt wie bei ersteren von ungekerbten zu gekerbten Proben. Im einzelnen bedürfen diese Verhältnisse noch der genaueren Untersuchung.

Abschließend sei noch auf einen metallurgischen Gesichtspunkt hingewiesen, der in den Gl. (9) und (15) zum Ausdruck kommt. Die Kurven in Abb. 3 erhalten von großen zu kleinen Korngrößen hin eine flachere Neigung. Dies besagt, daß die Sprödbruchtemperaturen bei kleinen Korngrößen höher liegen, als es der Fall wäre, wenn die Kurven ihre Neigung bei großen Korngrößen beibehalten würden. Im letzteren Fall würde die Sprödbruchneigung bei kleinen Korngrößen wesentlich geringer sein als sie tatsächlich ist. Bestimmend für die flacher werdende Neigung der Kurven ist in erster Linie der Umstand, daß k_{y0} und $k_{y\varkappa}$ nach Abb. 2 bei höheren Temperaturen nahezu temperaturunabhängig sind, nach tieferen Temperaturen hin aber stark zunehmen. Dieses Anwachsen ist wiederum eine Folge davon, daß das erwähnte Loslösen der blockierten Versetzungen einen durch die Wärmeschwingungen des Gitters beeinflußten (thermisch aktivierten) Vorgang darstellt, und deshalb die mitwirkende äußere Spannung um so größer sein muß, je tiefer die Temperatur ist. Daraus folgt, daß metallurgische Maßnahmen, die die Blockierung der Versetzungen durch Kohlenstoff- oder Stickstoff-Wolken vermindern, zu einer Verminderung der Sprödbruchneigung führen. Diese Maßnahmen können darin bestehen, daß Elemente zulegiert werden, die eine hohe Affinität zu den genannten Zwischengitteratomen besitzen, wie z. B. Aluminium, Chrom und Titan. Diese binden die Zwischengitteratome stärker an sich als die Eisenatome und treten dadurch gegenüber den Versetzungen, die ebenfalls bestrebt sind, die Zwischengitteratome an sich zu binden, stärker in Erscheinung, d. h., sie wirken in Richtung einer Verminderung der Wolkenbildung. Noch günstiger ist die Wirkung von Elementen, die im Eisen löslich sind und gleichzeitig das γ-Feld erweitern, wie z. B. Nickel. Auch wenn diese Stähle ferritisch sind, wird bei ihnen die Beweglichkeit der Zwischengitteratome in der Umgebung der Nickelatome herabgesetzt und dementsprechend die Neigung zur Wolkenbildung an den Versetzungen. Sind die Gehalte der in Frage kommenden Elemente so hoch, daß die Stähle stabil austenitisch sind, so ist die Versprödung überhaupt aufgehoben.

Zusammenfassung

Ausgehend von den Bedingungen für das Wachstum eines vorhandenen Risses wird der Versetzungsmechanismus zur Erzeugung eines wachstumsfähigen Risses besprochen und die Gleichung für die Sprödbruchspannung abgeleitet. Zusammen mit der Gleichung für die Fließgrenze bestimmt sie die Sprödbruchtemperatur. Es wird ausgeführt, wie diese durch einen mehrachsigen Spannungszustand beeinflußt wird. Die erhaltene Gleichung gestattet es, die Sprödbruchtemperatur in Abhängigkeit vom Spannungszustand und von der Korngröße in guter Übereinstimmung mit den Versuchsergebnissen zu beschreiben. Abschließend werden die Folgerungen für technische Fragestellungen besprochen und ausgeführt, welche Probleme im Zusammenhang mit der Kerbschlagprüfung noch zu lösen sind.

Literatur

[1] Fracture. Herausgeg. von B. L. Averbach, D. K. Felbeck, G. T. Hahn u. D. A. Thomas. The Technology Press of MIT, John Wiley u. Sons Inc. u. Chapman u. Hall Ltd. New York u. London 1959.

[2] Kochendörfer, A., a) Neuere Vorstellungen über den Mechanismus des spröden und des zähen Bruchs von Metallen. Materialprüfg. 3 (1961) 266–274. b) Physikalische Probleme des spröden Bruchs von Metallen. Z. angew. Phys. 14 (1962) 129–138.

[3] Kochendörfer, A., Physikalische Grundlagen der F[illegible]ungsfestigkeit von Metallen. Stahleisen-Sonderber., Heft 5. Verlag St[illegible]eldorf 1963.

[4] IRWIN, G. R., Fracture. Handb. Phys., herausgeg. v. S. FLÜGGE, Bd. VI, S. 551—590. Springer-Verlag, Berlin 1958.
[5] KOCHENDÖRFER, A., SCHREINER, H., Der Einfluß der Korngröße und des Spannungszustandes auf die Sprödbruchtemperatur von Stählen. Arch. Eisenhüttenwes., demnächst. — Auch Diplomarbeit von H. SCHREINER an der Universität Köln 1964.
[6] KOCHENDÖRFER, A., SCHÜRENKÄMPER, A., Spannungszustand und Ausbildung der Fließzonen in gekerbten Zug- und Biegeproben und ihr Einfluß auf das Festigkeits- und Formänderungsverhalten der Werkstoffe. Arch. Eisenhüttenwes. **32** (1961) 689—699.
[7] KOCHENDÖRFER, A., KRIEGER, D., Der Einfluß von Probenform und Beanspruchungsart auf das Sprödbruchverhalten von Stählen. Arch. Eisenhüttenwes., demnächst. — Auch Diplomarbeit von D. KRIEGER an der Universität Köln 1963.
[8] OROWAN, E., NYE, J. F., CARIUS, W. J., Notch brittleness and ductile fracture in metals. Ministry of Supply, Arm. Res. Dpt. Res. Rep. No. 16, 1945.
[9] HILL, R., The mathematical theory of plasticity. Clarendon Press, Oxford 1950.
[10] GREEN, A. P., HUNDY, B. B., Initial plastic yielding in notch bend tests. J. Mech. Phys. Sol. **4** (1956) 128—144.
[11] KOCHENDÖRFER, A., SCHOLL, H., Die Sprödbruchneigung von Stählen in Abhängigkeit von Spannungszustand und Temperatur. Stahl u. Eisen **77** (1957) 1006—1018.
[12] WELLINGER, K., WITTWER, H.-J., Zur Frage des Sprödbruchs unlegierter Stähle bei schlagartiger Beanspruchung. Arch. Eisenhüttenwes. **34** (1963) 125—134.
[13] GILLEMOT, L., Der Einfluß mehrachsiger und ungleichmäßig verteilter Spannungszustände auf die Werkstoffeigenschaften. Acta Techn. Acad. Scient. Hungaricae **35/36** (1961) 165—184.
—, Beurteilung der Schweißbarkeit an Hand der Brucharbeit. Schweißtechn. **13** (1963) 305—311.
—, MATTHAES, K., Die Brucharbeit als Qualitätszahl und Werkstoffkonstante. Z. Metallkde. **53** (1962) 265—271.
[14] HESLOP, J., PETCH, N. J., The ductile brittle transition in the fracture of mild steel. Phil. Mag. **3** (1958) 1128—1136.
[15] NEUBER, H., Kerbspannungslehre. 2. Aufl. Springer-Verlag, Berlin usw. 1958.
[16] KOCHENDÖRFER, A., Die Festigkeits- und Formänderungseigenschaften der Metalle bei tiefen Temperaturen. Z. Metallkde. **51** (1960) 73—80.
[17] HEMPEL, M., Dauerfestigkeit und Kerbwirkung. Draht **5** (1954) 208—211.
[18] KNOTT, I. F., COTTRELL, A. H., Notch brittleness in mild steel. J. Iron Steel Inst. **201** (1963) 249—260.
[19] SCHMIEDEL, H., Über Untersuchungen zur Kerbschlagzähigkeit von Baustählen. Techn. Wiss. Abh. ZIS Halle (Saale), Nr. 23 (1963) 4/1—4/12.
[20] LOW, J. R. JR., A review of the microstructural aspects of cleavage fracture. In [1] 68—90.

Diskussion

Dr. P. TÄUBERT,
Physikalisches Institut der Humboldt-Universität Berlin:

Sie haben den mehrachsigen Spannungszustand immer inhomogen erzwungen. Man kann aber doch zum Beispiel bei Rohren durch Innendruck oder Zug und Torsion auch mehrachsige Spannungszustände, aber homogen, erzeugen.

Prof. Dr. A. KOCHENDÖRFER:

Damit bei Rohren ein hinreichend homogener Spannungszustand erzielt wird, müssen diese genügend dünn, d. h. ihre Wandstärke genügend klein gegenüber ihrem Durchmesser sein. Der Spannungszustand ist dann näherungsweise zweiachsig und seine Mehrachsigkeitszahl günstigenfalls

$$\varkappa = 1 - \sqrt{3/2} = 0{,}134 \quad \text{für} \quad \sigma_2 = \sigma_1/2 \,.$$

Bei den besonders wichtigen Spannungszuständen, die für das Wachstum von Rissen maßgebend sind, treten aber nach Abb. 5 Werte von $\varkappa_{max}$ bis zu 0,7 auf, und solche Spannungszustände können nur als inhomogene Spannungszustände verwirklicht werden.

Dipl.-Ing. Krüger,
Magdeburg:

Für die Praxis ist der Zahlenwert von $\varkappa$ von großer Bedeutung. Liegt ein mehrachsiger Spannungszustand vor, bei dem die Spannungen bekannt sind, so kann die Größe $\varkappa$ nach Mises errechnet werden. Im Falle eines Kerbes sind die Ergebnisse der Berechnung aus der Kerbform recht unsicher. Sie haben die Kerbziffer ζ wahrscheinlich deshalb eingeführt, weil die Berechnung von $\varkappa$ aus der Form recht schwierig ist und kleine Unterschiede von α_k, bei dem auch die Kerbtiefe berücksichtigt wird, erhebliche Unterschiede in der Sprödbruchtemperatur ergeben.

Prof. Dr. A. Kochendörfer:

Bei der Berechnung der Spannungen in Konstruktionen wird elastisches Verhalten zugrunde gelegt. Die Spannungen lassen sich dann z. B. nach H. Neuber [15] recht zuverlässig berechnen, auch unter Berücksichtigung von Kerbform (Flankenwinkel) und Kerbtiefe. Bei der Beurteilung des Sprödbruchverhaltens müssen aber das plastische Fließen im Kerbgrund und die dadurch bedingte Beeinflussung des Spannungszustandes in Betracht gezogen werden. Die Berechnung dieses Spannungszustandes ist wesentlich schwieriger als die des elastischen, jedoch bereits in guter Näherung möglich, wie an Hand von Abb. 4 ausgeführt wurde.

Wenn eine Probe zunächst durch die Kerbziffer a/ϱ oder die bezogene Kerbziffer ζ gekennzeichnet wird, so ergibt sich dies daraus, daß bei elastischer Beanspruchung bei tiefen hyperbolischen Kerben diese Größe den Spannungszustand und damit die zu seiner Kennzeichnung meist benutzte Formzahl α_k vollständig bestimmt. Kerbform und Kerbtiefe bedingen dann Korrekturen, die bei H. Neuber [15] tabelliert sind. Für die Fließgrenze kommt die Beanspruchungsart als weitere Einflußgröße hinzu, so daß sich die in Abb. 4 dargestellte weite Auffächerung der Kurven, die durch die Versuche bestätigt wird, ergibt. Das Gefühl, die anschaulich gut faßbare Kerbziffer bestimme vorwiegend das Werkstoffverhalten, wenn Fließen eintritt, trügt also, wie die Abbildungen 4 und 5 einprägsam zeigen. Da die Beeinflussung von α_k und $\varkappa_y$ oder $\varkappa_{max}$ durch die Prüfbedingungen ganz unterschiedlich ist, so kennzeichnet α_k das Fließ- und Sprödbruchverhalten eines Werkstoffes nicht ausreichend.

Dr. Täubert,
Berlin:

Das Sprödbruchverhalten wurde im Gebiet tiefer Temperaturen oder bei hohen Geschwindigkeiten untersucht. Dasselbe Material zeigt nun nach höheren Temperaturen hin die Blaubruchsprödigkeit. Der Streckgrenzenwert steigt an, jedoch fehlt der Effekt der oberen und unteren Streckgrenze.

Prof. Dr. A. Kochendörfer:

Die Versprödung im Blaubruchgebiet, die nicht einen echten Sprödbruch ergibt, sondern nur eine Verminderung der Brucheinschnürung gegenüber den umgebenden Temperaturbereichen, ist darauf zurückzuführen, daß in diesem Temperaturbereich optimale Bedingungen für eine Alterung, also für eine Bildung der Wolken um die Versetzungen während eines Versuchs bestehen.

Dipl.-Ing. KRÜGER,
Magdeburg:

Sie haben in Ihrem Vortrag darauf hingewiesen, daß $\varkappa$ auch experimentell aus der Streckgrenze einer gekerbten Probe bestimmbar ist. Das kann sowohl an einer Zug- als auch an einer Biegeprobe erfolgen. Würde es für die Praxis ausreichen, wenn man den Einfluß eines Kerbes an einer Zug- oder Biegeprobe feststellt?

Prof. Dr. A. KOCHENDÖRFER:

Wenn $\varkappa_y$ mit einer bestimmten Probe, z. B. Zugprobe oder Biegeprobe, ermittelt wird, so gilt dieser Wert nur für diese Probe. An Hand von Abb. 4 läßt sich dann aber beurteilen, wie groß $\varkappa_y$ unter anderen Bedingungen ist.

Prof. HIEKE,
Halle:

Haben Sie ihre Betrachtungen schon auf Untersuchungen des Sprödbruches bei Dauerwechselbeanspruchung ausgedehnt?

Prof. Dr. A. KOCHENDÖRFER:

Nicht in größerem Umfange, nur qualitativ [16]. Grob gesprochen wird der Bruch bei Wechselbeanspruchung schon durch die ersten plastischen Verformungen im Kerbgrund ausgelöst, ist also wesentlich durch α_k bestimmt und nicht durch $\varkappa_y$. Aber auch hierbei bestehen zusätzliche, noch nicht voll geklärte Einflüsse. Die Wirkung von Kerben wird daher durch die Kerbwirkungszahl β_k bezeichnet, die das Verhältnis der Wechselfestigkeit σ_{wo} ungekerbter Proben zu der Wechselfestigkeit σ_{wk} gekerbter Proben angibt. Im Idealfall sollte $\alpha_k = \beta_k$ sein, tatsächlich ist der Kerbeinfluß meist geringer, also $\beta_k < \alpha_k$. Vgl. hierzu [17].

Dr.-Ing. BLUMENAUER,
Magdeburg:

Sie haben die Bruchuntersuchungen durch Bestimmung der Reißfestigkeit im statischen Zugversuch im Bereich sehr tiefer Temperaturen durchgeführt. Es gibt die Möglichkeit, diese Temperaturgrenze nach oben zu verschieben, indem man die Untersuchung im Kerbschlag-Biegeversuch durchführt. Die neuen Geräte des VEB Werkstoffprüfmaschinen, Leipzig, ermöglichen eine einwandfreie Registrierung der Schlagkraftverformungsdiagramme.

Prof. Dr. A. KOCHENDÖRFER:

Ja, das stimmt. Die Versuchsergebnisse von I. F. KNOTT und A. H. COTTRELL [18] bei statischer Versuchsführung sind im Vortrag zusätzlich angeführt worden, aber in dem vorliegenden Bericht nicht enthalten. Es wurde hier nur kurz darauf hingewiesen, daß durch die Versuche von K. WELLINGER und H.-J. WITTWER [12] der Einfluß der Geschwindigkeit auf die Erhöhung der Sprödbruch- oder Übergangstemperatur in Übereinstimmung mit den Ergebnissen der Grundlagenforschung wiedergegeben wird, ohne auf den Temperaturverlauf der Reißspannung oder Reißkraft bei fester Geschwindigkeit näher einzugehen. Der Abfall dieser Größen mit abnehmender Temperatur zu den durch α_k bestimmten Grenzwerten hin wird allgemein beobachtet, und bei um so höherer Temperatur beginnend, je höher die Geschwindigkeit ist, wie z. B. die von H. Schmiedel [19] mit dem Rotationsschlagwerk des VEB Werkstoffprüfmaschinen, Leipzig, durchgeführten Versuche ergeben haben.

Prof. Hieke,
Halle:

Sie gingen stets vom inhomogenen Spannungszustand aus. Beim Sprödbruch ohne Kerb stellt sich doch diese Inhomogenität im Verlaufe des Bruches von selbst ein.

Prof. Dr. A. Kochendörfer:

Dadurch, daß ein sich ausbreitender Riß in einer vorher glatten Probe einen scharfen Kerb mit parallelen Flanken darstellt, entsteht ein inhomogener Spannungszustand, der die beschriebenen örtlichen plastischen Verformungen zur Folge hat und z. B. zur Verbreiterung der Röntgenreflexe Anlaß gibt. Weiterhin aber treten noch Störungen auf, die im Grunde davon unabhängig sind, nämlich Stufen und Flußlinien, bedingt durch das Mikrogefüge (Korngrenzen, Kleinwinkelkorngrenzen), und die mit dem Rißwachstum verbundenen Wellen. Vgl. hierzu [20]. Die Sprödbruchtemperatur einer bestimmten, gekerbten oder ungekerbten Probe ist aber bestimmt durch ihren ursprünglichen Spannungszustand, denn sie stellt die Temperatur dar, bei der unter diesem Spannungszustand ein wachstumsfähiger Riß eben entstehen kann, ehe eine makroskopische Verformung eintritt. Infolge des mit dem Riß selbst verbundenen Spannungsfeldes kann sich dieser jedoch noch bei Temperaturen oberhalb der Sprödbruchtemperatur der Probe sprödbruchartig ausbreiten.

Dipl.-Phys. Paufler,
Dresden:

Bei Einkristallen beobachtet man, besonders bei tiefen Temperaturen, eine Bevorzugung einzelner kristallographischer Ebenen als Spaltfläche. Gilman hat vorgeschlagen, diese Erscheinung durch unterschiedliche Oberflächenenergien zu erklären. Daraus könnte man schließen, daß für die Rißentstehung die Gleitebene, für die Rißbildung die Ebene mit der kleinsten Oberflächenenergie verantwortlich ist.

Prof. Dr. A. Kochendörfer:

Diese Frage ist schwer zu beantworten, da die wirksame Oberflächenenergie γ^e oder γ^b größenordnungsmäßig größer ist als die eigentliche Oberflächenenergie γ°. Trotzdem kann letztere für die Auswahl der Reißebene maßgebend sein, denn die plastischen Verformungen erfolgen zeitlich vor der Rißbildung. Bei den kubisch-raumzentrierten Metallen, also besonders bei Eisen und den weichen Stählen, kann zudem durch eine Versetzungsreaktion die beobachtete Würfelebene als Reißebene begünstigt werden. Ein Unterschied zwischen Rißentstehung und Rißausbreitung besteht nicht.

Preuss,
Berlin:

Wir haben Untersuchungen durchgeführt, aus denen hervorgeht, daß beim spröden Bruch der Temperatureinfluß auch bei Kühlung in flüssigem Stickstoff nicht als vernachlässigbar angesehen werden kann. So finden z. B. bei Polyäthylen, dessen Wärmeleitfähigkeit gegenüber Metallen geringer ist, in der Umgebung des Kerbgrundes derartig starke Temperaturerhöhungen infolge mikroplastischer Vorgänge statt, daß nicht mehr die äußere Kühltemperatur als die für den eigentlichen Bruchvorgang maßgebliche Temperatur anzusehen ist. So konnten beispielsweise beim Bruch von Polyäthylen in flüssigem Stickstoff Schmelzerscheinungen nachgewiesen werden.

Prof. Dr. A. Kochendörfer:

Sie haben recht, daß die Temperaturerhöhung durch die Verformungswärme berücksichtigt werden muß. Bei den Metallen ist aber die Ableitung der Wärme bedeutend größer als bei den von Ihnen erwähnten Kunststoffen und dementsprechend die Temperaturerhöhung geringer. Sie macht sich im Gebiet des Sprödbruchs nicht bemerkbar, wohl aber im Gebiet des Verformungsbruchs und kann dort bei hoher Beanspruchungsgeschwindigkeit bis zu 50 °C je 10% örtlicher Dehnung betragen. Sie beeinflußt die Sprödbruchtemperatur nicht, wohl aber die durch eine bestimmte Formänderung oder Formänderungsarbeit bestimmte Übergangstemperatur. Dieser bisher wenig beachtete Umstand muß also auch in Betracht gezogen werden.

Dr. rer. techn. Arthur Hentsch

Abteilungsleiter im Forschungsinstitut für metallische Spezialwerkstoffe Dresden der Deutschen Akademie der Wissenschaften zu Berlin

TEXTURBILDUNG DURCH KALTVERFORMUNG

Wenn man einen Werkstoff einer Kaltverformung unterwirft, so wird das Verhältnis seiner Länge zu seinem Querschnitt geändert. Nimmt man als einfaches Beispiel ein Kaltwalzen an und vernachlässigt dabei die relativ geringe Breitung, so muß z. B. einem Abwalzen auf 50% der ursprünglichen Stärke eine Längung des Werkstoffs um 100% entsprechen, da das spezifische Gewicht des Werkstoffes praktisch erhalten bleibt. Die eingetretene Verformung kann mikroskopisch durch das Strecken der Kristallite verfolgt werden. Das übliche mikroskopische Bild, gibt jedoch normalerweise keinen Hinweis über etwaige Änderungen und Verlagerungen der Elementarzellen innerhalb der Kristallite, sofern man von der Ausbildung etwaiger Gleitlinien und ähnlicher Erscheinungen absieht. Es ist erwiesen, daß sich die Elementarzellen bei der Verformung im wesentlichen nicht ändern, d. h. daß der Gitterabstand und das Kristallsystem im allgemeinen erhalten bleiben. Damit kann eine Verformung nur in der Weise zustande kommen, daß die einzelnen Elementarzellen oder Komplexe der Elementarzellen gegeneinander verlagert werden.

Hierbei könnte man etwa an 3 Möglichkeiten denken, die in der folgenden Abb. 1 mit ihren Teilskizzen verdeutlicht werden sollen. Skizze *a* stellt einen Schliff des ungeordneten Ausgangsmaterials dar mit einer schematisierten Andeutung der Elementarzellen. Wenn bei einer Kaltverformung die Elementarzellen rein translatorische Bewegungen ausführen, wird sich zwar das Bild der Kristallit-

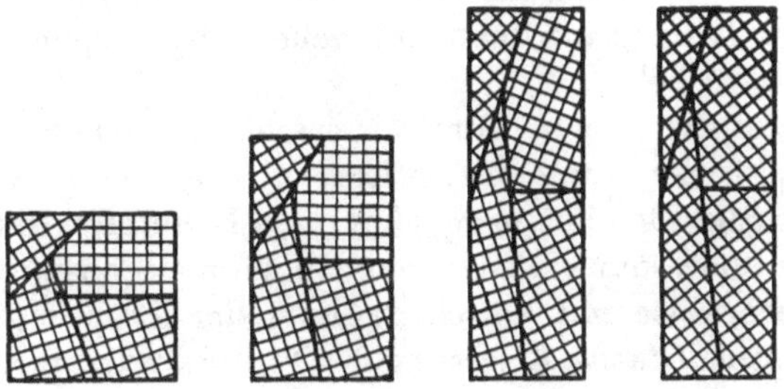

a) b) c) d)

Abb. 1. Anordnung der Elementarzellen bei Verformung

a) Ausgang ungeordnet, b) verformt ungeordnet, c) verformt Textur, d) Quasieinkristall

grenzen ändern, die Orientierung der Elementarzellen wird aber erhalten bleiben. Damit wird im Endzustand das Gefüge nach wie vor ein untergeordnetes sein, wie aus Skizze *b* zu entnehmen ist. Dieser Fall wird bei geringen Verformungsgraden im allgemeinen beobachtet. Bei stärkeren Verformungen besteht darüber hinaus die Möglichkeit, daß neben Translationen auch Drehungen der Elementarzellen eintreten können, wodurch die Tendenz zu einer Ausrichtung bemerkbar werden kann. Dieser Zustand wird durch die Skizze *c* angedeutet. Natürlich kann dabei im allgemeinen nicht von einer vollständigen Ausrichtung die Rede sein. Eine vollständige Ausrichtung würde einem Quasi-Einkristall entsprechen und würde ein Aussehen zeigen, das schematisch in Skizze *d* wiedergegeben ist. Es ist zu betonen, daß mit den besprochenen Verformungsarten nicht alle Möglichkeiten erschöpft sind, wovon später noch die Rede sein wird.

Die vollständige und auch teilweise Ausrichtung der Elementarzelle in einem vielkristallinen Werkstoff wird bekanntlich als Textur bezeichnet. Die Ausbildung von Texturen beim Kaltziehen und Kaltwalzen soll Thema der folgenden Ausführungen sein.

Dabei sollen im I. Teil die röntgenographischen Verfahren zur Feststellung der Texturen und im II. Teil charakteristische Merkmale der Texturen beschrieben werden. Im III. und IV. Teil sollen darauf die heutigen Vorstellungen über das Zustandekommen der Texturen und einige Beispiele über den Einfluß der Textur auf die Werkstoffeigenschaften gebracht werden.

I. Röntgenographische Verfahren zur Feststellung von Texturen

Die Feststellung von Texturen erfolgt heute fast ausnahmslos mit Hilfe von Röntgenfeinstrukturmethoden. Bei Bestrahlung eines ungeordneten polykristallinen Metalls mit monochromatischer Röntgenstrahlung bilden sich Interferenzkegel aus, die auf einem Planfilm aufgefangen als kontinuierliche kreisförmige Schwärzungsringe in Erscheinung treten. Beim Vorliegen einer Textur ziehen sich diese Röntgeninterferenzen auf Kreissektoren zusammen. Auf Grund der Lage und Intensität der Interferenzen und unter Berücksichtigung des Einstrahlungswinkels ist es möglich, die Anordnungen der Netzebenen der Kristallite bzw. ihrer Normalen zu ermitteln und mit Hilfe von Aufnahmeserien Polfiguren aufzustellen. Das Auswertungsverfahren, auf das nicht näher eingegangen werden soll, geht auf Schmid [1] u. a. zurück.

Die meisten der in der älteren Literatur erschienenen Polfiguren wurden mit Hilfe der photographischen Aufnahmemethode erhalten und haben im allgemeinen auch prinzipiell richtige Ergebnisse geliefert. Als Nachteil wirkte sich bei dieser Methode aus, daß zumeist nur die Texturen von dünnen Folien untersucht werden konnten, da üblicherweise mit Durchstrahlung der Proben gearbeitet wurde. Außerdem war die quantitative Erfassung des Texturgrades durch visuelle Schätzung der Filmschwärzung unmöglich.

Die photographische Texturauswertung hat durch Einführung des Zählrohrverfahrens eine Verbesserung erfahren, insbesondere da dieses Verfahren den

Abb. 2. Texturgoniometer (Siemens)

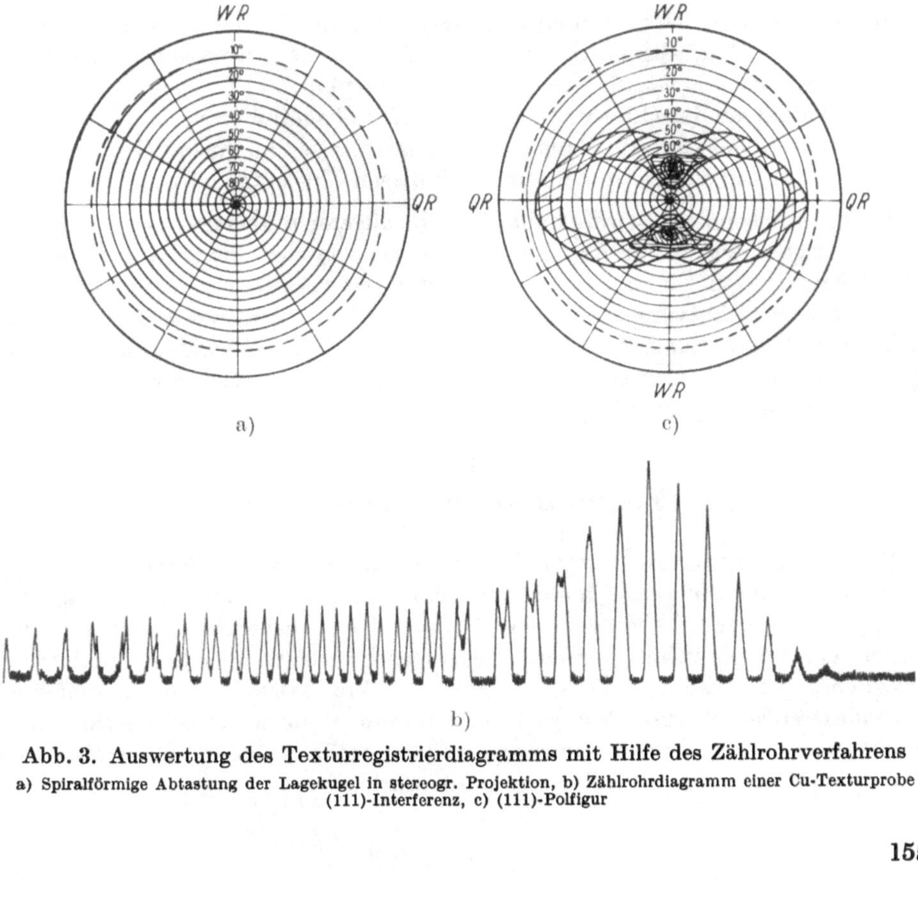

Abb. 3. Auswertung des Texturregistrierdiagramms mit Hilfe des Zählrohrverfahrens

a) Spiralförmige Abtastung der Lagekugel in stereogr. Projektion, b) Zählrohrdiagramm einer Cu-Texturprobe (111)-Interferenz, c) (111)-Polfigur

Vorteil einer größeren Genauigkeit mit sich bringt und auch weniger zeitaufwendig ist. Zur Seriendurchführung derartiger Untersuchungen sind Texturgoniometer entwickelt worden, von denen Abb. 2 das Texturgoniometer der Firma Siemens zeigt. Durch Drehung unter gleichzeitig sich ändernder Neigung der zu untersuchenden Texturprobe ist es möglich, die über der Probe gedachte Lagekugel in einer Spirale gewissermaßen auf die „Normalenhäufigkeit" einer bestimmten Netzebene abzutasten. Die längs der Spirale sich ergebenden Interferenzintensitäten werden in einem Registrierdiagramm festgehalten. Abb. 3 zeigt in Teil *a* die spiralförmige Abtastung der Lagekugel in stereographischer Projektion.

Im Teil *b* wird das Beispiel eines üblichen Registrierdiagramms gebracht ((111)-Diagramm einer Cu-Probe). Schließlich wird im Teil *c* die Übertragung des Registrierdiagramms in das Spiralbild *a* wiedergegeben, wodurch sich die gesuchte Polfigur ergibt. Es ist auf diese Weise möglich, zumindest halbquantitative Polfiguren aufzustellen. Noch einfacher gestaltet sich das Verfahren bei der Untersuchung von Drahtproben, bei denen von vornherein eine Zentralsymmetrie der Probentextur vorausgesetzt werden kann. Die beschriebene Methode dürfte den technischen Anforderungen weitgehend entsprechen [2].

Bei genauer Betrachtung des Verfahrens stellt sich allerdings heraus, daß in der beschriebenen Form noch nicht alle Wünsche hinsichtlich einer Texturauswertung restlos erfüllt sind. Der Nachteil liegt darin, daß infolge der geometrischen Gegebenheiten die Lagekugel nicht bis zu dem Äquator abgetastet werden kann und eine Breitenzone von ca. 15° sich der Beobachtung entzieht. Dies wirkt sich z. B. bei der Aufnahme der (100)-Polfiguren von Würfellagetexturen aus, wo maßgebliche Intensitätsmaxima am Rand der Polfigur zu liegen kommen. Es sind jedoch Möglichkeiten aufgezeigt worden, um auch diesem Übelstand zu begegnen [3].

Die beschriebene Polfigurdarstellung ist die allgemein übliche. In jüngster Zeit erfolgt hin und wieder die Auswertung in Form von sog. „inversen Polfiguren". Bei ihnen wird ein Überblick über den Anteil der verschiedenen [uvw]-Kristallrichtungen in technisch interessierenden Probenrichtungen, wie z. B. der Drahtachse, der Walzrichtung etc., wiedergegeben; in ihren Ergebnissen sind diese Diagramme wohl leichter zu verstehen, jedoch ist ihre Auswertung wesentlich komplizierter [4, 5, 6, 7, 8].

II. Charakteristische Merkmale der Texturen

Entsprechend ihrer technischen Bedeutung sind die Kaltverformungstexturen an praktisch allen in Frage kommenden Reinmetallen und an einer Unzahl von Legierungen untersucht worden. Im Rahmen der vorliegenden Arbeit soll, wie bereits eingangs erwähnt, nur ein allgemeiner Überblick über Zieh- und Walztexturen gegeben werden, wobei auch nur die kflz.-kristallisierenden und krz.-kristallisierenden Werkstoffe berücksichtigt werden sollen. Diese Beschränkung ist schon aus dem Grunde zu vertreten, weil der größte Teil der technisch einsetzbaren Werkstoffe von dieser Gruppe erfaßt wird.

a) Ziehtexturen

Die Ziehtexturen sind relativ leicht zu überblicken. Beim Ziehen durch konische Düsen erfährt der Draht in Längsrichtung eine Zugbeanspruchung. Außerdem tritt infolge der Einengung in der Düse senkrecht zur Ziehrichtung in dem Draht eine allseitig gleich radiale Druckbelastung auf. Beim Auftreten einer Textur sollte deshalb eine Orientierung um die Drahtachse am ehesten zu erwarten sein. Dies ist auch zumeist der Fall.

Es bilden sich dabei Fasertexturen aus, deren Untersuchungen zu den ältesten Arbeiten auf dem Texturgebiet zählen. Die krz.-kristallisierenden Werkstoffe und auch die krz.-kristallisierenden Legierungen erfahren dabei eine Orientierung in der Weise, daß sich eine Würfelflächendiagonale [110] parallel zur Drahtachse anordnet. Um diese Richtung sind die Elementarzellen beliebig angeordnet, wie es im Teil *a* von Abb. 4 gezeigt wird. Legt man die Projektion der Lagekugel in eine Ebene durch die Drahtachse, so erhält man als Polfigur Breitenkreise, wie in dem untersten Teil von Abb. 4a am Beispiel der (111)-Polfigur gezeigt wird.

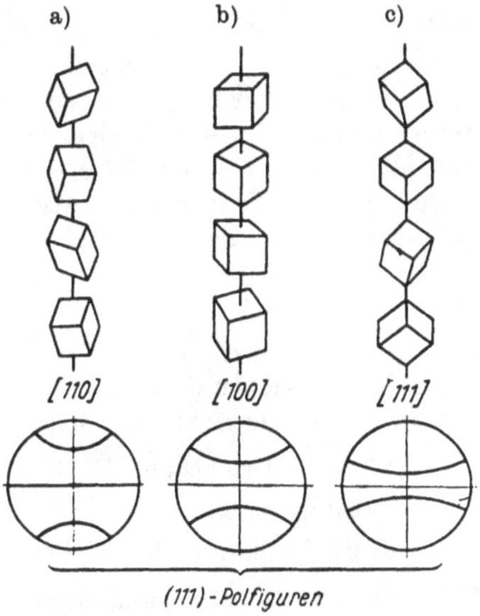

Abb. 4. Anordnung der Elementarzellen
a) bei [110]-Fasertextur,
b) bei [100]-Fasertextur,
c) bei [111]-Fasertextur
mit (111)-Polfiguren

Durch die auftretenden Streuungen werden im praktischen Fall die linienförmigen Breitenkreise zu Bändern verbreitert. Zumeist wird in der Literatur auf derartige Polfiguren verzichtet, weil die Indizierung der Faserachse und die Angabe der Streuung im allgemeinen zur Charakterisierung der Textur genügen. Drähte der kflz.-kristallisierenden Metalle weisen demgegenüber eine doppelte Fasertextur [111] + [100] auf, in dem Sinn, daß sich teilweise Würfelflächennormalen, teilweise aber auch Würfelraumdiagonalen parallel zur Drahtachse ausrichten. Ähnliche Ergebnisse werden auch an kflz.-kristallisierenden Legierungen erhalten. Bei heterogenen Legierungen tritt zumeist keine gegenseitige Beeinflussung der Textur der einzelnen Phasen ein, jedoch sind auch Abweichungen von dieser Regel zu finden. Wie in Abb. 4a für krz.-kristallisierende Metalle sind in Abb. 4b und 4c die Anordnungen von kflz.-kristallisierenden Werkstoffen schematisch mit den Faserachsen [100] und [111] wiedergegeben. Darunter befinden sich als Beispiele die entsprechenden Polfiguren der (111)-Ebenen.

Der unterschiedliche Anteil der [111]- und [100]-Textur sowohl an Proben ein- und desselben Metalls als auch der verschiedenen Metalle untereinander sind Gegenstand von Untersuchungen gewesen.

Im allgemeinen können diese Ergebnisse als gesichert gelten. Differenzen beziehen sich zumeist nur auf den Grad der Texturausbildung und ihrer Streuung. Sie können zumeist auf die Unterschiedlichkeit in der Technologie zurückgeführt werden. Als maßgeblicher Faktor hebt sich natürlich der Ziehgrad hervor. Röntgenographisch nachweisbare Fasertexturen setzen eine Mindestverformung voraus, deren Größe in der Literatur sehr verschieden angegeben wird. Der Grund liegt darin, daß der kritische Verformungsgrad nicht nur von dem zu untersuchenden Metall, z. B. Cu, Au etc. abhängt, sondern wesentlich auch vom Anlieferungszustand, dem Probendurchmesser, der Korngröße, der Reinheit, den Ziehbedingungen etc.

Mit steigendem Verformungsgrad nimmt die Texturausbildung zu, um zumeist bei Ziehgraden über 90% ein Optimum zu erlangen. Es ist ebenfalls darauf hinzuweisen, daß die Textur sich nicht homogen über den Drahtquerschnitt ausbildet, wie schon frühzeitig von Schmid und Wassermann nachgewiesen wurde [10]. Hinsichtlich der Textur weisen die Oberflächenschichten die größten Störungen auf, während sie in den innersten Teilen des Querschnittes am reinsten ausgeprägt sind.

b) Walztexturen

Bei den Walztexturen heben sich auf Grund der technologischen Bearbeitung 3 natürliche Bezugsrichtungen hervor:

1. die Walzrichtung,
2. die Querrichtung,
3. die Blechnormalen-Richtung.

Man könnte zunächst vermuten, daß sich bei den Kaltwalztexturen ähnlich wie bei den Fasertexturen eine bestimmte kristallographische Richtung parallel zur Walzrichtung und eine andere kristallographische Richtung parallel zur Querrichtung einstellt.

Dies würde bedeuten, daß die Textur durch die Feststellung der kristallographischen Richtung parallel zur Walzrichtung und der Netzebene parallel zur Walzebene, d. h. der Blechoberfläche, charakterisiert werden könnte. Dies ist jedoch im allgemeinen nicht der Fall. Viel eher sind die Texturen in der Regel derartig streuend, daß mit der Angabe einer Idealverteilung zumeist nicht viel gewonnen ist. Die Beschreibung von Walztexturen wird deshalb fast ausnahmslos in Form von Polfiguren vorgenommen. Zur erschöpfenden Beurteilung ist es außerdem notwendig, die Verteilung verschiedener niedrig indizierter (hkl)-Netzebenen hinzuzuziehen. Für die krz.-kristallisierenden Werkstoffe werden dabei zumeist die (100)- und (110)-Polfiguren angegeben; für die kflz.-kristallisierenden Werkstoffe eignen sich besser die (100)- und (111)-Polfiguren.

Im Rahmen einer kurzen Übersicht kann natürlich nicht auf nähere Einzelheiten eingegangen werden. Aus der folgenden Abb. 5 sollen deshalb nur einige Merkmale der Kaltwalztextur von krz.- und kflz.-kristallisierenden Werkstoffen herausgelesen werden. Die Polfigur der krz.-kristallisierenden Werkstoffe, wie αFe, W, Mo, Nb, Ta, V, Cr kommen dem Typ der Abb. 5a nahe. Bei kflz.-kristallisierenden Werkstoffen sind zwei Grundformen zu unterscheiden, welche durch die Abb. 5b und 5c gekennzeichnet sind. Nach dem Typ von Abb. 5b bilden sich die Walztexturen von Cu, Ni, Pt, Au, Al aus, während Ag die Walztextur der Abb. 5c zeigt.

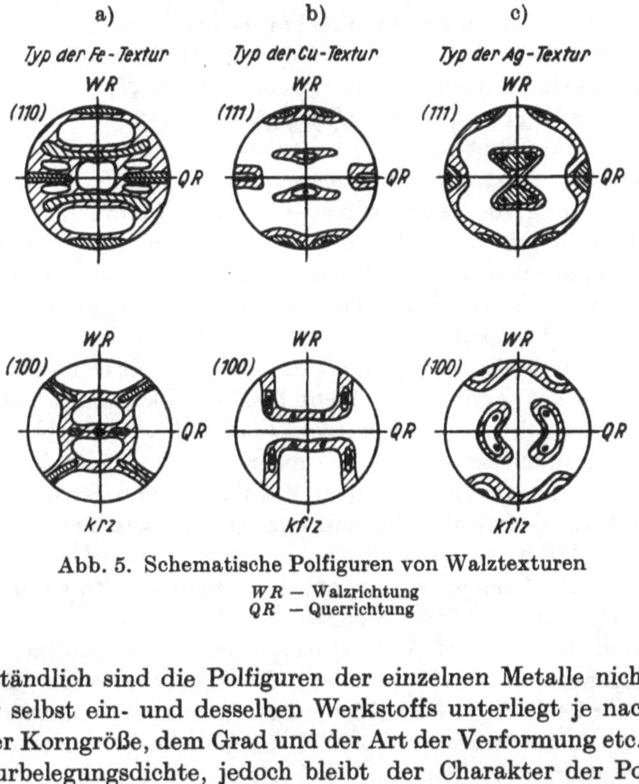

Abb. 5. Schematische Polfiguren von Walztexturen
WR — Walzrichtung
QR — Querrichtung

Selbstverständlich sind die Polfiguren der einzelnen Metalle nicht kongruent. Die Polfigur selbst ein- und desselben Werkstoffs unterliegt je nach dem Reinheitsgrad, der Korngröße, dem Grad und der Art der Verformung etc. Änderungen in der Texturbelegungsdichte, jedoch bleibt der Charakter der Polfiguren verschiedener Metalle weitgehend erhalten und die Änderung der Polfigur der verschiedenen Reinmetalle innerhalb der 3 genannten Gruppen unterscheidet sich kaum von den Änderungen, welche Polfiguren ein- und desselben Metalles in den Untersuchungen verschiedener Autoren aufweisen.

Zur kurzen Kennzeichnung der Textur ist man bestrebt gewesen, die Textur — oder zumindest die Schwerpunkte der Textur — durch Ideallagen zu beschreiben. Die Angaben erfolgen in der Weise, daß die zur Walzebene bevorzugt parallel ausgerichteten Netzebenen und die kristallographische Orientierung gegenüber der Walzrichtung in der Form (hkl) [uvw] genannt wird. Infolge der großen Streuung der Texturen ist eine Vielzahl derartiger Ideallagen vorgeschlagen worden. Bei den kflz.-kristallisierenden Werkstoffen sind es mehr als 15 Lagen. Die Beschreibung der Texturen durch Superposition verschiedener Ideallagen ist ohne Zweifel lückenhaft und hat prinzipielle Nachteile. Je kürzer sie ist, um so mehr verliert sie an Aussagewert, da über die Streuung zu wenig gesagt wird. Außerdem stellt sich heraus, daß die Schwerpunkte der Textur durchaus nicht immer in den zu fordernden Winkelabständen liegen.

Vom theoretischen Standpunkt ist die Angabe von Ideallagen jedoch von Interesse, weil die theoretischen Arbeiten vielfach darauf abzielen, diese Lagen zu erklären. Vergleicht man die in Abb. 5a dargestellte Polfigur von Fe mit der in Abb. 4a wiedergegebenen Polfigur, so ist eine prinzipielle Ähnlichkeit mit Teilen der Fasertextur nicht zu verkennen. Von WASSERMANN wurde deshalb vermutet, daß beim Auftreten von Walztexturen sich gewisse Netzebenennormalen nach bestimmten Bezugsrichtungen des Bleches orientieren [11]. Es wurde deshalb vorgeschlagen, die Walztextur als Überlagerung mehrerer Fasertexturen zu charakterisieren. Aber auch mit diesem Verfahren wird man den Anforderungen an eine vollkommene Texturbeschreibung nicht gerecht.

Es bleibt noch übrig, die Textur der kubisch-kristallisierenden Legierungen zu erwähnen. Bei den krz.-kristallisierenden einphasigen Mischkristallegierungen ergeben sich gegenüber den Standardtexturen keine grundsätzlichen Änderungen. Der Unterschied erstreckt sich hauptsächlich auf die Ausmaße der Streuung, wobei sich der Zusatz verschiedener Elemente recht verschieden auswirken kann. Dies gilt insbesondere für Fe-Legierungen, die entsprechend ihrer technischen Bedeutung häufig untersucht worden sind. Wenn hierbei jedoch auch erhebliche Abweichungen von der Regel beobachtet werden, so sind diese wahrscheinlich weniger auf Legierungszusammensetzung als vielmehr auf den Einfluß von Zwischenglühungen und sonstigen technologischen Maßnahmen zurückzuführen.

Anders liegen die Verhältnisse bei den kflz.-kristallisierenden Werkstoffen, wo durch Legierungsbildung der Cu-Texturtyp vielfach in den Ag-Texturtyp hinüberwechselt. Ein Beispiel bilden Ms-Sorten, bei denen mit Zn-Gehalten > 6 Gewichts-% die typische Ag-Textur festgestellt wird.

Das Auftreten des Cu- und Ag-Texturtyps bei kflz.-kristallisierenden Werkstoffen ist eingehend untersucht worden. Dabei wurde festgestellt, daß beim Walzen von Cu unter flüssiger Luft sich die Ag-Textur ergibt und umgekehrt durch Walzen bei einer Temperatur von ca. 200 °C in Ag die Cu-Textur auftritt. Analoge Beobachtungen wurden auch an anderen Legierungen gemacht.

Ähnlich wie bei den Drahttexturen werden auch bei den Walztexturen Inhomogenitäten festgestellt. Vielfach sind die Kristallite der Oberfläche in wesentlich geringerem Maße orientiert, mitunter weisen sie sogar eine prinzipiell andere Textur als im Blechinnern auf, ohne daß bisher ein Grund hierfür gefunden wurde. Bei Blechstärken < 1 mm nehmen die Inhomogenitäten ab. Wie zu erwarten, nimmt die Schärfe der Textur mit dem Verformungsgrad zu, bei Verformungen über 80% ist im allgemeinen mit keiner Verbesserung der Textur zu rechnen.

Jedoch nimmt bei gleichem Walzgrad die Textur zu, je dünner die Endstärke des Bleches ist. Das Auftreten der ersten Anzeichen einer Textur hängt von den zu untersuchenden Werkstoffen ab. Bei Stahl werden Verformungsgrade von 30 bis 40%, bei Cu ab 50%, bei Ms zwischen 40—50% als Anhaltswerte genannt.

Das Zusammenwirken von Zieh- und Walztexturen erhält man, wenn Drähte zu Bändern flachgewalzt werden. Dieses Verfahren bietet technologische Vorteile, da sich damit zumeist ein seitliches Beschneiden der schmalen Bänder erübrigt, zum anderen aber mitunter auch spezielle Textureigenschaften für technische Zwecke ausgenutzt werden können.

Abb. 6 zeigt die (111)-Polfigur eines flachgewalzten Cu-Drahtes. In die experimentell aufgenommene Polfigur wurde dazu noch das theoretisch zu erwartende Bild der [100] + [111]-Fasertextur eingetragen. Man sieht, daß die sich ergebende Textur des flachgewalzten Drahtes einen Übergang von der Fasertextur des Drahtes zur Walztextur des Bleches darstellt (vgl. dazu Abb. 4).

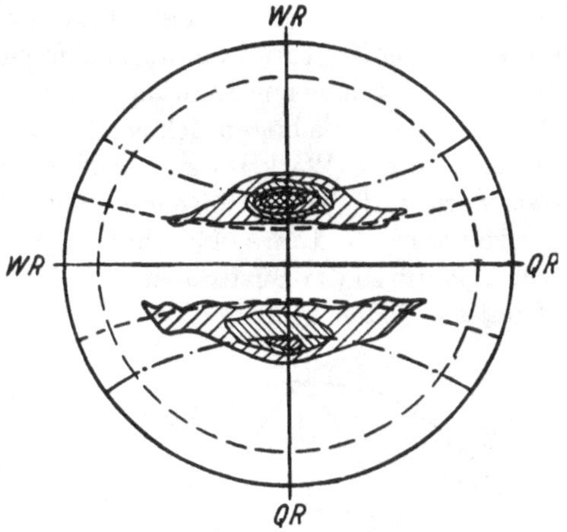

Abb. 6. (111)-Polfigur von flachgewalztem Cu-Draht

III. Deutung der Entstehung von Texturen

Wenn man sich die Aufgabe stellt, eine Deutung des Zustandekommens von Verformungstexturen zu geben, dürfte es angebracht sein, sich von vornherein darüber im klaren zu sein, was man bei einem derartigen Versuch erreichen kann. Bereits bei der Beschreibung der Texturen wurde auf die Vielzahl der Parameter hingewiesen, die das Polfigurenbild beeinflussen oder zumindest die Belegungsdichte recht veränderlich gestalten. Es erscheint deshalb kaum möglich, eine theoretische Berechnung von Polfiguren bis in alle Details durchzuführen, sondern es kann bestenfalls erwartet werden, das Auftreten charakteristischer Eigenschaften, wie etwa eine oder mehrere hervortretende Ideallagen und die Tendenz der Streuung, zu erklären.

Es liegt nahe, bei der Deutung der Kaltverformungstexturen polykristalliner Werkstoffe von den Erkenntnissen der plastischen Verformung am Einkristall auszugehen. Es ist bekannt, daß hierbei den Gleitprozessen eine fundamentale Bedeutung zu kommt. Als Gleitflächen wirken die dichtest belegten Netzebenen, d. h. bei den kflz.-kristallisierenden Werkstoffen die Oktaederflächen (111), bei den krz.-Werkstoffen die Dodekaederflächen (110). Dazu kommen noch die (120)-, (123)- und andere Ebenen. Als Gleitrichtungen ergeben sich die dichtest mit Atomen belegten Kristallrichtungen, d. h. in dem einen Fall die Würfelflächendiagonalen [110], im anderen Fall die Raumdiagonalen [111]. In polykristallinen ungeordneten Werkstoffen ist infolge der verschiedenen Orientierung die Bereitschaft zur Gleitverformung in den einzelnen Körnern verschieden. Als weitere Forderung kommt hinzu, daß der Zusammenhalt der Kristallkörner miteinander aufrechterhalten werden muß. Dieser Forderung kann dadurch entsprochen werden, daß bei der Verformung nicht nur *ein* Gleitsystem, sondern mehrere Gleitsysteme wirksam werden müssen. Wie von v. Mises nachgewiesen wurde, sind hierfür im allgemeinsten Fall 5 Gleitsysteme notwendig. Die verschiedenen Erklärungsversuche der Texturen unterscheiden sich zum großen Teil durch die Zahl der Gleitsysteme, welche zur Deutung herangezogen werden. Als kristallographisch gleichwertige Systeme bieten sich bei den kflz.-kristallisierenden Werkstoffen 12 Systeme, bei den krz.-Werkstoffen sogar 48 Systeme an, wodurch die Übersichtlichkeit erschwert wird. Da im folgenden vielfach auf Texturen der kflz.-Werkstoffe eingegangen wird, sind in Abb. 7 ihre Gleitelemente zusammengestellt, wobei die Gleitebenen durch die Buchstaben $A-D$, die Gleichrichtungen durch die Zahlen I—VI unterschieden werden.

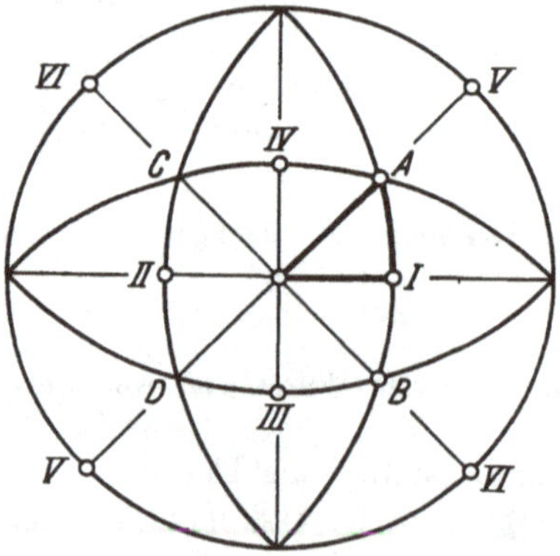

Abb. 7. Stereographische Darstellung eines kubischen Kristalls mit Gleitebenen $A - D$ und Gleitrichtungen I—VI (Diagrammittelpunkt: Punkt W)

Bei der Deutung der Texturen ist es im Rahmen dieser Arbeit nicht möglich, auf alle diesbezüglichen Arbeiten einzugehen. Im wesentlichen sollen deshalb nur die Hypothesen von Boas und Schmid [12], von Calnan und Clews [13, 14] und von Taylor [15] kurz wiedergegeben werden.

Boas und Schmid gehen bei der Erklärung der Texturen von einer Mehrfachgleitung mit 3 Gleitsystemen aus. Mit Hilfe der bekannten Schmidschen Schubspannungsformel rechnen sie für sämtliche Zugrichtungen innerhalb des stereographischen Einheitsdreiecks ($\Delta A W I$ in Abb. 7) die 3 höchsten Schubkomponenten in den 12 angegebenen Gleitsystemen aus, welche gleichzeitig die 3 besten Gleitmöglichkeiten darstellen. Dabei zeigt sich z. B., daß in der Umgebung um den Dreieckspunkt A die Translationsrichtungen I, IV und V besonders wirksam sind. Es wird deshalb angenommen, daß die Texturorientierung nach der Richtung erfolgt, die symmetrisch zu den Richtungen I, IV, V liegt. Dies ist die Raumdiagonale A [111]. Dieser Befund wird in Abb. 8 wiedergegeben, in dem die Tendenz der Texturausrichtung durch Pfeile im stereographischen Einheitsdreieck eingetragen ist. Ähnlich ergibt sich für das Gebiet um den Dreieckspunkt W eine Ausrichtung nach W [001] und schließlich für das Gebiet c um I eine vorläufige Orientierung nach der [112]-Richtung. Eine endgültige Ausrichtung nach [112] kann jedoch nicht eintreten, da hierbei die Grenze der Gebiete a und b getroffen wird, von wo aus eine Umorientierung nach A [111] bzw. W [001] erfolgt.

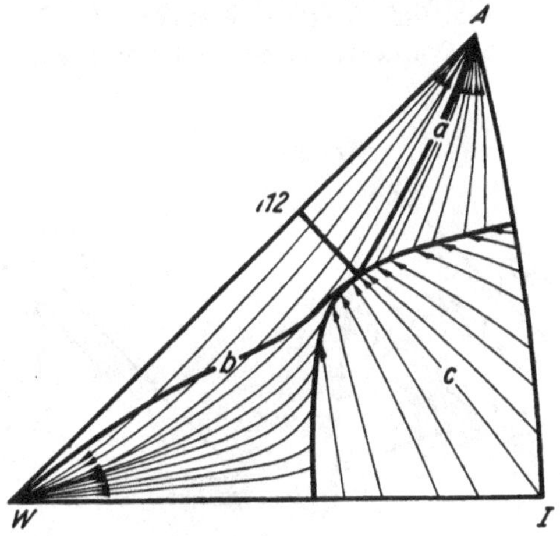

Abb. 8. Orientierungstendenz bei Ziehtextur an einem kflz.-Werkstoff (nach Boas und Schmid)

Als Ergebnis kann festgestellt werden, daß sich als Orientierung der Ziehtextur an kflz.-kristallisierenden Werkstoffen eine doppelte Fasertextur nach [111] + [100] herausstellt, wie sie tatsächlich experimentell nachgewiesen wurde. Analoge Überlegungen wurden ebenfalls für Stauchtexturen angestellt. Die Walztextur wurde von Schmid und Boas als Auswirkung einer Zieh- und Stauchverformung angesehen und führt nach ihren Überlegungen zu der Ausrichtung (110) [$1\bar{1}2$].

Bei dem hohen Gewicht, welches Boas und Schmid der Symmetrie der Gleitrichtungen zuerkennen, ist es nicht verwunderlich, daß sich als Endorientierungen nur Lagen mit hoher Symmetrie d. h. solche mit niedriger Indizierung ergeben.

Hochindizierte Orientierungen, die evtl. zur Deutung der Streuung der Gesamtpolfigur verwendet werden könnten, können damit nicht erfaßt werden.

Es muß weiterhin zugegeben werden, daß bei den Erklärungen von Boas und Schmid der Einfluß der Nachbarkörner auf die Texturausrichtung eines Korns unberücksichtigt bleibt. Diesem Mangel sucht die Texturdeutung von Calnan und Clews zu begegnen. Die beiden Autoren nehmen an, daß infolge der Anwesenheit der Nachbarkristalle das Zustandekommen der Gleitung behindert wird mit dem Erfolg, daß sich auf allen operierenden Gleitsystemen zunächst gleiche Schubspannungen ausbilden. Bei Erhöhung der Schubspannung kommt schließlich eine Vielfach-Gleitung zustande, die der Einhaltung der Kompatibilitätsbedingung, d. h. der Forderung des Zusammenhalts der einzelnen Kristallkörner, entspricht. Durch das bloße Abgleiten ändert sich jedoch nicht die Kristallorientierung, so daß damit auch keine Textur entsteht. Neben dieser Verformung tritt jedoch auch der Fall ein, daß an bestimmten Kristallkörnern, z. B. an der Oberfläche oder an den Körnern, an denen sehr hohe seitliche Spannungen entstehen, eine Einfach- und Doppelgleitung ermöglicht wird.

Die auftretenden Verlagerungen werden in Abb. 9 in den verschiedenen Teilen des stereographischen Einheitsdreiecks untersucht. Als Beispiel soll wiederum nur die Zugtextur bei kflz.-Werkstoffen betrachtet werden.

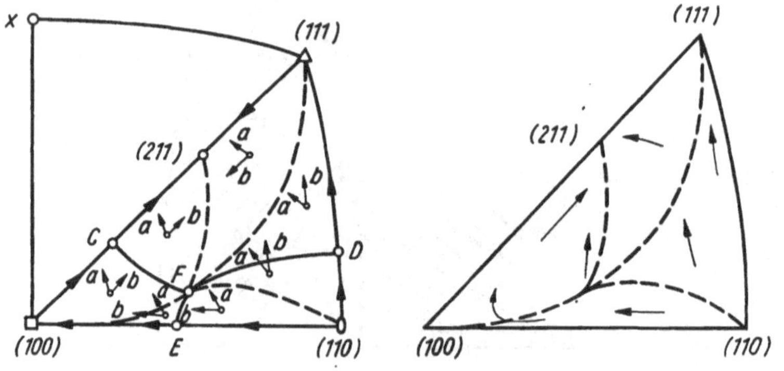

a) b)

Abb. 9. Orientierung bei Zugtextur an kflz.-Werkstoffen (nach Calnan und Clews)
a) Drehrichtung bei einfacher Gleitung *a*, Drehrichtung bei Doppelgleitung *b*; b) Tendenz der Gitterdrehung

Tritt eine Einfachgleitung ein, so wird angenommen, daß die Gleitung innerhalb des günstigst gelagerten Gleitsystems erfolgt und dabei eine Drehung längs des Großkreises nach der wirksamen Gleitrichtung x erfolgt. Für einzelne Punkte des stereographischen Einheitsdreiecks sind diese Richtungen durch Pfeile mit dem Index a eingetragen.

Tritt Doppelgleitung ein, so soll eine Drehung in der Richtung der nächstgelegenen Dreieckseiten stattfinden, wie durch die Pfeile b in Abb. 9a angegeben wurde. Die allgemeine Tendenz der sich ergebenden Anordnungen in den einzelnen Teilen des Einheitsdreiecks ist in Abb. 9b festgehalten. Ähnliche Überlegungen werden auch für das Zustandekommen der Stauchtextur angestellt. Im Gegensatz zu dem experimentellen Befund an Ziehtexturen ist bei der Hypothese von CALNAN und CLEWS bei Zugtexturen ein wesentlicher Orientierungsanteil in der [112]-Richtung zu erwarten. Es ist allerdings zu berücksichtigen, daß diese Zugtexturen durch reine Zugbeanspruchung in Drahtachsenrichtung zustande kommen. Durch die Kombination von Längszug- und Radialdruckeinwirkung beim üblichen Drahtzug wird die zumeist sich ergebende [111] + [100]-Fasertextur plausibel gemacht. Analog findet auch die Walztextur ihre Erklärung, wobei die von CALNAN und CLEWS theoretisch geforderten Polfiguren angenähert den wirklich auftretenden Polfiguren entsprechen.

Auf Grund der von CALNAN und CLEWS entwickelten Hypothese sollten sämtliche kflz.-Werkstoffe den gleichen Texturtyp zeigen. Wie bei der Besprechung der Texturen hervorgehoben wurde, können jedoch 2 verschiedene Texturtypen bei den kflz.-kristallisierenden Werkstoffen unterschieden werden. Die Erklärung dieser Befunde wurde u. a. von HAESSNER [16] angestrebt. Die von CALNAN und CLEWS gegebene Deutung beruht auf der Annahme der Oktaeder-Gleitung. HAESSNER konnte zeigen, daß durch die Annahme einer zusätzlichen Nicht-Oktaeder-Gleitung die Möglichkeit einer Deutung besteht.

Wenn die Hypothese von CALNAN und CLEWS auch zunächst recht gute Ergebnisse liefert, so erscheinen die gemachten Annahmen nicht vollständig zwingend. Es ist auch nicht zu verkennen, daß die gegebenen Polfigurbilder nur als wahrscheinliche Näherung zustande kommen und nicht auf Grund einer exakten Berechnung.

Die Arbeiten von TAYLOR bauen zweifellos auf der solidesten Grundlage auf, wobei von vornherein die Kompatibilitätsforderung berücksichtigt wird. Zum Gleiten sind 5 Gleitsysteme vorzusehen. Aus der Vielzahl der zur Verfügung stehenden Gleitsysteme werden nach der Annahme von TAYLOR nur die 5 Gleitsysteme in Anspruch genommen, die nach dem Prinzip des kleinsten Zwanges für die Verformung am geeignetsten erscheinen. Da für kflz.-kristallisierende Werkstoffe 12 mögliche Gleitsysteme existieren und hieraus die verschiedenen Kombinationen von 5 Gleitsystemen auf Erfüllung der Minimalforderung zu prüfen sind, müssen hunderte von Rechnungen durchgeführt werden. Nachdem durch Rechnung festgestellt wurde, welche Systemgruppen in den verschiedenen Richtungen wirken, wird die Gitterdrehung vorausgesagt, die zur Ausbildung der Textur führt, wobei vorausgesetzt wird, daß jeder Kristallit sich in seiner Gestalt wie das Gesamtaggregat der Probe verformt. Unsicherheiten entstehen, wenn 2 verschiedene Gleitsystemgruppen in gleicher Weise der Minimalforderung entsprechen, womit die Drehung dann nach 2 oder mehreren Richtungen erfolgen kann.

Die Hypothese ist von TAYLOR nur auf Zug- und Drucktextur angewendet worden. In Abb. 10 sind die von ihm berechneten Drehungen in einem stilisierten stereographischen Einheitsdreieck für kflz.-kristallisierende Werkstoffe bei Zugbelastung eingetragen. Man entnimmt daraus, daß die experimentell gefundene doppelte Fasertextur [111] + [100] erklärt werden kann. Für den Fall der Drucktexturen wurden von BARRETT und LEVENSON [17] die von TAYLOR berechneten Kristallausrichtungen mit den experimentell festgestellten Orientierungen ver-

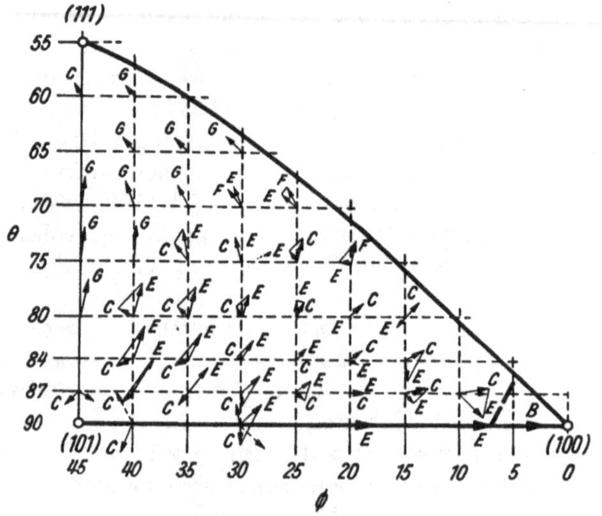

Abb. 10. Berechnete Gitterdrehungen kflz.-Kristalle bei Ziehtexturen (nach TAYLOR)

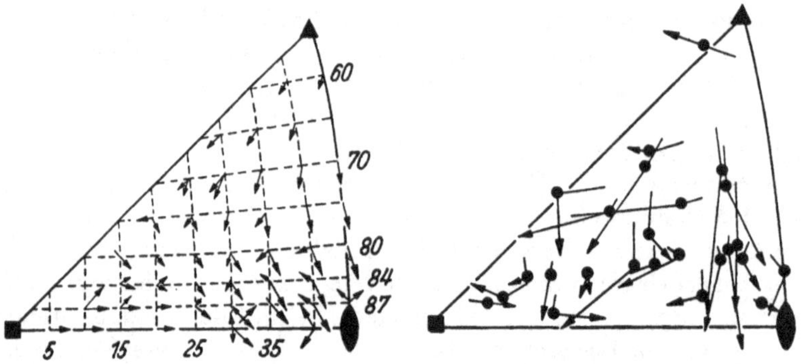

a) b)

Abb. 11. Berechnete a) und beobachtete Gitterdrehung b) bei Stauchtexturen (nach TAYLOR und BARRETT u. LEVENSON)

glichen. Die Ergebnisse sind in Abb. 11 gegenübergestellt. Es zeigt sich hierbei, daß in ungefähr der Hälfte aller Fälle die Vorhersage richtig war; ca. ein Drittel der Voraussagen entsprachen nicht dem experimentellen Befund, den Rest machten Fälle aus, in denen die Vorhersage ungewiß war.

Dieses Ergebnis führt zu der Erkenntnis, daß bei der bisherigen Deutung der Texturen durch Gleit- und Drehvorgänge sicher noch nicht alle maßgeblichen Faktoren berücksichtigt wurden. Nach derartigen Faktoren braucht nicht gesucht zu werden. Man kann z. B. an die Möglichkeit des Auftretens anderer Gleitsysteme denken, an die evtl. Überlagerung von Rekristallisation und Verformung während des Walzens bei bestimmten Werkstoffen, an Streckgrenzeneffekte etc. Weiterhin wird zumeist vorausgesetzt, daß der Spannungszustand über den einzelnen Kristalliten homogen sei, was sicher nicht der Fall ist. Beachtliche Änderungen der besprochenen Texturbildungen können durch mechanische Zwillingsbildung der Kristallite eintreten, wie insbesondere von WASSERMANN und Mitarbeitern gezeigt wurde. Nicht zuletzt haben die im letzten Jahrzehnt durchgeführten Arbeiten die Bildung von Deformationsbändern, die Bildung von Subkörnern etc. in den einzelnen Kristalliten aufgedeckt, Erscheinungen, die bisher zu einer Erklärung der Textur noch nicht herangezogen wurden, aber zweifellos die Ausbildung der Textur maßgeblich bestimmen. Zusammenfassend kann festgestellt werden, daß trotz beachtlicher Ansätze bisher noch keine allgemein befriedigende Deutung der Texturen gegeben werden kann.

IV. Beispiele des Einflusses der Texturen auf Werkstoffeigenschaften

Der Umfang der Literatur über Texturen hat vor allem im letzten Jahrzehnt sprunghaft zugenommen. Der Grund liegt nicht nur darin, daß die Texturprüfverfahren vereinfacht wurden, sondern vor allem auch in der wirtschaftlichen Bedeutung derartiger Untersuchungen.

Unangenehme Auswirkungen der Texturen waren schon lange bekannt, bevor man etwas von einer Textur wußte. Erinnert sei nur an die ungleichmäßige Verformung beim Tiefziehen, die sich u. a. als Zipfelbildung bemerkbar machen kann.

Im allgemeinen wird von einem Werkstoff ein isotropes Verhalten gefordert, und die technologischen Bemühungen sind zumeist darauf gerichtet, Texturen mit den damit verbundenen anisotropen Werkstoffeigenschaften zu vermeiden. Natürlich muß man sich davor hüten, jede richtungsabhängige Eigenschaft eines Werkstoffs als untrügliches Zeichen einer Textur anzusehen. Es ist bekannt, daß z. B. auch Zeilenbildung von schlanken Seigerungen, Poren etc. zu einer unangenehmen Anisotropie der physikalischen Eigenschaften führen können. Trotzdem ist der außerordentlich hohe Einfluß der Textur auf bestimmte physikalische Eigenschaften unzweifelhaft erwiesen. Daß derartige Änderungen eintreten müssen, leuchtet schon dadurch ein, daß die Größe des E-Moduls selbst an kubisch kristallisierenden Einkristallen in den verschiedenen Richtungen sich im Verhältnis 1:3 ändern kann.

Diese Tatsache führte dazu, in dem Auftreten von Texturen nicht nur unangenehme Begleiterscheinungen der Verformung zu sehen. Es können viel eher die Texturen in bestimmten Fällen auch dazu benutzt werden, extreme Eigenschaftswerte — wenn auch nur in bestimmten Richtungen — zu erzwingen. Zweifellos sind derartige Effekte an Einkristallen besonders offensichtlich. Es ist jedoch, abgesehen von Ausnahmefällen, bisher der Einsatz von großen Einkristallen nicht möglich gewesen. Die Texturen bilden den Übergang vom vielkristallinen ungeordneten Werkstoff zum Einkristall, und hierin liegt ihre große Bedeutung.

Die rechnerische Erfassung der Auswirkung der Textur von physikalischen Eigenschaften ist wiederholt versucht worden, doch stehen der Lösung dieser Aufgabe erhebliche Schwierigkeiten im Wege, selbst wenn einwandfreie inverse Polfiguren zur Verfügung stehen würden. Der Grund liegt darin, daß auch hier die gegenseitige Beeinflussung der Kristallkörner schwer in der Rechnung zu berücksichtigen ist. Außerdem sind bei Kaltverformungen die auftretenden inneren Spannungen nicht zu vernachlässigen, auf welche bestimmte physikalische Eigenschaften besonders empfindlich ansprechen. Am ehesten sind deshalb für theoretische Untersuchungen wärmebehandelte spannungsfreie Texturproben geeignet, wie z. B. Rekristallisationstexturen, die jedoch außerhalb des Rahmens dieser Arbeit liegen.

Bei den Kaltverformungstexturen dürften u. a. die mechanischen Eigenschaften noch am ehesten den Einfluß der Texturen aufzeigen. Als Beispiel zeigt Abb. 12 die Anisotropie des E-Moduls in einem 90% verformten Cu-Texturblech, aus dem ein Unterschied des E-Moduls von ca. 15% in den verschiedenen Richtungen ersichtlich ist. Ähnliche Untersuchungen sind u. a. auch an Stahl, FeNi- und Co-Legierungen durchgeführt worden.

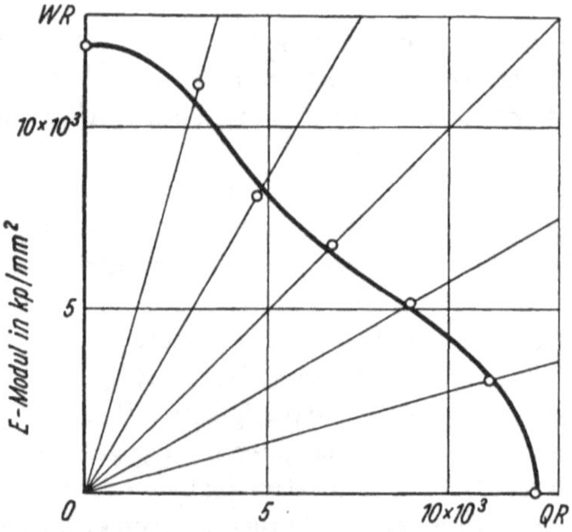

Abb. 12. Richtungsabhängigkeit des E-Moduls eines gewalzten Cu-Bleches

Der Einfluß der Textur auf die Höhe der $\sigma_{0,2}$-Grenze, auf die Festigkeit und Dehnung ist in zahlreichen Arbeiten behandelt worden. Von praktischem Interesse ist die Erhöhung der Biegezahl in bestimmten Richtungen von Texturblechen, welche zur Fertigung von unzerbrechlichen Aufzugfedern in Uhren verwendet werden.

Die Auswirkung der Textur auf physikalische Eigenschaften zeigt sich besonders deutlich bei nicht kubisch kristallisierenden Werkstoffen. Besonderes Interesse haben hierbei die technisch wichtigen hexagonal kristallisierenden Werkstoffe wie Zn, Mg und ihre Legierungen gefunden, wo z. B. richtungsabhängige Festigkeitserhöhungen bis 40% und höher genannt werden. Infolge des weniger starken symmetrischen Aufbaus der Elementarzellen derartiger Legierungen sind an ihnen vielfach auch Anisotropien festzustellen, die an kubisch kristallisierenden Werkstoffen nicht auftreten. Es sei in diesem Zusammenhang nur an die Anisotropie des Ausdehnungsverhaltens von texturbehafteten Zn- und Zn-Legierungen erinnert, die zur Temperaturkompensation des Trägheitsmomentes von Unruhkörpern in Uhren herangezogen werden.

Die Würfellagen und Großtexturen der FeNi- und FeSi-Legierungen, die auf Grund ihrer magnetischen Eigenschaften besondere Bedeutung erlangt haben, sollen in diesem Zusammenhang nicht besonders hervorgehoben werden, da bei diesen Werkstoffen nicht die in dieser Arbeit behandelten Kaltwalztexturen, sondern Rekristallisationstexturen zur Anwendung kommen.

Die kurze Übersicht dürfte bereits genügen, um die praktische Bedeutung der Texturen aufzuzeigen; das technische Interesse, welches mit den Texturen verbunden ist, dürfte auch in Zukunft dafür sorgen, daß die Untersuchungen auf dem Texturgebiet mit derselben Intensität wie bisher fortgeführt werden, und es ist zu hoffen, daß dabei die zur Zeit noch unbefriedigenden theoretischen Vorstellungen über das Zustandekommen der Texturen stärker fundiert werden.

Literatur

[1] Schmid, Röntgenogr. Untersuchungen statistischer Anisotropien in Kristallhaufwerken. Z. Phys. **56** (1929) 740–750.

[2] Neff, Grundlagen und Anwendung der Röntgenfeinstrukturanalyse. Oldenburg, München 1959.

[3] Wever, Bötticher, Zur Texturbestimmung nach dem Reflexionsverfahren. Arch. Ehw. **34** (1963) 205–210.

[4] Jetter, McHargue, Williams, Method of representing preferred orientation data. J. appl. phys. **27** (1956) 368–374.

[5] Harris, Quantitative measurements of preferred orientation in rolled U-Bars. Phil. mag. **43** (1962) 113–125.

[6] Mitchell, Rowland, Preferred orientation in α-U. Acta met. **2** (1954) 559–572.

[7] McHargue, Jetter, Use of Axis distribution charts to represent, sheet textures. Trans. AIME **218** (1960) 550–553.

[8] Müller, Knott, Chemock, Beck, Preferred orientation in rolled U-rods. Trans. AIME **212** (1958) 793.

[9] Wassermann, Grewen, Texturen metallischer Werkstoffe. Springer, Berlin 1962.

[10] Schmid, Wassermann, Über die Unterschiede von Kern- und Mantelzonen gezogener Drähte. Z. Metallkde. **19** (1927) 325–327.

[11] Grewen, Wassermann, Über die idealen Orientierungen einer Walztextur. Acta met. (1955) 354–360.

[12] Boas, Schmid, Zur Deutung der Deformationstexturen von Metallen. Z. techn. Phys. **12** (1931) 71–75.

[13] Calnan, Clews, Deformation textures in face centered cubic metals. Phil. mag. **41** (1950) 1085–1100.

[14] Calnan, Clews, The development of deformation textures in metals II; Body centered cubic metals. Phil. mag. **42** (1951) 616–635.

[15] Taylor, Plastic strain in metals. J. Inst. met. **62** (1938) 307–324.

[16] Haessner, Zur Theorie der Walztexturen kflz. Metalle. Z. Metallkde. **54** (1963) 98–111.

[17] Barrett, Structure of metals. Mc Graw Hill Book Comp. New York 1943.

Diskussion

Prof. Dr. Kochendörfer,

Max-Planck-Institut für Eisenforschung, Düsseldorf:

Wenn ich recht verstanden habe, ist nach Ihren Ausführungen nicht damit zu rechnen, daß sich bei der Verformung im Innern der Kristallite verschieden orientierte Bereiche bilden. Ich möchte in diesem Zusammenhang an Untersuchungen von WASSERMANN erinnern, der in Al-Stangen Einkristalle einbrachte und das Gesamtaggregat einem Ziehprozeß zuführte. Dabei zeigte sich, daß Einkristalle in verschiedene Bereiche aufgeteilt wurden. Der Versuch ist allerdings kein eindeutiger Hinweis für das Verhalten der Kristallite, da die Untersuchungskristallite größer als die normalen Kristallkörner waren. Es erscheint mir jedoch denkbar, daß in Anbetracht des auch von Ihnen erwähnten inhomogenen Spannungszustands innerhalb der Kristallite es vielleicht doch möglich ist, die Unstimmigkeiten zwischen den bisherigen Erklärungsversuchen und den wirklichen Ergebnissen zu beseitigen.

Dr. HENTSCH:

Bei den dargelegten Hypothesen wird eine Unterteilung der Kristallkörner in kleinere Kristallite mit verschiedener Orientierung nicht berücksichtigt. Wie ich jedoch ausführte, ist durch die Bildung von Subkörnern durchaus mit dieser Möglichkeit zu rechnen. Es ist allerdings zuzugeben, daß die bisherigen Hypothesen doch noch etwas unbefriedigend sind. Die Erklärung der Texturen muß die Drehprozesse der Kristallite bei den verschiedenen Orientierungen und bei Anwesenheit der Nachbarkristallite qualitativ und vor allem quantitativ verständlich machen. Die quantitative Berechnung der Drehungen steht jedoch zumeist aus, und wenn sie vorgenommen wird, sind Einwände berechtigt. Das Problem wird vor allem deshalb außerordentlich erschwert, weil der Einfluß der Nachbarkörner schwer zu erfassen ist.

Dr. KLEINSTÜCK:

Bei der qualitativen Texturbestimmung entstehen bei der üblichen Aufnahmemethode mit dem Zählrohrgoniometer Schwierigkeiten, indem charakteristische Pole am Rand der Polfigur nicht erfaßt werden. Außerdem erfassen die röntgenographischen Methoden vielfach nur eine dünne Oberflächenschicht. Diese Nachteile werden durch die Umstellung von Röntgen- auf Neutronenstrahlung umgangen. Der Zeitaufwand ist im Vergleich zu der röntgenographischen Methode nicht größer. Allerdings können derartige Untersuchungen nur am Reaktor durchgeführt werden, wodurch der Aufwand kostspielig wird.

Prof. Dr.-Ing. habil. Dr. rer. nat. Friedrich Eisenkolb

Direktor des Forschungsinstituts für metallische Spezialwerkstoffe Dresden der Deutschen Akademie der Wissenschaften zu Berlin

NEUE WEGE ZUR FESTIGKEITSSTEIGERUNG DURCH DISPERSIONSHÄRTEN UND FASERMETALLURGISCHE METHODEN

Dispersionsgehärtete Werkstoffe

Allgemeines

Feinkörnige metallische Werkstoffe weisen günstigere mechanische Eigenschaften auf als grobkörnige. Sie äußern sich in erhöhter Zugfestigkeit, aber auch in einer besseren Bildsamkeit und Zähigkeit. Soweit es sich um einphasige Werkstoffe handelt, in denen Beimengungen nur als Verunreinigungen auftreten, bringt man dieses Verhalten mit einer erhöhten Korngrenzenfestigkeit in Zusammenhang. Man weiß ferner vom Perlit, dessen Anteil im Gefüge die Eigenschaften eines normalgeglühten Stahls bestimmt, daß er um so fester und härter ist, je dünner seine abwechselnd aus Ferrit und Zementit bestehenden Lamellen sind. Führt man die Zementitlamellen durch eine besondere Glühbehandlung, das Weichglühen, in kleine Kristallkörner über, so sinken die Festigkeit und die Härte um einen wesentlichen Betrag. Aber auch von pulvermetallurgisch hergestellten Proben ist bekannt, daß ihre Härte um so größer ist, je feiner das Ausgangspulver war. Ich erinnere an die vor etwa 30 Jahren durchgeführten Untersuchungen von W. Trzebiatowski mit äußerst feinen Gold- und Nickelpulvern, die auf chemischem Wege erhalten wurden. Nach Preßdrücken von 30 Mp/cm^2 waren an den ungesinterten Proben Härtewerte zu beobachten, die weit über das hinausgingen, was man sonst durch Kaltverfestigung erreichen kann. So fand er z. B. bei Goldpulver nach dem Pressen eine Brinell-Härte von 145 kp/mm^2 gegenüber 71 kp/mm^2 bei kaltverfestigtem schmelzmetallurgisch gewonnenem Gold nach stärksten Verformungsgraden. Bei Kupferpulver waren die entsprechenden Werte 180 kp/mm^2 und 130 kp/mm^2. Sobald die Proben aber geglüht wurden und die feinen Teilchen sich zu gröberen vereinigten, fiel die Härte auf normale Beträge. Mit diesen Beispielen will ich darlegen, daß ein metallischer Werkstoff um so fester und härter ist, je feiner, also disperser, die Kristallite sind, die ihn aufbauen.

Der Ausdruck *Dispersionshärtung* selbst ist neueren Ursprungs. Er wurde geschaffen, als bereits Werkstoffe bekannt waren, die unter diesen Begriff fallen. Ausgangspunkt waren die um 1950 veröffentlichten Untersuchungen der Schweizer Irmann und von Zeerleder über das Al_2O_3-haltige Sinteraluminium, das nicht nur bei Raumtemperatur in der Festigkeit und Härte an die besten Aluminiumlegierungen heranreicht, sondern — und das ist noch wichtiger für den Werkstoff — in der Warmfestigkeit diese sogar übertrifft. Ich werde später auf diese Art des Sinteraluminiums, die unter dem Namen SAP bekannt geworden ist und heute technisch angewendet wird, noch zurückkommen. Hier sei lediglich bemerkt, daß die Untersuchungen am SAP zur Entwicklung neuer Werkstoffe und auch neuer Gewinnungsverfahren führten, wobei der Begriff Dispersionshärtung aufkam.

Wenn man die Literatur der letzten Jahre verfolgt, so kann man feststellen, daß es nicht leicht fällt, eine Definition für die Dispersionshärtung zu geben, die allgemeine Gültigkeit hätte. Die Meinungen gehen in manchen Punkten auseinander, zumal auch immer weitere Methoden zur Gewinnung derartiger Werkstoffe gefunden wurden. Für die nachfolgende Betrachtung möchte ich die Dispersionshärtung oder Dispersionsverfestigung (die Begriffe wurden aus dem Angelsächsischen übernommen) etwa wie folgt kennzeichnen: Steigerung der Festigkeit oder Härte eines metallischen Werkstoffes durch feindispers eingelagerte Teilchen, die im Grundmetall unlöslich sind und beim Erhitzen keine Veränderung erfahren. Ich muß allerdings gleich jetzt erwähnen, daß es sich dabei um einen Grenzfall handelt und in Wirklichkeit auch bei typisch hierher gehörenden Werkstoffen mit gewissen Veränderungen zu rechnen ist, sei es, daß die eingelagerten Teilchen doch eine gewisse Löslichkeit bei hohen Temperaturen aufweisen, oder daß sich feinere Teilchen zu größeren vereinigen. Auch Phasenumwandlungen oder Zersetzungen sind anzutreffen. Die Dispersionshärtung gilt dann nur für niedrigere Temperaturen.

Schon vor Bekanntwerden des SAP hat man von heute zur Dispersionshärtung angewandten Methoden Gebrauch gemacht. So ist z. B. von Tonerdezusätzen zu Sintereisen berichtet worden, ebenso über die Herstellung von Wolframfäden für die Glühlampenindustrie mit geringen Beimengungen von Silikaten oder Thoriumoxid zur Verhinderung ungünstiger Gefügearten.

Einteilung

Ich möchte nun versuchen, Ihnen über das Wichtigste auf diesem neuartigen Gebiet der Werkstoffkunde einen Überblick zu verschaffen, und glaube am besten so beginnen zu können, daß ich Ihnen die Richtlinien nenne, die für eine Einteilung der heute bekannten dispersionsgehärteten Werkstoffe in Betracht kommen. In Tab. 1 sind Gesichtspunkte genannt, bei denen die Art der dispersen Phase, die Größe und Gestalt der dispers eingelagerten Teilchen, die Entstehung der dispers verfestigten Werkstoffe und schließlich die Herstellung als maßgebend angesehen werden.

Für meine Besprechung möchte ich von der Einteilung nach dem Herstellungsverfahren ausgehen, die ebenfalls angegeben ist. Gestatten Sie mir aber zuvor noch eine Bemerkung. Es ist versucht worden, die Zahl der dispersionsverfestigten Werkstoffe dadurch zu begrenzen, daß man nur diejenigen in Betracht zog, bei denen der Anteil der dispersen Phase verhältnismäßig niedrig liegt. Da aber bereits der erste Werkstoff, für den die Bezeichnung „dispersionsgehärtet“ gewählt wurde, das Sinteraluminium, bis zu 18% Al_2O_3 enthalten kann, scheint die nachträgliche Festlegung einer Grenzkonzentration nicht mehr sinnvoll. Bei größeren Anteilen der dispersen Phase mit nichtmetallischem Charakter gelangt

Tabelle 1. Gesichtspunkte für die Einteilung dispersionsverfestigter metallischer Werkstoffe

Nach der Art der dispersen Phase:

Metall, das im festen Grundmetall unlöslich ist,
Metallverbindung, in der das Grundmetall vertreten ist,
Metallverbindung, in der ein Legierungsbestandteil des Grundmetalls enthalten ist,
Verbindung, die zum Grundmetall keine Beziehung hat

Nach Größe und Gestalt der dispers eingelagerten Teilchen:

Feindispers (im Lichtmikroskop nicht beobachtbar)
Grobdispers (im Lichtmikroskop sichtbar)
Disperse Phase als faserförmige Teilchen (nähere Einteilung nach Richtlinien der Fasermetallurgie)

Nach Entstehung des dispers verfestigten Werkstoffes:

Pulvermetallurgisch
Diffusionsglühen
Elektrolytisch
Schmelzmetallurgisch

Nach der Herstellung:

Mechanische Mischung der Komponenten

Ausscheidung der dispersen Phase durch Eindiffundieren fremder Atome in einer Mischkristallegierung

Mischfällung der gelösten Komponenten und vollständige oder selektive Reduktion des metallischen Anteils

Zerstäuben einer legierten Schmelze und Entstehen eines Kristallgemisches oder Ausscheidung harter Phasen beim Erstarren der Pulverteilchen

Elektrolytische Abscheidung unter Einlagerung unlöslicher Teilchen im Niederschlag

Verarbeiten von Pulverteilchen, die mit der dispersen Phase überzogen sind

man dann allerdings in das Gebiet einer anderen, neuartigen Werkstoffgruppe, die unter dem Kunstwort „Cermets" bekannt geworden ist, das aus den Worten ceramic und metals gebildet wurde, also einen Verbundwerkstoff aus Keramik und Metallen kennzeichnen soll, in dem diese beiden Bestandteile nebeneinander vorliegen.

Ich erwähnte soeben die Bezeichnung „Verbundwerkstoff". Sie ist üblich für alle jenen Werkstoffe, die aus zwei, unter Umständen auch mehreren, sich in wesentlichen Merkmalen unterscheidenden Werkstoffen aufgebaut sind, worunter nicht nur pulvermetallurgische Erzeugnisse fallen, sondern auch Werkstoffe, die man beispielsweise durch Plattieren erhält. Da im erweiterten Sinn auch ein Großteil der dispersionsgehärteten Werkstoffe zu dieser Gruppe zählt, wendet man des öfteren bei diesen den Ausdruck Verbundwerkstoffe ebenfalls an.

Ich möchte nicht unerwähnt lassen, daß von manchen Forschern nur *nichtmetallische* Substanzen als disperse Phase in Betracht gezogen werden, vor allem die Oxide. Sicherlich ist ein wesentlicher Teil der dispersionsverfestigten metallischen Werkstoffe auf dieser Grundlage entstanden, doch sollte man grundsätzlich auch nichtoxidische Verbindungen sowie metallische Phasen, die in Form eines Kristallgemisches im Grundmetall auftreten, mit einbeziehen. Ich will dies auch in meinen Ausführungen so handhaben. Bei der Beschreibung der Gewinnungsmethoden werde ich vielfach Gelegenheit haben, die Eigenart der dispersionsgehärteten Werkstoffe hervorzuheben.

Herstellung

Das einfachste Verfahren, einen dispersionsgehärteten Werkstoff zu erzeugen, scheint die *mechanische Meinung* der pulverförmigen Komponenten und ihre Weiterverarbeitung nach den Methoden der Pulvermetallurgie und der mechanischen Technologie zu sein. Damit die gewünschte Wirkung eintritt, sind zwei Voraussetzungen zu erfüllen. Sowohl das Grundmetall als auch die für die feindisperse Phase zu wählende Werkstoffart müssen als sehr feine Pulver vorliegen, letztere aber noch feiner als die Pulverteilchen des Grundmetalls. Welche Mengen an disperser Phase anzuwenden sind, um eine optimale Wirkung zu erreichen, wird von der Eigenart des Systems abhängen. Allgemein ist festgestellt worden, daß bei Überschreiten eines bestimmten Anteils die mechanischen Eigenschaften sich wieder verschlechtern. Das ergibt sich schon daraus, daß sich örtliche Anreicherungen bilden können, wenn die meist spröde disperse Phase in großer Menge angewendet wird.

Besondere Probleme treten beim Mischen auf. Es ist keineswegs so, daß sich zwei Stoffe, die man als Pulver zusammenbringt, ohne weiteres durch Schütteln, Rühren oder eine andere Bewegung ineinander zu einer gleichmäßigen Mischung verteilen lassen. Dabei spielen nicht nur die Größe, Dichte, Gestalt und Menge der Teilchen eine Rolle, sondern die Eigenart der Stoffe selbst und die Vorbehandlung der Pulver, sowie auch das Medium, in dem die Vorgänge vor sich gehen sollen. Ferner haben elektrische Aufladungen und Adsorption von Gasen an der Oberfläche maßgebenden Einfluß. Ich zeige Ihnen in Abb. 1 die Ergebnisse eines einfachen Versuchs. Zwischen zwei Glasplatten wurde eine Mischung aus gröberen Kupferpulverteilchen und feinen SiO_2-Pulverteilchen eingefüllt, die Ränder der beiden Glasplatten, die einen Abstand von etwa 1 mm hatten, wurden abgedichtet, und nun wurde bei genügend freibleibendem Raum zwischen den Platten durch Schütteln versucht, eine gleichmäßige Verteilung zu erreichen. Das erweist sich als unmöglich. Immer wieder entstehen größere Ansammlungen der zugemischten Oxidteilchen, die als hellere Streifen oder Schlieren auffallen.

Man könnte meinen, daß man die Mischungen zweckmäßig in einem Mahlprozeß herstellen sollte, wobei gleichzeitig eine Verfeinerung der Teilchen angestrebt wird. Aus den grundlegenden Untersuchungen von G. F. Hüttig und Mitarbeitern sowie anderen Forschern [1, 2] wissen wir aber, daß sich nach langer Mahldauer ein Gleichgewicht einstellt, das nicht nur von der Art des zu zerkleinernden Stoffes abhängt, sondern auch ganz wesentlich beeinflußt wird von dem Medium, in dem der Mahlvorgang stattfindet. Dieses Mahlgleichgewicht ist dadurch bedingt, daß einmal gröbere Teilchen in feinere übergeführt werden, und

Abb. 1. Mischungsversuch mit Kupferpulver < 0,15 mm unter Zusatz von 4% SiO_2 < 0,04 mm; 2,5:1

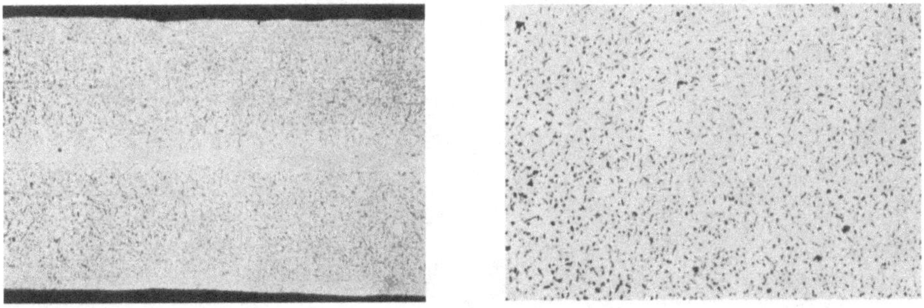

a) b)

Abb. 2. Ag-CdO-Kontaktwerkstoff mit 8,75% Cd, hergestellt durch innere Oxydation (Glühen 60 h bei 800 °C)

a) 0,3 mm dicke Probe, Mitte sehr wenig oxydiert; 100:1
b) gleiche Probe, Stelle aus der Randzone; 200:1

das andere Mal, daß sich feinere Teilchen beim Mahlvorgang zu gröberen vereinigen. Über diese Mahlgleichgewichte ist viel diskutiert worden. Darauf einzugehen ist hier nicht am Platz. Wenn man sich aber vorstellt, daß bei einem Pulvergemisch aus zwei sehr unterschiedlichen Substanzen die Mahlbedingungen jeweils andere sein werden, so wird man auch auf diese Weise kaum erwarten dürfen, daß man unbedingt eine sehr feine und gleichmäßige Verteilung erhalten wird. In diesem Zusammenhang möchte ich auf eine neue Arbeit hinweisen von G. Naeser, W. Scholz und A. Fiedler [3], die sich mit dem Einfluß der Mahldauer auf chemische und physikalische Eigenschaften verschiedener Metallpulver befaßt und eine Reihe sehr interessanter Ergebnisse enthält. Am besten läßt sich das mechanische Mischen durch Maschinen mit sehr hoher Drehzahl erreichen.

Mit diesen Darlegungen wollte ich Ihnen lediglich verständlich machen, daß mit der mechanischen Mischung, so einfach sie zunächst scheinen mag, nicht gerade günstige Ausgangsbedingungen für einen dispersgehärteten Werkstoff gegeben sind, und die praktische Anwendung beweist dies auch, da bei sonst gleicher Zusammensetzung die zu beobachtenden Effekte meist geringer bleiben als die nach anderen Verfahren erzielbaren.

Dazu zählt die Ausscheidung der dispersen Phase aus einem Mischkristall nach Eindiffundieren fremder Atome, die mit einem Legierungsbestandteil reagieren. Diffusionsvorgänge dieser Art sind ebenfalls seit langem bekannt. Sie liegen der Aufkohlung bei der Einsatzhärtung zugrunde, ebenso dem Nitrieren von Stählen aus einer Ammoniakatmosphäre oder aus einer cyanhaltigen Salzschmelze. Speziell aber wird zur Dispersionshärtung nach der heutigen Auffassung die *innere Oxydation* angewandt. Sie besteht darin, daß man die aus einem Mischkristall bestehende Legierung in einer Sauerstoff enthaltenden Atmosphäre glüht, so daß dieser eindiffundieren und mit den Atomen des unedleren Bestandteiles im Grundmetall unlösliche Oxide bilden kann. Daß der Vorgang so verläuft, ist an bestimmte Bedingungen geknüpft. Dazu gehört eine so große Diffusionsgeschwindigkeit, daß der Sauerstoff tiefer in das Innere des Werkstoffes eindringt. Dabei darf es zu keiner Oxidbildung auf der Oberfläche kommen. Man kann dies auch durch die Wahl der Oxydationsbedingungen einrichten, beispielsweise dadurch, daß man, wie es z. B. bei siliziumhaltigem Kupfer von M. F. Ashby und G. C. Smith [4] durchgeführt wurde, die Ausgangslegierung in Kupferoxid luftdicht verpackt auf die Reaktionstemperatur bringt. Dieses erzeugt einen bestimmten Sauerstoffdruck in der Umgebung, der ausreicht, das gelöste Silizium zu oxydieren.

Solche Voraussetzungen werden allerdings nur bei einer beschränkten Zahl von Systemen gegeben sein.

Konzentration und Temperatur bedingen die Größe der ausgeschiedenen Bestandteile und deren Verteilung. Es zeigte sich, daß sehr feine Ausscheidungen eine besonders große Wirkung ausüben. Oft ist die disperse Phase so fein, daß sie nur mit dem Elektronenmikroskop nachweisbar ist.

Als ein praktisches Beispiel will ich hier den Kontaktwerkstoff nennen, der Silber als Grundmetall aufweist und in dem Kadmiumoxidteilchen in feinverteilter Form anzutreffen sind. Wie Abb. 2 zeigt, wurde unter den angegebenen Bedingungen nicht der ganze Querschnitt gleichmäßig innenoxydiert.

Der Vorteil solcher Werkstoffe liegt darin, daß sie durch die Dispersionshärtung einen wesentlich größeren Verschleißwiderstand erhalten, ohne daß die Leitfähigkeit stärker abnimmt, wie das sonst bei Legierungen mit Mischkristallen der Fall ist.

Legt man Wert darauf, daß der gesamte Werkstoff von der Innenoxydation erfaßt wird, ohne daß höhere Glühtemperaturen und lange Glühzeiten erforderlich sind, dann kann man so vorgehen, daß man die Ausgangslegierung durch Zerstäuben in feines Pulver überführt, dieses dann innenoxydiert und schließlich auf üblichem pulvermetallurgischen Wege durch Vorpressen und Strangpressen zu einem kompakten Werkstoff verdichtet. Man wendet also ein kombiniertes Verfahren an, bei dem innere Oxydation und Pulvermetallurgie sich ergänzen.

Unter den Metallen, die nach der beschriebenen Methode dispersionsgehärtet werden, sind Nickel und Kupfer zu nennen, denen zur Erzeugung der Oxidteilchen Aluminium, Thorium, Zirkonium, Silizium oder Titan in geringen Mengen zulegiert wurden. Aus der bereits erwähnten Arbeit von ASHBY und SMITH [4] möchte ich Ihnen zwei elektronenmikroskopisch aufgenommene Bilder von einer Kupfer-Silizium-Legierung zeigen. Das Silizium wurde hier in amorphes SiO_2 übergeführt. Je nach den Arbeitsbedingungen entstehen grobe Einschlüsse, die in Abb. 3a zu sehen sind, oder sehr feine Einschlüsse, die Abb. 3b zeigt. Es handelt sich dabei um Durchstrahlaufnahmen von sehr dünnen Folien.

Als eine inzwischen sehr verbreitete Methode zur Gewinnung dispersionsgehärteter Werkstoffe ist die *Mischfällung* zu nennen. Sie besteht darin, daß man die beiden Komponenten in einer Säure auflöst, um dann aus der Lösung Salze zu gewinnen, in denen die beiden Komponenten in Mischkristallform oder auch als sehr feine Kristallgemische auftreten. Sie werden durch Erhitzen in die Oxide zerlegt, und schließlich werden die Oxide, die entweder ebenfalls noch Mischkristalle sein können oder in einer sehr feindispersen Form nebeneinander vorliegen, reduzierend geglüht. Werden beide Komponenten zu Metallen reduziert, dann erhält man sie in besonders feiner Verteilung. Ist aber bei einer Komponente die Sauerstoffbindung so stark, daß die Reduktion nicht eintritt, dann kommt es zu einer selektiven Reduktion, bei der nur das Grundmetall erfaßt wird, während das beständige Oxid feindispers, so wie es zur Härtesteigerung gewünscht wird, darin enthalten bleibt.

Als Beispiel möchte ich zunächst auf einen Kontaktwerkstoff zurückkommen, der früher aus mechanischen Mischungen von Silber- und Nickelpulver erzeugt wurde. Wendet man das Mischfällungsverfahren an, dann erhält man die feine Verteilung der beiden Bestandteile, wie sie aus Abb. 4a hervorgeht. Im Vergleich dazu wird das Gefüge des bei mechanischer Mischung erhaltenen Werkstoffes durch Abb. 4b veranschaulicht.

Auch Ag-CdO-Kontaktwerkstoffe lassen sich durch Mischfällung herstellen. Wie Abb. 5 zeigt, erhält man danach bei richtiger Arbeitsweise eine sehr gleichmäßige Verteilung feiner CdO-Teilchen. Wendet man aber zu hohe Preßdrücke bei der Weiterverarbeitung an, dann entstehen Zusammenballungen von CdO-Teilchen, und der Werkstoff wird dadurch schlechter. Da das Ag_2O bei hoher Temperatur zerfällt, ist beim Sintern kein Reduktionsmittel nötig.

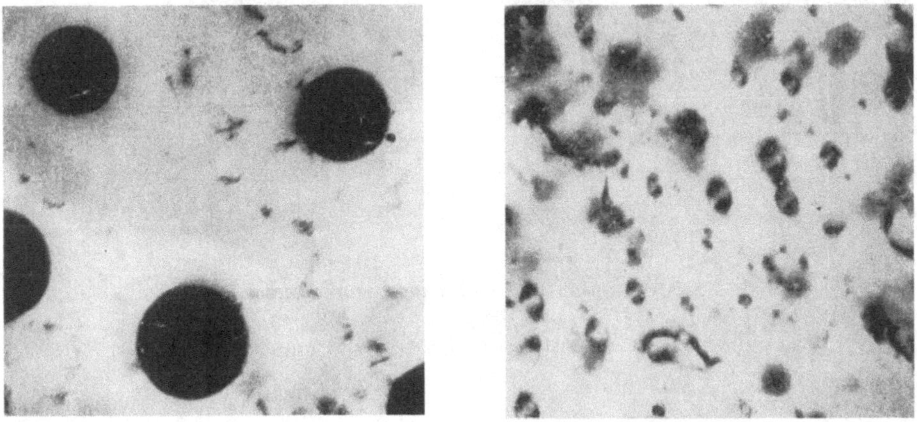

a) b)

Abb. 3. Elektronenmikroskopische Aufnahmen (Durchstrahlung dünner Folien) von dispersionsgehärteten Cu-Si-Proben mit 0,3% Si (nach M. F. ASHBY und G. C. SMITH)

a) oxydiert bei 1000 °C; 30000:1
b) oxydiert bei 700 °C; 100000:1

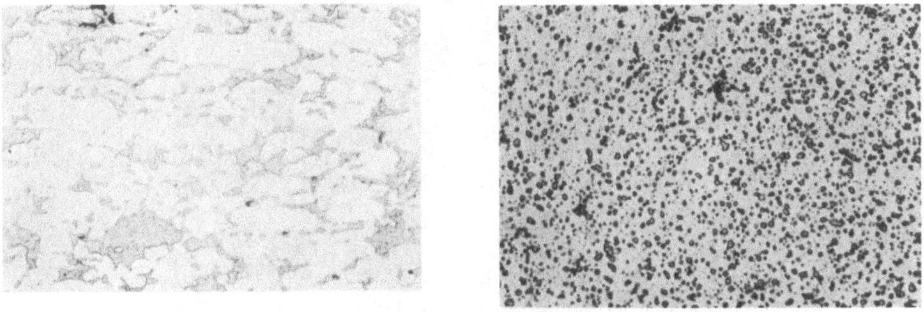

a) b)

Abb. 4. Kontaktwerkstoffe aus 80% Ag und 20% Ni

a) hergestellt aus einer mechanischen Pulvermischung; 200:1
b) hergestellt aus einer durch chemische Fällung von Salzen und folgender Reduktion erzeugten Mischung; 500:1

a)

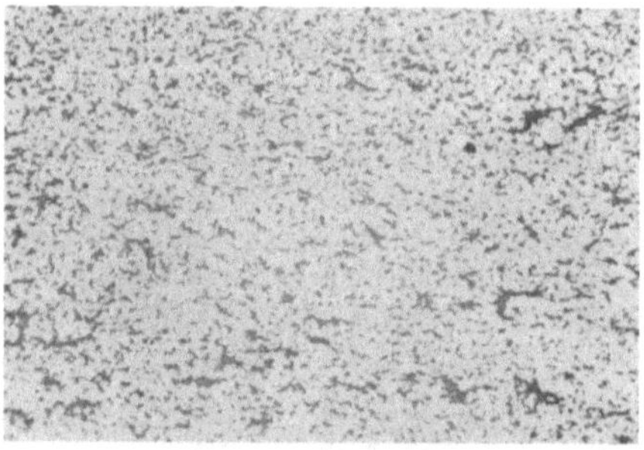

b)

Abb. 5. Ag-CdO-Kontaktwerkstoffe, pulvermetallurgisch hergestellt

a) mit 20% CdO, mit 2 Mp/cm^2 verpreßt; 300:1
b) mit 10% CdO, mit 3 Mp/cm^2 verpreßt (Vergröberung der CdO-Einschlüsse); 300:1

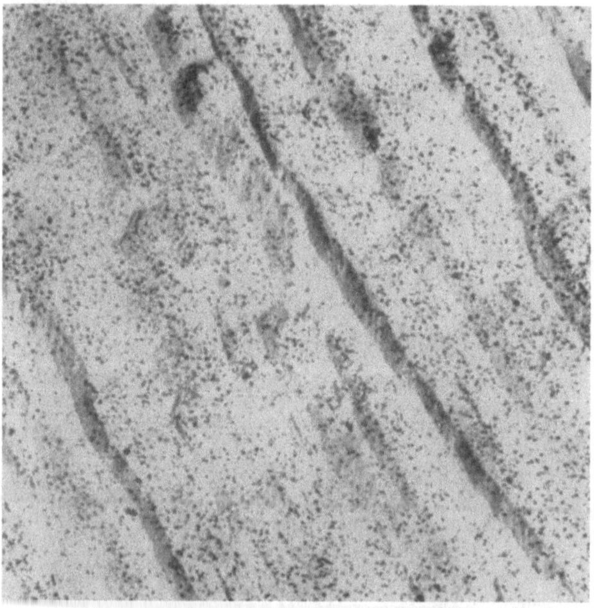

Abb. 6. Elektronenmikroskopische Aufnahme von TD-Nickel, 6000 × ; Kohleabdruck von elektrolytisch geätzter Probe (nach F. I. ANDERS und Mitarbeitern)

Als eine Abart des Verfahrens möchte ich Ihnen nun die Gewinnung eines warmfesten Werkstoffes anführen, der vor kurzem beträchtliches Aufsehen hervorgerufen hat. Es ist das TD-Nickel der amerikanischen Firma Du Pont Nemours, über das bereits eine Reihe von Veröffentlichungen vorliegt [5, 6, 7]. Man geht hier nach den bisher bekanntgewordenen spärlichen Angaben etwa so vor, daß man einer kolloidalen Lösung von Thoriumoxid, in der also ThO_2-Teilchen in einer besonders feinen Form suspendiert sind, ein lösliches Nickelsalz zusetzt und daraus nun Nickel(II)-hydroxid fällt. Unter bestimmten Bedingungen wirken die suspendierten ThO_2-Teilchen als Keime, um die herum sich das Hydroxid abscheidet. Nach Abfiltern und Trocknen des Niederschlages wird dieser mit Wasserstoff reduziert, wobei das ThO_2 nicht erfaßt wird, sondern nur das Nickel, so daß schließlich die Thoriumoxidteilchen in einer außerordentlich feinen Verteilung innerhalb einer Grundmasse aus Nickelmetall verbleiben. Es folgt dann die übliche Verdichtung zu einem kompakten Werkstoff mit hervorragenden Eigenschaften. Die feindisperse Verteilung des ThO_2 veranschaulicht Abb. 6. Abb. 7 enthält die Darstellung der Festigkeitswerte in Abhängigkeit von der Temperatur im Ver-

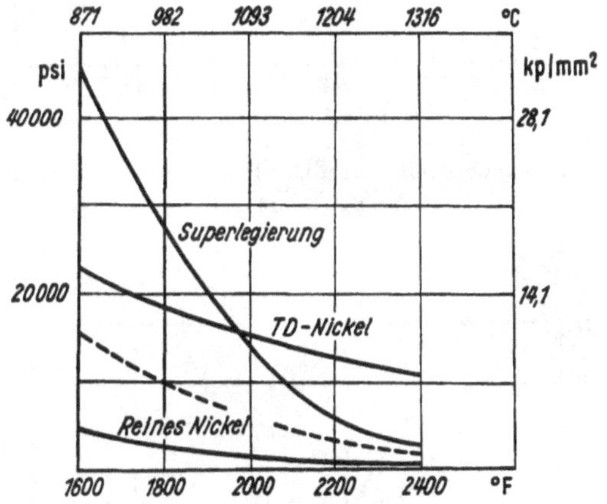

Abb. 7. Warmfestigkeit von Reinnickel, Superlegierungen und TD-Nickel
(nach J. of Met.; Vol. 14, 1962, S. 561)

gleich mit anderen Nickelwerkstoffen. Es ist zu entnehmen, daß die Festigkeit des TD-Nickels bei Raumtemperatur wohl besser ist als die des Reinnickels, sie liegt aber noch erheblich unter der Festigkeit der bekannten Superlegierungen auf Nickelbasis. Die Verhältnisse ändern sich jedoch bei hohen Temperaturen. Die Festigkeit der Superlegierungen sinkt mit zunehmender Temperatur weit rascher als die des TD-Nickels, so daß bei 1200 °C die Superlegierungen für die praktische Anwendung ausscheiden, während das TD-Nickel noch beachtliche Festigkeitswerte besitzt.

Weitere Angaben über die mechanischen Eigenschaften enthalten die Abb. 8 und 9.

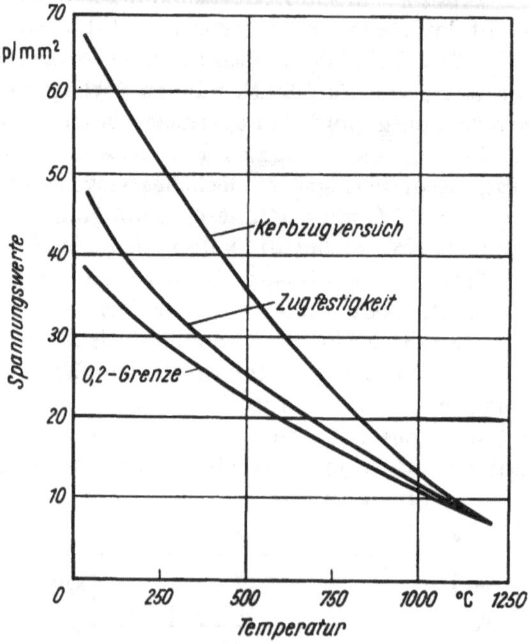

Abb. 8. Mechanische Eigenschaften von TD-Nickel bei verschiedenen Temperaturen (nach R. E. STUART)

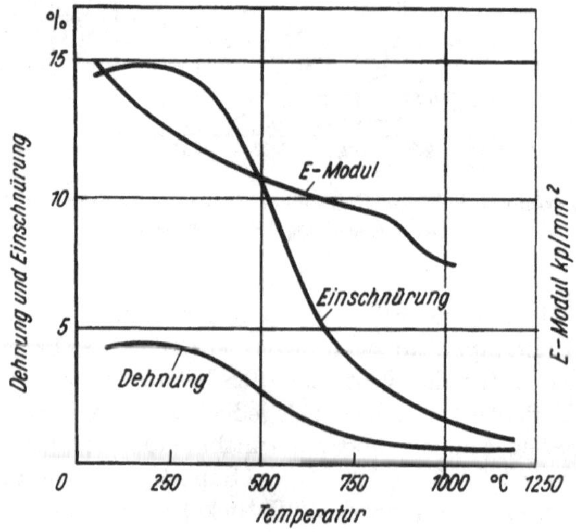

Abb. 9. Mechanische Eigenschaften von TD-Nickel bei verschiedenen Temperaturen (nach R. E. STUART)

Man hat dispersionsgehärtetes Nickel auch auf andere Weise hergestellt, beispielsweise durch mechanische Mischung von Nickelpulver mit Oxidpulvern verschiedener Art oder durch Mischfällung, ohne aber die guten Werte des nach dem Du Pont-Verfahren erzeugten Werkstoffes zu erreichen, nach dem heute bereits produziert wird.

Es war naheliegend, daß man auch die Superlegierungen durch oxidische Zusätze, insbesondere von Thoriumoxid, zu verbessern trachtete. Die Erwartungen wurden jedoch nicht erfüllt. Hierbei ist zu beachten, daß die Warmfestigkeit dieser Legierungen bedingt ist durch die Ausscheidung von intermetallischen Phasen, die bei Temperaturen über 1000 °C in Lösung gehen und damit unwirksam werden.

Auch durch *Zerstäuben einer legierten Schmelze* kann man dispersionsverfestigte Werkstoffe herstellen, wenn die Legierung so gewählt wurde, daß sie beim Erstarren feinverteilte Ausscheidungen liefert. Diese können z. B. metallischer Natur sein, wie es durch Abb. 10 veranschaulicht werden soll, das sich auf Bleibronze bezieht. Bei der monotektischen Zusammensetzung mit 36% Blei entstehen durch das rasche Abkühlen beim Zerstäuben im Innern der Pulverteilchen sehr feine Bleiausscheidungen. Aus solchem Pulver hergestellte Gleitlagerwerkstoffe zeichnen sich durch ihre guten Laufeigenschaften aus.

Die Ausscheidungen in den zerstäubten Pulvern können aber auch aus intermetallischen Phasen bestehen, wie es die Arbeiten von R. J. Towner [8] gezeigt haben, der Aluminiumlegierungen mit Zusätzen von Eisen, Chrom, Titan, Vanadin und Zirkonium untersuchte. Es entstehen dann z. B. sehr feine Einschlüsse aus $FeAl_3$ und ähnlichen Verbindungen, die dispers verteilt sind und eine beachtliche Festigkeitssteigerung nicht nur bei Raumtemperatur, sondern auch bei erhöhter Temperatur hervorrufen. Man geht so vor, daß eine entsprechend legierte Schmelze zerstäubt und das Pulver, in dem sich während des Erstarrens die intermetallischen Phasen ausscheiden, zu einem kompakten Werkstoff verdichtet wird. Auch die Kombination von intermetallischen Phasen und Al_2O_3 wurde in die Versuche aufgenommen. Nach dem bisher Bekanntgewordenem hat man aber den Eindruck, daß die hohen Warmfestigkeitswerte vom SAP nicht erreicht worden sind, was darauf zurückzuführen ist, daß bei höheren Temperaturen die intermetallischen Phasen eine größere Löslichkeit in der Grundmasse aufweisen als das Al_2O_3 und dadurch an Wirksamkeit einbüßen.

Ein interessantes Verfahren, das sich nach den bisherigen Berichten aber noch im Versuchsstadium befindet, ist die *elektrolytische Abscheidung* eines Metalls unter gleichzeitiger Aufnahme von Hartstoffteilchen durch elektrophoretische Wirkung, so daß diese fein verteilt im Niederschlag auftreten. Das Verfahren ist in einer Veröffentlichung von C. R. Smith [9] beschrieben worden. Die elektrophoretische Abscheidung von Aluminiumteilchen, die mit Oxid überzogen sind, war bereits einige Jahre vorher bekannt geworden als Elphalverfahren [10], das zum Überziehen von Stahlbändern angewendet wird. Der elektrophoretisch erzeugte Niederschlag von Al-Al_2O_3 wurde durch Kaltwalzen und Wärmebehandlung verdichtet. Ein ähnliches Verfahren wurde übrigens auch bei Nickel versucht.

Ich komme nun wieder zum SAP zurück, das aus *oxidüberzogenen Teilchen* erhalten wird und den Ausgangspunkt für die umfangreichen Untersuchungen über die Dispersionshärtung bildete. Die Abb. 11a bis d kennzeichnen Stadien der Herstellung. Ursprünglich ging man von zerkleinerten Aluminiumfolien aus, die als Abfälle in verhältnismäßig großer Menge zur Verfügung stehen. Auch heute sind diese Folienabfälle noch der wichtigste Rohstoff. Daneben wird durch Zerstäuben hergestelltes Aluminiumpulver verarbeitet, dessen Teilchenform in Abb. 11a zu sehen ist. Durch eine besondere Mahlbehandlung in einer Kugelmühle wird daraus ein Leichtpulver gewonnen, das aus sehr dünnen Teilchen besteht, ähnlich wie man sie auch bei der Verarbeitung von Aluminiumfolien erhält (Abb. 11b). Dieses Pulver hat eine sehr niedrige Fülldichte. Sie ist ungünstig für die Weiterverarbeitung, da man große Werkzeuge zum Verdichten benötigt. Man führt deswegen in einem weiteren Mahlprozeß dieses Leichtpulver durch Zusammenballen der einzelnen flitterförmigen Teilchen in das sogenannte Schwerpulver über. Die Fülldichte steigt dabei von 0,2 auf 1,0 g/cm³. Einen Querschnitt durch solche aus Zusammenballungen bestehenden Pulverteilchen veranschaulicht Abb. 11c. Durch Kaltpressen, Heißpressen, Gesenkschmieden oder Heißstrangpressen erhält man dann daraus den porenfreien Werkstoff, der bei den heute betriebsmäßig erzeugten Sorten zwischen 9 bis 15% Al_2O_3 enthält. Das Gefüge dieses Werkstoffes ist durch Abb. 11d gekennzeichnet.

Über das oxidhaltige Sinteraluminium sind zahlreiche Arbeiten erschienen [11], die sich nicht nur mit der Ermittlung der Eigenschaften, sondern auch mit deren Ursachen eingehend befaßten und zur Aufstellung bestimmter Theorien führten. Der Werkstoff selbst wird heute in mehreren Ländern betriebsmäßig erzeugt; seiner Einführung steht allerdings noch der hohe Preis entgegen. Am meisten daran interessiert ist der Flugzeugbau. Von Seiten der Kerntechnik wurde die Absicht geäußert, Sinteraluminium als Hüllenwerkstoff für spaltbares Uran statt des bisher dafür verwendeten Zirkoniums zu verwenden.

Die dispers verteilte Phase tritt zunächst festhaftend auf der Oberfläche der Pulverteilchen auf. Geht man davon aus, daß unter bestimmten Bedingungen die Dicke der Oxidschicht einen Grenzwert erreicht, so wird dann die Menge des Oxids im fertigen Werkstoff durch die Gesamtoberfläche der Teilchen bedingt sein, die dazu verwendet wurden, also durch die Feinheit der Teilchen und ihre Gestalt. Die Verarbeitung führt dazu, daß die auf der Metalloberfläche aufgewachsenen spröden Oxidschichten stellenweise unterbrochen werden, so daß dort eine metallische Bindung möglich ist. Im allgemeinen aber werden die Oxidhäute sich über den Querschnitt gleichmäßig verteilen und bewirken, daß auch bei höheren Temperaturen ein Zusammenwachsen zu größeren Kristalliten unterbleibt. Das bedeutet somit, daß Kornwachstum und Rekristallisation nur in beschränktem Umfang auftreten können und Gleitvorgängen ein hoher Widerstand entgegengesetzt wird.

Ähnliche Verhältnisse sind nur noch bei wenigen anderen Metallen anzutreffen. Dazu gehört das Blei. Bei diesem ist es gelungen, auf verhältnismäßig einfachem Wege, d. h. durch Verarbeiten von Pulverteilchen, die mit Oxid überzogen sind, ein Hartblei zu gewinnen, das in seinen Eigenschaften mit dem durch Antimon gehärteten Blei vergleichbar ist. Zu einer größeren technischen Anwendung des oxidhaltigen Bleiwerkstoffes dürfte es aber nicht kommen, da man inzwischen

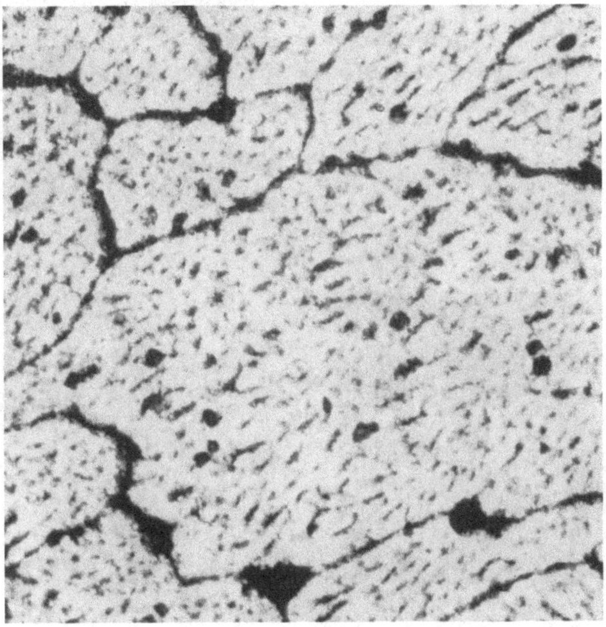

Abb. 10. Gesinterte Bleibronze mit 36% Pb, hergestellt aus verdüstem Pb-Cu-Pulver

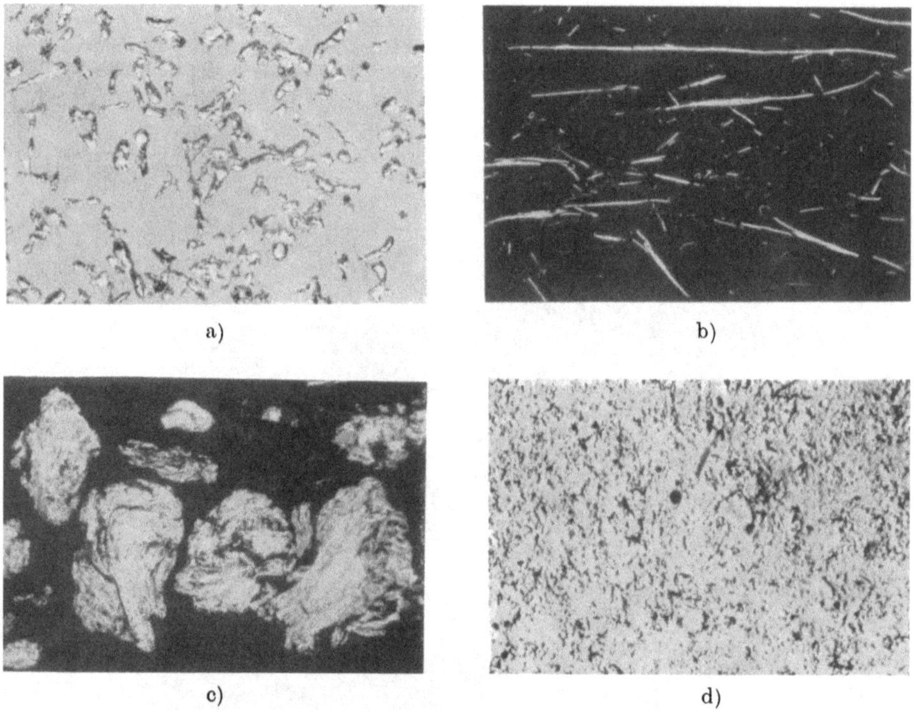

Abb. 11. Verarbeitungsstadien bei der Erzeugung von Sinteraluminium

a) Al-Pulver nach dem Verdüsen (20:1)
b) Al-Pulver nach dem Mahlen auf Leichtpulver (40:1)
c) Al-Pulver nach dem Mahlen auf Schwerpulver (300:1)
d) Oxidabdruck vom fertigen Werkstoff mit 13% Al_2O_3 (4000:1)

dispersionsgehärtete Bleiwerkstoffe entwickelt hat, in denen als härtende Bestandteile Kupfer oder Aluminium enthalten sind [12, 13]. Die erforderlichen Pulver gewinnt man durch Zerstäuben legierter Schmelzen. Der Legierungsanteil ist bereits in geringer Konzentration sehr wirksam.

Ursachen der Festigkeitssteigerung

Ich habe Ihnen das Wichtigste über die Herstellungsart und die sich dadurch ergebenden Besonderheiten kurz geschildert. Ich möchte nun nochmals auf die Eigenschaften und ihre Ursachen zusammenhängend zurückkommen. Wesentlich ist für einen dispersionsgehärteten Werkstoff, daß die disperse Phase in einer sehr feinen Verteilung vorliegt und daß ihre Konzentration nicht zu groß wird. Wie ich schon andeutete, gibt es einen optimalen Betrag, bei dem die günstigsten mechanischen Eigenschaften auftreten. Daß die Erhöhung der Festigkeit mit der Behinderung der Beweglichkeit der Versetzungen zusammenhängt, ist nach der heutigen Auffassung über die Formänderungsvorgänge als selbstverständlich anzusehen. Die in der Grundmasse eingestreuten harten Teilchen erschweren das Wandern der Versetzungslinien, und man benötigt eine größere Spannung, damit sich die Versetzungslinien zwischen den Teilchen hindurch bewegen können, wie es aus Abb. 12, das einer Darstellung von E. Orowan [14, 15]

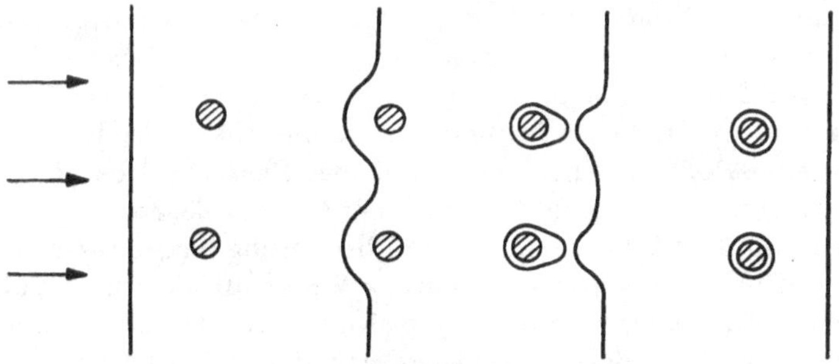

Abb. 12. Schematische Darstellung der Wanderung von Versetzungslinien um Hindernisse (nach E. Orowan)

entnommen ist, hervorgeht. Es ist dabei anzunehmen, daß um die dispergierten Teilchen herum Restversetzungsschleifen verbleiben werden. Die Spannung, die notwendig ist, um eine Versetzungslinie zwischen zwei Teilchen hindurchzubewegen, wird am größten sein, wenn die Versetzungslinie zwischen den Teilchen eine halbkreisförmige Ausbauchung erfahren hat. Da der Krümmungsradius dann dem halben Teilchenabstand entspricht, wird deshalb die größte Spannung dem halben Abstand zweier Teilchen umgekehrt proportional zu setzen sein, im gesamten betrachtet dessen Mittelwert oder häufigsten Wert. Das Spannungsfeld der Restversetzungsschleifen wird dazu beitragen, die effektiven Spannungen an den Versetzungsquellen zu vermindern. Dies hat zur Folge, daß die Wirksamkeit von

Versetzungsquellen beeinträchtigt wird und die Versetzungslinien leichter blockiert werden können. Von G. Ansell und F. V. Lenel [16, 17] wurde dagegen eingewendet, daß die auf dieser Grundlage errechneten Spannungen noch nicht ausreichen, daß das Fließen einsetzt. Nach ihrer Ansicht ist es notwendig, daß die eingelagerten Teilchen unter dem Einfluß noch größerer Spannungen brechen oder sich plastisch verformen.

Es hat sich inzwischen gezeigt, daß sich mit dieser vereinfachten Betrachtungsweise die vorliegenden Verhältnisse nur zum Teil beschreiben lassen. Man muß dabei bedenken, daß noch eine Anzahl anderer Einflußgrößen für das Verhalten maßgebend ist. Wie die Diskussionen beweisen, die auf einem Symposium über nichtmetallische Dispersionen in der Pulvermetallurgie am 10. und 11. 12. 1962 in London im Anschluß an eine Reihe von Vorträgen über Dispersionsverfestigung durch oxidische Einlagerungen geführt wurden [18], bestehen in manchen Punkten noch Meinungsverschiedenheiten. Zum Beispiel wird der Zusammenhang zwischen disperser Phase und Grundmetall unterschiedlich bewertet. Von einigen Forschern wird als maßgebend angesehen, daß zwischen disperser Phase und Grundmetall eine Kohärenz besteht. Diese wäre z. B. anzunehmen bei dispersionsgehärteten Metallen in der Art des SAP, wo das Al_2O_3 auf der Aluminiumoberfläche entstanden ist, oder auch bei den innenoxydierten Legierungen. Wenn man aber berücksichtigt, daß einmal durch die unterschiedliche Wärmedehnung und durch die Art der Verdichtung, insbesondere durch das Strangpressen bei höheren Temperaturen, die genannten Zusammenhänge gestört werden, und das andere Mal auch bei dispersionsgehärteten Werkstoffen aus Pulvermischungen in einigen Fällen sehr beachtliche Festigkeitssteigerungen erzielt werden konnten, braucht die Kohärenz keine unbedingte Voraussetzung für das Verhalten des Werkstoffes zu sein. Man hat in diesem Zusammenhang Studien durchgeführt über die Benetzbarkeit zwischen Metall und der Phase, welche die Dispersionshärtung hervorrufen soll. Auch der Größe der Pulverteilchen, welche die Grundmasse liefern, wurde anfangs entscheidende Bedeutung beigemessen. In späteren Arbeiten, bei denen der dispersionsgehärtete Werkstoff nicht nach pulvermetallurgischen Methoden erzeugt wurde, zeigte sich jedoch, daß auch diese Einflüsse, obzwar wichtig, so doch nicht ausschlaggebend sind. Es ist ferner zu beachten, daß die hohe Warmfestigkeit, die man bei vielen dispersionsgehärteten Werkstoffen antrifft, mit der Behinderung der Rekristallisation zusammenhängt, wobei man sich vorstellen kann, daß die eingelagerten Teilchen das Zusammenwachsen der Kristallite, die das nach der Herstellung stark verformte Gefüge aufbauen, sehr erschweren.

Die Abhängigkeit der Zeitstandfestigkeit von Teilchengröße und Teilchenabstand ist von L. J. Bonis und N. J. Grant [19] in einem Diagramm (Abb. 13) ausgewertet worden. Ihm liegen Untersuchungsergebnisse an innenoxydierten Ni-Al-, Ni-Ti-, Ni-Cr- und Ni-Si-Legierungen zugrunde. Von M. Adachi und N. J. Grant [20] ist ein Diagramm aufgestellt worden, das schematisch den Einfluß einer Glühbehandlung auf die Festigkeitseigenschaften dispersionsgehärteter oxidhaltiger Metalle wiedergibt (Abb. 14). Im Anlieferungszustand ist das dispersionsgehärtete erheblich fester als das reine Metall. Werden beide Werkstoffe

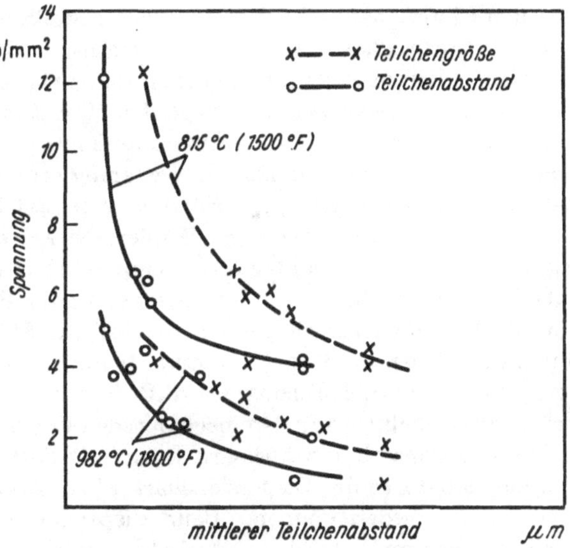

Abb. 13. Abhängigkeit der 100-h-Zeitstandfestigkeit von Teilchengröße und Teilchenabstand in innenoxydierten Ni-Al-, Ni-Ti-, Ni-Cr- und Ni-Si-Werkstoffen (nach L. I. Bonis und N. I. Grant)

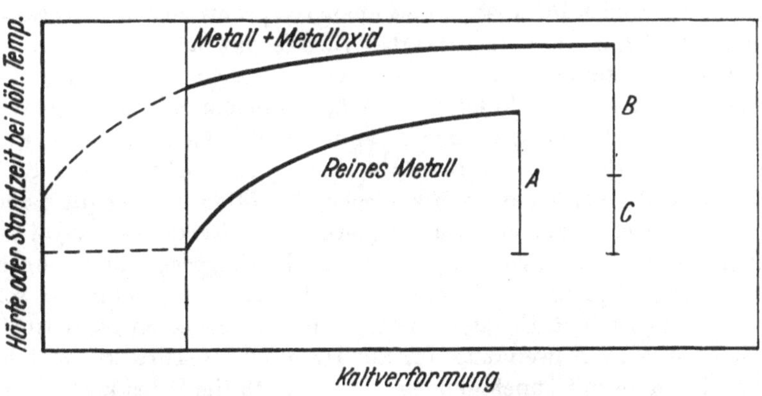

Abb. 14. Schematische Darstellung des Einflusses von Kaltverfestigung und Dispersions härtung auf Härte und Standzeit (vereinfachte Wiedergabe)

A und *B* = Anteil der Kaltverfestigung; *C* = Anteil der Dispersionshärtung (nach M. Adachi und N. I. Grant)

verformt, so nimmt aber die Verfestigung beim reinen Metall stärker mit der Verformung zu als beim dispersionsgehärteten. Wird dann geglüht, so gelangt man beim reinen Metall auf den Ausgangsfestigkeitswert zurück, während beim dispersionsgehärteten, bedingt durch die Wirkung der dispers verteilten Phase, der Festigkeitswert beachtlich höher liegt.

Einen wesentlichen Einfluß hat, wie schon an anderer Stelle erwähnt wurde, die Beständigkeit der dispersen Phase. Dadurch unterscheiden sich die dispers gehärteten Werkstoffe von den nach dem üblichen Aushärtungsverfahren verfestigten, bei denen man durch Lösungsglühen bei hohen Temperaturen das Gefüge homogenisieren kann. Während sich nur im Sinteraluminium das Al_2O_3 bei den hier in Betracht kommenden Temperaturen als sehr beständig erweist, liegen die Verhältnisse bei Metallen, denen man Al_2O_3 zur Härtung zugesetzt hat und die einen höheren Schmelzpunkt aufweisen, wie z. B. Kupfer, Nickel oder Eisen, nicht mehr so günstig, und man konnte bei höheren Temperaturen dann eine Vergröberung der Al_2O_3-Teilchen nachweisen. Interessant ist die Beobachtung, daß z. B. im System Ni-MgO ein Überschuß an Sauerstoff die Stabilität des Oxids herabsetzt, während ein Überschuß an Aluminium bei innenoxydierten Kupfer-Aluminium-Legierungen zur Stabilisierung des Al_2O_3 beitrug.

Es war bisher fast ausschließlich von den mechanischen Eigenschaften die Rede, die man durch Dispersionshärtung verbessern kann. Es darf aber nicht außer acht gelassen werden, daß durch das Dispersionshärten grundsätzlich auch andere Eigenschaften verändert werden können. Beim dispersionsgehärteten Kupfer nimmt man im allgemeinen an, daß seine elektrische Leitfähigkeit durch die Dispersionshärtung nur wenig verändert wird. Es ist aber auch schon behauptet worden, daß die elektrische Leitfähigkeit durch Dispersionshärtung stärker herabgesetzt worden ist. Man hat dies durch eine hohe Konzentration an Versetzungen zu erklären versucht.

Eigenschaften und Selbstkosten bestimmen die praktische Anwendbarkeit. Die Eigenschaften sind, insbesondere was die Warmfestigkeit anbelangt, im Vergleich zu den bisher bekannten Werkstoffen in vielen Fällen hervorragend. Dagegen sind die Selbstkosten noch sehr hoch. Zunächst kann man also derartige Werkstoffe nur dort in Betracht ziehen, wo der Preis noch keine Rolle spielt, nicht aber als Massenwerkstoffe, die leicht verfügbar und billig sein müssen. Als Beispiel für den Preis seien die aus einer amerikanischen Veröffentlichung [6] stammenden Zahlen für TD-Nickel und eine Superlegierung auf Nickelbasis angeführt. Das TD-Nickel kostet zur Zeit rund 40 Dollar/kg, die Superlegierungen liegen unter der Hälfte dieses Betrages. Obwohl das Sinteraluminium nunmehr schon seit 14 Jahren bekannt ist und Erzeugungsstätten in verschiedenen Ländern eingerichtet wurden, ist seine Anwendung auf Sonderzwecke beschränkt geblieben. Die Hoffnung, daß man mit zunehmendem Bedarf auch die Selbstkosten durch verbesserte Fertigungsmethoden wird erheblich senken können, scheint sich noch nicht erfüllt zu haben, obwohl man nach wie vor im Ausland mit einer Vergrößerung der Produktion rechnet. Es besteht in der Luftfahrttechnik der Wettbewerb mit dem Titan, das aber den Vorteil des wesentlich höheren Schmelzpunktes besitzt, und in der Kerntechnik mit dem Zirkonium, das sich besser umformen läßt. Die Erhöhung der Festigkeit ist mit einer Herabsetzung der Zähigkeit und auch der Bildsamkeit verbunden, obzwar auch beim Sinteraluminium durch Strangpressen und Walzen dünne Querschnitte erzielbar sind. Man erzeugt Bleche und Rohre sowie Formteile in den üblichen Abmessungen. Schwierig ist noch die Verbindung durch Schweißen. Das Schmelzschweißen ist, z. B. beim

Sinteraluminium, nicht anwendbar, da nach Überschreiten des Schmelzpunktes noch ein verhältnismäßig fester Körper, bestehend aus dem Al_2O_3-Skelett, zurückbleibt, der ein Fließen verhindert. Dagegen ist das Widerstandsschweißen unter Druck durchführbar. Auch Lötverbindungen sind möglich.

Ein besonders wichtiger dispersionsgehärteter Werkstoff scheint in der Zukunft das etwa 2% Thoriumoxid enthaltende Nickel zu werden, auf das bereits eingegangen wurde. Ferner ist für die technische Anwendung das dispersionsgehärtete Kupfer wegen seiner guten elektrischen Leitfähigkeit, die besser ist als die der üblichen Kupferlegierungen, zu nennen sowie das Hartblei, das man durch Kupfer- und Aluminiumzusatz verfestigt hat, so daß es den üblichen antimonhaltigen Bleilegierungen überlegen sein soll. Die Entwicklung der dispersionsgehärteten Werkstoffe ist noch jung. Ein wesentlicher Teil der zuvor geschilderten Verfahren ist erst vor kurzem bekannt geworden. Man darf deswegen bestimmt erwarten, daß noch manche weiteren Erfolge zu verzeichnen sein werden. Man befaßt sich zur Zeit intensiv mit den theoretischen Grundlagen und hofft, darauf aufbauend, die bisher bekannten Verfahren zu verbessern und neue zu finden.

Fasermetallurgische Werkstoffe

Allgemeines

Ich komme nun zu der zweiten Gruppe von Werkstoffen, die in meinem Vortrag angekündigt worden ist, den fasermetallurgischen. Sie haben viel Gemeinsames mit den pulvermetallurgisch erzeugten. Auch die Fasermetallurgie ist kein völlig neues Wissensgebiet. Dies mag daraus hervorgehen, daß schon F. Skaupy vor mehr als 20 Jahren in seinem Buch „Metallkeramik" die Gewinnung von Werkstoffen aus Metallfasern erwähnte. Aber erst in den letzten 5 Jahren hat die Fasermetallurgie an Bedeutung gewonnen, als es gelang, nach ihren Verfahren neue Werkstoffe oder Werkstoffe mit verbesserten Eigenschaften zu entwickeln. Der wesentliche Unterschied gegenüber der Pulvermetallurgie besteht darin, daß man in dieser Teilchen verwendet, die in den drei Dimensionen etwa gleich sind, wenn auch ihre Gestalt sehr unterschiedlich sein kann, während man in der Fasermetallurgie längsgestreckte, faserförmige Teilchen verarbeitet. Auch die Herstellung solcher Teilchen kann nach verschiedenen Verfahren erfolgen, je nach der Eigenart des Werkstoffes und dem angestrebten Zweck (Tab. 2). Man kann von festen Stoffen ausgehen, wie gezogenen Drähten, die auf kurze Abschnitte zerschnitten werden. Man kann Späne durch Schaben, Kratzen oder Drehen erzeugen. Man kann schmale Streifen aus Folien schneiden, oder man erzeugt fadenförmige Teilchen durch Verspritzen oder Vergießen von Schmelzen. Zahlreich sind die Möglichkeiten, durch chemische oder physikalische Methoden zu fadenförmigen Teilchen zu gelangen. Beispielsweise kann man zunächst aus Suspensionen von Oxiden oder Salzen in Bindemitteln Fäden erzeugen, die dann durch eine reduzierte Wärmebehandlung in Metalle übergeführt werden. Aus dickeren Drähten erhält man feine Fäden durch Ätzen. Eine interessante Methode, zu ganz feinen Fäden zu

Tabelle 2. Gewinnung von Metallfasern

	1. *Mechanische Verfahren*
a) Aus festen Stoffen:	Gezogene Drähte
	Späne durch Schaben oder Kratzen
	Drehspäne
	Schneiden schmaler Streifen aus Folien
b) Aus Schmelzen:	Verspritzen von Schmelzen
	Vergießen auf rasch drehende Scheibe
	Verspinnen
	2. *Chemische und physikalische Verfahren*
Reduktion von Fäden aus Emulsionen von Oxiden oder Salzen	
Ätzen von Drähten auf dünne Querschnitte	
Sintern von Fäden aus Pulverdispersionen	
Kondensation von Metalldämpfen	
Faserige Niederschläge bei Elektrolyse	

gelangen, als TAYLOR-Verfahren bekannt geworden, besteht darin, daß man das zu verarbeitende Metall nach dem Prinzip von WOLLASTON in eine Glasröhre einschmilzt und diese dann zu einem Faden auszieht, so daß sich schließlich in dessen Mitte ein sehr dünnes Metalldrähtchen befindet. Auch durch Kondensation von Metallen aus der Dampfphase lassen sich faserförmige Teilchen erzeugen. Danach gelingt es, sogenannte Haarkristalle, im Angelsächsischen als Whisker bezeichnet, herzustellen, auf die ich später noch zurückkommen werde.

Die Weiterverarbeitung der Metallfasern geschieht meist nach den Methoden der Pulvermetallurgie. Aber auch die Methoden der Papier- und Textilindustrie finden Anwendung. Haupterzeugnis der Fasermetallurgie sind zur Zeit Metallfilter, die verglichen mit den aus Metallpulvern hergestellten den Vorteil höherer Festigkeit bei großer Durchlässigkeit haben. Über die wichtigsten Anwendungsgebiete unterrichtet Tab. 3.

Tabelle 3. Anwendungsgebiete von Metallfasern

Verfilzt und gesintert:
Filter, Verteiler, Katalysatoren, Körper zur Dämpfung mechanischer und akustischer Schwingungen, Akkumulatorenplatten

verfilzt, gesintert, nachverdichtet und nachgesintert:
Flammensperren, Schwitzkühlung, Enteisungsbeläge, selbstschmierende Gleitlager

verfilzt, gesintert (gegebenenfalls nachverdichtet und nachgesintert) und imprägniert:
Gleit- oder Reibwerkstoffe, Verbundwerkstoffe mit besonderen Eigenschaften

zur Verstärkung von weichen Metallen, organischen Stoffen (Papier, Textilien, Kunstfaser) und keramischen Stoffen:
Verbundwerkstoffe mit verbesserten mechanischen, thermischen, elektrischen oder chemischen Eigenschaften

als gebündelte Faser:
als Garn oder Litze und für Sonderzwecke

Was nun die Verwendung von Metallfasern für Werkstoffe anbelangt, die sich gegenüber den bisher bekannten schmelzmetallurgisch gewonnenen durch erhöhte Festigkeit auszeichnen, so gibt es zwei Möglichkeiten. Man kann Metallfasern von hoher Festigkeit für sich verarbeiten, wobei die Ausrichtung der Teilchen eine wichtige Rolle spielen wird. Man kann aber auch Metallfasern zur Verstärkung anderer Werkstoffe verwenden, die hervorragende physikalische oder chemische Eigenschaften besitzen, jedoch in der Festigkeit unzureichend sind, so daß die Einlagerung der Metallfasern hier der Erhöhung von Verformungswiderstand und Zähigkeit dient. Verbundwerkstoffe ähnlichen Charakters sind uns in der Form des Spannbetons und der glasfaserverstärkten Kunststoffe schon seit langer Zeit bekannt. Sie werden ihrer Vorteile wegen in großem Umfang in der modernen Technik verwendet. Dagegen steht die Anwendung der Metallfaserwerkstoffe der einen oder anderen Art erst im Anfang, obwohl zahlreiche Untersuchungen der letzten Jahre die hier bestehenden Aussichten dargelegt haben.

Haarkristalle (Whisker)

Es ist seit langem bekannt, daß unter bestimmten Bedingungen sogenannte „Haarkristalle“, auch als „Whisker“ bezeichnet, entstehen. Sie haben einen Durchmesser von einigen µm und darunter bei Längen bis zu einigen cm. Abb. 15 zeigt solche Haarkristalle aus Kupfer. Auffällig daran ist, daß einzelne Fasern Abknickungen oder Verzweigungen aufweisen. Sie kommen dadurch zustande, daß von einer bestimmten Stelle an das Wachstum plötzlich in einer anderen Richtung einsetzt. Bis vor wenigen Jahren nahm man an, daß es sich um ideale Einkristalle handle, die folglich auch die höheren Festigkeitswerte versetzungsfreier Kristalle aufweisen. Wenn auch durch neuere Untersuchungen der völlig störungsfreie Kristallaufbau nicht bestätigt werden konnte (z. B. von P. D. Gorsuch [21]), so wurde doch gefunden, daß derartige Haarkristalle Zugfestigkeiten bis zu 1500 kp/mm^2 haben, wobei allerdings auch ihre Dicke einen Einfluß ausübt. Die Elastizitätsgrenze dieser Kristalle ist hundert- bis tausendmal größer als die eines geglühten Kristallhaufwerks aus dem gleichen Stoff. Leider ist es so, daß die Herstellung in größeren Mengen noch auf erhebliche Schwierigkeiten stößt und man die Whisker bisher nur laboratoriumsmäßig gewonnen hat. Man geht z. B. so vor, daß man in einem Schiffchen ein Metallsalz, z. B. ein Halogenid des betreffenden Metalls, in einer strömenden Atmosphäre aus Argon mit geringem Wasserstoffgehalt erhitzt. Dabei wird das verdampfende Salz unter Bildung von Reinstmetall zerlegt. Die Reaktionstemperatur hat auf den Vorgang großen Einfluß, ebenso die Reinheit des Ausgangsmaterials. Man führt den Versuch in einem verschlossenen Glasrohr aus, dessen Enden gekühlt werden. Dort setzen sich die Haarkristalle ab.

Eisenwhisker lassen sich auch durch elektrolytische Abscheidung an Quecksilberkatoden erhalten. Darüber ist schon viel berichtet worden im Zusammenhang mit der Erzeugung von Werkstoffen mit hervorragenden hartmagnetischen Eigenschaften, den E.S.D.-Magneten (Elongated-Single-Domain-Magnete) [22]. Ein anderes Verfahren aus neuerer Zeit zur Herstellung von Eisenwhiskern besteht darin, daß man von Eisen-Kupfer-Legierungen ausgeht, in denen die Komponenten als Kristallgemisch vorliegen, und durch Walzen und Ziehen stark verformt. Die Eiseneinschlüsse nehmen dann die Form dünner Fasern an und können eliminiert werden, indem man das Kupfer mit Reagenzien herauslöst, die nur dieses angreifen [23].

Über die zweckmäßigste Art der Weiterverarbeitung auf einen kompakten Werkstoff kann erst dann etwas gesagt werden, wenn man über genügende Mengen an Whiskern verfügen wird, um damit eingehende Versuche anzustellen. Dabei werden sich sicher zahlreiche weitere Probleme einstellen. In den meisten Fällen wird man auf ein Bindemittel nicht verzichten können. Es steht außer Zweifel, daß sich hier sehr interessante Aussichten bieten, nicht nur im Hinblick auf die Steigerung der Festigkeit, sondern auch zur Verbesserung der physikalischen Eigenschaften, z. B. bei den Eisenwerkstoffen insbesondere des magnetischen Verhaltens.

Festigkeit dünner Fasern

Es ist viel darüber diskutiert worden, wie weit die hohen Festigkeitswerte der Whisker kristallographisch bedingt sind, und wie weit es sich um einen Querschnittseffekt handelt, denn es ist bekannt, daß bei dünnen Drähten mit abnehmender Dicke die Festigkeit steigt. So ist z. B. von P. J. Shlichta [24] bei Untersuchungen an dünnen Drähten, die nach dem bereits erwähnten Taylor-Verfahren hergestellt worden waren, festgestellt worden, daß nach Unterschreitung einer Dicke von 15 μm die Festigkeit stark zunimmt auf Werte, wie sie sonst bei Whiskern gleicher Dicke angetroffen werden. Nach den Versuchen von S. S. Brenner [25] an Whiskern aus Kupfer oder Eisen ist die durchschnittliche Festigkeit im Bereich von 15—2 μm Dmr. ungefähr proportional dem reziproken Wert des Durchmessers. Allerdings wurde dieser Dickeneinfluß nicht bei allen Whiskern beobachtet. Es sei auch daran erinnert, daß Glasfasern, also ein nicht kristallisierter Werkstoff, bei sehr geringem Querschnitt ebenfalls hohe Festigkeitswerte aufweisen, wobei man die Möglichkeit offen lassen muß, daß es sich hier um einen Abkühlungseffekt handelt, der zu großen Spannungen führt. Über die Ermittlung der Festigkeitseigenschaften von Eisenwhiskern hat A. Herzog [26] eingehend berichtet und auch die dazu angewandten Prüfverfahren beschrieben.

Verbundwerkstoffe

Das Hauptanwendungsgebiet faserförmiger Metallteilchen dürfte in der nächsten Zeit, wenn man von der bereits genannten Verwendung für Metallfilter absieht, bei den Verbundwerkstoffen zu suchen sein, wobei als Partner sowohl metallische als auch nichtmetallische Stoffe in Frage kommen. Als nichtmetallische werden dies meist Kunststoffe oder keramische Stoffe sein; man kann Metallfasern aber auch in Papier oder Textilien unterbringen.

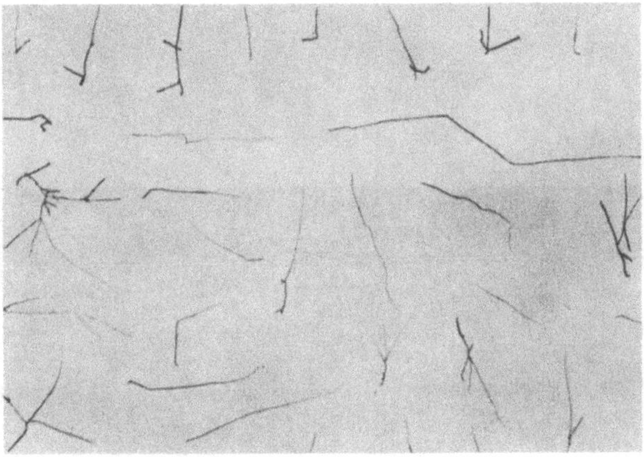

Abb. 15. Kupferwhisker

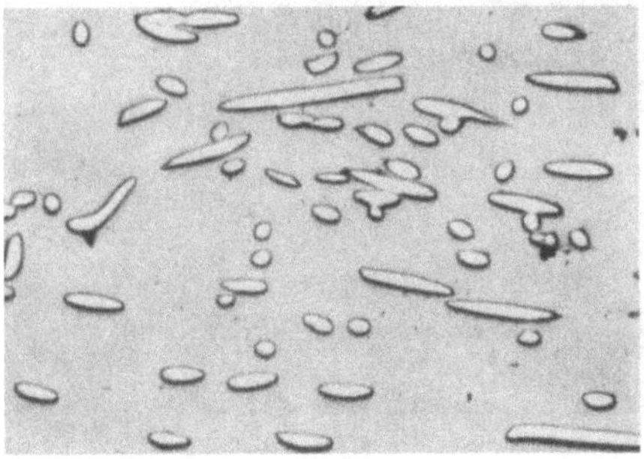

a)

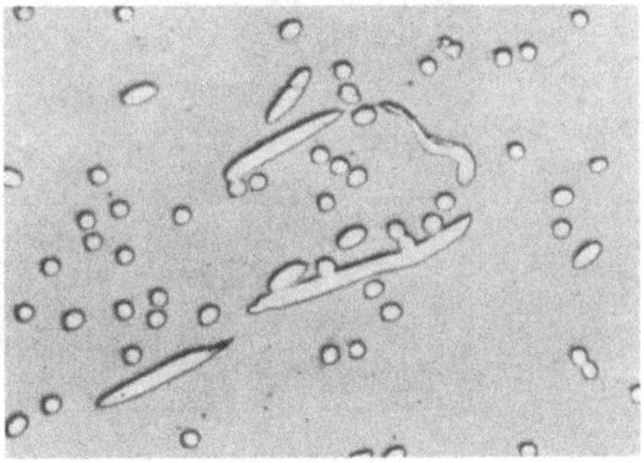

b)

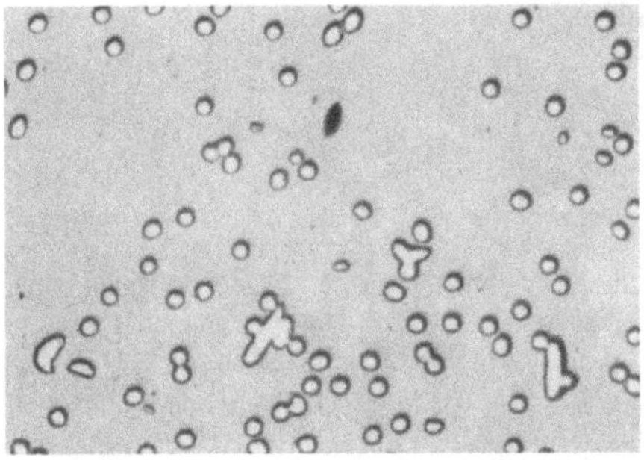

c)

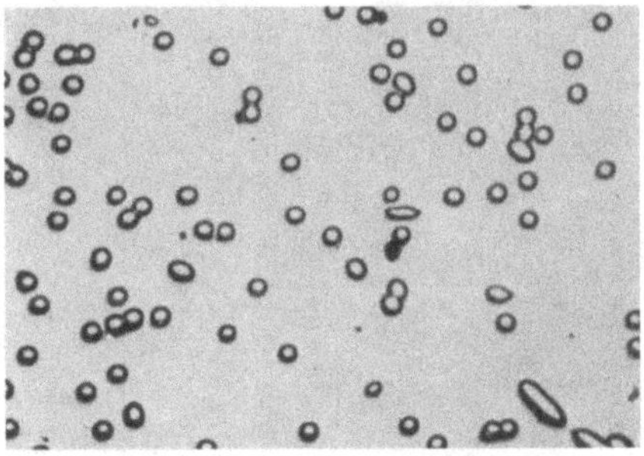

d)

Abb. 16. Gefüge von mit 5 Vol.-% Wolframfasern verstärktem gesinterten Kupfer nach verschiedenen Verformungsgraden (Querschnittsaufnahmen; 25:1)

a) vor dem Rundhämmern, b) 40% verformt, c) 60% verformt, d) 75% verformt

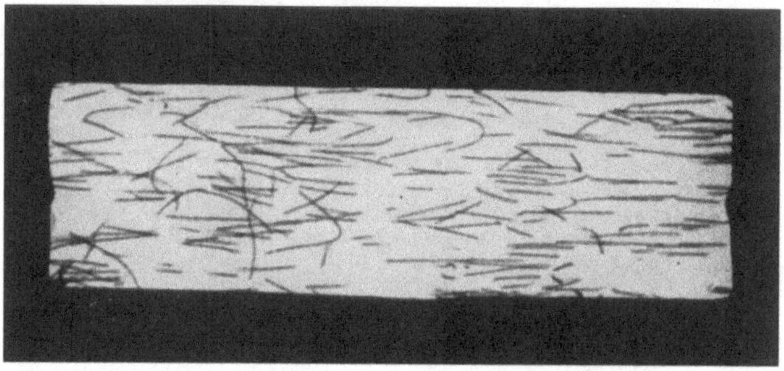

a)

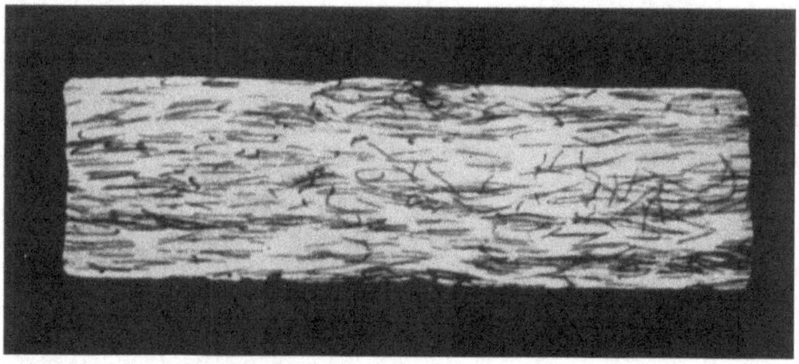

b)

Abb. 17. Röntgenaufnahmen von Wolframfaser-Kupfer-Verbundwerkstoffen; 5:1

a) 2,5 Vol.-% W, b) 5 Vol.-% W

Ein Beispiel für einen derartigen Verbundwerkstoff rein metallischen Charakters ist die Einlagerung von Wolframfasern in Kupfer. Der Zweck einer solchen Kombination ist die Erhöhung der Festigkeit z. B. von Kupferdrähten, ohne daß die elektrische Leitfähigkeit dadurch wesentlich herabgesetzt wird. Für den gleichen Zweck kann man auch Fasern aus Molybdän oder hochfesten Sonderstählen in Betracht ziehen. Man geht bei der Herstellung so vor, daß man Wolframfasern von einigen mm Länge aus dünnen Drähten abtrennt und sie in Kupferpulver verteilt. Aus der Mischung werden dann in üblicher Weise mit einigen Mp/cm² Stäbe gepreßt und bei 1000 °C gesintert. Die Dichte nach dem Pressen und Sintern beträgt etwa 80% des theoretischen Wertes. Nun wird kalt nachverdichtet und ein zweites Mal gesintert. Dadurch erhöht sich die Dichte. Zur völligen Beseitigung der Poren ist es aber notwendig, die Stäbe auf einer Hämmermaschine warm weiter zu verarbeiten und schließlich Draht daraus zu ziehen. Nach einer Querschnittsabnahme von 75% ist der Verbundwerkstoff praktisch porenfrei. Die Verformung erstreckt sich nicht auf die eingelagerten harten Wolframfasern, sondern nur auf das sie umgebende weiche Kupfer, das die Wolframfasern vollkommen einhüllt. Mit zunehmendem Verformungsgrad werden diese immer mehr in die Längsachse ausgerichtet. Sie erfahren durch die Hämmerwirkung noch eine geringe Verdrillung, so daß die Faserausrichtung in der Randzone des Stabes von der in der Stabmitte abweicht. In Abb. 16 sind 4 Querschnittsaufnahmen nach verschiedenen Verformungsgraden enthalten, welche die zunehmende Ausrichtung in die Längsrichtung mit steigendem Verformungsgrad veranschaulichen. Die Orientierung geht auch aus den Röntgenaufnahmen hervor, die in Abb. 17 wiedergegeben werden.

Für die Festigkeitseigenschaften derartiger Verbundwerkstoffe ergeben sich bestimmte Beziehungen. Unter der Voraussetzung, daß sich sämtliche Fasern in die Längsrichtung eingestellt haben, wird die Zugfestigkeit mit dem Volumenanteil der Fasern zunehmen, sobald ein bestimmter Prozentsatz, die „kritische" Konzentration, überschritten wird. Das hängt damit zusammen, daß bei einem geringen Fasergehalt der Festigkeitswert durch das Grundmetall bestimmt wird, da dessen Anteil am tragenden Querschnitt größer ist als der der Fasern, wenn auch diese die höhere Festigkeit besitzen. Die Festigkeit fällt somit zunächst mit steigendem Fasergehalt, da der tragende Querschnitt des Grundmetalls vermindert wird. Erst wenn der Anteil der Fasern so groß ist, daß sie die gleiche Spannung aufzunehmen vermögen wie der verbleibende Restquerschnitt des weichen Grundmetalls, wird eine Änderung zu erwarten sein. Weitere Steigerung des Fasergehaltes führt dann zu der gewünschten Festigkeitszunahme. Abb. 18 zeigt ein Diagramm aus einer Veröffentlichung von D. Cratchley [27], das die Verhältnisse schematisch darstellt. Aus überschlägigen Berechnungen geht hervor, daß z. B. im System Kupfer-Wolfram, wenn man dem Kupfer eine Festigkeit von 22 kp/mm² und den Wolframfasern eine solche von 250 kp/mm² zugrunde legt, erst bei 6,7 Vol.-% an Fasern mit einer Steigerung der Festigkeit gerechnet werden darf. Im System bestehend aus austenitischen Chrom-Nickel-Stahlfasern in Aluminium muß der Volumenanteil der Fasern mindestens 5% betragen. Bei den praktischen Versuchen findet man, daß man jedoch noch höhere Gehalte an Fasern

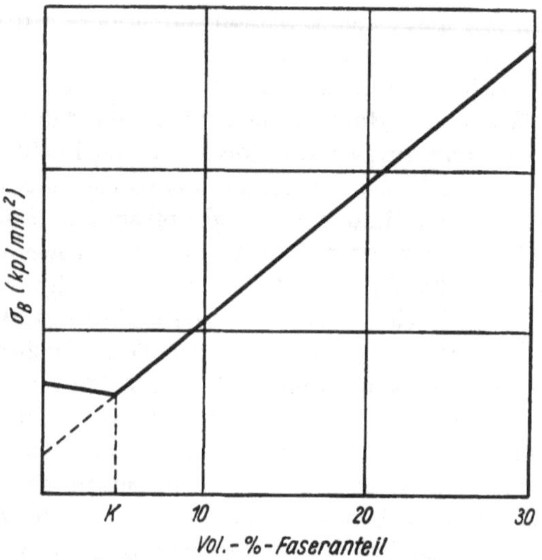

Abb. 18. Theoretische Beziehung zwischen Zugfestigkeit und Vol.-% Faseranteil eines Metallfaser-Metall-Verbundwerkstoffes mit in der Stabachse ausgerichteten Fasern (schematisch; nach D. CRATCHLEY) K = Kritische Konzentration

anwenden muß, um das Ansteigen der Festigkeit zu beobachten. Das hängt damit zusammen, daß in den nach den beschriebenen Verfahren hergestellten Verbundwerkstoffen keine ideale Ausrichtung der Fasern in die Längsrichtung erfolgt ist, und, je nach den Arbeitsbedingungen, die Fasern noch mehr oder weniger von dieser Richtung abweichen, so daß sie nicht voll zur Wirkung kommen. Ferner ist die Voraussetzung, daß zwischen Faser und Grundmetall eine feste Bindung besteht, oft nur unvollkommen erfüllt.

Das gewählte Beispiel Kupfer und Wolfram ist insofern ein Grenzfall, als diese beiden Metalle im festen Zustand keine gegenseitige Löslichkeit besitzen. Anders ist es, wenn man Stahlfasern in Kupfer oder Aluminium einlagert. Dann wird mit zunehmender Sintertemperatur der Faserwerkstoff vom Grundmetall angegriffen und der Faserquerschnitt geschwächt. Dies soll Abb. 19 veranschaulichen, die der zuvor erwähnten Arbeit von CRATCHLEY über Stahlfasern in Aluminium entnommen ist. Ist einmal der kritische Wert der Volumenkonzentration überschritten, so steigt die Festigkeit etwa proportional dem volumenmäßigen Anteil.

Der Zerreißversuch ergibt, daß in der Regel der Bruch über den Querschnitt gleichmäßig verläuft, und es kommt bei einwandfreier Bindung selten vor, daß einzelne Fasern an der Bruchstelle aus der Grundmasse herausgezogen werden. Nicht nur die chemische und die physikalische Bindung sind von Bedeutung, sondern bereits die rein mechanische. Metallfaserverstärkte Metalle erfahren bei Überbeanspruchung keine Trennbrüche, sondern lediglich Aufsplitterungen, was für viele Verwendungszwecke besondere Beachtung verdient. Die Einlagerung von feinen Metallfasern in ein weiches Grundmetall führt auch zur Erhöhung der Schlagbiegefestigkeit.

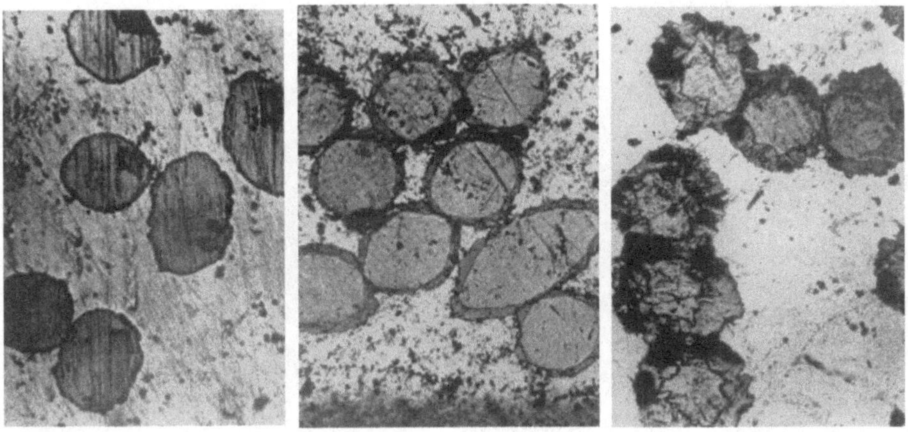

a) b) c)

Abb. 19. Stahlfaser-verstärktes Aluminium (nach D. CRATCHLEY)

a) gesintert 1 h bei 55 °C, b) bei 575 °C, c) bei 600 °C
Stahlfasern aus X10CrNi18.9; Rein-Al-Pulver mit 0,5% Al_2O_3

Außer der Herstellung eines Verbundwerkstoffes nach den üblichen Methoden der Pulvermetallurgie kann man auch zunächst einen Skelettkörper aus den Metallfasern durch Pressen und Sintern herstellen und diesen dann mit dem Grundmetall tränken, sofern es einen niedrigeren Schmelzpunkt hat als der Faserwerkstoff.

Aus den Versuchen mit Metallfasern verschiedener Länge hat sich ergeben, daß diese keine so große Rolle spielt, wie man ursprünglich annahm. Der Dickeneinfluß macht sich erst dann bemerkbar, wenn der Faserquerschnitt sehr klein wird. Allerdings war hier zu beobachten, daß die sonst festgestellte Zunahme der Festigkeit mit fallender Dicke in Verbundwerkstoffen nicht voll zur Wirkung kam. Man erklärt das damit, daß sich dünnere Fasern während der Verformung schlechter orientieren als dickere, daß es sich also hierbei um einen Ausrichtungseffekt handelt.

Es war bisher nur die Rede von der Einlagerung metallischer Fasern in einer metallischen Grundmasse. Man kann aber nicht nur metallische Haarkristalle herstellen, sondern auch nichtmetallische, z. B. aus Al_2O_3, SiC, TiB oder BeO. Vor allem liegen bereits zahlreiche Untersuchungen über die Einlagerung von haarförmigen Al_2O_3-Einkristallen vor, die bis zu Dicken von 20 μm hergestellt worden sind und Zerreißfestigkeiten bis 1000 kp/mm² bei Raumtemperautr und bis 150 kp/mm² bei 1800 °C aufwiesen. Man spricht hier von Saphirwhiskern [28, 29]. Sie werden beispielsweise so erzeugt, daß man über eine Aluminiumschmelze, die sich in einem Porzellanschiffchen befindet, einen Wasserstoffstrom leitet. Dann entsteht am Rand des Schiffchens eine verfilzte, wollige Schicht, die an sich keinen Kontakt mit der Oberfläche der Schmelze hat. Die darin enthaltenen Al_2O_3-Haarkristalle sind entstanden durch die Wechselwirkung des Aluminiumdampfes mit dem an Silizium gebundenen Sauerstoff des Porzellanschiffchens. Sie erweisen sich als dünne Röhrchen mit sechseckigem Querschnitt und einer Bohrung von 0,1 bis 0,3 μm, in der sich meist Aluminium befindet. Bei der Verwendung solcher faserförmiger Saphirkristallteilchen in einer metallischen Grundmasse ist das Verhalten an der Grenzfläche zwischen beiden Komponenten maßgebend. Für die Bindungsfestigkeit wurde z. B. bei dem System bestehend aus einkristallinen Al_2O_3-Stäbchen in einer Ni-Zr-Legierung ein Wert von 3,5 kp/mm² bei 1100 °C festgestellt. Auch bei den mit nichtmetallischen Haarkristallen verstärkten metallischen Werkstoffen handelt es sich um ein neues Gebiet, das recht aussichtsreich scheint und im Wettbewerb mit den anderen geschilderten Möglichkeiten sicherlich noch beachtliche Ergebnisse bringen wird.

Zusammenfassung

Unter den Möglichkeiten, die Festigkeit metallischer Werkstoffe zu erhöhen, haben in den letzten Jahren die Verfahren der Dispersionshärtung und der Fasermetallurgie starke Beachtung gefunden und zur Entwicklung neuartiger Werkstoffe geführt. Nach allgemeinen Betrachtungen wurde auf einzelne Methoden eingegangen und ihre Vor- und Nachteile erörtert. Das einfache Mischen von Pulvern des Grundmetalls und des zur Dispersionshärtung geeigneten Zusatzstoffes weist Schwierigkeiten auf. Bessere Ergebnisse sind nach den Diffusionsverfahren, von denen die innere Oxydation das bekannteste ist, und durch Mischfällung von Salzen und deren selektive Reduktion erhältlich. Insbesondere wird auf die ausgezeichnete Warmfestigkeit des ThO_2 enthaltenden TD-Nickels eingegangen. Das SAP, das 9 bis 15% Al_2O_3 enthaltende Sinteraluminium, war der erste Werkstoff, bei dem die Bezeichnung Dispersionshärtung angewandt wurde und von dem die theoretischen Überlegungen ausgingen. Neue Möglichkeiten zur Herstellung dispersionsverfestigter metallischer Werkstoffe ergaben sich durch Zerstäuben von Legierungen, die im festen Zustand unlösliche Bestandteile enthalten, sowie durch elektrolytische Abscheidung unter Aufnahme von Hartstoffteilchen in den Niederschlag.

Es wird dann über Versuche zur Deutung der Festigkeitssteigerung berichtet und auf die dabei noch bestehenden Meinungsverschiedenheiten hingewiesen. Auch auf die technische Anwendung wird kurz eingegangen.

Die Fasermetallurgie verwendet längsgestreckte Teilchen und arbeitet vorwiegend nach den Methoden der Pulvermetallurgie. Aber auch Arbeitsgänge aus der Textil- und Papiertechnik werden einbezogen. Haupterzeugnis der Fasermetallurgie sind zur Zeit noch die Metallfilter, die gegenüber den pulvermetallurgisch erhaltenen bestimmte Vorteile bieten. Ansonsten werden Metallfasern hoher Festigkeit zur Verstärkung anderer metallischer und nichtmetallischer Werkstoffe herangezogen. Schwierigkeiten bereitet noch die Erzeugung der Fasern auf wirtschaftliche Weise.

Es werden die Probleme erörtert, die bei den meist als Whisker bezeichneten Haarkristallen auftreten. Auch auf die Möglichkeit der Unterbringung nichtmetallischer Haarkristalle, z. B. der Saphirwhisker, in Metallen wird hingewiesen.

Literatur

[1] Hüttig, G. F., Experimentelle Grundlagen des Begriffes „Mahlungsgleichgewicht". Z. Metallkunde **48** (1957) 6, 352–356.

[2] Quatinetz, M., Schafer, R. J., Smeal, Ch., The production of submicron metal powders by ball-milling with grinding aids. Trans. metallurg. Soc. AIME **221** (1961) 6, 1105–1110.

[3] Naeser, G., Schols, W., Fiedler, A., Der Einfluß der Mahldauer auf chemische und physikalische Eigenschaften verschiedener Metallpulver. Arch. Eisenhüttenwes. **34** (1963) 11, 871–878.

[4] Ashby, M. F., Smith, G. C., Structure in internally oxidized copper alloys. J. Inst. Metals **91** (1962/63) 5, 182–187.

[5] Stuart, R. E., Starr, C. D., New Design Data on TD-Nickel. Materials in Design Engng. **58** (1963) 2, 81–85.

[6] Anders, F. J., Alexander, G. B., Wartel, W. S., A dispersionstrengthened nickel alloy. Metal Progr. **82** (1963) 6, 88–91; 118.

[7] Anonym, Dispersion-strengthened alloy available in sheet form. Metal Progr. **83** (1963) 5, 9–10.

[8] Towner, R. J., APM alloys. Metals Engng. Quarterly **1** (1961) 1, 24–40.

[9] Smith, C. R., Electrodeposited dispersion-hardened alloys — Key to high-temperature strengst. J. Metals **15** (1963) 10, 740–741.

[10] Anonym, Aluminium coated steel. Metal Ind. **100** (1962) 10, 187–188.
[11] EISENKOLB, F., Vgl. ausführl. Zusammenstellung der neuen Literatur über Sinteraluminium in: Fortschritte der Pulvermetallurgie, Bd. II, Berlin, Akademie-Verlag 1963, S. 319–322.
[12] LENEL, F. V., Dispersed phases in the powder metallurgy of nuclear materials. Aus: Pulvermetallurgie in der Atomkerntechnik, 4. Plansee-Seminar „De Re Metallica", 1961, Wien, Springer 1962, 529–542.
[13] LENEL, F. V., ANSELL, G. S., A theory of dispersion strengthening. Powder Metallurgy. Ed. by Werner Leszynski, Interscience Publ., New York, London 1961, 267–307.
[14] OROWAN, E., Symposium on Internal stresses in metals and alloys. Inst. Met. Monograph and Report Series No. **5**, 1948, 451–452.
[15] OROWAN, E., Dislocations in metals. Amer. Inst. Min. Metallurg. Engrs., New York 1954.
[16] ANSELL, G. S., LENEL, F. V., Criteria for yielding of dispersions-strengthened alloys. Acta metallurgica **8** (1960) 612–616.
[17] ANSELL, G. S., LENEL, F. V., Creep of recrystallized aluminium SAP-type alloy. Trans. Metallurg. Soc. AIME **221** (1961) 452–456.
[18] Anonym, Discussion on "Non-metallic dispersions in powder metallurgy". Powder Metallurgy (1963) Nr. 11, 133–137.
[19] BONIS, L. J., GRANT, N. J., The structure and properties of dispersion strengthened internally oxidized nickel alloys. Trans. Metallurg. Soc. AIME **224** (1962) 308–316.
[20] ADACHI, M., GRANT, N. J., The effects of stored energy and recrystallization on the creep rupture properties of internally oxidized copper-alumina and copper-silica alloys. Trans. Metallurg. Soc. AIME **218** (1960) 881–887.
[21] GORSUCH, P. D., On the crystal perfection of iron whiskers. J. appl. Phys. **30** (1959) 6, 837–842.
[22] MÜLLER, H. G., Stand der Entwicklung von Dauermagneten aus formanisotropen Feinstpulvern. Bericht über die II. Internat. Pulvermetallurgische Tagung in Eisenach 1962, S. 23–42, Akademie-Verlag, Berlin 1962.
[23] Anonym, Fibre-reinforcement of metals. Metal Ind. **104** (1964) 1, 15.
[24] SHLICHTA, P. J., Growth and perfection of crystals. Wiley, New York 1958, 214–217.
[25] BRENNER, S. S., Tensile strength of whiskers. J. appl. Phys. **27** (1956) 12, 1484–1491.
[26] HERZOG, A., Festigkeitsuntersuchungen an eindimensional gewachsenem, kristallinem Eisen (Whiskern). Metall **17** (1963) 1, 7–14.
[27] CRATCHLEY, D., Factors affecting the use of a metal/metalfibre reinforced system. Powder Metallurgy (1963) Nr. 11, 59–72.
[28] BRENNER, S. S., The case for whisker reinforced metals. J. Metals **14** (1962) 11, 809–811.
[29] BRENNER, S. S., Mechanical hehavior of sapphire whiskers. J. appl. Phys. **33** (1962) 1, 33–39.

Diskussion

Dipl.-Ing. H. FAETHE,

TU Dresden:

Eine nahezu 100%ige Ausrichtung von Fasern in einem faserverstärkten Werkstoff, und damit eine wesentliche Erhöhung der Streckgrenze, läßt sich durch Stangpressen erreichen. So konnte z. B. die $\sigma_{0,2}$-Grenze von Aluminium mit einer Zugabe von 2 Vol.-% Wolframfasern (von 75 µm Durchmesser und 5 mm Länge) durch Strangpressen verdoppelt werden.

Dr.-Ing. habil. GÜNTHER RASSMANN

Stellv. Direktor des Forschungsinstituts für metallische Spezialwerkstoffe Dresden der Deutschen Akademie der Wissenschaften zu Berlin

MÖGLICHKEITEN ZUR FESTIGKEITSSTEIGERUNG VON STÄHLEN UND HOCHWARMFESTEN LEGIERUNGEN

Wird ein metallischer Werkstoff durch äußere Spannungen beansprucht, dann charakterisiert sein Spannungs-Dehnungsverhalten bis zum Auftreten des Bruchs seine Festigkeitseigenschaften. Die an technischen Werkstoffen beobachteten Festigkeitswerte liegen meist um mehrere Größenordnungen niedriger als die berechneten Spannungen, die zum Einsetzen der homogenen Gleitung oder zur gleichzeitigen Trennung der gesamten Bruchflächen theoretisch notwendig erscheinen.

Für den Beginn der homogenen Gleitung ergibt sich die notwendige Schubspannung zu $G/2\pi$ bzw. die entsprechende Spannung bei Zugbelastung zu etwa $G/5$ (G = Gleitmodul). Die zur Bildung der Bruchoberflächen notwendige Energie bei gleichzeitiger Trennung des gesamten Querschnitts bestimmt die Bruchspannung zu

$$\sigma_{th} = \left(\frac{E \cdot S}{a}\right)^{1/2}$$

(E = Elastizitätsmodul, S = Oberflächenenergie einer Bruchfläche $\sim 10^3$ erg/cm² $a = 3 \cdot 10^{-8}$ cm).

Für Werkstoffe auf Eisenbasis ergibt sich in beiden Fällen eine Spannung von etwa 1 bis $2 \cdot 10^{11}$ dyn/cm², d. h. die ideale Festigkeit sollte Werte von ungefähr 1400 kp/mm² erreichen.

Demgegenüber tritt in einem Einkristall aus sehr reinem Eisen der Beginn des Gleitens, d. h. einer plastischen Verformung, bereits bei einer Spannung $\sigma_S \sim$ ~ 3 kp/mm² auf.

Diese beträchtliche Differenz zwischen beobachteter und berechneter Festigkeit ist darauf zurückzuführen, daß bei der Berechnung der idealen Festigkeit der Mechanismus des homogenen Gleitens zugrunde gelegt wurde, der offenbar bei der Verformung eines Einkristalls nicht zutrifft. Wie in den vorangehenden Beiträgen ausgeführt, erklärt sich die niedrige zur Einleitung der plastischen Verformung notwendige Spannung durch das Vorhandensein und das Wandern von Versetzungen unter dem Einfluß äußerer Kräfte.

Die Möglichkeiten, die Festigkeit technischer Werkstoffe der idealen Festigkeit zu nähern, bestehen daher darin, daß entweder versetzungsfreie Werkstoffe geschaffen werden müssen oder die Bewegung von Versetzungen unter dem Einfluß äußerer Spannungen verhindert werden muß.

Obwohl dieser Zusammenhang zwischen Festigkeitsverhalten und Versetzungen erst seit wenigen Jahrzehnten erforscht wird und an polykristallinen Werkstoffen das Zurückführen ihrer mechanischen Eigenschaften auf die vorliegenden Versetzungsstrukturen noch kaum gelungen ist, sind empirisch gefundene Methoden zur Erhöhung der Festigkeit von Eisenwerkstoffen schon seit Jahrhunderten bekannt und in Anwendung, wobei, ausgelöst durch die Forderungen der modernen Technik, die Entwicklung hochfester Stähle gegenwärtig besonders rasche Fortschritte macht. Der dabei heute erreichte Stand der Festigkeit verschiedenster Gruppen von Eisenwerkstoffen ist in Abb. 1 wiedergegeben [1]. Es zeigt sich, daß

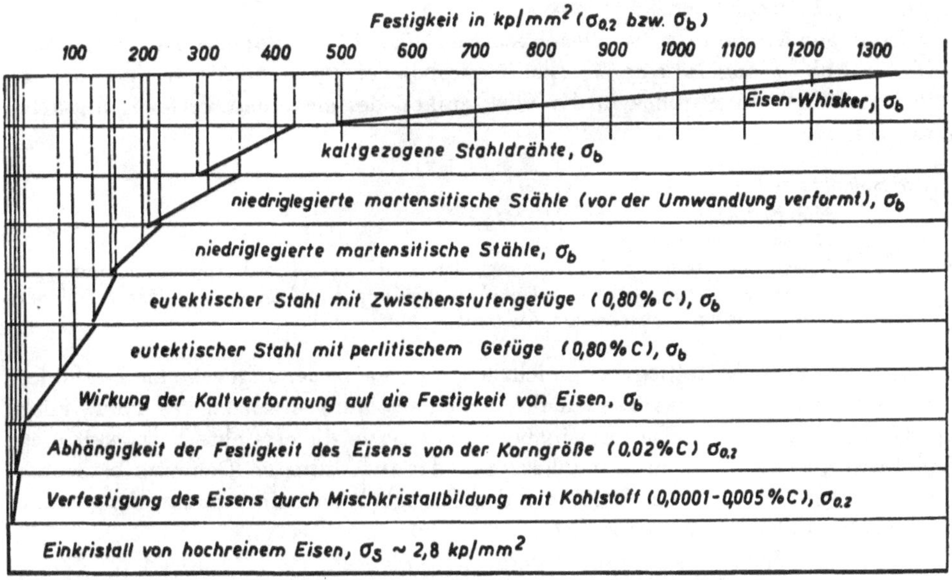

Abb. 1. Festigkeitsspektrum von Werkstoffen auf Eisenbasis

der Bereich zwischen der Streckgrenze eines Einkristalls (~ 3 kp/mm²) und der höchsten Zugfestigkeit von Eisen-Whiskern (1300 kp/mm²) der eingangs genannten Differenz zwischen idealer Festigkeit und Einkristall-Streckgrenze entspricht und daß bis zu Festigkeiten von etwa 350 kp/mm² eine Reihe von Werkstoffgruppen besteht, deren Festigkeitssteigerung gegenüber dem Einkristall auf unterschiedliche metallkundliche Ursachen zurückzuführen ist.

Festigkeiten über 350 kp/mm² werden nur an dünnen Drähten bzw. Whiskern erreicht, wobei die Festigkeit umgekehrt proportional dem Durchmesser ansteigt. Die Weiterverarbeitung solcher Whiskers zu Werkstoffen ist eine Aufgabe der Fasermetallurgie, die im Beitrag F. Eisenkolb [2] erörtert wurde. Wenn dabei auch im einzelnen der Zusammenhang zwischen Struktur und Eigenschaften noch eingehender Klärung bedarf, so ist doch damit gezeigt, daß es möglich ist, die technische Festigkeit weitgehend der idealen Festigkeit anzunähern.

In der vorliegenden Arbeit werden bevorzugt die Möglichkeiten behandelt, die es erlauben, die Festigkeit von martensitischen Eisen-Kohlenstoff-Stählen, bzw. metastabil-austenitischen Eisen-Nickel- und Eisen-Chrom-Nickel-Legierungen zu steigern. Ergänzend wird ein Ausblick auf die Entwicklung der austenitischen Nickel-Chrom-Legierungen und ihr Hochtemperatur-Festigkeitsverhalten gegeben, da die metallkundlichen Maßnahmen zur Festigkeitserhöhung für aushärtbare martensitische bzw. ferritische Legierungen und austenitische Legierungen der angeführten Werkstoffgruppen enge Beziehungen untereinander aufweisen.

Die verschiedenen Arten der Verfestigung von Eisenwerkstoffen lassen sich durch ihre Wirkung auf den Werkstoffzustand oder durch die durchgeführte Behandlung kennzeichnen.

Im folgenden sind die hauptsächlichsten Möglichkeiten angegeben, in die auch die in Abb. 1 angeführten Werkstoffgruppen leicht einzuordnen sind, so daß dadurch auch ein Einblick in die Wirksamkeit der einzelnen Verfestigungsarten möglich wird.

Verfestigung durch:

Kaltverformung
Kornverfeinerung
Mischkristallbildung (Einlagerung; Austausch und Anordnung von Atomen)
Heterogenisierung (insbesondere Ausscheidung und Dispersion feinster Teilchen)
Umwandlung (insbesondere Austenit → Martensit)

Erfolgt die Festigkeitssteigerung nicht nur durch eine der angegebenen Methoden, so kann das Zusammenwirken mehrerer Verfestigungsarten zu besonders guten Eigenschaften führen. Dies gilt insbesondere, wenn die erreichte Festigkeit nicht nur allein, sondern in Zusammenhang mit der zugeordneten Dehnung betrachtet wird. Allgemein ist jede Erhöhung der Festigkeit mit einer mehr oder weniger großen Einbuße an Dehnung verbunden.

Von den in den letzten Jahren untersuchten kombinierten Methoden, die Festigkeit an Stählen zu steigern, haben die nachstehenden zu besonderen Erfolgen geführt:

1. Verformung schwachlegierter Stähle im Austenitgebiet mit anschließender Martensitumwandlung (Ausforming),
2. Verformung metastabil austenitischer Eisen-Nickel- und Eisen-Chrom-Nickel-Legierungen mit Martensitbildung bei geeigneten Verformungsbedingungen (Zerolling),
3. Martensitbildung in kohlenstoffarmen Eisen-Nickel-Legierungen mit anschließender Verfestigung des Martensits durch Ordnungs- bzw. Ausscheidungsvorgänge weiterer Legierungsbestandteile (Maraging),
4. mehrfache Ausscheidungshärtung von austenitischen Nickel-Chrom-Basis-Legierungen durch intermetallische Phasen (Ni_3Al, Ti) und Karbide (Hochwarmfeste Ni-Superlegierungen).

Über die bei den einzelnen Gruppen erreichten Festigkeits-Eigenschaften sowie über die möglichen Deutungen des Zusammenhanges zwischen Werkstoffzustand und Festigkeitsverhalten wird nachstehend berichtet.

Im austenitischen Zustand vor der γ-α-Umwandlung verformte martensitische Stähle

Die an martensitischen Stählen erreichbare Festigkeit ist wesentlich durch den C-Gehalt des Stahles bestimmt, da dieser sowohl die bei der γ-α-Umwandlung auftretende Gitterverzerrung als auch die Menge der beim Zerfall des Martensits auftretenden Karbide bestimmt. Die Wirkung weiterer festigkeitserhöhender Zusätze, insbesondere solcher, die Sonderkarbide bilden, ist für C-Gehalte von 0,3

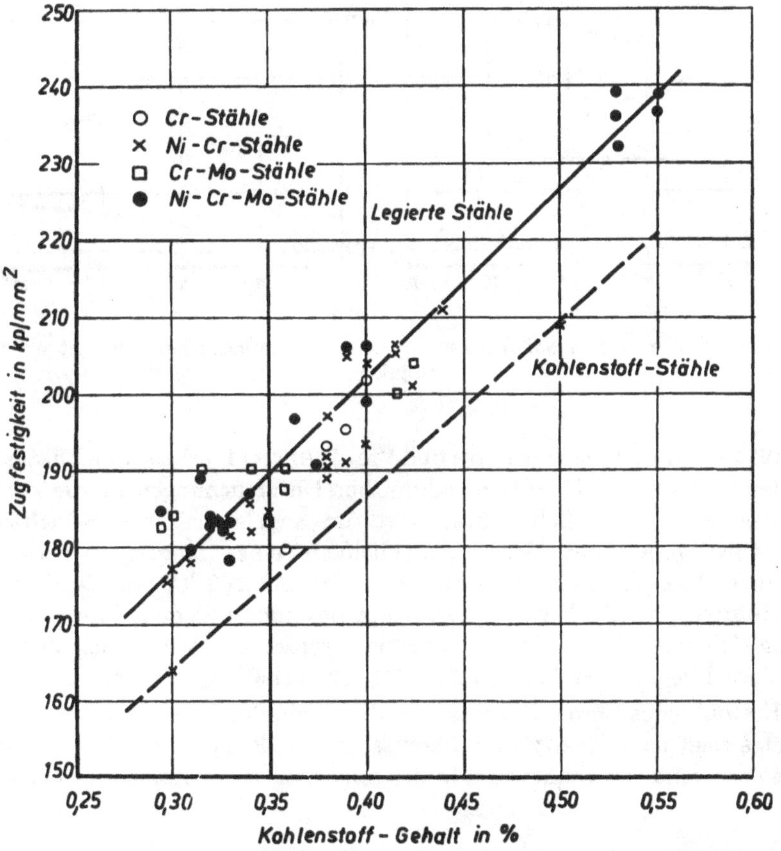

Abb. 2. Einfluß von Kohlenstoff und Legierungselementen auf die Festigkeit martensitischer Stähle

bis 0,55% nur wenig vom Kohlenstoffgehalt abhängig. Die zusätzliche Festigkeitserhöhung erreicht 20 kp/mm². Abb. 2 zeigt diese Verhältnisse im einzelnen [3].

Die Wirkung einer der Martensitbildung vorangehenden Verformung im Austenitgebiet auf die Festigkeitseigenschaften martensitischer niedrig legierter Stähle

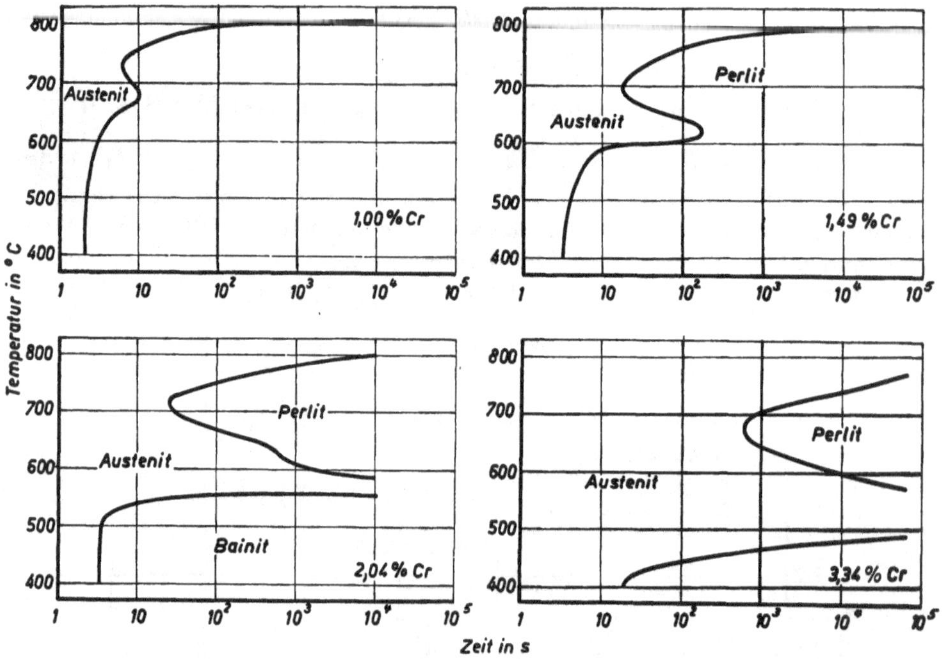

Abb. 3. Einfluß von Chrom auf die Ausdehnung des metastabilen Austenitgebietes von Stählen

wurde 1954 von den Holländern Lips und Van Zuilen [4] erkannt und hat namentlich in den USA und der UdSSR zu zahlreichen Untersuchungen auf diesem Gebiet Anlaß gegeben. Diese Behandlung wird im angelsächsischen Schrifttum als „Ausforming" bezeichnet. Da die Möglichkeit eines längeren Verweilens im Austenitgebiet bei Temperaturen zwischen 500 und 700 °C, um die Verformung durchzuführen, wesentlich von der Zusammensetzung und dem damit im Zusammenhang stehenden ZTU-Schaubild abhängt, werden zur Ausforming-Behandlung meist schwach legierte Stähle, die 2 bis 3% Cr enthalten, verwendet.

Den Einfluß eines Chrom-Zusatzes auf die Ausbildung des metastabilen Austenitgebietes zeigt nach Zakay und Justusson Abb. 3 [1]. Die z. B. von der Ford Company verwendeten Stähle sind in der folgenden Zahlentafel angegeben:

Zus.	C	Cr	Ni	Mn	Si	Mo	V
A 31	0,31	2,2	1,0	1,1	1,6	0,3	0,3
A 41	0,41	2,2	1,0	1,1	1,6	0,35	0,3
A 47	0,47	2,3	1,0	1,1	1,5	0,35	0,3
V 48	0,48	2,9	1,6	0,75	1,5	0,4	—
V 63	0,63	2,9	1,6	0,75	1,5	0,4	—

Die durch die Ausforming-Behandlung erreichbare Festigkeitserhöhung ist wesentlich von den Verformungsbedingungen im Austenitgebiet abhängig. Dabei ist eine niedrige Temperatur bei gleichzeitig hoher Umformung besonders günstig. Für einen Stahl mit 0,44 C, 3 Cr, 1,5 Ni ist der Einfluß der Walztemperatur in Abb. 4 wiedergegeben [5]. Da der Verformungswiderstand bei niedrigen Walztemperaturen sehr hoch wird, erfordert die Ausforming-Behandlung besonders kräftige Walzwerke. In der UdSSR durchgeführte Arbeiten [6] zeigen, daß auch die Umformung bei höheren Temperaturen um 800 °C und ein sehr schnelles Abschrecken von Walztemperatur ebenfalls zu einer Streckgrenzenerhöhung führt, wobei jedoch die Festigkeitswerte, verglichen mit den bei niedrigeren Walztemperaturen erreichbaren, etwas tiefer liegen.

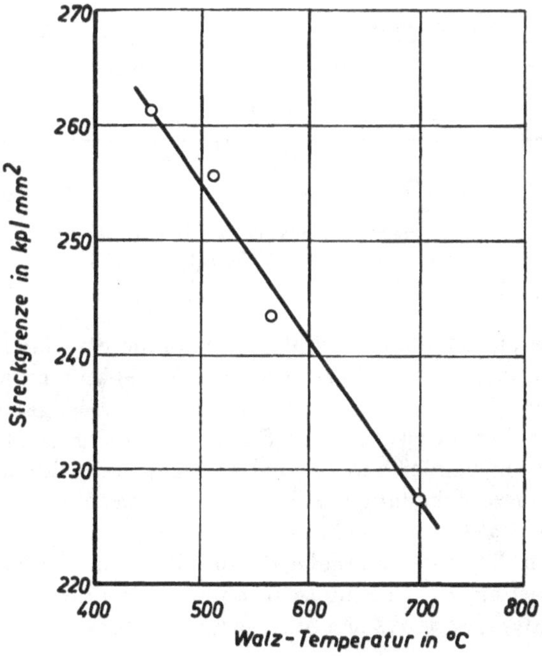

Abb. 4. Einfluß der Walztemperatur auf die Streckgrenze eines Stahles mit 3 Cr, 1,5 Ni und 0,45 C im martensitischen Zustand

Den Einfluß des Verformungsgrades am gleichen Stahl wie Abb. 4 zeigt für eine Walztemperatur von 550 °C Abb. 5 [7]. Besonders wesentlich erscheint, daß Festigkeit und Streckgrenze der martensitischen Stähle mit und ohne Ausforming-Behandlung durch eine Anlaßbehandlung unterschiedlich beeinflußt werden, wie dies ebenfalls aus Abb. 5 zu ersehen ist. Martensitische Stähle ohne Ausforming-Behandlung zeigen bereits bei Anlaßtemperaturen über 100 °C ein Absinken der Festigkeit und Streckgrenze. Mit Ausforming-Behandlung wird durch Anlassen bis etwa 350 °C eine merkliche Steigerung der Streckgrenze erreicht, ohne daß die

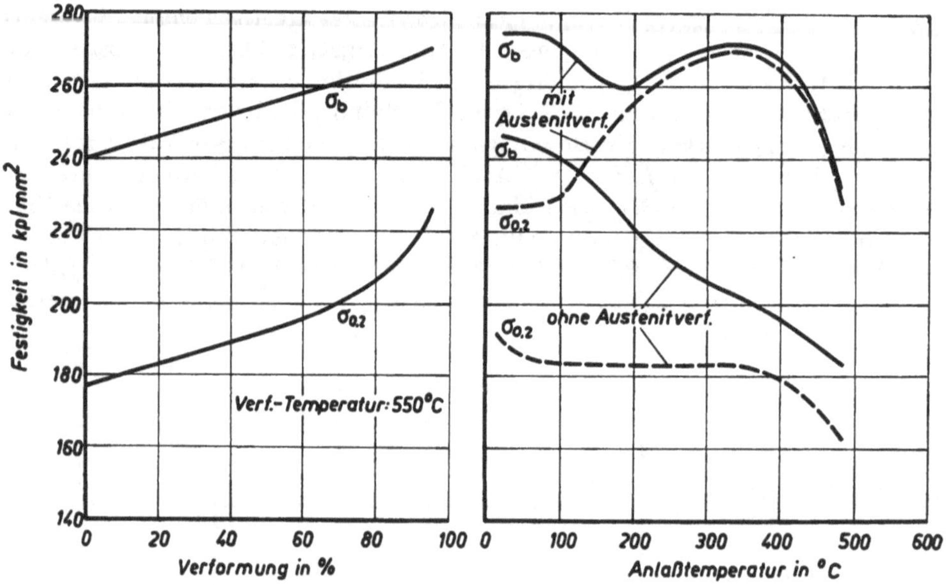

Abb. 5. Einfluß einer thermo-mechanischen Behandlung auf die Festigkeit eines Stahles mit 3 Cr, 1,5 Ni, 0,45 C

Festigkeit sich wesentlich ändert. Praktisch fällt die Streckgrenze dann mit der Zugfestigkeit zusammen, wobei Werte von 260 bis 300 kp/mm² angeführt werden. Ebenso wie die durch Legierungszusätze erreichbare Festigkeitssteigerung martensitischer Stähle für C-Gehalte von 0,3 bis 0,6% weitgehend unabhängig vom Kohlenstoffgehalt ist, zeigt sich in diesem Bereich auch die durch eine Ausforming-Behandlung erzielbare Erhöhung von Streckgrenze und Zugfestigkeit unabhängig vom C-Gehalt des Stahles. Dagegen werden die absoluten Festigkeitswerte sowie Einschnürung und Dehnung weitgehend vom C-Gehalt bestimmt (Abb. 6) [1]. Eine Verschlechterung des Dehnungsverhaltens tritt durch die Ausforming-Behandlung nicht auf, meist wird sogar eine gewisse Verbesserung der Bruchdehnung beobachtet.

Welche Änderungen des Werkstoffzustandes bei der Ausforming-Behandlung eintreten und die Erhöhung der Festigkeit im martensitischen Zustand verursachen, ist noch nicht geklärt. Ursprünglich wurde angenommen, daß die durch die Umformung eintretende Verringerung der Austenitkorngröße, die sich auch in der feineren Martensitstruktur nach der Ausforming-Behandlung widerspiegelt, die Festigkeitserhöhung bewirkt. Untersuchungen von Justusson und Schmatz [5] zeigten jedoch, daß durch eine Verformung von Proben eines Stahles mit unterschiedlicher Austenitkorngröße zwar auch das Martensitgefüge unterschiedliche Feinheit aufweist, jedoch in allen Fällen die durch die Ausforming-Behandlung erzielte Festigkeitserhöhung nur von dem Umformungsgrad im Austenitgebiet abhängig ist und von der Austenitkorngröße nicht beeinflußt wird. Bei der Austenit-

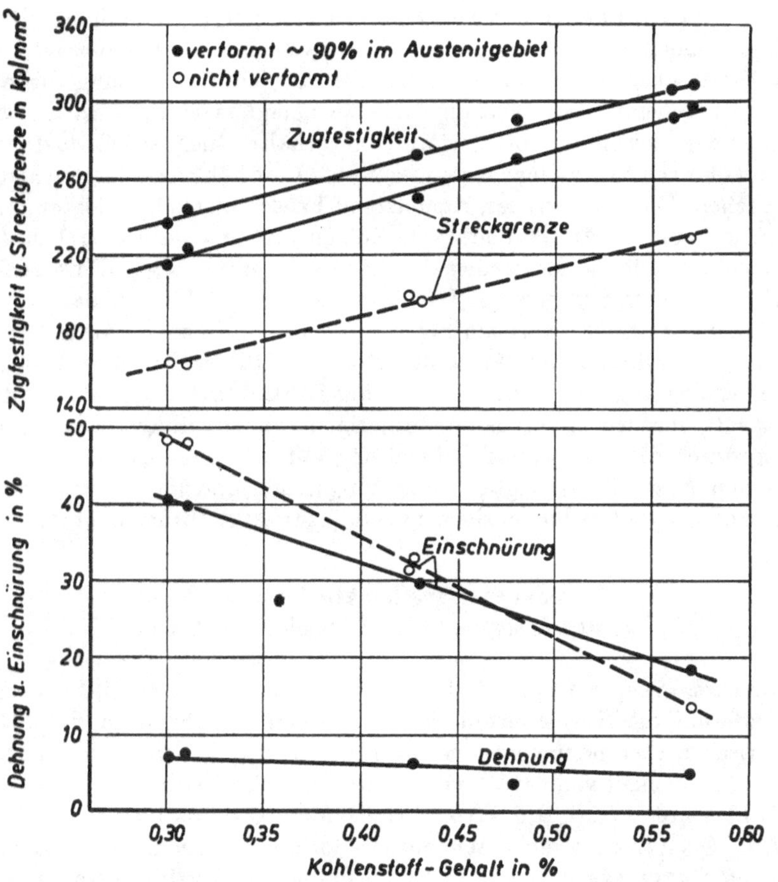

Abb. 6. Einfluß der Ausforming-Behandlung und des C-Gehaltes auf die Festigkeitseigenschaften im martensitischen Zustand (Anlaßtemperatur 300 °C)

verformung tritt eine Texturbildung auf, die sich auch auf den Martensit überträgt und zu einer Richtungsabhängigkeit der Festigkeitseigenschaften führt. Jedoch ist die Festigkeit senkrecht zur Walzrichtung größer als in Walzrichtung, so daß auch die Texturbildung allein nicht die Festigkeitserhöhung bewirken kann [8]. Verschiedentlich wurde versucht, aus dem Verformungsverhalten metastabil-austenitischer Legierungen, deren Eigenschaften bei Raumtemperatur leicht bestimmt werden können, auf die Ursachen der festigkeitserhöhenden Wirkung der Ausforming-Behandlung zu schließen [5]. Dabei zeigte eine Legierung mit 12 Cr, 8,5 Ni und 0,33 C bei Verformung im austenitischen Zustand den gleichen Einfluß von Verformungstemperatur und Verformungsgrad wie die Ausforming-Behandlung niedrig legierter martensitischer Stähle, deren Festigkeitseigenschaften im martensitischen Zustand bestimmt wurden. Es wird hieraus geschlossen, daß die die Festigkeitserhöhung des Austenits bewirkende Strukturveränderung sich auf den Martensit überträgt. Da eine Umwandlung z. B. durch Tiefkühlung metastabil austenitischer Eisen-Nickel-Legierungen zeigt, daß die Martensithärte unabhängig von der Härte des vor der Umwandlung vorliegenden Austenits ist, scheint diese Deutung nicht zwingend. Hierauf wird im nächsten Abschnitt, der sich mit dem Verformungsverhalten metastabil austenitischer Stähle befaßt, noch näher eingegangen werden. Da an kohlenstoffarmen metastabil austenitischen Legierungen der Ausforming-Effekt nicht beobachtet wird, ist sein Auftreten an die Anwesenheit von Kohlenstoff und wahrscheinlich auch an Sonderkarbide bildende Legierungselemente geknüpft. Nach Untersuchungen von McEvily, Bush, Schaller und Schmatz [9] wird geschlossen, daß bei chrom-, molybdän- und vanadiumhaltigen Stählen die Bildung von feinverteilten Legierungskarbiden während der Austenitverformung die wesentliche Ursache der Festigkeitssteigerung durch die Ausforming-Behandlung ist. Nach Stein und Johnson [10] wird als Ergebnis der bisherigen Untersuchungen die Festigkeitserhöhung durch die Ausforming-Behandlung auf die durch die Verformung des metastabilen Austenits erzeugten Versetzungszeilen und ihre Beeinflussung des anschließend gebildeten Martensits und seiner Struktur zurückgeführt.

Im martensitischen Zustand schwach verformte und angelassene Stähle

Ein anderer Weg, um eine Festigkeitssteigerung in martensitischen Stählen durch Änderung der Karbidverteilung zu erreichen, besteht darin, daß Stähle im martensitischen Zustand um einen geringen Betrag plastisch verformt werden [11].

Die in Abhängigkeit von der Vorverformung erreichbare Streckgrenzenerhöhung eines Stahles mit 1,8 Ni, 1,6 Si, 0,9 Cr, 0,4 Mo, 0,1 V und 0,4 C zeigt Abb. 7 nach [12]. Die Wirkung einer Martensitverformung bei höheren Temperaturen beschreiben Radcliffe und Kula [13]. Eine feinere Karbid-Ausbildung durch eine Verformung des martensitischen Gefüges vor dem Anlassen wurde von Wilson [14] sowie Stephenson und Cohen [15] beobachtet.

Verformungsverhalten metastabil-austenitischer Legierungen

Bei der Verformung metastabil austenitischer Eisen-Nickel- und Eisen-Chrom-Nickel-Legierungen kann je nach Zusammensetzung und Verformungsbedingungen eine mehr oder weniger vollständige Umwandlung der austenitischen in die ferritische Phase erfolgen. Da diese Umwandlung ähnlich der Martensitbildung kohlenstoffhaltiger Stähle diffusionslos erfolgt, bezeichnet man auch hier die entstehende Struktur als Martensit. Ist die Legierung sehr kohlenstoffarm, so fehlt bei diesem Nickel-Martensit die tetragonale Gitterverzerrung und die damit verbundene hohe Härte.

Neben der Umwandlung durch Verformen erlauben diese Legierungen auch die umwandlungsfreie Verformung im austenitischen Zustand mit anschließender Martensitbildung durch Tiefkühlung.

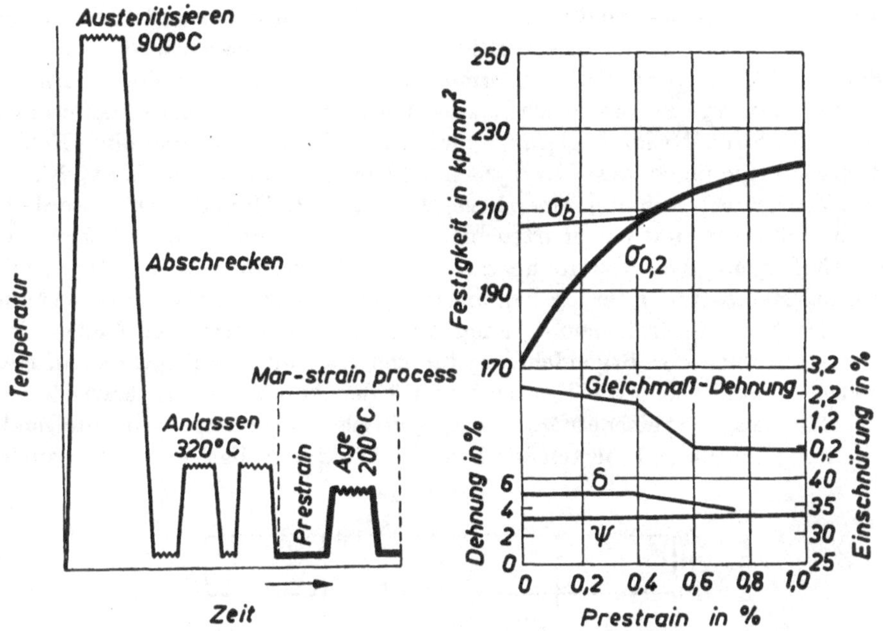

Abb. 7. Einfluß einer geringen Verformung im martensitischen Zustand auf die Streckgrenze nach Anlassen (Stahl 300M — 0,4 C; 0,75 Mn; 1,6 Si; 1,8 Ni; 0,9 Cr; 0,1 V; 0,4 Mo)

Diese Legierungen bieten bei der Untersuchung der Ausforming-Behandlung gegenüber den niedrig legierten Stählen den Vorteil, daß die Eigenschaften im austenitischen Zustand bei Raumtemperatur bestimmt werden können und auch leicht mit denen des martensitischen Zustandes, der entweder durch eine Verformungsbehandlung oder durch eine Tiefkühlung erreicht wird, verglichen werden können. Die gute Verformbarkeit des Nickel-Martensits gibt zugleich die Möglichkeit, die Verfestigung im austenitischen und im martensitischen Zustand über einen großen Verformungsbereich zu verfolgen. Damit scheinen Untersuchungen des Verformungsverhaltens metastabil austenitischer Legierungen geeignet, einen besseren Einblick in die Vorgänge der Festigkeitssteigerung durch eine Ausforming-Behandlung zu geben, als dies an den schwach legierten Stählen möglich ist.

Technisches Interesse hat die Umformung metastabil austenitischer Legierungen mit Martensitbildung dadurch gewonnen, daß es auf diesem Wege gelingt, hohe Festigkeit mit guter Dehnung zu vereinigen. Allerdings ist die Anwendung dieser Eigenschaften nur an stark kaltverformten Blechen, Drähten und Bändern möglich.

Da metastabil austenitische Legierungen sowohl im austenitischen als auch im martensitischen Zustand durch Ausscheidungs- und Ordnungsvorgänge verfestigt werden können, stellt der vorliegende Abschnitt zugleich die Verbindung zwischen den vorangehenden und den folgenden Ausführungen her. Dabei behandelte der vorangehende Abschnitt die Ausforming-Behandlung niedrig legierter kohlenstoffhaltiger Stähle, während sich der nachfolgende mit der Aushärtung martensitischer und austenitischer nickelhaltiger Legierungen befassen wird.

Bei der Betrachtung des Verformungsverhaltens metastabil-austenitischer Legierungen sollen im wesentlichen zwei Werkstoffgruppen behandelt werden. Es sind dies Eisen-Nickel-Legierungen mit 25 bis 30% Ni mit und ohne Kohlenstoff sowie Legierungen des V2A-Typs mit 17 bis 19% Cr und 6 bis 8% Ni.

Das Verformungsverhalten einer Legierung mit 31% Ni und 0,006 C wurde für den austenitischen und den martensitischen Zustand untersucht. Während bei einer Umformung bei Raumtemperatur keine Martensitbildung auftrat, wird durch eine Herabsetzung der Umformungstemperatur auf — 60 °C ein wesentlicher Anteil des Austenits in Martensit umgewandelt. Den Anstieg der Zugfestigkeit und die Abnahme der Bruchdehnung für den austenitischen und den martensitischen Zustand geben die Kurven 1 und 3 der Abb. 8 wieder. Kurve 2 zeigt den Festigkeitsanstieg einer anfänglich austenitischen Legierung, die mit steigender Verformung zunehmend martensitisch wird. Die durch die Verformung auftre-

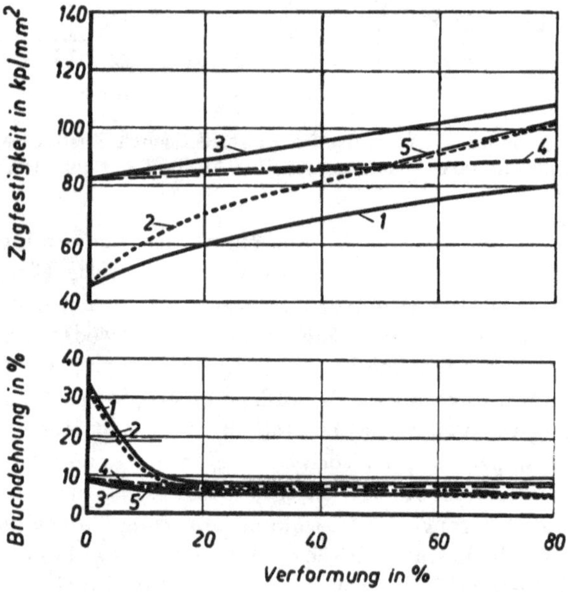

	Ausg.-Zust.	End-Zust.	Bemerkung
1	Austenit	Austenit	verformt bei RT
2	Austenit	Martensit	verformt -60 °C
3	Martensit	Martensit	Martensit durch Tiefk. 2h, -195 °C
4	Verf. Austenit	Martensit	Martensit durch Tiefk. 2h, -195 °C
5	Verf. Austenit+ Martensit	Martensit	Martensit durch Tiefk. 2h, -195 °C

Abb. 8. Verformungsverhalten einer Eisen–Nickel-Legierung mit 31 Ni und 0,006 C

tende Verfestigung ist sowohl im austenitischen als auch im martensitischen Zustand gering. Dies ist aus dem geringen C-Gehalt zu erklären, eine Diffusion von C-Atomen in bei der Verformung gebildete Versetzungen entfällt daher und damit auch die Möglichkeit zur starken Verfestigung.

Wird durch Verformung verfestigter Austenit (Kurve 1 bzw. 2) durch Tiefkühlen (2 h — 195 °C) in Martensit umgewandelt, so zeigen sich die Festigkeitseigenschaften dieses Martensits (Kurve 4 bzw. 5) unabhängig von denen des vor der Umwandlung vorliegenden Austenits. Eine Ausforming-Behandlung kohlenstoffarmer metastabil austenitischer Eisen-Nickel-Legierungen führt daher nicht wie die der niedriglegierten Stähle zu einer Festigkeitssteigerung. Die Kurven 2 und 5 fallen von Verformungsgraden über 50% an zusammen, d. h. der durch Umformung des Austenits gebildete und weiterverformte Martensit behält bei einer Tiefkühlung seine Eigenschaften bei.

Damit scheint die Anwesenheit von Kohlenstoff notwendig, um durch eine Ausforming-Behandlung eine Festigkeitssteigerung zu erzielen. Um zu prüfen, ob diese Bedingung auch bei metastabil austenitischen Eisen-Nickel-Legierungen hinreichend zur Wirksamkeit der Ausforming-Behandlung ist, wurden die gleichen Untersuchungen wie an der kohlenstoffarmen an einer kohlenstoffhaltigen Legierung mit 25% Nickel und 0,35% C durchgeführt. Der Nickel-Gehalt wurde von 31 auf 25% gesenkt, um die austenitstabilisierende Wirkung des Kohlenstoffzusatzes gerade zu kompensieren.

Das Verformungsverhalten dieser Legierung zeigt Abb. 9, es ist prinzipiell dem der kohlenstoffarmen Legierung ähnlich.

Durch die Anwesenheit des Kohlenstoffs wird jedoch sowohl die Ausgangsfestigkeit als auch die Verfestigung durch Verformung stark erhöht. Dies gilt für den austenitischen und auch für den martensitischen Zustand. Der im Anschluß an die Austenitverformung durch Tiefkühlen gebildete Martensit ist jedoch wieder völlig unabhängig von der Ausgangsfestigkeit des verformten Austenits. Bei Verformungen über 60% wurde bereits durch den Umformvorgang ein Teil des Austenits in Martensit umgewandelt, dadurch ergibt sich eine kleine Steigerung der Martensithärte nach dem Tiefkühlen gegenüber dem Verhalten des Austenits mit geringerer Verformung.

Die Festigkeitssteigerung der kohlenstoffarmen Legierung beträgt nach 80% Verformung 30 kp/mm^2. Im austenitischen Zustand wird die Ausgangsfestigkeit von 50 auf 80 kp/mm^2 und im martensitischen von 80 auf 110 kp/mm^2 erhöht. Die kohlenstoffhaltige Legierung zeigt bei entsprechender Verformung eine Festigkeitserhöhung von 65 kp/mm^2, wobei im austenitischen Zustand die Ausgangsfestigkeit von 65 auf 130 kp/mm^2 ansteigt. Im martensitischen Zustand konnte diese Legierung nur zu 40% verformt werden, wobei die Festigkeit von 170 auf etwa 200 kp/mm^2 heraufgeht. Während im martensitischen Zustand bei etwa 10% Dehnung eine Festigkeit von 170 kp/mm^2 erreicht wird, ist bei gleicher Dehnung im austenitischen Zustand nur eine Festigkeit von etwa 100 kp/mm^2 erzielbar.

Im Hinblick auf die Klärung der Ausforming-Behandlung niedrig legierter Stähle zeigt sich, daß auch die Anwesenheit von Kohlenstoff allein nicht genügt,

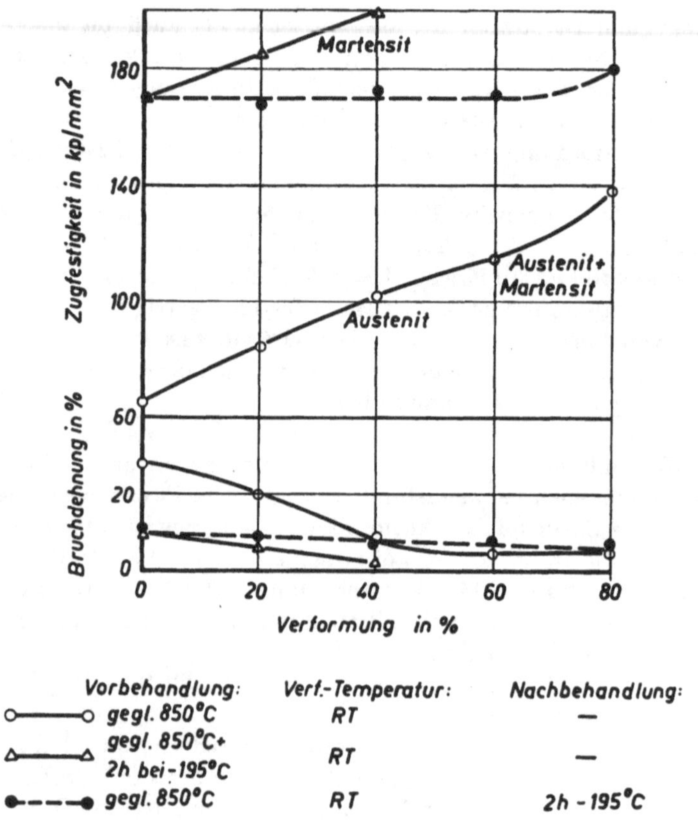

Abb. 9. Verformungsverhalten einer Eisen–Nickel-Legierung mit 25 Ni und 0,35 C

um eine Festigkeitssteigerung des Martensits durch eine vorangehende Austenitumformung zu bewirken. Es besteht daher die Notwendigkeit, entsprechende Versuche an metastabil austenitischen Legierungen, die Sonderkarbide bildende Legierungselemente enthalten, durchzuführen.

Einen Hinweis, daß an solchen Legierungen der Ausforming-Effekt auftreten kann, gibt eine Untersuchung von Justusson und Schmatz [5], bei der eine Legierung mit 12 Cr, 4 Ni und 0,35 C (Martensittemperatur ~ 100 °C) ohne und mit Austenitumformung (94% bei 510 °C) im abgeschreckten, d. h. martensitischen Zustand Festigkeiten von 180 bzw. 220 kp/mm² aufwies.

Ein den binären Eisen-Nickel-Legierungen ähnliches Verhalten zeigen metastabil austenitische Eisen-Chrom-Nickel-Legierungen, wobei die an kohlenstoffarmen Legierungen erreichbaren Festigkeitswerte die der binären Eisen-Nickel-Legierungen erheblich übertreffen. Der Werkstoffzustand, d. h. der Martensit- bzw. Austenitanteil wird auch hier durch die Zusammensetzung, die Wärmebehandlung und bei verformten Legierungen durch Umformungsgrad und Temperatur bestimmt. Abnehmende Chrom- und Nickelgehalte verringern und zu-

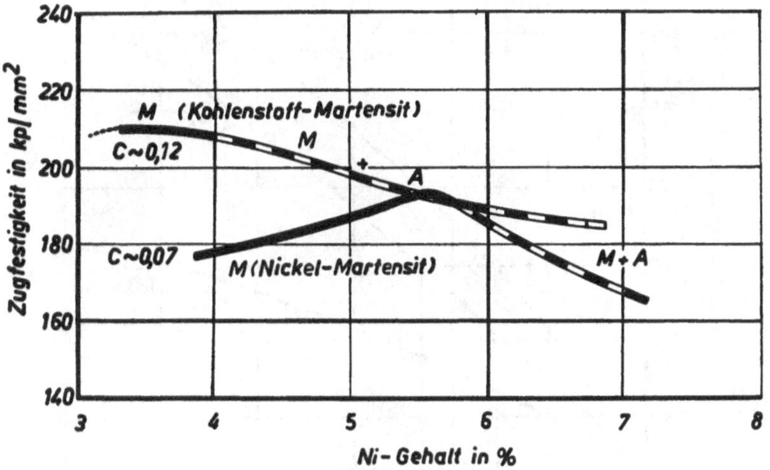

Abb. 10. Festigkeit von verformten Eisen–Nickel–Chrom-Legierungen (17,5% Cr) in Abhängigkeit vom Ni-Gehalt nach 35% Kaltverformung

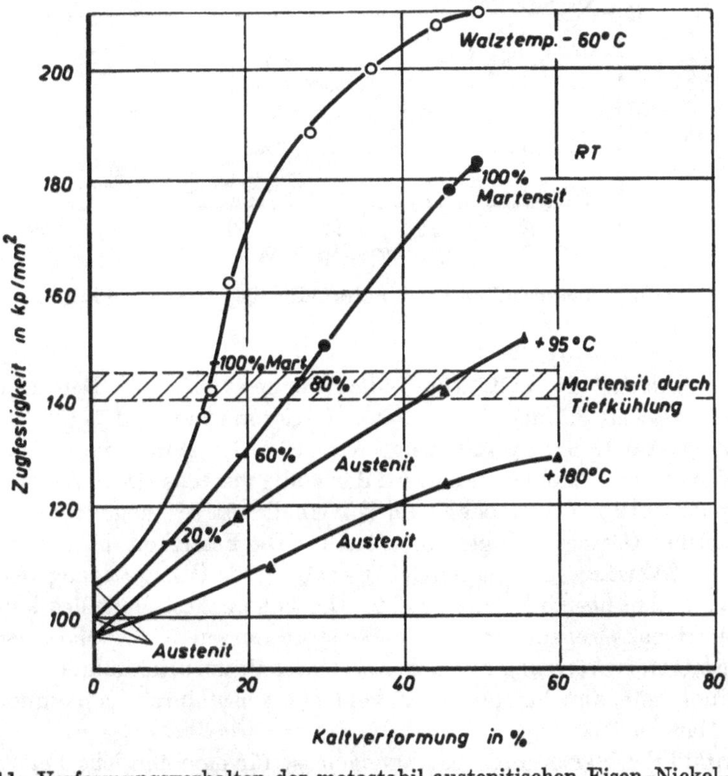

Abb. 11. Verformungsverhalten der metastabil austenitischen Eisen–Nickel–Chrom-Legierung mit 17,4 Cr, 6,2 Ni, 0,09 C

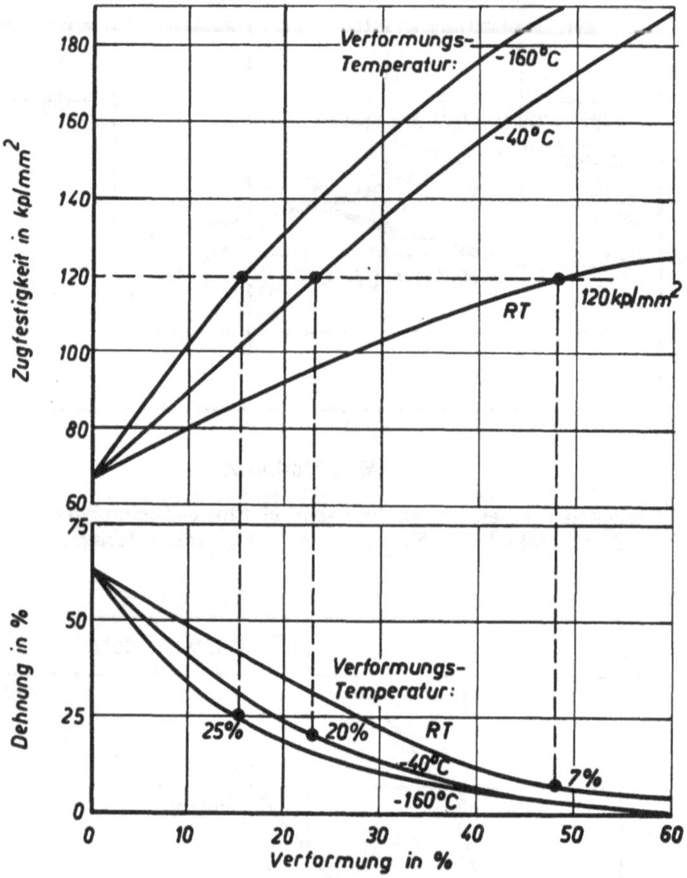

Abb. 12. Verformungsverhalten des Stahles AISI Typ 302 (17—19 Cr, 8—10 Ni)

nehmender Kohlenstoffgehalt erhöht die Austenitstabilität. Den Einfluß des Ni-Gehalts zwischen 3,5 und 7% an einer Legierung mit 17,5% Cr für Kohlenstoffgehalte von 0,07 bzw. 0,12% zeigt Abb. 10 [16]. Durch die austenitstabilisierende Wirkung des Kohlenstoffs wird der völlig martensitische Zustand bei der Legierung mit 0,12% C erst bei einem Ni-Gehalt von 4% gegenüber etwa 5,5% bei der kohlenstoffärmeren Legierung erreicht. Die Festigkeit des Nickel-Martensits nimmt mit Verringerung des Ni-Gehaltes ab, da die Übersättigung des α-Mischkristalls an Nickel ebenfalls zurückgeht. Die höhere Festigkeit des kohlenstoffhaltigen Martensits gegenüber dem kohlenstoffärmeren Nickel-Martensit ist auf die stärkere Gitterverzerrung mit höherem C-Gehalt zurückzuführen. Die Festigkeitszunahme mit abnehmendem Nickel-Gehalt ist durch den zunehmenden Anteil an Martensit bedingt.

Der Einfluß der Verformungsbedingungen ist für eine ähnliche Legierung mit 17,4 Cr, 6,2 Ni und 0,09% C [16] in Abb. 11 wiedergegeben. Bei Walztemperaturen von 180 °C und 95 °C und Verformungen bis 60% bleibt das Gefüge austenitisch, bei Raumtemperatur und bei – 60 °C ist das Gefüge nach 50% bzw. bereits unter 20% Umformung völlig martensitisch. Die im verformten austenitischen Zustand erreichbare Festigkeit liegt bei 150 kp/mm², im verformten martensitischen bei 210 kp/mm². Die Festigkeit des unverformten Austenits beträgt etwa 95 kp/mm², die des durch Tiefkühlung entstandenen Martensits etwa 140 kp/mm², d. h. die Verfestigung des Austenits durch Verformen beträgt 55 kp pro mm² und die des Martensits 70 kp/mm².

Auf die Möglichkeit, an metastabil austenitischen Legierungen durch Martensitbildung eine Erhöhung der Dehnung bei gleicher Festigkeit gegenüber dem austenitischen Zustand zu erzielen, wurde bereits bei den binären Nickel-Eisen-Legierungen hingewiesen. Die gleiche Erscheinung tritt bei den Eisen-Chrom-Nickel-Legierungen auf, ihre technische Anwendung (Zerolling) wird von DOWELL und MIHALISIN [17] beschrieben. Den Verlauf von Zugfestigkeit und Bruchdehnung

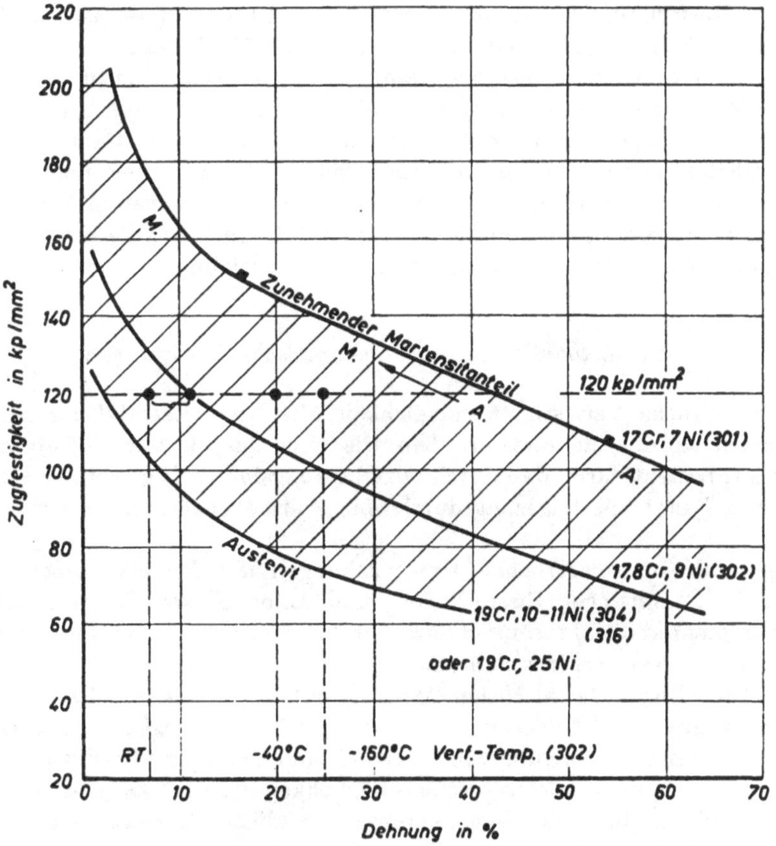

Abb. 13. Festigkeitseigenschaften von Eisen–Nickel–Chrom-Legierungen mit austenitischem bzw. martensitischem Gefüge

für einen Stahl des Typs AISI 302 (17—19 Cr, 8—10 Ni) nach diesen Untersuchungen zeigt Abb. 12.

Durch Senken der Walztemperatur von Raumtemperatur auf — 40 bzw. — 160 °C wird eine Festigkeit von 120 kp/mm² jeweils nach etwa 48, 22 und 15% Umformung erreicht. Die Dehnungswerte nehmen dabei von 7 auf 20 bzw. 25% zu. Wenn die Verbesserung der Festigkeitseigenschaften lediglich der Martensitbildung zuzuschreiben ist und die Erniedrigung der Walztemperatur nur Bedeutung für die Herabsetzung der Austenitstabilität besitzt, sollten die gleichen Verhältnisse auch dann eintreten, wenn die Austenitstabilität durch eine Verringerung des Chrom- bzw. Nickel-Gehalts herabgesetzt wird. Unter diesen Umständen könnte dann die Umformung bei Raumtemperatur durchgeführt und damit die Verarbeitung erheblich erleichtert werden.

Nach Schrifttumsangaben sind in Abb. 13 die an stabil bzw. metastabil austenitischen Eisen-Nickel-Chrom-Legierungen durch Verformung bei Raumtemperatur erzielbaren Wertepaare Festigkeit und Dehnung angegeben. Für die Festigkeit 120 kp/mm² sind die nach Abb. 12 für den Typ 302 geltenden Dehnungswerte für Verformung bei Raumtemperatur, — 40 °C und — 160 °C, ebenfalls eingetragen. Es zeigt sich, daß die Dehnung von 25% bei der Festigkeit 120 kp pro mm² auch durch Verformen bei Raumtemperatur leicht erreicht werden kann, wenn die Zusammensetzung geringfügig geändert wird, und sogar bei der gleichen Festigkeit Dehnungen von über 40% erreicht werden können. Damit scheint der Zerolling-Effekt nur auf die besseren Festigkeitseigenschaften der martensitischen gegenüber den austenitischen Eisen-Nickel-Chrom-Legierungen zu beruhen, und es scheint nicht von Belang, ob die Austenitinstabilität beim Verformen von der Umformungstemperatur oder Legierungszusammensetzung herrührt.

Aushärtbare metastabil austenitische Legierungen

Eine zusätzliche Verfestigungsmöglichkeit, die bei metastabil austenitischen Legierungen sowohl im austenitischen wie auch im martensitischen Zustand möglich ist, besteht darin, daß durch ausscheidungsfähige Legierungszusätze eine Härte- und Festigkeitssteigerung durch eine Wärmebehandlung bewirkt werden kann.

Während die grundsätzlichen Untersuchungen der Festigkeitseigenschaften metastabil austenitischer Eisen-Nickel- und Eisen-Nickel-Chrom-Legierungen schon vor mehreren Jahrzehnten durchgeführt wurden, erfolgt ihre technische Anwendung erst seit wenigen Jahren.

Die von der International Nickel Company entwickelten aushärtbaren martensitischen Eisen-Nickel-Legierungen zeigen durch ihre Legierungszusätze eine besonders günstige Vereinigung von Festigkeit und Dehnung. Bei den gleichzeitig außerordentlich einfachen Verarbeitungsmöglichkeiten zeigt diese neue Werkstoffgruppe auf vielen Anwendungsgebieten eine merkliche Überlegenheit gegenüber anderen martensitischen Stählen. Ehe auf diese neue Legierungsgruppe näher eingegangen wird, sollen die Ergebnisse der früher durchgeführten Arbeiten kurz behandelt werden.

Das Festigkeitsverhalten von austenitischen bzw. martensitischen Eisen-Nickel-Legierungen mit 10 bis 40% Ni nach MARSH [18] ist in Abb. 14 zu erkennen. Rein austenitische Legierungen mit einem Nickel-Gehalt über 30% zeigen neben einer außerordentlich niedrigen Streckgrenze nur Festigkeiten um 50 kp/mm². Mit abnehmendem Nickel-Gehalt nimmt der martensitische Gefügeanteil zu, damit zeigt die Zugfestigkeit bis auf Werte von 100 kp/mm², und das Verhältnis Zugfestigkeit zu Streckgrenze wird günstiger. Unter 20% Ni sind die Legierungen auch bei langsamer Abkühlung rein martensitisch. Mit zunehmendem Martensitanteil geht die Bruchdehnung und Einschnürung zurück. Jedoch beträgt die Dehnung auch im rein martensitischen Zustand noch um 10%. Das Verhalten der Härte ist dem der Zugfestigkeit analog. Die Möglichkeit der Aushärtung solcher Eisen-Nickel-Legierungen durch einen Beryllium-Zusatz wurde von KROLL [19] bereits 1929 erkannt und näher untersucht. Die danach erreichbaren Härtesteigerungen durch Zusatz von 1% Be durch Aushärtung bei 500 °C zeigt Abb. 15. Während im austenitischen Zustand bei der angewendeten Aushärtungsbehandlung kein Härteunterschied im abgeschreckten und ausgehärteten Zustand gefunden wurde, ist die Härtesteigerung bei Legierungen im martensitischen Zustand beträchtlich. Die erreichten Härtewerte von über 600 kp/mm² lassen auf Festigkeiten um 200 kp pro mm² schließen. Bei Legierungen mit weniger als 5% Ni geht die Härtesteigerung stark zurück.

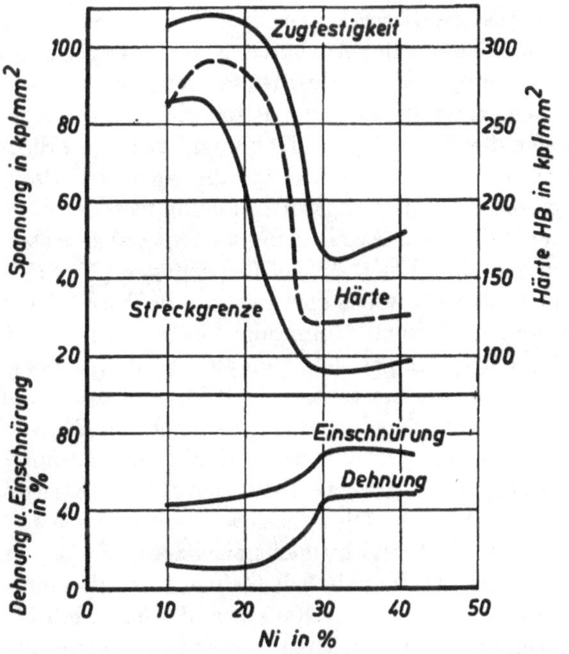

Abb. 14. Festigkeitseigenschaften von Eisen–Nickel-Legierungen mit 10 bis 40 Ni

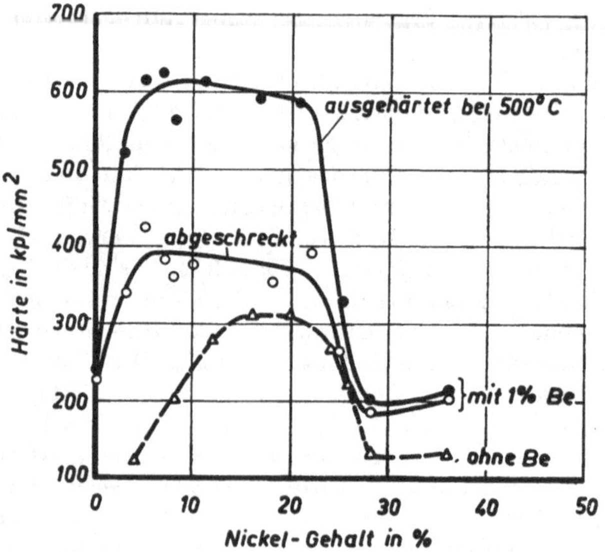

Abb. 15. Aushärtungsverhalten von Eisen–Nickel-Legierungen mit 1% Be

Auf das grundsätzlich ähnliche Verhalten der metastabil austenitischen Eisen-Nickel-Legierungen und der Eisen-Nickel-Chrom-Legierungen mit Chromgehalten um 18% und Nickelgehalten zwischen 4 und 8% war bereits bei den Ausführungen zum Verformungsverhalten dieser Legierungen hingewiesen worden. Es erstreckt sich auch auf die Möglichkeit der Aushärtung durch Legierungszusätze, die eine Bildung und Ausscheidung intermetallischer Phasen hervorrufen. Besonders wirksam zeigen sich Legierungszusätze von Aluminium und Titan, die bei nickelhaltigen Legierungen die Phase Ni_3 (Al, Ti) bilden. Es ist dies die meist als γ'-Phase bezeichnete Überstruktur vom Ni_3Al-Typ, die auch bei den hochwarmfesten Ni-Basis-Superlegierungen zur Festigkeitserhöhung wesentlich beiträgt.

Abbildung 16 zeigt die nach Auswertung verschiedener Arbeiten vorliegenden Verhältnisse für metastabile Eisen-Nickel-Legierungen [20, 21] mit Zusätzen von Titan, Aluminium und Niob sowie für metastabile Eisen-Nickel-Chrom-Legierungen mit Zusätzen an Titan, Aluminium sowie Kohlenstoff und Stickstoff. Da das Gefüge dieser Legierungen vom rein austenitischen über den austenitisch martensitischen bis zum rein martensitischen Zustand durch eine entsprechende Wärmebehandlung geändert werden kann, läßt sich die Wirkung der Aushärter in Abhängigkeit des Martensit- bzw. Austenitanteils zeigen. Zunehmender Martensitanteil bewirkt einen linearen Anstieg von der Härte im austenitischen zu der des martensitischen Zustandes. Dies gilt sowohl im nicht ausgehärteten und im ausgehärteten Zustand. Während im nicht ausgehärteten Zustand der Übergang vom austenitischen zum martensitischen Gefüge nur mit einer mäßigen Härtesteigerung von etwa 200 kp/mm² auf 300 kp/mm² verbunden ist, kann durch die Ausscheidungshärtung im austenitischen Zustand die Härte bis auf etwa 500 kp pro mm² und im martensitischen Zustand bis auf über 800 kp/mm² heraufgehen.

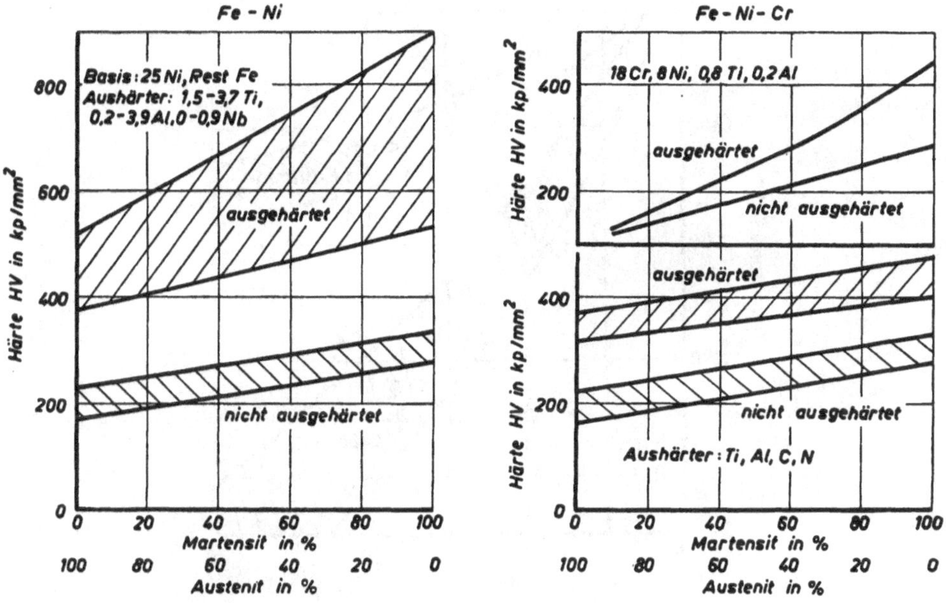

Abb. 16. Härteverhalten aushärtungsfähiger Eisen–Nickel- und Eisen–Nickel–Chrom-Legierungen

Beim gleichen Gehalt an Legierungszusätzen, die eine Aushärtung bewirken, ist zumeist der Aushärtebetrag im martensitischen Gefüge erheblich größer als im Austenit-Gefüge. Dies ist eine Folge der im allgemeinen größeren Löslichkeit der Legierungszusätze im Austenit gegenüber dem Martensit. Die Martensitaushärtung erfolgt bereits bei Temperaturen um 450 bis 500 °C, während eine Austenitaushärtung meist höhere Temperaturen von über 600 °C erfordert.

Im folgenden soll auf die bei den Maraging-Stählen vorliegenden Verhältnisse etwas näher eingegangen werden.

Das grundsätzliche Verhalten kann aus dem Eisen–Nickel-Zustandsschaubild, wie es für normale Abkühlungs- und Erhitzungsgeschwindigkeiten gilt, ersehen werden. Dieses in Abb. 17 wiedergegebene Zustandsschaubild zeigt, daß binäre Legierungen mit weniger als 22% Ni bei Raumtemperatur auch nach langsamer Abkühlung im völlig martensitischen Zustand vorliegen. Bei höheren Ni-Gehalten tritt im Gefüge ein Anteil an Austenit auf, der mit steigender Abkühlgeschwindigkeit zunimmt. Legierungen mit etwa 25% Ni können daher leicht auch im völlig austenitischen Zustand erhalten werden. Die Rückumwandlung des durch einen diffusionslosen Vorgang entstandenen Martensits setzt bei Legierungen mit etwa 20% Ni bei einer Erhitzung auf ungefähr 500 °C ein. Der dabei im $\alpha - \gamma$-Gebiet gebildete Austenit bleibt bei einer folgenden Abkühlung erhalten. Eine Aushärtung des martensitischen Gefüges muß daher bei Temperaturen unter 500 °C erfolgen, da die bei höheren Temperaturen einsetzende Rückumwandlung zur

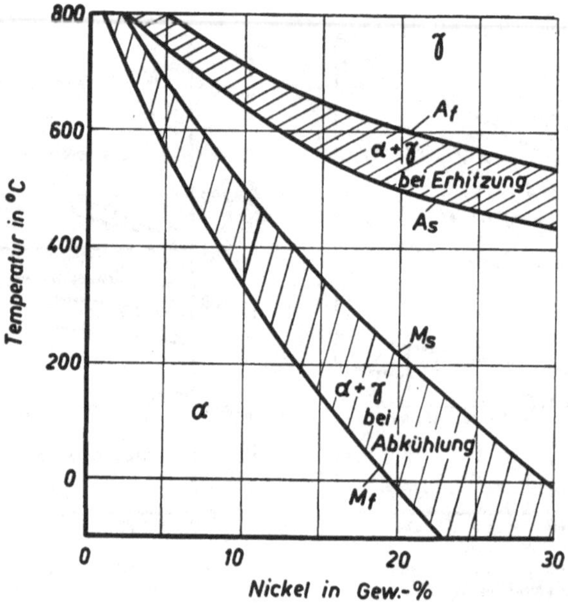

Abb. 17. Zustandsschaubild für Eisen–Nickel-Legierungen

Bildung von Restaustenit und damit zur Festigkeitsminderung führt. Werden bei Aushärtung durch entsprechende Legierungszusätze, wie Titan und Aluminium, intermetallische Phasen mit Nickel gebildet, z. B. Ni_3Ti, Ni_3Al oder $Ni_3(Al, Ti)$, dann führt eine Aushärtung im austenitischen Zustand zu einer Verarmung an Nickel im Austenit. Da mit abnehmendem Ni-Gehalt die Martensitbildungstemperatur ansteigt, tritt der Fall auf, daß eine bei normaler Abkühlung noch austenitische Legierung durch eine vorangehende Aushärtung im Austenitgebiet und die damit verbundene Abbindung von Nickel in der Ausscheidungsphase bei der folgenden Abkühlung martensitisch wird, da ihre M_f-Temperatur (Beendigung der Martensitbildung bei Abkühlung) über der Raumtemperatur liegt. Die von der International Nickel Company entwickelten Legierungen lassen sich daher entsprechend diesem Verhalten in zwei Gruppen unterteilen. Die Gruppe mit Legierungen, die 18 und 20% Nickel enthalten, ist nach dem Abkühlen von der Temperatur des Lösungsglühens martensitisch, während die Legierungsgruppe mit 25% Nickel danach austenitisch ist. Erst durch die beschriebene Wirkung einer Austenithärtung oder durch eine Tiefkühlung wird das Gefüge in den martensitischen Zustand übergeführt.

Die Aushärtung der Gruppe mit 18% Nickel erfolgt im wesentlichen durch einen Molybdän-Zusatz zwischen 3 und 5% und wird durch die gleichzeitige Anwesenheit von 8 bis 9,5% Co verstärkt. Die Wirkung des Molybdän- und Kobalt-Zusatzes auf die Härte von Legierungen mit 18,5 bis 21,2% Nickel ist nach Untersuchungen von Decker, Eash und Goldman [22] in Abb. 18 wiedergegeben.

Die Verarbeitungsfolge ist entsprechend den vorangehenden Ausführungen für die beiden Werkstoffgruppen etwas verschieden. Im Anschluß an das Lösungsglühen bei 820 °C, das für beide Legierungsgruppen gleich ist, wird die martensitische Gruppe (18 bzw. 20% Ni) bei 430 bis 480 °C ausgehärtet. Die Härte steigt dabei von etwa 300 kp/mm² auf über 500 kp/mm² an, und die Streckgrenze erreicht Werte bis über 200 kp/mm². Die Legierungsgruppe mit 25% Ni ist nach dem Lösungsglühen und normalem Abkühlen auf Raumtemperatur zunächst austenitisch. Erst durch eine bei 650 bis 750 °C erfolgende Austenitaushärtung wird das Gefüge bei der dann folgenden Abkühlung martensitisch. Durch Kaltverformung oder Tiefkühlen des austenitischen Gefüges kann ebenfalls eine Martensitbildung erzwungen werden.

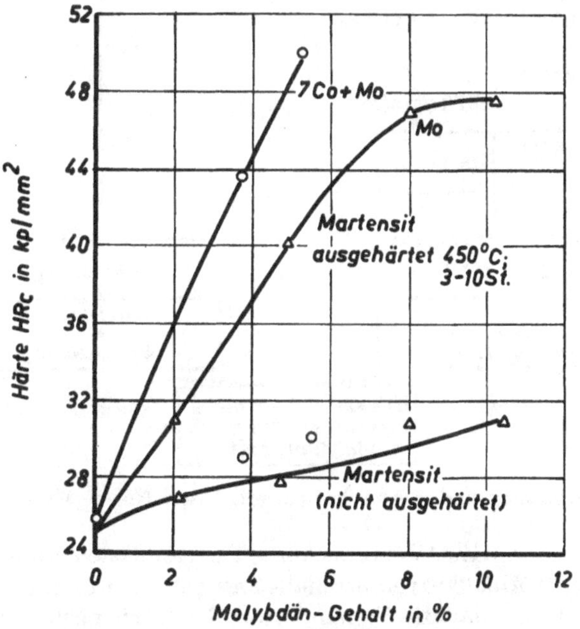

Abb. 18. Härtesteigerung von Eisen–Nickel-Legierungen mit 18,5 – 21,2 Ni durch Mo- und Co-Zusatz

Die Martensitaushärtung wird in der gleichen Weise wie bei der ersten Gruppe durchgeführt. Wird der Martensitaushärtung eine Martensit-Verformung vorgeschaltet, dann kann die Festigkeit der Legierungen noch weiter erhöht werden, jedoch bei verminderter Dehnung. Die Verarbeitungsfolge und die bei den einzelnen Verarbeitungsstufen auftretende Gefügeausbildung und Härte ist für die beiden Legierungsgruppen in Abb. 19 zusammengestellt.

Für eine Legierung mit 18 Ni, 8,5 Co, 3 Mo, 0,15 Al und 0,25 Ti konnten die im Schrifttum gemachten Angaben über das Verhalten und die Eigenschaften dieser Legierung voll bestätigt werden. Der Vorgang der Aushärtung bei verschiedenen Anlaßtemperaturen zwischen 400 und 580 °C ist aus Abb. 20 zu ersehen, die den Verlauf der Härte in Abhängigkeit von der Anlaßzeit für die angeführten Anlaßtemperaturen wiedergibt. Die durch eine der Aushärtung vorangehende Verfor-

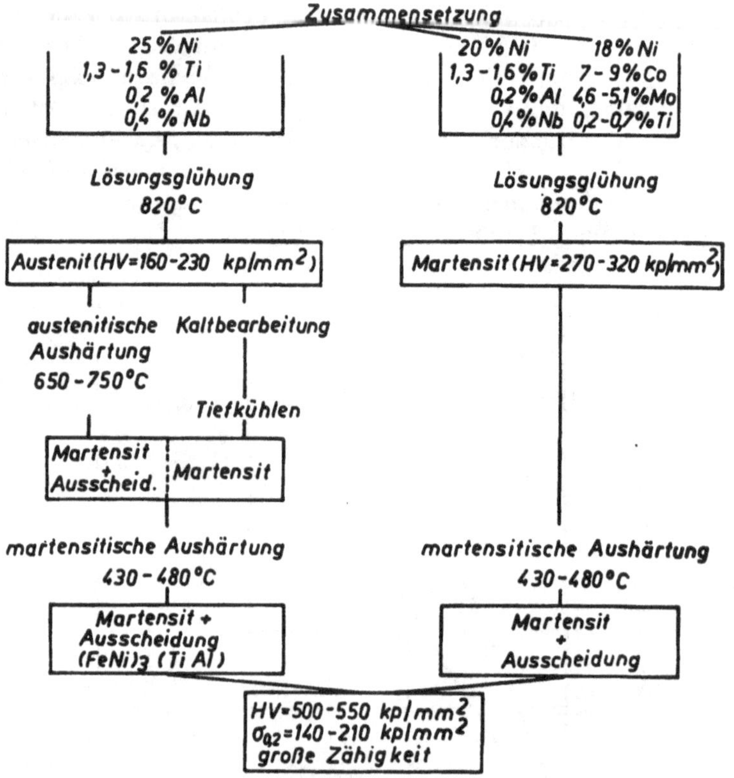

Abb. 19. Verarbeitung und Eigenschaften von Eisen–Nickel–Maraging-Stählen

mung im martensitischen Zustand erreichbare Festigkeitssteigerung ist für Höchstwerte der jeweiligen Anlaßkurven ebenfalls angegeben. Durch magnetische Messungen wurde bestätigt, daß die Verminderung der Härte nach Durchlaufen eines Höchstwertes auf die Rückbildung von Martensit zu Austenit zurückgeht.

Die die Aushärtung bewirkenden Strukturänderungen, die durch die Anlaßbehandlung des martensitischen Gefüges auftreten, sind noch nicht völlig geklärt. Bei Vorhandensein von Ausscheidungen wird angenommen, daß diese noch kohärent mit dem Grundgefüge in Verbindung sind. In der Legierungsgruppe mit Molybdän- und Kobaltzusatz wird auch die Bildung einer Ordnungsphase als Ursache der Festigkeitserhöhung für möglich gehalten.

Von Baker und Swann wurden an martensit-aushärtenden Stählen mit 18% Ni elektronenmikroskopische Gefügeuntersuchungen nach der Durchstrahlungsmethode durchgeführt. Bei der Maraging-Behandlung traten im Martensit Ausscheidungen in 2 verschiedenen Formen auf. Die an Versetzungen gebildeten Ausscheidungen wurden als Ni_3Mo bestimmt, während außerdem noch kleinere Teilchen, die aus der Phase Ni_3Ti bestanden, vorhanden waren. Von Reisdorf wurde mittels Elektronenbeugung und Elektronensonde ebenfalls das Auftreten von Ni_3Mo-Teilchen nach einer Anlaßbehandlung 3 h 480 °C festgestellt. Im

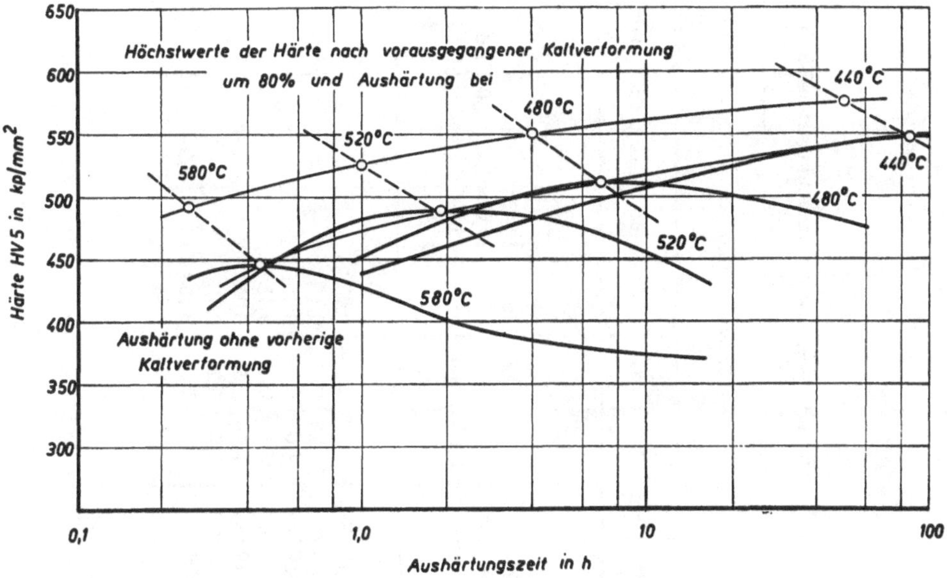

Abb. 20. Aushärtungsverhalten einer Maraging-Legierung mit 18 Ni mit und ohne Kaltverformung vor der Aushärtungsbehandlung

überalterten Zustand trat eine viel gröbere Phase auf $(Ni\text{-}Fe\text{-}Co)_3Mo$, die als Austenit identifiziert wurde [23, 24].

Wie bei den Maraging-Stählen gibt es auch bei den metastabil austenitischen Eisen-Nickel-Chrom-Legierungen zwei Gruppen, von denen die eine im lösungsgeglühten und im angelassenen Zustand martensitisch ist, während die andere im lösungsgeglühten Zustand austenitisch ist und erst durch die genannten Maßnahmen, wie Austenitaushärtung, Kaltverformung oder Tiefkühlen, in den martensitischen Zustand übergeführt und dann in diesem Zustand ausgehärtet wird.

Eine Zusammenstellung der Zusammensetzung und Festigkeitseigenschaften solcher Legierungen für den lösungsgeglühten und den ausgehärteten martensitischen Zustand ist für die beiden Werkstoffgruppen in den folgenden Zahlentafeln gegeben. Ein Vergleich der Eigenschaften der Maraging-Stähle mit den bereits länger bekannten Legierungen der Eisen-Nickel-Chrom-Gruppe zeigt, daß die Maraging-Stähle eine wesentliche Weiterentwicklung bedeuten und in ihren Festigkeits-Eigenschaften sowie in der Möglichkeit, die Verarbeitung im nicht ausgehärteten, relativ weichen Zustand durchzuführen, von keiner anderen Werkstoffgruppe übertroffen werden. Da die Aushärtung bei niedrigen Temperaturen erfolgt und die Abkühlung langsam vor sich geht, ist auch die Durchhärtung großer Querschnitte ohne Schwierigkeiten möglich und ein Härteverzug tritt nicht auf. Diese Vorteile dürften der neuen Legierungsgruppe trotz ihres hohen Legierungsanteiles zahlreiche Anwendungsgebiete erschließen [21, 20].

Tabelle 1. Eigenschaften aushärtungsfähiger martensitischer Stähle (im lösungsgeglühten und im angelassenen Zustand martensitisch)

Stahlbezeichnung	Festigkeitseigenschaften						Zusammensetzung %								
	lösungsgeglüht			martensitisch ausgehärtet											
	Zugfestigkeit kp/mm²	Streckgrenze kp/mm²	Bruchdehnung %	Zugfestigkeit kp/mm²	Streckgrenze kp/mm²	Bruchdehnung %	Ni	Co	Mo	Ti	Al	Cr	Nb	Cu	Si
hochfeste korrosionsbeständige Stähle:															
Stainless W	84 (88)	53 (74)	3–10	137 (151)	127 (144)	3–10	6,75			0,8	0,2	16,75			
17–4PH	106	77	6–15	141	127	7–16	4,0					17,0	0,35	4,0	1,0
AM–367				152	150	14	3,5	15,5	2–2,5	0,5	1,0	8,2–14,0			0,15–0,28
Maraging-Stähle:															
18NiCoMo (140)				140–154	134–148	14–16	17–19	8–9	3–3,5	0,15–0,25	0,05–0,15				
18NiCoMo (175)	98–109	66–82	16–19	169–192	164–186	10–12	17–19	7,0–8,5	4,6–5,1	0,3–0,5	0,05–0,15				
18NiCoMo (200)				211–218	208–214	12	18–19	8,5–9,5	4,7–5,2	0,5–0,7	0,05–0,15				
20NiTiAl	95–110	71–87	20	173–197	169–191	10–13	18–20			1,3–1,6	0,15–0,35		0,3–0,5		

Tabelle 2. Eigenschaften aushärtungsfähiger Stähle (im lösungsgeglühten Zustand austenitisch u. im angelassenen Zustand martensitisch)

Stahlbezeichnung	Festigkeitseigenschaften						Zusammensetzung %							
	lösungsgeglüht			martensitisch ausgehärtet										
	Zug-festigkeit kp/mm²	Streck-grenze kp/mm²	Bruch-dehnung %	Zug-festigkeit kp/mm²	Streck-grenze kp/mm²	Bruch-dehnung %	Ni	Ti	Al	Cr	Mo	Si	Nb	Mn
hochfeste korrosionsbeständige Stähle:														
17–7PH	91	33	39	141–162	130–152	7– 9	7,0		1,2	17,0		1,0		1,0
PH15–7Mo	91	39	30	141–179	139–165	5– 7	7,0		1,2	15,0	2,25	1,0		1,0
AM–355	123–137	39–42	15–40	137–155	109–134	10–13	4,25			16,5	2,80	0,5		0,75
AM–350	113–120	39–42	12–30	137–148	110–127	10–15	4,25			15,5	2,80	0,5		0,85
Maraging-Stahl:														
25NiTiAl	79– 95	27–32	30–35	183–205	169–192	10–15	25–26	1,3–1,6	0,15–0,35				0,3–0,5	

Die bisher behandelten martensitischen Stähle übertreffen bei Temperaturen bis etwa 450 °C die an stabil austenitischen Legierungen erreichbaren Festigkeitseigenschaften. Die mit der Rückbildung des Martensits verbundenen Gefügeänderungen bewirken jedoch, daß zur Verwendung bei höheren Temperaturen nur umwandlungsfreie Legierungen Anwendung finden können. Durch die höhere Warmfestigkeit eines austenitischen gegenüber einem ferritischen Gefüge sind daher als hochwarmfeste Werkstoffe fast ausnahmslos austenitische Legierungen in Gebrauch. Die gegenwärtig am weitesten entwickelte Legierungsgruppe ist die der Superlegierungen auf Nickel-Basis, die ihre Anwendung bis etwa 1000 °C zuläßt. Diese Werkstoffgruppe eignet sich daher besonders gut, um die metallkundlichen Möglichkeiten der Steigerung der Warmfestigkeit aufzuzeigen. Gegenüber Legierungen, die nur bei Raumtemperatur hohe Festigkeit zeigen müssen, sind die Schwierigkeiten einer temperaturstabilen Verfestigung, wie sie für hochwarmfeste Legierungen erforderlich ist, erheblich größer. Es muß Sorge dafür getragen werden, daß der wirksame Verfestigungsmechanismus nicht durch die bei hohen Gebrauchstemperaturen rasch verlaufenden Gefügeänderungen in Richtung des diesen Temperaturen entsprechenden thermodynamischen Gleichgewichtes unwirksam gemacht wird. Dies ist bei der Verfestigung durch eine Ausscheidungshärtung besonders schwierig, da das In-Lösung-Gehen von ausgeschiedenen intermetallischen Phasen oder Karbiden meist schon weit unter dem Schmelzpunkt der Legierung einsetzt und ihre Verfestigungswirkung aufhebt. Eine Ausnahme macht hier die Verfestigung durch Dispersionshärtung, da die dispers eingelagerte Phase einen höheren Schmelzpunkt als der Grundwerkstoff besitzen kann, wie dies bei dem bereits in einem anderen Beitrag [2] behandelten Beispiel der Verfestigung von Nickel durch Thoriumoxid der Fall ist. Die Entwicklung der Nickel-Superlegierungen geht von der bereits 1906 von Marsh als warmfest und oxydationsbeständig gefundenen Nickel-Chrom-Legierung mit 80% Ni und 20% Cr aus.

Die Maßnahmen, die zur Festigkeitssteigerung der heute gebräuchlichen Legierungen Anwendung finden, lassen sich auf folgende Erkenntnisse zurückführen [25]:

1. Zusatz von hochschmelzenden Komponenten, die im Mischkristall aufgenommen werden (Mo, W, Nb), ruft eine Verlangsamung der Diffusionsprozesse bei den Arbeitstemperaturen der Legierung hervor und hemmt so den Beginn des Rekristallisationsprozesses. Damit wird der Beginn des tertiären Kriechens, das den Bruch einleitet, weitgehend verzögert.
2. Durch Zusatz von Aluminium und Titan werden die Legierungen aushärtbar. Steigende Mengen dieser Elemente (bis etwa 8%) erhöhen die Menge der Ausscheidungsphasen. Als Aushärtungsphasen treten die intermetallischen Verbindungen Ni_3Ti, Ni_3Al bzw. $Ni_3(Al, Ti)$ auf. Ihre Wirkung besteht in einer Verfestigung und einer Hemmung der Auflösung von Versetzungen. Durch Lösungsglühen über 1100 °C und anschließendes Aushärten kann durch die Art der Wärmebehandlung eine Variation der Festigkeitseigenschaften bewirkt werden.

3. Bei Anwesenheit von Kohlenstoff bilden Mo und Cr Karbide, M_6C und $M_{23}C_6$, die als Korngrenzenausscheidungen auftreten und ebenfalls den Beginn des tertiären Kriechens hemmen.
4. Durch geringe Zusätze von B und Zr (0,05%) kann die Lebensdauer bis zum Eintritt des Bruches bis auf das Zehnfache ansteigen. Das Verzögern des Bruchbeginns hängt mit der hemmenden Wirkung von B und Zr auf die Bildung von Mikrorissen in den Korngrenzen, die senkrecht zur Spannungsrichtung liegen, zusammen. Da diese Mikrorisse den Bruch einleiten, hängt die Lebensdauer des Werkstoffes davon ab, welche Anzahl von Rissen bei einer bestimmten Kriechverformung gebildet wird; je niedriger ihre Anzahl ist, um so höher wird die Lebensdauer. Die Wirkung von B und Zr wird oft als Korngrenzenverfestigung bezeichnet.
5. Eine Erhöhung der Korngröße bewirkt einen Anstieg der Hochtemperaturfestigkeit.
6. Der teilweise Ersatz von Ni durch Co führt zu einer Steigerung der Festigkeitseigenschaften.

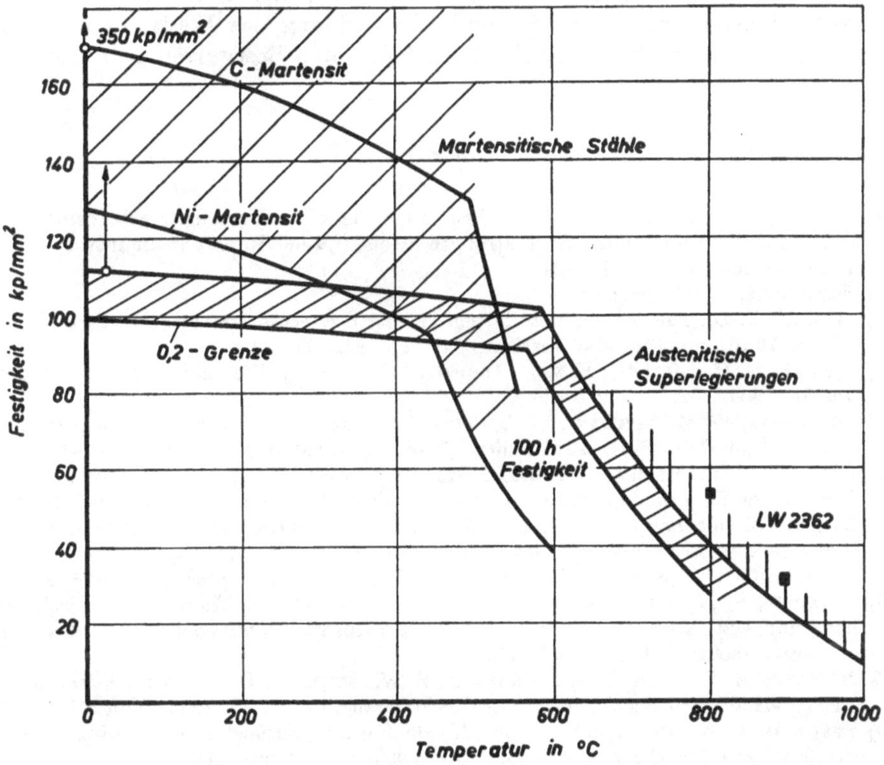

Abb. 21. Festigkeitseigenschaften von warmfesten Stählen und Ni-Basis-Superlegierungen

7. Durch die mit zunehmendem Gehalt an Legierungselementen steigende Hochtemperaturfestigkeit werden die Verarbeitungseigenschaften maßgebend beeinflußt, so daß die möglichen Schmiedetemperaturen auf sehr enge Temperaturgrenzen beschränkt werden. Mit steigendem Al- und Ti-Gehalten nimmt die Verformbarkeit infolge der zunehmenden Menge an Ausscheidungsphasen stark ab. Daher können Legierungen mit höchsten Festigkeiten nur als Gußlegierungen Anwendung finden.
8. Für Gebrauchstemperaturen bis 650 °C hat sich in den letzten Jahren gezeigt, daß die Festigkeitseigenschaften bis 25% gesteigert werden können, wenn die lösungsgeglühten Legierungen kaltverformt werden. Die kohärente $Ni_3(Al, Ti)$-Phase scheidet sich dann auf den Gleitebenen als feine Ausscheidung im Grundgefüge aus. Für höhere Gebrauchstemperaturen ist dieses Verfahren infolge der Erholungs- und Rekristallisationserscheinungen nicht mehr anwendbar und die reinen Gußlegierungen zeigen dann besseres Festigkeitsverhalten.

   Den Vergleich des Festigkeitsverhaltens ($\sigma_{0,2}$-Grenze bzw. 100-h-Festigkeit) von austenitischen Superlegierungen mit den in dieser Arbeit behandelten martensitischen niedrig legierten Stählen sowie den aushärtbaren martensitischen Eisen-Nickel-Legierungen gibt Abb. 21. Die für Temperaturen von 800 °C und 900 °C eingezeichneten Zeitstand-Festigkeiten des Werkstoffes LW 2362 kennzeichnet den in einer Entwicklung des Institutes erreichten Stand, der mit den aus dem Schrifttum bekannten Bestwerten übereinstimmt.

Literatur

[1] Zackay, V. F., Justusson, W. M., The properties of martensitic steels formed from strain-hardened austenite. High-strength steels, Special Report **76** in Iron and Steel Institute London 1962, 14–21.

[2] Eisenkolb, F., Vortrag.

[3] Murray, J. D., The development of high-strength steels. High-strength steels, Special Report **76** in Iron and Steel Institute London 1962, 41–50.

[4] Lips, E. M. H., Zuilen, H. van, Improved Hardening Technique. Metal Progress, vol. **66**, 1954, 103.

[5] Justusson, W. M., Schmatz, D. J., Some Observations on the Strength of Martensite Formed from Cold-Worked Austenite. Transact. of the ASM **55** (1962) 640–653.

[6] Gidon, Je. D., Alissanowa, S. I., Malyschewski, W. A., Schuwalowa, N. A., Einfluß der Zusammensetzung und der tieftemperatur-thermomechanischen Behandlung auf die mechanischen Eigenschaften von Konstruktionsstählen. Metallovedenie i termičeskaja oprabotka metallov **4** (1963) 36–40.

[7] Anonym, 500000 psi Steel. Ford Leaps the Tensile Barrier. Steel **145** (1959) 84–86.

[8] Ermakov, V. N., Čugunov, V. V., Oržechovskij, Ju. F., Thermomechanische Behandlung von Baustahl bei niedrigen Temperaturen. Metallovedenie i termičeskaja obrabotka metallov **4** (1963) 25–29.

[9] McEvily, A. J., Bush, R. H., Schaller, F. W., Schmatz, D. J., On the Formation of Alloy Carbides During Ausforming. A.S.M. Trans. quart. **56** (1963) Sept., 753–767.

[10] Stein, B. A., Johnson, P. C., Shock Hardening and Explosive Ausforming of Alloy Steels. Trans. metallurg. Soc. AIME **227** (1963) Okt., 1188–1193.

[11] Cohen, M., On the Development of High Strength in Steel. Journ. of the Iron and Steel Institute (1963) Okt., Vol. **201**, 833–841.

[12] Yount, Reed E., Mar-Straining Strengthnes Steels. Materials in Design Engineering (1963) July, Vol. 58, Nr. 1, 67—74.
[13] Radcliffe, S. V., Kula, E. B., Conference on fundamentals of deformation processing. 1962, Sagamore, NY. To be published by AIME.
[14] Wilson, D. V., Acta Met., 1957, 5, 293—302.
[15] Stephenson, E. T., Cohen, M., Trans. ASM, 1961, 54, 72—83.
[16] Carlsen, K. M., Thomas, K. C., Effect of Composition, Heat Treatment and Cold Rolling on Mechanical Properties of Cr-Ni Stainless Steels. Transact. of the ASM 55 (1962) 462—473.
[17] McDowell, D. W. jr., Mihalisin, J. R., Zerolling Boosts Strength of Stainless Sheet. Materials in Design Engineering 53 (1961) 5, 10—11.
[18] Marsh, Mechanomagnetic Properties. The Alloys of Iron and Nickel, 384.
[19] W. Kroll, Die Legierungen des Berylliums mit Eisen (Iron-beryllium Alloys). Wiss. Veröffentl. a. d. Siemens-Konzern v. 10, 1931, Nr. 2, 33—34.
[20] Maraging Steels for Ultra-High Strength Applications Internat. Nickel Comp. Ltd. London, 5—27.
[21] Lena, A. J., Precipitation Reactions in Iron-Base Alloys. Precipitation from solid Solution (1959) 244—327.
[22] Decker, R. F., Eash, J. T., Goldman, A. J., 18% Nickel Maraging Steel. Transact. of the ASM, Vol. 55, (1962) 58—76.
[23] Baker, A. J., Swann, P. R., Ausscheidung in den martensitaushärtenden Stählen mit 18% Nickel. United States Steel Corp., Monroeville, Pa. Vortrag Herbsttagung Met. Soc. AIME, Cleveland, Ohio, 20.—24. Okt. 1963.
[24] Reisdorf, B. G., Identifizierung von Ausscheidungen in martensitaushärtenden Stählen mit 18, 20 und 25% Nickel. ASM Trans. Quarterly, 56, 3 (1963) Sept., 783—786.
[25] Rassmann, G., Merz, A., Entwicklungsstand auf dem Gebiet der Hochtemperaturwerkstoffe. Die Technik, 17. Jg., H. 1 (1962) Jan., 17—23.

Prof. H. Schumann,
Rostock:

ε-MARTENSIT ALS MITTEL ZUR FESTIGKEITSSTEIGERUNG AUSTENITISCHER STÄHLE

Die bisherigen Untersuchungen zur Frage der Festigkeitssteigerung metastabiler austenitischer Stähle haben sich vorwiegend mit der Beeinflussung der Umwandlung von Austenit in kubisch- bzw. tetragonal-raumzentrierten α-Martensit befaßt, so z. B. das Ausforming und das Maraging. Es gibt aber noch eine, bisher weniger bekannte Umwandlung von metastabilem Austenit, die zu einer Festigkeitssteigerung führt, und zwar ist dies die Umwandlung von Austenit in hexagonalen ε-Martensit, die vorwiegend bei höher legierten Manganstählen, unter gewissen Umständen aber auch bei den austenitischen Chromnickelstählen,

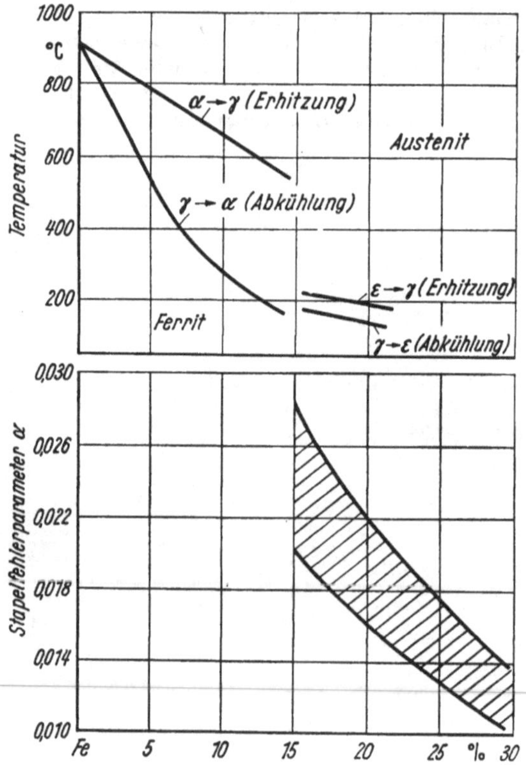

Abb. 1. ε-Martensitbildung und Stapelfehlerbildung

erfolgen kann [1]. Abbildung 1 zeigt oben nach Untersuchungen von A. R. TROIANO und F. T. MC GUIRE [2] das Realdiagramm der Eisen–Mangan-Legierungen, aus dem zu entnehmen ist, daß bei etwa 15% Mn die normale $\gamma \to \alpha$-Martensit-Umwandlung durch die $\gamma \to \varepsilon$-Umwandlung abgelöst wird. Vermutlich hängt die Möglichkeit der ε-Martensitbildung mit einer Erniedrigung der Stapelfehlerenergie durch Mangan bzw. Chrom zusammen, und Abb. 1, unten, läßt nach Ergebnissen von R. VASUDEVAN und A. MAJDIČ [3] erkennen, daß der Stapelfehlerparameter α, der den Bruchteil der fehlgeordneten Gitterebenen angibt, bei 15% Mn besonders hohe Beträge erreicht.

Die ε-Martensitbildung ist im Gegensatz zur α-Martensitbildung mit einer beträchtlichen Volumenverringerung verbunden. Es entstehen also während der Umwandlung erhebliche Zugeigenspannungen, die auf die Eigenschaften des Stahles von besonderer Wirkung sind. Sie führen u. a. dazu, daß die Umwandlung bei weitem nicht zu Ende abläuft, sondern lediglich bis etwa 50% ε (Abb. 2). Es bleibt also ein großer Anteil an Restaustenit erhalten.

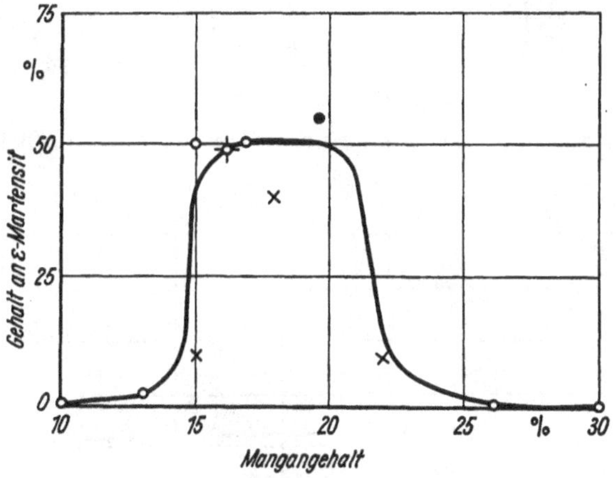

Abb. 2. ε-Martensit in abgelöschten Fe–Mn-Legierungen

● ERSCHOWA, BOGATSCHEW und SCHKLJAR ○ TROIANO und MCGUIRE
× BOGATSCHEW -●- SCHUMANN

Ähnlich wie der α-Martensit bildet sich auch der ε-Martensit auf 3 verschiedenen Wegen:

a) Aus dem Austenit während einer kontinuierlichen Abkühlung, sobald die M_s^ε-Temperatur unterschritten wird (Abb. 3) nach Angaben von I. N. BOGATSCHEW und L. S. MALINOW [4].

b) Isotherm (Abb. 4) nach Untersuchungen von L. S. ERSCHOWA [5] und H. SCHUMANN [6].

c) Isotherm im Verlauf einer plastischen Deformation unterhalb der M_d^ε- Temperatur [7].

Da nach der heutigen Auffassung der ε-Martensit ein metastabiles Zwischenstadium bei der $\gamma \to \alpha$-Umwandlung ist, wirkt sich eine Kaltverformung im allgemeinen dahingehend aus, daß bei geringeren Verformungsgraden aus dem Austenit zunächst ε-Martensit entsteht, dieser bei höheren Verformungsgraden dann weiter in α-Martensit umgewandelt wird (Abb. 5). Die Einzelheiten der Umwandlung hängen von der chemischen Zusammensetzung ab.

Ähnlich wie der α-Martensit, aber vermutlich in noch stärkerem Maße wegen des vorhandenen Zugeigenspannungszustandes, beeinflußt der ε-Martensit die mechanischen Eigenschaften der Stähle sowohl in positiver als auch negativer Beziehung. Der Formänderungswiderstand, also Fließgrenze, Zugfestigkeit, Härte und Verfestigungsparameter, wird

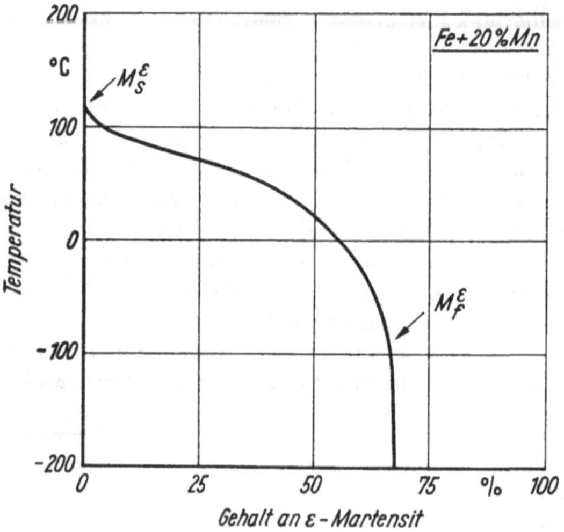

Abb. 3. ε-Martensitbildung während der kontinuierlichen Abkühlung

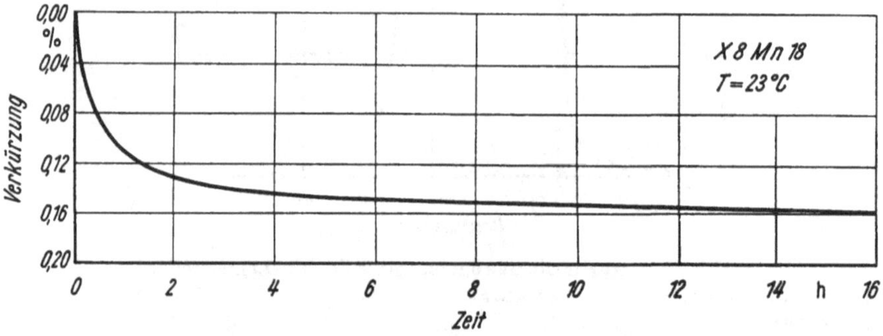

Abb. 4. ε-Martensitbildung während des isothermen Haltens
(Verkürzung = Maß für den ε-Martensitgehalt)

erhöht [8]. Abbildung 6 zeigt als Beispiel die wahren Spannungs-Dehnungs-Diagramme verschiedener austenitischer Stähle nach Messungen von L. S. Erschowa, I. N. Bogatschew und R. S. Schkljar [9]. Der ε-martensithaltige Stahl hat eine wesentlich höhere Fließgrenze, Anfangsverfestigung und Zug- bzw. Reißfestigkeit. Andererseits wird durch ε-Martensit das Formänderungsvermögen, also Dehnung, Einschnürung, Biegewinkel und Kerbschlagzähigkeit, bedeutend erniedrigt [8]. In Abb. 7 ist der Verlauf der Kerbschlagzähigkeit für einen Stahl mit 0,09% C und 16,4% Mn dargestellt, der zunächst bis auf 360 °C, also in das Austenitgebiet hinein, erhitzt wurde. Bei der Abkühlung steigt a_k zunächst an, erreicht bei etwa 125 °C ein Maximum, fällt mit der Bildung von ε-Martensit dann steil bis auf etwa 50% des Maximalwertes ab, bleibt zwischen + 60 und + 20 °C etwa konstant, um dann bei noch tieferen Temperaturen infolge α-Martensitbildung während der plastischen Deformation bis praktisch Null abzufallen. Diese ε- und α-Martensitbildung während der plastischen Deformation ist auch die wesentliche Ursache für die Tieftemperaturversprödung der kohlenstoffarmen austenitischen Mangan- und Manganchromstähle.

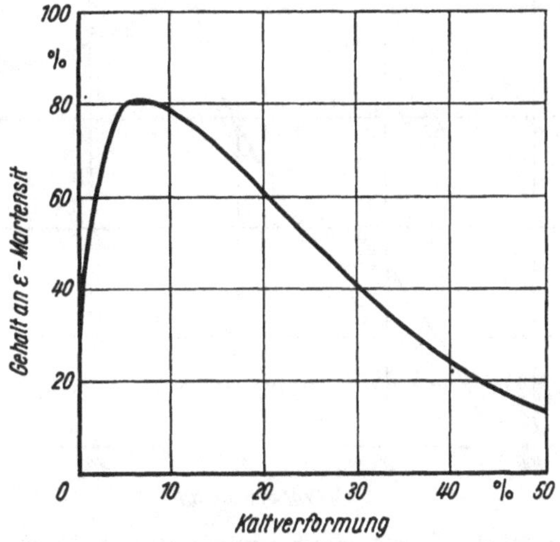

Abb. 5. ε-Martensitbildung während der plastischen Deformation (Stahl X8Mn16)

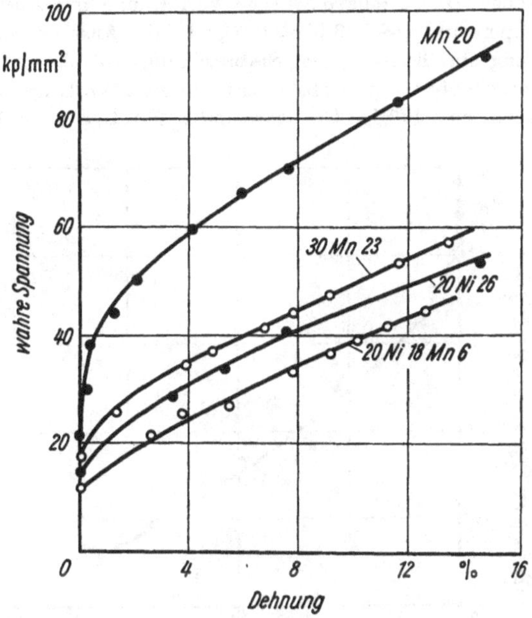

Abb. 6. Verfestigung verschiedener austenitischer Stähle

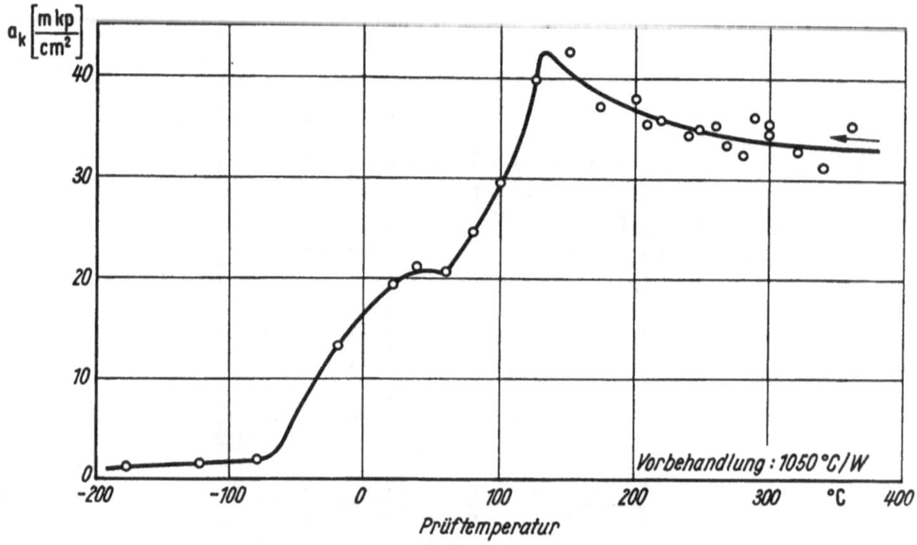

Abb. 7. Kerbschlagzähigkeits-Temperatur-Kurve von Stahl X8Mn16, von 360 °C abgekühlt

Es gibt nun einen Weg, die festigkeitssteigernde Wirkung des ε-Martensits auszunutzen, ohne eine allzustarke Versprödung in Kauf nehmen zu müssen, und zwar durch Verringerung der Teilchengröße. Durch eine plastische Verformung des Austenits oberhalb der ε/γ-Umwandlungstemperatur, etwa 250 bis 300 °C, wird der Austenit gegenüber einer nachfolgenden Umwandlung stabilisiert. Diese Stabilisierung gibt sich in einer Erniedrigung der γ → ε-Umwandlungstemperatur (Abb. 8) sowie in einer Verlangsamung der Umwandlung zu erkennen. Durch eine 30%ige Deformation bei 400 °C, also im Austenitgebiet, wird

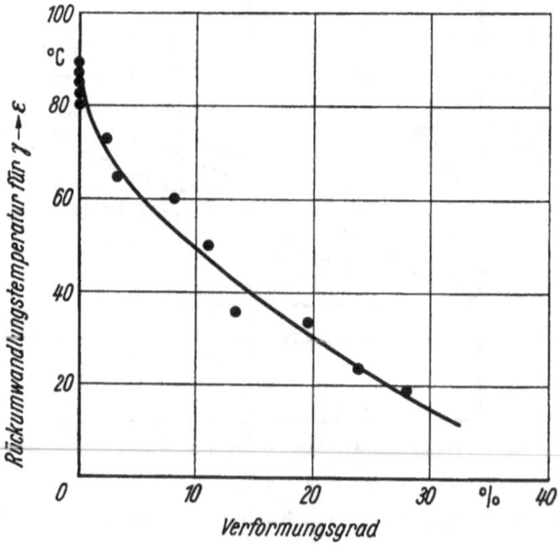

Abb. 8. Erniedrigung der γ → ε-Rückumwandlungstemperatur von Stahl X8Mn16 durch plastische Deformation bei 400 °C

die $\gamma \rightarrow \varepsilon$-Rückumwandlungstemperatur von etwa 80 auf +20 °C erniedrigt. Beim Abkühlen auf Raumtemperatur erhält man dann den Stahl im metastabilen, aber reinaustenitischen Zustand. Wird nun der Zerreißversuch durchgeführt, so ergibt sich eine gleichzeitige Erhöhung von Streckgrenze, Zugfestigkeit *und* Dehnung (Abb. 9). Die mechanischen Eigenschaften dieser technisch bislang kaum verwendeten, weil spröden niedrig gekohlten austenitischen Manganstähle lassen sich auf diese Weise entscheidend verbessern [10]. Dieses Verfahren hat eine gewisse Ähnlichkeit mit dem Ausforming der üblichen umwandlungsfähigen Stähle. Es bietet aber den Vorteil der niedrigen Verformungstemperatur, und auch das Temperaturgebiet der Verformung braucht nicht so sorgfältig eingehalten zu werden, woraus ein wesentlich geringerer apparativer Aufwand resultiert.

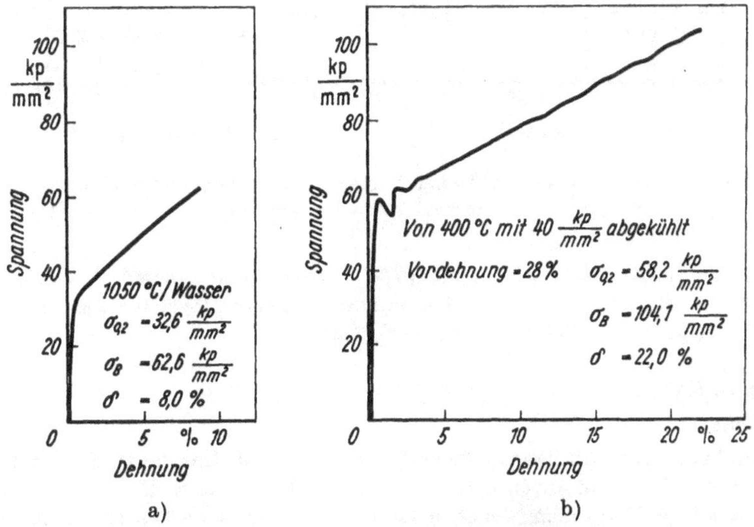

Abb. 9. Spannungs-Dehnungs-Kurven von Stahl X8Mn16 nach unterschiedlicher Vorbehandlung

a) Gefüge: 50% γ + 50% ε, b) Gefüge: 100% γ

Die anstehenden Probleme sind noch längst nicht alle gelöst, es zeichnen sich aber doch interessante Entwicklungsmöglichkeiten ab. In der Sowjetunion sind von I. N. Bogatschew und R. I. Minz [11] z. B. metastabile austenitische Manganstähle erprobt und als kavitationsbeständige Stähle für Wasserturbinenschaufeln eingesetzt worden. Nach Abb. 10 ist die kavitationsbewirkte Oberflächenverfestigung von Stahl X30MnCr 10.10 wesentlich stärker als die von Stahl X10CrNi 18.8. Dementsprechend ist auch der auf Ermüdung in Mikrobereichen während der Kavitationsbeanspruchung beruhende Werkstoffverlust geringer. Durch Austausch des teuren Stahles X10CrNi 18.8 durch den billigeren Stahl X30MnCr 10.10 konnte die Lebensdauer von Wasserturbinenschaufeln um das 3- bis 4fache erhöht werden.

Bei plastischen Deformationen unterhalb der γ/ε-Rückumwandlungstemperatur entstehen im Gefüge gleichzeitig ε- und α-Martensit. Oberhalb bestimmter Deformationsbeträge ist der gesamte Austenit umgewandelt. Durch das Zusammenwirken zweier verschiedener Martensite lassen sich bei einem Stahl mit nur 0,09% C und 16,4% Mn Zugfestigkeiten um 180 kp/mm² bei Vickers-Härten von HV30 = 550 kp/mm² erzielen. Anlassen bei 350 °C

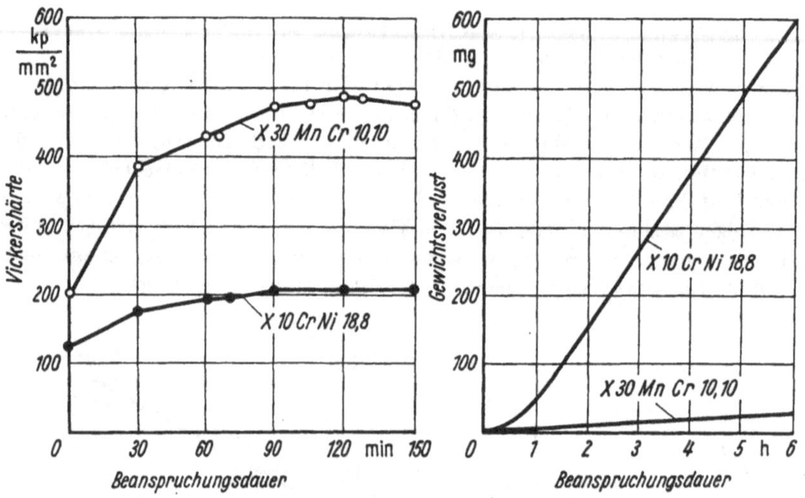

Abb. 10. Zusammenhang zwischen Verfestigungsvermögen und Widerstand gegenüber Kavitationserosion

erhöht die VICKERS-Härte sogar bis auf HV30 = 600 kp/mm². Diese Vorgänge sind bisher aber nur wenig erforscht worden. Sie stellen aber zweifellos Möglichkeiten dar, die Festigkeit der Stähle ganz erheblich zu steigern.

Dipl.-Ing. G. KRÜGER,
DAMW, Magdeburg:

In einem kürzlich in Leipzig gehaltenen Vortrag hat Prof. LOZINSKIJ, SU, auch die thermomechanische Behandlung von austenitischen Stählen erörtert. Es wurde erwähnt, daß man durch 40%ige Verformung bei etwa 1100 °C ein verhältnismäßig kleines Austenitkorn mit sägezahnförmigen Korngrenzen erzielt. Durch anschließendes sehr schroffes Abschrecken (genannt wurde 100 grd/sec) entsteht ein sehr feiner Martensit. Die Festigkeit dieser so behandelten Stähle soll weit über 200 kp/mm² liegen. Der Effekt wird so erklärt, daß die Rekristallisation durch die schroffe Abschreckbehandlung nahezu unterdrückt wird.

Literatur

[1] SCHUMANN, H., ε-Martensit in austenitischen Manganstählen. Das Industrieblatt **63** (1963) 560–69.
[2] TROIANO, A. R., MCGUIRE, F. T., A study of the iron-rich iron-manganese alloys. Trans. A.S.M. **31** (1943) 340–64.
[3] VASUDEVAN, R., MAJDIČ, A., Röntgenographische Ermittlung von Verformungsstapelfehlern und deren Einfluß auf die Verfestigung von austenitischen Eisen–Chrom–Mangan-Legierungen. Arch. Eisenhüttenw. **34** (1963) 845–52.
[4] BOGATSCHEW, I. N., MALINOW, L. S., Einfluß von Chrom und Nickel auf die γ/ε-Umwandlung in Eisen–Mangan-Legierungen. Metallphysik und Metallkunde (russ.) **14** (1962) 828–33.
[5] ERSCHOWA, L. S., Kinetik der Bildung der ε-Phase in Eisen–Mangan-Legierungen. Metallphysik und Metallkunde (russ.) **15** (1963) 571–79.

[6] Schumann, H., Einfluß von Zugspannungen auf die ε-Martensitbildung in austenitischem Manganstahl. Neue Hütte **9** (1964) 223–228.
[7] Schumann, H., Kaltverformung und Anlassen von ε-martensithaltigem austenitischem Manganstahl. Arch. Eisenhüttenw., demnächst.
[8] Schumann, H., Einfluß von ε-Martensit auf die Eigenschaften eines austenitischen Manganstahles. Stahl und Eisen **83** (1963) 993–95.
[9] Erschowa, L. S., Bogatschew, I. N., Schkljar, R. S., Die Wirkung der Verformung auf die Bildung der ε-Phase in Manganstählen. Metallphysik und Metallkunde (russ.) **12** (1961) 670–77.
[10] Schumann, H., Verfahren zur Verbesserung der mechanischen Eigenschaften ε-martensithaltiger austenitischer Manganstähle. Die Technik 18 (1963) 469–73.
[11] Bogatschew, I. N., Minz, R. I., Auswahlprinzipien für austenitische Stähle, die unter Kavitationsbeanspruchung arbeiten. Nachrichten der Hochschulen-Energetik (russ.) (1961) Nr. 2, 97–102.

FSC
www.fsc.org
MIX
Papier | Fördert
gute Waldnutzung
FSC® C083411

Kolibri 360 GmbH
Ferdinand-Jühlke-Straße 7
99095 Erfurt, Deutschland
produktsicherheit@kolibri360.de